普通高等教育"十三五"规划教材

# 工业废水处理工程

郭宇杰　修光利　李国亭　主编

华东理工大学出版社
EAST CHINA UNIVERSITY OF SCIENCE AND TECHNOLOGY PRESS

·上海·

**图书在版编目(CIP)数据**

工业废水处理工程/郭宇杰,修光利,李国亭主编.
—上海:华东理工大学出版社,2016.10(2025.1重印)
ISBN 978 - 7 - 5628 - 4762 - 5

Ⅰ.①工… Ⅱ.①郭…②修…③李… Ⅲ.①工业
废水处理 Ⅳ.①X703

中国版本图书馆 CIP 数据核字(2016)第 185870 号

· · · · · · · · · · · · · · · · · · · · · · · · · · · · · · · · · · · · · · · · · · · · · · · · · · · · · · · · · · · · · · · · · · · · · · · · · · · · · · · · · · · · · · · · · ·

策划编辑 / 周　颖
责任编辑 / 周　颖
出版发行 / 华东理工大学出版社有限公司
　　　　　　地址:上海市梅陇路 130 号,200237
　　　　　　电话:021 - 64250306
　　　　　　网址:www.ecustpress.cn
　　　　　　邮箱:zongbianban@ecustpress.cn
印　　刷 / 江苏凤凰数码印务有限公司
开　　本 / 787 mm × 1092 mm　1/16
印　　张 / 21
字　　数 / 548 千字
版　　次 / 2016 年 10 月第 1 版
印　　次 / 2025 年 1 月第 7 次
定　　价 / 49.80 元

· · · · · · · · · · · · · · · · · · · · · · · · · · · · · · · · · · · · · · · · · · · · · · · · · · · · · · · · · · · · · · · · · · · · · · · · · · · · · · · · · · · · · · · · · ·

# 前　　言

工业废水处理工程是水环境保护中的重要内容之一。本书针对工业废水处理，分为三篇。第一篇，从常见污染物的性质入手，通过分析污染物的结构，了解污染物的物理、化学、物化和生化性质，从而分析其常见化合物的种类及用途，判断其来源，最后依其性质，选择相应的处理方法和分析方法。第二篇，参考了王郁老师的见解，把水处理过程看作稀水溶液的反应工程，通过分析处理过程的反应原理，首先判断反应的可行性，再依据反应的动力学原理，探究其反应速度快慢的机理，判断其工程可行性，并总结影响因素和操作参数。第三篇，以行业废水为例，通过分析生产工艺，利用物料衡算和质量守恒，分析污染物种类、数量、浓度，再利用第一篇和第二篇的知识，设计合理的分流处理工艺和综合废水处理工艺。另外，附录中整理了迄今为止国家环保部颁布的行业工业废水治理工程技术规范和行业的工业污染物排放标准，供同学和同行参考，以便查找相关资料。

本书在华北水利水电大学经过八年试讲，总结了教学经验和学生的反馈意见，经多次修改、增删，期望同学们通过对本书的学习，能够独立分析全新的污染物、设计新的处理方法和了解新的行业废水，成为工业废水污染的治理者、研究者、管理者、决策者。本书也可以作为环境工程专业的教师、工程人员和科研人员的参考用书。

根据各编者的专长，本书第一篇由华北水利水电大学李国亭负责编写，第二篇由华北水利水电大学郭宇杰负责编写，第三篇由华北水利水电大学郭宇杰和华东理工大学修光利共同编写。华北水利水电大学环境工程专业的上官彬、易铁成、崔晋生、梅慧等同学参与了书稿的文字整理和修订工作。全书由郭宇杰、修光利统稿。

工业废水处理工程涉及环境科学、化学、化工原理、生物学、系统工程学等多个领域和学科，由于编者水平有限，书中难免存在不足之处，希望得到广大读者的批评指正，共同推动环境工程的教学和研究工作，在此深表感谢！

编　者

2015 年 12 月

# 目　　录

## 第二篇　工业废水处理基础理论

## 第三篇    典型行业污染分析及处理综合技术

# 第1章 工业废水处理概论

## 1.1 概 论

### 1.1.1 工业废水的分类

1）工业废水定义

工业企业的各行各业在生产过程中排出的废水,均称为工业废水(Industrial Wastewater)。工业废水包括生产污水(被污染的工业废水)、生产废水(生产过程中排出的未受污染或受轻微污染以及水温稍有升高的排水,如冷却水、热排水等)和生活污水三种。

2）工业废水分类

通过区分工业废水的种类,了解其性质和危害,从而能够有针对性地研究处理措施。工业废水一般有以下几种分类方法。

(1) 按照行业的产品加工对象分类。如冶金废水、造纸废水、炼焦废水、金属酸洗废水、纺织印染废水、制革废水、农药废水、化纤废水等。

(2) 按照工业废水中所含主要污染物的性质分类。如无机废水和有机废水。无机废水中主要含有重金属盐类,如 $Pb^{2+}$、$Cd^{2+}$、$Cr^{6+}$、$Fe^{2+}$、$Hg^{2+}$,或含有高浓度阴离子,如 $F^-$、$AsO_4^{3-}$、$CN^-$、$Cl^-$、$SO_4^{2-}$ 等。有机废水中主要含有机物,包括可降解和不可降解两类。这种分类方法简单,有利于选择相应的处理方法。如可生物降解的有机废水可以采用生物工艺处理,无机废水则一般采用物理、化学等工艺处理。当然,一般工业废水中同时存在有机或无机污染物,这就需要确定哪种污染物是主要的,是需要去除的。

(3) 按废水所含污染物主要成分分类。酸性、碱性、含酚废水、含铬废水、放射性废水等。这种分类方法的优点是突出了废水中主要污染物成分,可针对性地考虑处理方法或进行回收利用。将高浓度污染物回收后,再进一步采用普通的处理工艺对出水进行综合处理。如焦化废水,通过萃取回收酚后,出水再采用生化工艺去除 $COD_{Cr}$ 和氮。

(4) 除了上述分类方法外,还可以根据工业废水的危害性及处理难易程度,将废水分为三类。①危害性较小的废水,如生产废水中排放的冷却水等,主要含有较高浓度的盐、阻垢剂而且温度较高,对环境的毒害性不大,经过除盐、pH 调节和降温,即可排放。②易生物降解无明显生态毒性的废水,可以采用生化工艺处理,如酒精废水、食品加工废水。③难生物降解又有生态毒性的废水,如印染废水中偶氮染料具有较强的致癌性,难以生物降解,还有含酚废水、电镀废水等。

针对一种废水选择处理方案时,首先要了解废水中污染物的种类、浓度、性质。例如印染废水,不同批次的原料,采用的染料、涂料、助剂都是千差万别的,因此,进行废水处理时,必须详细了解废水的产生过程,即工厂的生产工艺,明确污染物的数量、浓度、性质,才能有针对性地选择有效的处理工艺。

### 1.1.2 工业废水对环境的污染

未经达标处理的污水排入水体后,会污染地表水、地下水,甚至土壤(含重金属等的废水)和大气(含挥发性污染物如氨氮、硫化氢、酚等的废水)。水体、大气、土壤受到污染后,也就很难在短时间内恢复到原有的环境水平,在环境管理和规划中我们已经对此有了较深刻的认识。

几乎所有的物质排入水体后都有产生污染的可能性,虽然它们的污染程度有所差别,但一且超过某一浓度均会产生危害。下面分别举例来说明。

（1）含无毒物质的有机废水或无机废水。有些污染物虽然本身无毒性，但超过一定浓度和数量后会对环境造成危害。如蛋白质、淀粉等有机物，其排放浓度超过一定值后，在天然水体中生物降解会消耗大量的溶解氧，造成水体发生厌氧、腐败，从而破坏水体的生态平衡；高浓度的盐类，如 NaCl、MgSO₄ 等，在天然水体中会造成很高的渗透压，导致水体中水生动植物脱水死亡，破坏生态平衡。

（2）含有毒物质的有机废水或无机废水。这些有毒物质排入水体后，不但会造成水生动植物的急性死亡，而且还会通过水生动植物的生物富集作用，在食物链中逐渐传递并累积，造成长期的危害。

（3）不溶性悬浮物废水。如造纸、纤维废水中大量的纤维，选矿、采石、洗煤废水。这些污染物会减少水体的采光性和复氧能力，造成水生生物的死亡和腐烂。

（4）含油废水。海上石油开采和石油水上运输过程的泄漏。

（5）高温废水。热污染是一种能量污染，它是工矿企业向水体排放高温废水造成的。一些热电厂及各种工业过程中的冷却水，若不采取措施，直接排放到水体中，均可使水温升高，加快水中化学反应、生化反应的速度，使某些有毒物质（如氰化物、重金属离子等）的毒性提高，溶解氧减少，影响鱼类的生存和繁殖，加速某些细菌的繁殖，助长水草丛生，厌气发酵、发臭。

鱼类生长都有一个最佳的水温区间。水温过高或过低都不适合鱼类生长，甚至会导致其死亡。不同鱼类对水温的适应性也是不同的。如热带鱼适合 15～32℃，温带鱼适合 10～22℃，寒带鱼适合 2～10℃。又如鳟鱼虽在 24℃ 的水中生活，但其繁殖温度则要低于 14℃。一般水生生物能够生活的水温上限是 33～35℃。

（6）氮、磷工业废水。造成水体富营养化。

（7）酸碱废水。导致水体的酸碱平衡破坏，水坝、船体、管道等设备的腐蚀。

（8）放射性废水的污染。长期存在于水体或被生物富集起来，直至自然衰减，导致生物不可预知的基因突变。

（9）生物污染。在水中存在的微生物可分为两大类：植物和动物。植物又可分为藻类（内含叶绿体）和菌类（一般不含叶绿体）两种；菌类分为真菌和细菌，如单细胞的酵母菌和多细胞的毒菌，均属真菌类，同样细菌也有单细胞和多细胞之分。动物型分为单细胞的原生动物和多细胞的微型动物，如轮虫、线虫、甲壳虫等。引起水体污染的微生物主要是致病细菌和病毒，当然藻类过多地繁殖也会造成水体富营养化。

（10）环境内分泌干扰素。亦称为环境激素，是指环境中存在的能干扰人类和动物内分泌系统诸环节并导致异常效应的物质。影响内分泌系统的环境化学污染物种类很多（如有机卤化物、杀虫剂、除草剂、邻苯二甲酸酯、金属化合物等），由于其对人类和动物的危害性，正受到越来越多的关注。表 1-1 列出了一些此类污染物的标准限值。可以预期，随着对环境内分泌干扰素研究的深入和认识的提高以及人工合成物质种类的增加，此类污染物种类也将不断增加。

表 1-1　集中式生活饮用水地表水源地特定项目标准限值（摘自 GB 3838—2002）　（单位：mg/L）

| 项目 | 标准值 | 项目 | 标准值 | 项目 | 标准值 | 项目 | 标准值 |
|---|---|---|---|---|---|---|---|
| 三氯甲烷 | 0.06 | 氯乙烯 | 0.005 | 六氯丁二烯 | 0.000 6 | 丙烯醛 | 0.1 |
| 四氯化碳 | 0.002 | 1,1-二氯乙烯 | 0.03 | 苯乙烯 | 0.02 | 三氯乙醛 | 0.01 |
| 三溴甲烷 | 0.2 | 1,2-二氯乙烯 | 0.05 | 甲醛 | 0.9 | 苯 | 0.01 |
| 二氯甲烷 | 0.02 | 三氯乙烯 | 0.07 | 2,4-二硝基甲苯 | 0.000 3 | 甲苯 | 0.7 |
| 1,2-二氯乙烷 | 0.03 | 四氯乙烯 | 0.04 | 2,4,6-三硝基甲苯 | 0.5 | 乙苯 | 0.3 |
| 环氧氯丙烷 | 0.02 | 氯丁二烯 | 0.002 | 乙醛 | 0.05 | 二甲苯 | 0.5 |

续表

| 项目 | 标准值 | 项目 | 标准值 | 项目 | 标准值 | 项目 | 标准值 |
|---|---|---|---|---|---|---|---|
| 异丙苯 | 0.25 | 丙烯酰胺 | 0.0005 | 甲基对硫磷 | 0.002 | 阿特拉津 | 0.003 |
| 氯苯 | 0.3 | 丙烯腈 | 0.1 | 马拉硫磷 | 0.05 | 苯并 $\alpha$ 芘 | $2.8 \times 10^{-6}$ |
| 1,2-二氯苯 | 1.0 | 吡啶 | 0.2 | 乐果 | 0.08 | 甲基汞 | $1.0 \times 10^{-6}$ |
| 1,4-二氯苯 | 0.3 | 四乙基铅 | 0.0001 | 苦味酸 | 0.5 | 多氯联苯 | $2.0 \times 10^{-5}$ |
| 三氯苯 | 0.02 | 松节油 | 0.2 | 2,4-二氯苯酚 | 0.093 | 微囊藻毒素 | 0.001 |
| 四氯苯 | 0.02 | 丁基黄原酸 | 0.005 | 敌敌畏 | 0.05 | 黄磷 | 0.003 |
| 六氯苯 | 0.05 | 活性氯 | 0.01 | 敌百虫 | 0.05 | 铍 | 0.002 |
| 硝基苯 | 0.017 | 滴滴涕 | 0.001 | 内吸磷 | 0.03 | 锑 | 0.005 |
| 二硝基苯 | 0.5 | 林丹 | 0.002 | 百菌清 | 0.01 | 铊 | 0.0001 |
| 五氯酚 | 0.009 | 环氧七氯 | 0.0002 | 甲萘威 | 0.05 | 镍 | 0.02 |
| 联苯胺 | 0.0002 | 对硫磷 | 0.003 | 溴氰菊酯 | 0.02 | 钛 | 0.1 |

上文讨论的工业废水中污染物及其来源如表1-2所示。

**表1-2　工业废水中污染物及其来源**

| 污染物 | 主要来源 |
|---|---|
| 游离氯 | 氯碱厂、造纸厂、石油化工厂、漂洗车间 |
| 氨及铵盐 | 煤气厂、氮肥厂、化工厂、炼焦厂 |
| 镉及其化合物 | 颜料厂、石油化工厂、有色金属冶炼厂 |
| 铅及其化合物 | 颜料厂、冶炼厂、蓄电池厂、烷基铅厂、制革厂 |
| 砷及其化合物 | 农药使用过程、农药厂、氮肥厂、制药厂、皮毛厂、染料厂 |
| 汞及其化合物 | 氯碱厂、石油化工厂(氯乙烯,乙醛)、农药厂、炸药厂、汞矿山厂 |
| 铬及其化合物 | 颜料厂、石油化工厂、铁合金厂、皮革厂、制药厂、陶瓷、玻璃厂、电镀厂 |
| 酸类 | 三酸工业、石油化工厂、合成材料厂、矿山、钢铁厂、金属酸洗车间、电镀厂、染料厂 |
| 氟化物 | 磷肥厂、氟化盐厂、塑料厂、玻璃制品制造厂、矿山 |
| 氰化物 | 煤气厂、丙烯腈生产厂、有机玻璃厂、黄血盐生产厂、电镀厂 |
| 苯酚及其他酚类 | 煤气厂、石油裂解厂、合成苯酚厂、合成染料厂、合成纤维厂、酚醛塑料厂、合成树脂厂、制药厂、农药厂 |
| 有机氯化物 | 农药厂、农药使用过程、塑料厂 |
| 有机磷化物 | 农药厂、农药使用过程 |
| 醛类 | 合成树脂厂、青霉素药厂、合成橡胶厂、合成纤维厂 |
| 硫化物 | 硫化染料厂、煤气厂、石油化工厂 |
| 硝基及氨基化合物 | 化工厂、染料厂、炸药厂、石油化工厂 |
| 油类 | 石油化工厂、纺织厂、食品厂 |
| 铜化合物 | 石油化工厂、试剂厂、矿山 |
| 放射性物质 | 原子能工业、放射性同位素实验室、医院 |
| 热污染 | 工矿企业的冷却水、发电厂 |
| 生物污染 | 制药厂、屠宰场、医院、养老院、生物研究所、天然水体、阴沟 |
| 碱类 | 氯碱厂、纯碱厂、石油化工厂、化纤厂 |

表1-3综合了一些工业废水的主要化学成分。

**表1-3　典型工业废水主要化学成分**

| 废水来源 | pH | $NH_3-N$ | $COD_{Cr}$ | $BOD_5$ | SS | 油或砷 | 酚 | 氰化物 | 硫化物 |
|---|---|---|---|---|---|---|---|---|---|
| 石油化工厂 | 7~8 | — | — | 200~250 | 50~250 | 油 300~41500 | — | — | 100~200 |
| 油页岩厂 | 7.5~8.5 | 1780~1840 | 5700~7000 | — | 60~1500 | 油 200~1430 | 200~260 | 0.2~0.9 | 450~500 |

续表

| 废水来源 | pH | NH₃-N | COD_Cr | BOD₅ | SS | 油或砷 | 酚 | 氰化物 | 硫化物 |
|---|---|---|---|---|---|---|---|---|---|
| 煤气厂 | 6～9 | 2 000～3 000 | — | — | 200～400 | — | 500～700 | 15～30 | 50～100 |
| 焦化厂 | 8～9 | 1 634～1 968 | 5 245～7 778 | 1 420～2 070 | 46～58 | — | 930～1 690 | 1.5～3.0 | 5.4 |
| 制革厂 | 6～12 | — | — | 220～2 250 | 70～13 700 | — | — | — | — |
| 造纸厂 | 8.8～10.2 | 0.5～2.1 | 2 077～2 767 | — | 634～1 528 | — | — | — | — |
| 印染厂 | 9～12 | 7.7 | 1 100 | 350 | 145 | — | — | — | 7.4 |
| 化纤酸性废水 | 2.2 | — | 108 | 50 | 63 | — | — | — | — |
| 化纤碱性废水 | 12.5 | — | 211 | 180 | 107 | — | — | — | — |
| 氮肥厂 | 6.5～7.5 | — | — | — | 200～320 | 砷 0.1～0.8 | — | — | — |
| 屠宰场 | 7.8 | 90 | — | 1 707 | — | — | — | — | — |

# 1.2  废水的来源和特性

工业废水的体积和浓度通常以产品的单位来定义。如对某一造纸厂的废水,通常以每吨纸浆产生的废水量、每吨纸浆产生的5日生化需氧量(BOD₅)等表示。任何一个工厂都存在废水流量特征的统计变化数据,其变化的程度取决于制造产品的差异和产生废水的生产过程。不管操作是分批的还是连续的,好的生产过程应当产生最少的废料和最少的废水。

废水流量及其特性较大范围的变化,同样体现在同行业中。随着加工工序的不同、产品生产过程的不同、水的循环再生利用的不同,其结果也会不同。因此,一个工厂废水的负荷及其变化,通常需要通过监测来确定。一些典型工业废水的特性和流量变化如表1-4所示。

表1-4  一些典型工业废水的特性和流量变化

| 指标 概率/% | 水量/m³ | | | BOD₅/kg | | | SS/kg | | |
|---|---|---|---|---|---|---|---|---|---|
| | 10 | 50 | 90 | 10 | 50 | 90 | 10 | 50 | 90 |
| 纸浆造纸/吨纸产品 | 45.8 | 179.2 | 308.4 | 18.7 | 63.9 | 121.3 | 28.7 | 115.8 | 441.0 |
| 纸板厂/吨纸产品 | 31.3 | 45.8 | 112.5 | 11.0 | 30.9 | 50.7 | 27.6 | 52.9 | 72.8 |
| 屠宰场/吨活杀质量 | 1.4 | 6.7 | 36.1 | 8.4 | 28.9 | 97.8 | 6.7 | 21.8 | 68.9 |
| 啤酒厂/m³ 啤酒 | 3.0 | 8.5 | 13.8 | 4.9 | 12.2 | 268.3 | 1.5 | 7.3 | 14.9 |
| 制革厂/吨生皮 | 35.3 | 75.6 | 114.2 | 575[①] | 975 | 1 400 | 600[①] | 1 900 | 3 200 |

注:对于前四种工业废水,该项统计的是BOD₅的排放量,而对于制革废水,关注的是As的排放限度,单位为mg/L。

# 1.3  工业废水调查

总之,水体污染是我国面临的主要环境问题之一。而主要原因是工业废水未能达标排放。

工业废水调查涉及制定一个用水和排水全过程中水和污染物平衡的设计过程,同时建立针对各工序和全厂生产工序的废水特征监测机制。调查结果能够展示水的平衡,并获取废水处理中水量和污染物浓度变化资料。因此,调查包括水量和污染物浓度两个方面。

### 1.3.1　水量调查

废水流量的测定方法的选择,通常取决于测定对象的物理位置。

当废水通过污水管时,可以通过测量管道内废水流速和深度计算流量:$Q =$ 过水截面积 $A \times$ 流速 $u$。此方法仅适用于污水管管径均匀并部分充满的情况。水的平均流速可用两孔间浮标法测定的表面流速的 0.8 倍来估算。

较准确的测量可以采用流量计来进行。对于沟渠,可筑一个小堰按照上述方法测定明渠中水深和流速经估算得出流量。在某些情况下,流量是通过一个连续工作的泵的泵速和时间求得。另一些情况下,日废水量是通过记录工厂日耗水量,再乘以损耗系数求得。

通过收集信息得到废水流量和污染物特征,其步骤可以归纳如下。

(1)通过调研工厂各级操作程序和生产工序,绘制出污水管道图(参见图 1-1),并标出可能产生废水的点和预测流量的大致数量级。

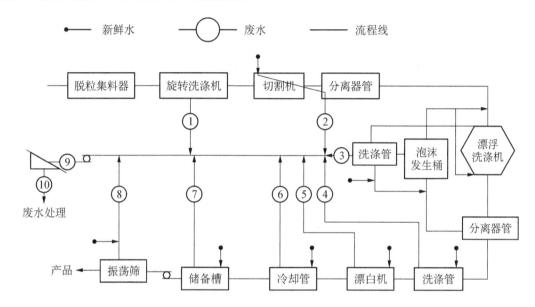

| | 污水管线 由→ 至→ | 1 洗涤机 | 2 切割机 | 3 洗涤管 | 4 洗涤管 | 5 漂白机 | 6 冷却管 | 7 储备槽 | 8 振荡筛 | 9 排水管 筛网 | 10 筛网 废水处理 |
|---|---|---|---|---|---|---|---|---|---|---|---|
| | | | | | | 排水管 | | | | 筛网 | 废水处理 |
| 污染物排放量 | 流量/(m³/min) | 82.0 | 102 | 39.3 | 68.0 | 17 | 92.6 | 63.9 | 7.9 | 472.9 | 457 |
| | BOD$_5$/(kg/d) | 1 125 | 1 035 | 176 | 438 | 275 | 733.5 | 83.7 | | 3 870 | 2 813 |
| | COD$_{Cr}$/(kg/d) | 1 638 | 2 088 | 250 | 464 | 392 | 963 | 86.4 | | 5 850 | 4 491 |
| | SS/(kg/d) | 819 | 1 116 | 82.8 | 126 | 64.8 | 239 | 23 | | 2 475 | 765 |
| | VSS/(kg/d) | 783 | 1 062 | 43 | 41 | 41 | 120 | 17 | | 2 115 | 855 |
| 污染物排放浓度 | BOD$_5$/(mg/L) | 9 830 | 7 112 | 3 130 | 4 600 | 11 300 | 5 630 | 918 | | 5 730 | 6 200 |
| | COD$_{Cr}$/(mg/L) | 14 000 | 14 400 | 4 450 | 4 780 | 16 100 | 7 280 | 950 | | 3 670 | 6 030 |
| | SS/(mg/L) | 6 950 | 7 660 | 1 460 | 1 300 | 2 670 | 1 830 | 250 | | 3 670 | 1 170 |
| | VSS/(mg/L) | 6 690 | 7 290 | 760 | 420 | 1 710 | 910 | 190 | | 3 140 | 1 030 |

图 1-1　某一谷物加工厂的废水流量和物流平衡图

(2)制订采样和分析时间表。为此,流量加权的连续混合采样是最理想的,但实际情况往往是要么条件不具备,要么取样人员不能总在现场而难于做到。取样周期和频率要按照研究对象的性质来确定。一些连续过程的样品以小时为单位测得,并取 8 h、12 h、甚至 24 h 的混合样。如果水样显示较大的波动,可能需要取 1 h 或 2 h 的混合样进行分析。由于大多数工业废水的处理已建立了一定程度的平衡和储存容量,所以多数样品无须频繁采样。

(3)制订一张物流平衡图。在调研后,根据收集数据及样品分析结果,绘制出废水排放源的物流平衡图。其关键问题是保证各个排放源的污染物排放量累加值与测量的总污染物排放量接近。某谷物加工厂典型物料平衡图如图 1-1 所示。

(4)建立一套废水特征统计变化值。某些废水特征的变化情况对废水处理厂的设计具有重要意义。根据已获得的数据,可绘制出概率图,表明其出现的频率。

### 1.3.2 水质调查

对样品的取样分析方法的设计取决于两个方面,即样品的特征和分析的最终目的。

例如,针对 pH 的监测,在取样时必须当时测定单个水样的 pH 值,否则混合水样后会发生酸碱中和,取得的 pH 不能真实反映水样酸碱度,给设计者提供了错误的信息。

对某些水力停留时间较短的生物处理设计,确定 $BOD_5$ 负荷变化需要取 8 h 或更短时间的混合样。而对于停留时间数天的完全混合条件下的曝气塘,则 24 h 的混合样就足以满足设计要求。在需要确定生物处理时营养成分需求而进行氮、磷等成分测定时,由于生物系统具有一定的缓冲能力,因此取 24 h 混合样即可。

但当存在毒性排放物的情况时,由于少量毒性物质也会完全破坏生物处理过程。因此,如果已知毒物的存在,连续监测样品是十分必要的。

由于工业废水调查所得的数据往往易变,因此通常采用统计分析,为过程设计提供基础依据。这类数据往往按照废水的特定特性出现的频率来报告,即按出现废水的某个特征数值的可能性不超过 10%、50%、90% 三种情况来报告。

按照浓度递增的顺序分别排列出 SS 和 $BOD_5$ 的浓度值。设 $n$ 为测量 $BOD_5$ 或 SS 的总次数,$m$ 为递增数值序列的顺序号($1 \sim n$),横坐标 $m/(n+1)$ 相当于该浓度出现的百分数。在概率纸上,以实际值对出现概率作图,用目测的办法,画出最接近这些点的平滑趋势线,见例 1-1。

【例 1-1】 对于较少数据的工业废水调查(即少于 20 个数据点),统计相关计算如下所示。

表 1-5 $BOD_5$ 数据的统计相关性

| $BOD_5/(mg/L)$ | 200 | 225 | 260 | 315 | 350 | 365 | 430 | 460 | 490 |
|---|---|---|---|---|---|---|---|---|---|
| $m$ | 1 | 2 | 3 | 4 | 5 | 6 | 7 | 8 | 9 |
| 概率/% | 5.55 | 16.65 | 27.75 | 38.85 | 49.95 | 61.05 | 72.15 | 83.75 | 94.35 |

(1)按递增的方向整理数据(表 1-5 中的第一行)。

(2)在表 1-5 中的第二行,设 $m$ 取 $1 \sim n$ 的连续数,其中 $n$ 为测量样品的总次数。

(3)求横坐标的值(概率数)。可用测量样品总次数 $n$ 除 100,再加上前一个概率值(表 1-5 中第三行),设第一个值为 $100/n$ 的 1/2,即:

$$概率值 = 100/n + 前一个概率值$$

当取 $m = 5$ 时,

$$概率值 = 100/9 + 38.85 = 49.95$$

（4）这套数据如图 1-2 所示，它们的标准偏差由下式求得：

$$S = \frac{X_{84.1\%} - X_{15.9\%}}{2}$$

由图可得 $S = \dfrac{436 - 254}{2} = 91 \text{ mg/L}$

平均值 $\overline{X} = X_{50.0\%} = 335 \text{ mg/L}$

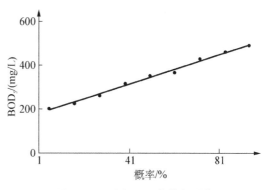

图 1-2　不同 BOD 数值的概率

当统计分析大量数据时，将数据分组作图是很方便的。例如，分成 $0 \sim 50$、$51 \sim 100$、$101 \sim 150$ 等，概率值以 $m/(n+1)$ 表示，而 $m$ 是点的累加数，$n$ 是总测量数。数量的统计分布为开发工业废水管理项目提供许多重要信息。

### 1.3.3　废水特性——有机质含量的评估

对于大多数工业废水来说，其特性是明确的，但对有机质含量和特点仍需专门考虑。废水的有机质含量一般通过 BOD（Biological Oxygen Demand，生物需氧量）、COD（Chemical Oxygen Demand，化学需氧量）、TOC（Total Organic Carbon，总有机碳）或 TOD（Total Oxygen Demand，总需氧量）来评估。这四种指标的主要特点如下：

（1）$BOD_5$ 反应的是生物易降解的有机碳和一定条件下废水中存在的可氧化氮的量。但实际上，通常仅有碳的氧化作用，而抑制了氮的硝化作用，表现为 $CBOD_5$。

（2）$COD_{Cr}$ 反应的是除某些芳香烃（如在反应中不能完全被氧化的苯）以外的总有机碳的量。$COD_{Cr}$ 测定过程是一个氧化还原过程，一些还原性的无机物，如硫化物、亚硫酸盐和亚铁离子也将被氧化，被计入 $COD_{Cr}$，而 $NH_3-N$ 在 $COD_{Cr}$ 测试过程中不被氧化。

（3）TOC 为所有可被氧化为 $CO_2$ 的总有机碳的量。若在废水中存在无机碳（如 $H_2CO_3$、$HCO_3^-$ 等），则必须在分析前除去，或在计算时校正。

（4）TOD 为所有可与氧反应的物质（全部有机碳，还包含氮和硫）所消耗的氧气的量。

在建立 BOD 和 COD 或 TOC 之间的关系时，通常需要过滤样品，测定可溶性有机物，以避免在测定中挥发性悬浮颗粒（VSS）的干扰。

在 BOD 的测量中得到的需氧量是以下各量的总和。

（1）废水中有机物用于合成新的微生物细胞所需的氧量；

（2）微生物细胞内源呼吸的需氧量，如图 1-3 所示。

由图 1-3 可见，时段 1 的氧利用速率是时段 2 的 $10 \sim 20$ 倍。在多数情况下，底物很易分解，时段 1 需要 $24 \sim 36 \text{ h}$ 完成。

在废水中，含有可氧化的有机物如糖类，它们可作为底物迅速被利用，第一天有很高的需氧量；在其后连续培养的几天内，需氧量速率减慢；当超过五天后，耗氧量可用一级反应曲线拟合。需氧曲线一开始斜率很高，即反应速率常

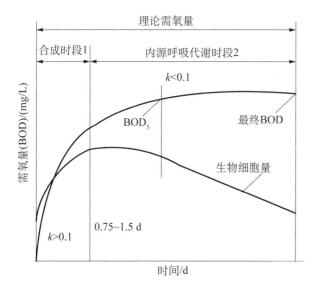

图 1-3　BOD 和生物细胞量随时间的变化

数 $k$ 值很大,经充分氧化后的出水中含有很少的有效底物,一般情况下,培养五天后只有内源呼吸存在。在内源呼吸时段,氧利用速率很低,则 $k$ 值相应较低。Schroepfer 通过实验比较了原废水和经过不同程度处理的废水的 $k_{10}$,证明了这一点。典型的速率常数列于表 1-6 中。

表 1-6　20℃ BOD 速率常数平均值

| 底物 $k_{10}/\text{d}^{-1}$ | 未处理废水 0.15～0.28 | 高速滤池和厌氧接触池出水 0.12～0.22 | 深度生物处理出水 0.06～0.10 | 低污染河流 0.04～0.08 |
| --- | --- | --- | --- | --- |

　　许多工业废水很难氧化,处理这些废水往往需要适应这些特种废水的菌种。如果废水中不存在此类细菌,则 $BOD_5$ 就有滞后期,此时,就会得到错误的 $BOD_5$ 信息。有实验显示,合成有机化学试剂的 $BOD_5$ 的变化明显取决于所用菌种的驯化程度。一些典型的 $BOD_5$ 曲线如图 1-4 所示。

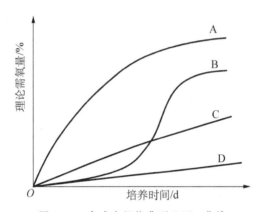

图 1-4　合成有机物典型 $BOD_5$ 曲线

A—易于驯化的有机物微生物降解曲线;B—对底物适应较慢的微生物
降解曲线;C 和 D—未加入驯化微生物的难降解底物的降解曲线

　　有机物的微生物驯化列于表 1-7 中。

表 1-7　底物结构特征对微生物驯化的影响

| 有机物官能团 | 易驯化程度 |
| --- | --- |
| 含羧基、酯基和羟基的无毒脂肪族化合物 | 易于驯化(小于 4 天即可驯化) |
| 含羰基和双键的有毒化合物 | 驯化时间为 7～10 天,且对未驯化的乙酸菌有毒性 |
| 氨基官能团 | 驯化困难并且分解缓慢 |
| 双羧基基团 | 比单羧基基团驯化时间长 |
| 官能团不同位置 | 影响驯化周期:正丁醇 4 天、仲丁醇 14 天、叔丁醇驯化不出相应微生物 |

　　在实际应用中,常用 $BOD_5$ 和 $COD_{Cr}$ 的比值($BOD_5/COD_{Cr}$)来比较处理过的出水和未处理废水。在 $BOD_5$ 试验中,废水中有机悬浮颗粒物(VSS)慢慢地发生生物降解时,$BOD_5$ 和 $COD_{Cr}$ 之间不存在相关性。因此,应该采取已过滤或可溶性的样品来做试验。造纸厂废水中的纸浆和纤维废水就是典型的例子,在含有难降解有机物(如 ABS)的复杂废水中,$BOD_5$ 和 $COD_{Cr}$ 之间没有相关性,处理过的出水几乎不含 $BOD_5$,而仅含 $COD_{Cr}$。常见工业废水处理前后 $BOD_5/COD_{Cr}$ 如表 1-8 所示。

表 1-8　若干行业典型工业废水的 $BOD_5$ 和 $COD_{Cr}$

| 行业 | 未处理废水 | | 处理后出水 | | $BOD_5/COD_{Cr}$ | |
|---|---|---|---|---|---|---|
| | $BOD_5/(mg/L)$ | $COD_{Cr}/(mg/L)$ | $BOD_5/(mg/L)$ | $COD_{Cr}/(mg/L)$ | 处理前 | 处理后 |
| 制药厂 | 3 290 | 5 780 | 23 | 561 | 0.57 | 0.04 |
| 化学试剂厂 | 725 | 1 487 | 6 | 257 | 0.49 | 0.02 |
| 赛璐珞厂 | 1 250 | 3 455 | 58 | 1 015 | 0.36 | 0.06 |
| 制革厂 | 1 160 | 4 360 | 54 | 561 | 0.27 | 0.10 |
| 烷基胺厂 | 893 | 1 289 | 12 | 47 | 0.69 | 0.26 |
| 烷基苯磺酸厂 | 1 070 | 4 560 | 68 | 510 | 0.23 | 0.13 |
| 人造丝厂 | 478 | 904 | 36 | 215 | 0.53 | 0.17 |
| 聚酯纤维厂 | 208 | 559 | 4 | 71 | 0.37 | 0.06 |
| 蛋白质制造厂 | 3 178 | 5 355 | 5 | 245 | 0.59 | 0.02 |
| 烟草厂 | 2 420 | 4 270 | 139 | 546 | 0.57 | 0.25 |
| 丙烯氧化物合成厂 | 532 | 1 124 | 49 | 289 | 0.47 | 0.17 |
| 纸厂 | 380 | 686 | 7 | 75 | 0.55 | 0.09 |
| 蔬菜油加工厂 | 3 474 | 6 302 | 76 | 332 | 0.55 | 0.23 |
| 植物鞣制制革厂 | 2 396 | 11 663 | 92 | 1 578 | 0.21 | 0.06 |
| 硬纸板厂 | 3 725 | 5 827 | 58 | 643 | 0.64 | 0.09 |
| 含盐有机化学厂 | 3 171 | 8 597 | 82 | 3 311 | 0.37 | 0.02 |
| 炼焦厂 | 1 618 | 2 291 | 52 | 434 | 0.71 | 0.12 |
| 液态煤厂 | 2 070 | 3 160 | 12 | 378 | 0.66 | 0.03 |
| 纺织印染厂 | 393 | 951 | 20 | 261 | 0.41 | 0.08 |
| 牛皮纸厂 | 308 | 1 153 | 7 | 575 | 0.27 | 0.01 |

总有机碳 TOC 的测定方法较为简单,有多种分析仪器可供选择。由于 $BOD_5$ 需要较长的培养时间,可以考虑不设 $BOD_5$ 常规测定项目,而是通过 $BOD_5$、THOD、$COD_{Cr}$ 及 TOC 之间的关系推测出来。

对于含有某一种特定有机物的废水来说,THOD(The Theoretical Oxygen Demand,理论耗氧量)可通过计算有机物氧化成最终产物所需的氧求得,例如对于葡萄糖

$$C_6H_{12}O_6 + 6O_2 \longrightarrow 6CO_2 + 6H_2O$$

$$THOD = \frac{6M_{O_2}}{M_{C_6H_{12}O_6}} = 1.07 \times \frac{COD_{Cr}(mg)}{有机物(mg)} \tag{1-1}$$

对于大多数有机化合物(除芳烃化合物和含氮化合物以外),其 $COD_{Cr}$ 值等于 THOD 值。对于易降解的废水,如奶制品厂的废水,其 $COD_{Cr}$ 值等于 $BOD_u/0.92$($BOD_u$ 为最终生化需氧量)。$COD_{Cr}$ 与 $BOD_u/0.92$ 的差值则表明废水中不易降解的有机物含量。

同时在生物处理过程中发现,出水中难降解有机物会逐渐积累,这些物质包括废水中原难降解有机物、生物氧化的副产物和内源代谢的产物,可称为 SMP(Soluble Microbial Products,可溶性微生物产物)。因此,通过生物处理,出水中 $COD_{Cr}$ 会因废水中难降解有机物的积累而增高。

当鉴别化合物时,可通过碳-氧平衡建立 TOC 与 $COD_{Cr}$ 的相关关系,

$$\frac{COD_{Cr}}{TOC} = \frac{6M_{O_2}}{6M_{CO_2}} = 2.66 \times \frac{COD_{Cr}(mg)}{有机碳(mg)} \tag{1-2}$$

根据有机物的种类不同,$COD_{Cr}/TOC$ 比值变化很大,从不能被重铬酸钾氧化的有机物到

甲烷,$COD_{Cr}/TOC$ 的比值可由 0 变化到 5.33。由于生物氧化期间的有机质含量变化,$COD_{Cr}/$ $TOC$ 的比值也变化,同理,$BOD_5/TOC$ 的变化也类似。各种有机物的 $BOD_5$ 与 $COD_{Cr}$ 的值如表 1-9 所示。

表 1-9　某些有机物 BOD<sub>5</sub>、COD<sub>Cr</sub> 与 THOD 的关系

| 化学基团 | | THOD /(mg/mg) | 测量的 $COD_{Cr}$ /(mg/mg) | ($COD_{Cr}$/THOD) /% | 测量的 $BOD_5$ /(mg/mg) | ($BOD_5$/THOD) /% |
|---|---|---|---|---|---|---|
| 脂肪族 | 甲醇 | 1.50 | 1.05 | 70 | 1.12 | 75 |
| | 乙醇 | 2.08 | 2.11 | 100 | 1.58 | 76 |
| | 乙二醇 | 1.26 | 1.21 | 96 | 0.39 | 31 |
| | 异丙醇 | 2.39 | 2.12 | 89 | 0.16 | 7 |
| | 顺丁烯二酸 | 0.83 | 0.80 | 96 | 0.64 | 77 |
| | 丙酮 | 2.20 | 2.07 | 94 | 0.81 | 37 |
| | 甲乙酮 | 2.44 | 2.20 | 90 | 1.81 | 74 |
| | 乙酸乙酯 | 1.82 | 1.54 | 85 | 1.24 | 68 |
| | 草酸 | 0.18 | 0.18 | 100 | 0.16 | 89 |
| | 平均值 | | | 91 | | 59 |
| 芳香族 | 甲苯 | 3.13 | 1.41 | 45 | 0.86 | 27 |
| | 苯甲醛 | 2.42 | 1.98 | 82 | 1.62 | 67 |
| | 苯甲酸 | 1.96 | 1.95 | 99 | 1.45 | 74 |
| | 氢醌 | 1.89 | 1.83 | 97 | 1.00 | 53 |
| | 邻甲酚 | 2.52 | 2.38 | 95 | 1.76 | 70 |
| | 平均值 | | | 84 | | 58 |
| 含氮有机物 | 乙醇胺 | 2.49 | 1.27 | 51 | 0.83 | 33 |
| | 丙烯腈 | 3.17 | 1.39 | 44 | 0 | 0 |
| | 苯胺 | 3.18 | 2.34 | 75 | 1.42 | 45 |
| | 平均值 | | | 56 | | 26 |

由于只有可降解的有机物可在活性污泥处理中被去除,出水的 $COD_{Cr}$ 应由进水的难降解有机物 $[((SCOD_{Cr})_{nd})_i]$ 和剩余可降解有机物(以可溶性 $BOD_5$ 为特征的)以及在处理过程中产生的可溶性微生物产物(SMP)三部分组成。SMP 是不易生物降解的(也可标作 $SMP_{nd}$),因此,它表现为可溶性 $COD_{Cr}$(或 TOC)但不表现为 $BOD_5$。实验数据表明,$SMP_{nd}$ 占流入废水中可降解 $COD_{Cr}$ 的 2%~10%。

出水的总 $COD_{Cr}$ 即 $(TCOD_{Cr})_e$ 是可降解 $COD_{Cr}$ 与不可降解 $COD_{Cr}$ 之和,即 $(SCOD_{Cr})_d +$ $(SCOD_{Cr})_{nd}$,再加上由于废水悬浮固体($TSS_e$)引起的所谓"颗粒物"$COD_{Cr}$ 的总和。如果废水中悬浮固体是活性污泥絮体,那么 $COD_{Cr}$ 可以用 1.4 倍的 $TSS_e$ 来估算,并以下式表达:

$$(TCOD_{Cr})_e = ((SCOD_{Cr})_{nd})_e + ((SCOD_{Cr})_d)_e + 1.4TSS_e \qquad (1-3)$$

$$((SCOD_{Cr})_{nd})_e = SMP_{nd} + ((SCOD_{Cr})_{nd})_i \qquad (1-4)$$

$$((SCOD_{Cr})_{nd})_i = (SCOD_{Cr})_i - ((SCOD_{Cr})_d)_i \qquad (1-5)$$

$$(TCOD_{Cr})_e = (SCOD_{Cr})_i - ((SCOD_{Cr})_d)_i + SMP_{nd} + ((SCOD_{Cr})_d)_e + 1.4TSS_e$$
$$(1-6)$$

进水或出水的可降解的 $(SCOD_{Cr})_d$ 可从 $BOD_5$ 与 $BOD_u$ 之比求得(表示为 $f_i$ 或 $f_e$),假定 $BOD_u = 0.92SCOD_{Cr}$,进水(i)或出水(e)的可降解 $(SCOD_{Cr})_d$ 可用式(1-7)计算:

$$((SCOD_{Cr})_d)_{i/e} = \frac{(BOD_5)_{i/e}}{0.92f_{i/e}} \qquad (1-7)$$

废水的 $TCOD_{Cr}$ 可结合以上方程求得

$$(TCOD_{Cr})_e = (SCOD_{Cr})_i - \left[\frac{(BOD_5)_i}{0.92f_i}\right] + SMP_{nd} + \left[\frac{(BOD_5)_e}{0.92f_e}\right] + 1.4TSS_e \quad (1-8)$$

$BOD_5$、$COD_{Cr}$ 和 TOC 的测定是对有机物总量的粗略估计。为区别有机物可生物降解和不可生物降解,需要对废水的有机成分进行分类,如图 1-5 所示。区别可生物降解和不可生物降解的 $COD_{Cr}$ 对于选择合理的处理流程来控制污泥的质量至关重要。

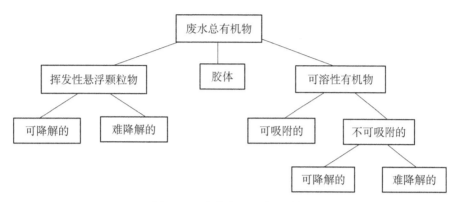

图 1-5　废水有机组成的分类

### 1.3.4　废水毒性的评估

测量废水毒性的标准技术是生物鉴定法,这种方法评价底物对生命有机体的影响。生物鉴定测试的两种最常用的方法是慢性和急性试验。慢性生物试验评价长期效应,它指对有机生命体的繁殖、生长或正常行为的影响;而急性试验评价短期效应,包括死亡率。

急性毒性试验首先将一个选择的试验生命体(例如虾、鱼)暴露在已知浓度的样品中一段特定时间(经常采用 48 h 或 96 h,偶尔也有 24 h)进行试验。样品的急性毒性通常以使 50% 生命体致死的样品浓度来表达,记作 $LC_{50}$。慢性毒性生物试验是将一个已选择的试验生命体暴露在已知浓度样品中,经历持续几周至数年之久、观察物质对生物从出生到繁殖整个生活周期影响的毒性试验。样品的慢性毒性通常用 $IC_{25}$ 表示,此值表示对试验物种的慢性行为(如生长的质量或繁殖能力)抑制程度达 25% 的样品浓度。NOEC 表示未观察到毒性效应的浓度。

$LC_{50}$ 和 $IC_{25}$ 的值分别由死亡率和质量—时间或繁殖力—时间的关系数据统计分析而得。$LC_{50}$ 或 $IC_{25}$ 值愈低,说明废水毒性愈高。生物试验数据以特定化合物浓度(如,mg/L)表示;或在全废水(即总废水)的情况下,以暴露结束前引起毒性作用的废水稀释的百分数或毒性单位表示。毒性单位以 100 乘以稀释百分数的倒数来表示,对于全废水毒性 25%,相当于 100/25 或 4 的毒性单位。在较合理测量所得的结果中,其值越大,表示其毒性越大。以毒性单位表示的数据可以用于任何生物体的急性或慢性毒性试验,是一种简单的数学表达。

多种有机生命体可以用于测量毒性。生命体和生命阶段的选择取决于废水中盐含量、稳定性、目标污染物质的性质以及对不同废水的相对灵敏度。对于同一种化合物,不同的生命体也显示出不同的毒性限值(表 1-10),并且由于生物因素的影响,不同测试物种对于单一化合物的毒性有相当大的变动值。同样,对于同一工厂,工厂废水的变动会引起废水毒性的极大变化。另外,各种因素,如生命体的种类、试验条件、重复的次数(即平行样)和生命体的应用,以及进行试验的实验室(当几个实验室同时进行时,可以观察到较大的变化结果),都会引起试验结果的变化。

表 1 - 10　某些化合物的急性毒性(96 h, $LC_{50}$ )

| | 污染物 | 浓度单位 | 鲤鱼 | 马格纳水蚤 | 虹鳟 |
|---|---|---|---|---|---|
| 有机物 | 苯 | mg/L | 42 | 35 | 38 |
| | 1,4 -二氯苯 | mg/L | 3.72 | 3.46 | 2.89 |
| | 2,4 -二硝基苯酚 | mg/L | 5.81 | 5.35 | 4.56 |
| | 氯化甲烷 | mg/L | 326 | 249 | 325 |
| | 苯酚 | mg/L | 39 | 33 | 35 |
| | 2,4,6 -三氯苯酚 | mg/L | 5.91 | 5.45 | 4.62 |
| 重金属 | Cr | μg/L | 38 | 0.29 | 0.04 |
| | Cu | μg/L | 3.29 | 0.43 | 1.02 |
| | Ni | μg/L | 440 | 54 | — |

　　毒性试验结果的精密度随着样品实际毒性的降低而显著降低。高的 $LC_{50}$ 值,具有低的死亡率,如果生命体试验只有几个,就会得到宽范围的 $LC_{50}$ 值。相应地,具有较高死亡率的试验结果较为精确,因为有较高百分率的生命体受到了样品的影响,这样就给出了统计上较为精确的实际毒性估计。任何试验只是给出实际毒性的估计,应该同时记录方法的精密度。

　　由于生物试验结果有较大偏差,需验证大量确定的数据,这样才能正确评价毒性的程度。对于任何结论,不能只根据单个实验数据得到,必须进行长期的分批试验、半工业规模的中试或生产规模的试验,以确保处理方法的有效性。

# 1.4　工业废水污染源控制

　　控制污染源的必要性:如果把生产中产生的污染称为第一代污染,在处理这种污染时,不可避免地形成污泥等第二代污染,而这部分污染是不容忽视的,例如活性污泥,絮凝沉淀或化学沉淀后产生的沉淀等,吸附后的活性炭,离子交换后的树脂,膜分离技术处理后产生的废膜(一般膜的使用周期还是相当短的,一旦更换组件或膜,就会产生大量的废弃膜,焚烧处理后产生的废气和废渣)。但是,无论在消除第一代还是第二代污染时,所需资金在形式上表现为货币,实质上需要投入相应量的物质和能量,而在生产这些用于消除污染的物质时,不仅增加了资源的消耗,而且在这些物质的生产过程中又产生相应的第三代污染,例如絮凝剂的生产,树脂的生产,处理金属设备的加工,水泥构筑物的建造,等等。尤其当深度处理时,有可能会造成10 倍于原来污染的污染。

　　因此,要求首先减少不必要的生产,使得生产回归到满足人类生产生活需要的传统意义上来,而不是以追求资本为目的。在必要物质生产的各项活动中,要求尽量减少各种资源的消耗和各资源在生产过程中的流失,并尽量回收利用污水或污泥中有用的物质。

　　控制工业废水污染源的基本途径是减少废水排出量和降低废水中污染物浓度。

## 1.4.1　减少废水排出量

　　减少废水排出量是减少处理装置规模的前提。主要的措施如下:

　　(1)废水分流。将工厂所有废水混合后再进行处理,不但增大了处理的难度,也增大了处理的规模。如果将高浓度的废水和低浓度或微污染的废水进行分流,高浓度的废水可以回收有用物质,即使不能回收,也可以减小处理规模,减少投资。低浓度废水可以采用较为经济、简单的工艺进行处理,而微污染或未污染的生产废水,则可以直接回用或用作冲洗水等。具体来说主要措施有:在生产现场对原材料和水资源等进行循环回收和重复利用;原生产工艺流程中增设物料、水流闭路循环回用系统,使生产过程中先期损失的物料得以在后续环节中返回生产流程,并被重复利用,包括:建立闭路循环回收系统;循环回用物料。

从水回用角度考虑,许多工业系统实施完全闭路循环。尽管这在理论上可行,但由于产品质量控制要求,水的再利用有个上限。例如,某造纸厂实施闭路循环,导致溶解性有机物的不断积累,这增加了污泥控制费用,增加了造纸和停工检修时间,在某些条件下还会引起库存纸变色。显然,最大再利用率应该有个上限,以确保生产法与产品正常。

(2)节约用水。生产单位产品或获得单位产值排出的废水量称为单位废水量。它是衡量一种工艺或行业的清洁生产能力的一个常用指标。不同行业,或同一行业的不同工艺,单位废水量相差可能很大。对于合理用水或采用清洁生产工艺的工厂,单位用水量一般远低于管理不善、工艺落后的工厂。

(3)改革生产工艺。即以最少的原料和能源消耗,生产尽可能多的产品。具体来说,应当做到以下几点:节约能源;利用可再生能源;利用清洁能源;开发新能源;实施各种节能技术和措施;节约原材料;利用无毒无害原材料;减少使用稀有原材料;现场循环利用物料。把生产活动和预期的产品消费活动对环境的负面影响减至最小。如:减少有毒有害物料的使用;采用少排废和无排废生产技术和工艺;减少生产过程中的危险因素;现场循环利用废物;采用可降解和易处理的原材料。

(4)避免间断排出工业废水。如电镀厂在更换电镀废液时,常间断地排出大量高浓度废水,则必须设置水量调节池,再均匀排出,进入后续的废水处理设施。如果间歇性地处理废水,则需要较大规模的处理设施,在间歇的时间内,设施又被闲置,造成资源浪费。而且一些工艺还是需要连续性的。因此,在大部分工业废水处理过程中,调节池是必不可少的。

### 1.4.2　降低废水中污染物浓度

废水中污染物来源有二:一是本应成为产品的成分,由于某种工艺限制或管理不善而进入废水中,如制糖厂废水中的成分,酒精厂废水中的酒精等;二是从原料到产品的生产过程中产生的副产物或杂质,如纸浆废水中的木质素,酒精废水中的乙酸等。虽然一般从原料经加工,成为产品的过程中转化率不可能达到100%,但通过改革生产工艺和设备性能,加强现场管理水平,还是能够达到提高原料转化率,或减少产品的流失,减少污染物产生量,从而降低废水中污染物浓度的目的。一般有以下几种措施:

(1)改革生产工艺,采用无毒无害原材料。如电镀厂镀铜、镀锌时,起初工艺一般采用氰,由于其剧毒的缺点,现在基本已经选择了无氰工艺,详细内容我们在第三篇的电镀废水中学习;另外如纺织厂上浆用的 PVA 浆料,会造成较高的 $COD_{Cr}$,而且难以生物降解,即环境污染严重而难以处理,应当尽量淘汰。

(2)改进生产设备的性能和结构。如果废水中污染物质是目标产品时,可以通过改进装置的结构和性能,提高产品的收率,降低废水污染物浓度。如在炼油厂的各工段设集油槽防止油类排出,以减少废水中油的浓度。

(3)废水分流。通过分流后如果实现回收高浓度废水中的物质,则减少了废水中污染物总含量,降低了废水中污染物浓度。但如果总的工艺采用生物处理时,工业废水往往和工厂浓度较低的生活污水混合,利用其中含有的氮、磷和可降解有机物,提高总废水的可生化性。

(4)废水进行均和。也就是通过设置调节池,降低总废水中污染物浓度,但这种方法并不能减少污染物的排放总量,对于易降解的污染物,如果能够降低至污水排放标准,则可以直接排放,利用天然水体的自净能力去除污染,无须增加污染物处理设施。但对于难生物降解的有毒有害有机物和重金属类污染物,不可利用这种方式排放。

(5)回收有用物质。这是降低污染物含量的最好办法。将污染物回收,使其成为有经济价值的产品,是环保工作最好的结果,也是我们的追求目标和努力方向,如从电镀废水中回收铬酸,从造纸废水中回收木质素,从饭店的泔水中回收生物柴油,从酿造废水中回收蛋白饲料,等等。当然,一定要通过一定技术,使得产品回收的成本具有经济性。

（6）排出系统的控制。当废水的浓度超过规定值时,能立即停止污染物发生源工序的生产或预先发出警报。

### 1.4.3　污染源削减的具体措施

（1）掌握排污现状。查明工厂在正常和高负荷操作条件下的水平衡状况;调查清楚所有用水工序,并编制每个工序的水平衡明细表;从各排水工序和总排水口取样进行水质分析。

以排污口为单位,测得主要污染物的排放量及其变化规律。在各排污口汇集的废水中,要尽量分清与主要工艺设备发生直接联系的废水,以及其他废水的排水量和排污量。前者即是工艺废水,是污染物的主要来源,是控制污染和减污的重点。

（2）排污活动分析。在掌握排污现状的基础上,进一步了解主要污染物的发生源及其发生原因,如果对污染源的发生没有定量化的数据,在需要削减排污量时,只能在建设废水处理设施上努力,即提高废水处理程度。通过分析,要明确能否通过改进工艺或设备减少废水量和污染物浓度;有无回收有用物质的可能性;有无将无须处理可以排放或回用的废水和高浓度废水分流的可能性。

（3）确定节水减污方案并进行方案的可行性分析。对排污活动分析明确的节水减污对象,通过物料衡算和水量平衡计算,或与同类工厂水平先进性比较,分析可能采用的工艺改革、设备更新和回收利用措施等各种途径。技术经济指标是实施的关键技术。

有关污染控制的费用-效益分析总结在表 1-11 中。

表 1-11　污染控制的费用-效益分析总结

| 管理 | 源的综合控制 |
|---|---|
| ◇　承诺和培训<br>◇　机构<br>◇　检查<br>◇　培训<br>◇　实施目标<br>◇　监控 | ◇　服务性的实践<br>◇　水平衡/再利用/再循环<br>◇　废物减量化/不排放<br>◇　材料回收/再利用<br>◇　新过程/方法<br>◇　新技术 |
| 效益 | 优化末端控制 |
| ◇　最小成本环境管理<br>◇　化学试剂减少<br>◇　产品产量增加<br>◇　较小排出物控制单元<br>◇　热心的操作员<br>◇　最小成本污染控制 | ◇　清污分流<br>◇　流量/负荷平衡<br>◇　预防维修<br>◇　能量管理<br>◇　最佳控制<br>◇　泥渣管理 |

（中心：污染控制的费用-效益分析）

# 第一篇　工业废水中的典型污染物

美国环保局(U. S. EPA)20 世纪 70 年代已鉴定出约 129 种重点污染物,按排放标准分类,为 65 类。有机和无机的重点污染物是根据其致癌性、诱变性、致畸变性或高剧毒性而选定的。

本篇依据《污水综合排放标准》(GB 8978—1996),选取部分典型的污染物进行分析,重点介绍其性质、用途、来源、污染机理和去除方法。

# 第 2 章　汞

汞俗称水银,在地球的十大污染物中位居首位。在排放标准中,总汞浓度不高于 0.05 mg/L,烷基汞不得检出。在重金属污染物中,汞作为一种特殊的、毒性极强的金属元素备受关注,特别是 20 世纪 50 年代初日本水俣湾发生举世震惊的"水俣病(Minamata Disease)"事件后,人们对汞的污染源、污染水平、汞在环境中的迁移转化规律及其治理措施等进行了一系列的研究,并对汞在水环境中富集、转化、食物链的传递与危害等环节有了较为明晰的认识。

## 2.1　汞的基本性质

汞的元素丰度在地壳中占第 63 位(80 $\mu g/kg$),在海洋中居第 40 位(0.15 $\mu g/L$),所以汞在各圈层中的储量及在各圈层间迁移通量都较小。

(1) 汞的基本物理性质

| | |
|---|---|
| 密度(20℃) | 13.546 g/cm³ |
| 熔点 | −38.87℃ |
| 沸点 | 357℃ |
| 平均比热容(0~100℃) | 138 J/(kg · K) |
| 熔化热 | 2.324 kJ/mol |
| 汽化热 | 61.1 kJ/mol |
| 热导率(0~100℃) | 8.65 W/(m · K) |
| 电阻率(20℃) | 95.9 $\mu\Omega$ · cm |

汞为银白色液态金属,常称为"水银",是自然界在常温下呈液态存在的唯一金属,且流动性好,密度是所有液体中最重的。另外,金属汞不溶于水及有机溶剂,在水中饱和浓度为 0.02 mg/L。

汞几乎能与所有的普通金属形成合金,包括金和银,但不包括铁。这些合金统称汞合金(或汞齐)。铊在汞中的溶解度最大,18℃ 时为 42.8%,铁的溶解度最小,为 $1.0 \times 10^{-17}$%,所以可用铁器盛汞。

汞在常温下易挥发,在 0℃ 以下即可蒸发超过卫生标准,其蒸发量与温度升高成正比。汞蒸气比空气重 6.9 倍,多沉积于作业处下部,易被吸入。

(2) 汞的基本化学性质

汞在周期表中处于 ⅡB 族。汞的化学性质、地球化学性质与镉比较相近,但与锌比却有较大差异。汞的化学性质较稳定,自然界中汞以游离态或化合态(辰砂 HgS)存在。游离态的汞称为自然汞,是由辰砂氧化而成的。

$$HgS + O_2 \stackrel{\triangle}{=\!=\!=} Hg + SO_2 \uparrow \qquad\qquad 反应(2-1)$$

汞($Hg^+$)的标准电位为$+0.86$ V,电化当量为$7.483$ g/(A·h),化学性质较稳定,不容易受到氧化和腐蚀。汞能与硫生成$HgS$(辰砂),与氯生成$HgCl_2$(升汞)和$Hg_2Cl_2$(甘汞)。

其金属活跃性低于锌和镉,且不能从酸溶液中置换出氢。一般汞化合物的化合价是$+1$或$+2$,$+3$价的汞化物很少有。

总之,在与同族元素比较中,汞的特异性表现在:①氧化还原电位较高,易呈金属状态。②汞及其化合物具有较大挥发性。③单质汞是金属元素中唯一在常温下呈液态的金属(m. p. $=-38.9℃$),具有很大流动性和溶解多种金属而形成汞齐的能力(如钠、钾、金、银、锌、镉、锡、铅等都易与汞生成汞齐)。④能以一价形态($Hg_2Cl_2$)存在。⑤与相应的锌化合物相比,汞化合物具有较强共价性,且由于其较强的挥发性和流动性,它们在自然环境或生物体间有较大的迁移和分配能力。

# 2.2　常见的汞化合物及其基本性质

## 2.2.1　汞的无机化合物

汞的无机化合物有硝酸汞($Hg(NO_3)_2$)、升汞($HgCl_2$)、甘汞($Hg_2Cl_2$)、溴化汞($HgBr_2$)、砷酸汞($HgAsO_4$)、硫化汞($HgS$)、硫酸汞($HgSO_4$)、氧化汞($HgO$)、氰化汞($Hg(CN)_2$)等。它们常被用于汞化合物的合成,或用作催化剂、颜料、涂料等;有的还被用作药物。口服、过量吸入汞化合物粉尘及皮肤涂布时均可引起中毒。此外,雷汞($Hg(CNO)_2·0.5H_2O$)还用于制造雷管等。

【汞齐】　又称汞合金。汞溶解其他金属形成的合金;汞量多时为液态,汞量少时为固体。有广泛用途,如钠汞齐用作还原剂、锌汞齐制电池、银汞齐补牙、锡汞齐制镜。

【氧化汞】　化学式$HgO$,相对分子质量$216.59$;俗名三仙丹[水银、火硝(结晶)、明矾],有两种变体,红色晶体粉末,黄色晶体粉末;难溶于水;加热至$500℃$分解为汞和氧气;溶于盐酸生成氯化汞,溶于硝酸生成硝酸汞;有毒;有氧化性;用作氧化剂、分析试剂、医药制剂、陶瓷颜料、制有机汞化合物。汞和氧加热至$300℃$左右化合,或将硝酸汞徐徐加热可得红色氧化汞。将氢氧化钠或碳酸钠跟汞盐溶液反应得黄色氧化汞。

【硝酸汞】　化学式$Hg(NO_3)_2·0.5H_2O$,相对分子质量$333.61$;淡黄色晶体,有毒,密度$4.39$ g/cm³,熔点$79℃$;易潮解,易溶于水;有氧化性;徐徐加热生成氧化汞,强热时生成汞、二氧化氮和氧气;用于分析试剂及制药领域。

【氯化汞】　俗称升汞,化学式$HgCl_2$,相对分子质量$271.50$;无色晶体;密度$5.44$ g/cm³,熔点$276℃$,沸点$302℃$;溶于水,腐蚀性极强的剧毒物品;水溶液在空气和光的作用下逐渐分解为氯化亚汞、盐酸和氧;有腐蚀性;用作消毒剂、防腐剂、催化剂,也用于医药领域。

【碘化汞】　化学式为$HgI_2$,危险标记13(剧毒品),用于医药、化学试剂领域;如吸入、口服或经皮肤吸收可致死;对眼睛、呼吸道黏膜和皮肤有强烈刺激性;汞及其化合物主要引起中枢神经系统损害及口腔炎,高浓度引起肾损害。

【氯化亚汞】　因略带甜味俗称甘汞。化学式$Hg_2Cl_2$,相对分子质量$472.09$;白色正方或四方晶体;密度$7.15$ g/cm³,熔点$303℃$,沸点$384℃$;不溶于水和乙醇;溶于浓硝酸、沸腾的盐酸、氯化铵和碱溶液,生成汞和氯化汞;在光照下分解生成汞、氯化汞而逐渐变黑;用作杀菌剂,也用于焰火制造及制作甘汞电极;由硝酸亚汞溶液与氯化钠溶液混合制得。

【硫化汞】　化学式$HgS$,相对分子质量$232.65$;有三种晶形,红色六角晶体;有金属光泽,密度$8.10$ g/cm³,$580℃$升华;黄色单斜晶体,在$386℃$以上稳定;黑色变体(六方晶体或无定形粉末),密闭加热升华得红色变体。硫化汞难溶于水和醇;溶于硫化钠溶液、硝酸和王水;在空气中加热生成汞和二氧化硫;有毒;是一种很高品质的颜料,常用于印泥;用作油画颜料、印泥、油漆、油墨和朱红雕刻漆;天然产的俗称辰砂、丹砂或**朱砂**;殷墟出土的甲骨文上涂有丹砂,可以证明我国在有历史记录以前就已经使用了天然的硫化汞;其含汞 $86.2\%$,是炼汞的主要矿物原料;还是中药材,具镇静、安神和杀菌等功效,中国古代用它作为炼丹的重要原料。

【朱砂】　天然产的硫化汞的俗称,呈红褐色。

【雷汞】　又称雷酸汞。化学式 $Hg(ONC)_2$,相对分子质量 284.62;白色或灰色结晶粉末;密度 $4.2\,g/cm^3$,微溶于冷水,溶于热水和乙醇;有毒;加热或干燥时受轻微振动即爆炸;是常用的炸药起爆药;由硝酸汞与乙醇在过量硝酸中反应制得。

## 2.2.2　汞的有机化合物

【甲基汞】　又称甲基水银。化学式为 $CH_3Hg$,是一种经常在河流或湖泊中被发现的很危险的污染物。甲基汞用于合成有机汞,系亲脂性毒物,主要侵犯神经系统。细菌能将人类活动,特别是燃煤电厂排放的二价汞转化为剧毒的甲基汞,甲基汞能通过食物链特别是鱼类进入人体。

【二甲基汞】　二甲基汞 $Hg(CH_3)_2$,$CH_3HgCH_3$。二甲基汞为带有不愉快甜味的无色液体;用于有机合成;氰化钾使一个成年人致死,要 100 mg,二甲基汞比氰化钾毒性更强,致死量为 50 mg。最危险的汞的有机化合物是 $C_2H_6Hg$,仅数微升接触在皮肤上就可以致死。

【氯化乙基汞】　$C_2H_5ClHg$(剧毒品),氯化乙基汞是一种农药,商品名为西力生,其毒性比较剧烈;主要作为杀菌剂用于防治农作物病害,大部分用在浸种或拌种环节。

【硫柳汞】　长期以来一直被广泛用作生物制品及药物制剂,包括许多疫苗的防腐剂,以预防有害微生物污染所致的潜在危害;在生物制品的历史中,硫柳汞这样的防腐剂已应用 60 多年;曾在儿童疫苗中使用,现在在美国爱荷华州、加利福尼亚州,英国和其他欧洲国家已禁用。

【汞溴红】　是一种有机物,分子式 $C_{20}H_8O_6Br_2Na_2Hg$,其溶液通常称为红药水,内含红汞 $2\%$;以其解离出汞离子而起到杀菌作用;防腐作用较弱、刺激性小;可用于皮肤、小创面消毒,不可与碘酊同时涂用。红汞会与碘反应生成有毒的碘化汞,过多的话,会造成汞中毒,因作用差已少用。

表 2-1　汞化合物中毒症状

| | 无机汞 | | 低级烷基汞 |
|---|---|---|---|
| | 金属汞 | 无机离子型汞 | |
| 急性中毒 | 糜烂性支气管炎<br>肺炎 | 消化道溃疡<br>循环性休克<br>局部肾炎 | 知觉异常<br>视野狭窄<br>运动失调<br>重听<br>语言障碍<br>步行障碍<br>战颤<br>痉挛<br>腱反射异常<br>流涎<br>发汗<br>轻度精神障碍 |
| 慢性中毒 | 食欲不振,体重减轻<br>乏力症<br>记忆力减退,丧失自信,不眠症<br>战颤<br>过敏症<br>精神障碍 | | |

# 2.3　水体中汞污染物的来源

## 2.3.1　汞的用途

汞的用途较广,在总的用量中,金属汞占 30%,化合物状态的汞约占 70%。汞及其化合物在化工、电器、仪表、医药、冶金、军工和新技术领域都有重要用途。

冶金工业中利用汞能与多种金属形成汞齐的性质,常用汞齐法(汞能溶解其他金属形成汞齐)提取金、银和铊等金属。在化学工业中,用汞制造氯化亚汞、氯化汞、氧化汞、硫酸汞等数百种化合物。

电气仪表工业,制造水银(汞弧)整流设备,水银真空泵,水银温度计,飞机、轮船夜航的回转器及测压仪。制造各种类型的电气开关、水银灯、日光灯、紫外线灯、振荡器、各种水银电池和原电池等。

汞的一些化合物在医药上有消毒、利尿和镇痛作用,金银汞齐具有很快硬化的能力,故用作牙科材料。在中医学上,汞是治疗恶疮、疥癣药物的原料。

国内某卫生监督机构曾对市售 50 种化妆品检查,结果发现有 16 种化妆品汞化合物超标,其中最低超标 480 倍,最高超标 6.7 万倍。化妆品内含汞化合物主要为氯化亚汞,其能达到"立竿见影"的祛斑、增白效果,且原料价格低廉。祛斑类美容产品中违规加入氯化亚汞的含量最高。我国的化妆品卫生标准规定,除眼部化妆品可使用规定量的硫柳汞(0.007%)之外,禁止使用其他含汞化合物。

汞可用作精密铸造的铸模,钚原子反应堆的冷却剂、防辐射材料,以及镉基轴承合金的组元等。在有机化工的蒸馏设备中常代替水作为加热介质或用于较高温度的恒温器。

氧化汞作为防污剂可用于海洋船底的油漆,干电池的去极剂。氯化汞可用于制革、照相等。硫化汞是红色颜料,用于橡胶和油墨。

## 2.3.2　汞的工业污染源

汞在天然水中的浓度为 $0.03\sim2.8\ \mu g/L$。水中汞污染物的来源可追溯到含汞矿物的开采、冶炼、各种汞化合物的生产和应用领域。因此在冶金、化工、化学制药、仪表制造、电气、木材加工、造纸、油漆颜料、纺织、鞣革、炸药等工业的含汞生产废水都可能是环境水体中汞的污染源。表 2-2 列举了一些工业排水中的含汞量,值得注意的是氯碱工业中由水银电极电解工段中排出的水中汞含量较高。

表 2-2　某些工业排水中含汞量

| 排水 | 溶解性汞/(mg/L) | 悬浮颗粒汞/(mg/kg)[①] |
|---|---|---|
| 造纸厂沉降池 | 0.000 08 | 10 |
| 造纸厂排水 | 0.002~0.003 4 | 5.6 |
| 肥料制造厂 | 0.000 26~0.004 | 32.0 |
| 冶炼厂 | 0.002~0.004 | — |
| 氯碱生产厂 | 0.080~2.0 | 14.0 |

① 每千克残渣中含汞毫克数。

## 2.3.3　汞在天然水体中的转化

不论是淡水或是海水,一旦含汞污染物排入水体,汞就与水中大量存在的悬浮颗粒物牢固地结合,结合程度由 pH、盐度、氧化还原电位及颗粒物上有机配位体性质和数量等因素确定。汞与悬浮颗粒物间的相互作用力的大小介于弱的范德瓦尔斯力和强共价键力之间。两者结合后,因生成密度更大的颗粒物而下沉。

进入水体底部的汞,可能进一步被原先淤积在该处的底泥所吸附。其吸附速率主要取决于底泥的物理化学特性,具体的影响因素(依其重要性顺序)是:表面积、有机物含量、阳离子交换容量、粒度大小;影响吸附结合常数的因素是:有机物含量、粒子大小、阳离子交换容量、表面积。对于砂床底质,吸取汞的有效深度不到 1 mm,且在好氧或厌氧条件下,对汞的吸取速率无大差异。

在河水底泥中的汞常处于含硫化合物的 S 键上,被底泥所吸附的汞,其解吸速率非常缓慢,甚至在切断污染源之后,也还要经过非常长的一段时期,才能使底泥中的汞重返水中。但在某些过程中,如微生物甲基化以及加入无机或有机的配合物,可能会加速汞的解吸。当向水体中加入氯化钠、氯化钙、氮三乙酸(NTA 是常用洗涤剂组分中的一种表面活性剂,也是一种强的氨羧配合物)就能起到解吸的作用。$HgCl_2$ 和 Hg - NTA 的配合物稳定常数很接近(分别为 1 013.23 和 1 014.60),所以它们对汞的解吸效果也几乎相等。

在水体的水层中,相当比例的汞呈有机汞形态。这是因为大多数元素状态汞一入水体即沉入水底,并进一步与底泥中的有机颗粒物结合或在富硫的厌氧条件下反应生成稳定的不溶性 HgS(已如上述)。再则,在天然水体中不乏蛋白质类物质,汞能与这类物质分子上的—SH 基强烈结合而生成相应的汞有机化合物。再一个原因就是水体中的汞很容易发生烷基化反应,从而生成各种烷基汞化合物。水层中汞大体有如下两种有机形态:①具有 R—Hg—X 结构的有机汞。在分子中,Hg 的一端通过共价键与有机基团 R(烷基、苯基)相联结,另一端通过离子键与一无机离子 $X^-$(卤素)、$OH^-$ 等相联结。这类化合物的特性是兼具水溶性和脂溶性,所以在水系统中能长期滞留,例如 $CH_3HgCl$。②分子中的汞是亲脂性的,即具有 R—Hg—R′ 结构的有机汞。在分子中,Hg 两端通过共价键与两有机基团相联结,例如 $(CH_3)_2Hg$ 和 $C_6H_5Hg(CH_3COO)$。这一类有机汞化合物是非极性的,几乎不溶于水,但有极大脂溶性和挥发性,在进入水体后,很容易通过汽化过程转移到大气中去。

在水体的水层中,占较少比例的无机汞化合物的形态有 $Hg^{2+}$、$Hg_2^{2+}$、$Hg^0$ 和 $HgOH^+$、$HgCl^+$、$HgCl_3^-$、$HgCl_4^{2-}$ 等。形态分布取决于 pH、氧化还原电位、配位体阴离子的种类和浓度等。

汞的环境污染问题之所以被人们所重视,不仅因为无机汞的毒性,更因为无机汞在微生物的作用下,可转化为毒性更强的甲基汞,而甲基汞又可通过食物链在生物体内逐级富集,最后进入人体。所以无机汞的甲基化问题曾为研究者们广泛关注。

1967 年瑞典学者詹森(Jeasen)和吉尔洛夫(Jernlov)首先指出,淡水水体底泥中的厌氧细菌能够使无机汞甲基化,形成甲基汞和二甲基汞,并且提出了两种可能的反应式。

1968 年美国学者伍德(J. M. Wood)用甲烷细菌的细胞提取液做实验,证明维生素 $B_{12}$ 的甲基衍生物(如甲基钴胺素)能使无机汞转化为甲基汞和二甲基汞,从而证实了瑞典学者的假说。

无论在好氧条件还是厌氧条件下,只要有甲基钴胺素存在,就可以实现微生物对无机汞的甲基化,故甲基钴胺素是汞生物甲基化的必要条件。

除汞的生物甲基化作用外,有人发现天然水中,在非生物的作用下,只要存在甲基给予体,汞也可被甲基化。$Hg^{2+}$ 在乙醛、乙醇、甲醇作用下,经紫外线照射作用可甲基化。此外,一些哺乳动物和鱼类本身也可以实现汞的甲基化。

影响无机汞甲基化的因素很多,主要有:①无机汞的形态。研究表明,只有二价汞离子才能被甲基化,$Hg^{2+}$ 浓度越高,对甲基化越有利。排入水体的其他形态的汞都要转化为 $Hg^{2+}$ 后才能甲基化。②生活在污染水中的鱼,其体内所含的汞几乎都是甲基汞。甲基汞有可能通过各种生物或非生物过程产生,但两种过程都需要有 $Hg^{2+}$ 和甲基供体。在水体中存在着腐殖质和许多生物过程产物,它们是潜在的甲基化剂。

在酶催化过程(即生物甲基化过程)中,除甲基供给体外,还需要具备一个活性代谢基体及以下三个酶系统之一:①甲硫氨酸合成酶;②乙酸盐合成酶;③甲烷合成酶。非酶催化过程则只需要水中存在甲基供给体。

　　生物甲基化可在地面水、沉积物、土壤、鱼体肠管黏液等介质中由好氧或厌氧细菌参与下进行,其效率取决于基体的代谢状态及有效汞离子浓度,其转化过程如图 2-1 所示。

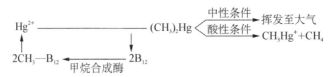

图 2-1　汞甲基化转化过程

　　以上反应过程中所需的 $CH_3-B_{12}$(甲基钴氨素)在生物体中普遍存在,主要聚集在肝脏等器官中。由无机汞离子转化为二甲基汞的反应是甲烷发酵菌参与下的酶促反应,但已证明,只要有 $CH_3-B_{12}$ 存在,单纯的非酶化学反应也能按此过程进行。其他有机汞化合物(如苯基汞)也可在水体细菌作用下,先转化为无机汞离子,然后再通过以上过程由无机汞离子转为甲基汞和二甲基汞。

　　影响无机汞甲基化的因素很多,主要有:①无机汞的形态。研究表明,只有二价汞离子对甲基化是有效的,$Hg^{2+}$ 浓度越高,对甲基化越有利。排入水体的其他形态的汞都要转化为 $Hg^{2+}$ 后才能甲基化。②微生物的数量和种类。参与甲基化过程的微生物越多,甲基汞的合成速度就越快。③温度、营养物。由于甲基化速度与沉积物中微生物活动有关,适当提高水温和增加营养物必然促进和增加微生物的活动,因而有利于甲基化作用的进行。④沉积层中富汞层的位置。在有机质沉积物的最上层和水中悬浮物的有机质部分最容易发生甲基化作用。⑤pH 对甲基化的影响。pH 较低(低于 5.67,最佳 pH = 4.5)时,有利于甲基汞的生成;pH 较高时,有利于二甲基汞的生成。由于甲基汞溶于水,pH 较低时以 $CH_3HgCl$ 形式存在,故水体 pH 较低时,鱼体内积累的甲基汞量较高。甲基汞和二甲基汞之间可以相互转化。它主要决定于环境的 pH 值。当水体 pH 较高时,汞易生成二甲基汞;pH 较低时,二甲基汞可转化为甲基汞:

$$(CH_3)_2Hg + H^+ \Longrightarrow CH_3Hg^+ + CH_4 \qquad\qquad 反应(2-2)$$

　　二甲基汞是挥发性的,可由水体挥发至大气中。在大气中由于紫外线的照射,二甲基汞可光解为 $Hg^0$ 及 $-CH_3$,并可进一步放出氢合成甲烷和乙烷:

$$(CH_3)_2Hg \xrightarrow{h\nu} Hg + C_2H_6 \qquad\qquad 反应(2-3)$$

　　所以在局部环境中汞有如图 2-2 所示的生物循环。

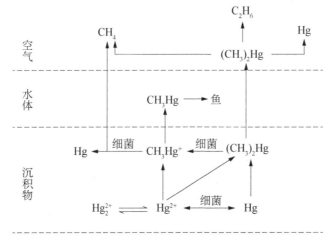

图 2-2　汞化合物在环境中的循环

水体中的甲基汞可通过食物链富集于生物体内。例如,藻类对甲基汞的富集系数可高达5 000~10 000。在甲基汞为 ng/mL 级的水中,水生生物能直接吸收甲基汞。即使水中汞含量微不足道,但通过生物富集和食物链就大大提高了汞对人体健康的影响。"水俣病"主要是人们食用含有大量甲基汞的鱼、贝等水产品引起的。

总之,在水系中汞的生物和化学循环是包含许多途径和竞争反应的复杂过程,起决定作用的因素有水系的物理化学组成、水系中汞的化学形态和性质、各种类型生物群的代谢作用等。

# 2.4　含汞废水治理方法

对含汞废水有很多种可供选择的处理方法。这些方法的有效性和经济性取决于汞在废水中的化学形态、初始浓度、其他组分的性质和含量、处理深度等因素。常用的处理方法有沉淀法、离子交换法、混凝法、吸附法以及将离子态汞还原为元素态后再过滤的方法。其中离子交换法、铁盐或铝盐混凝法和活性炭吸附法都可使废水中含汞量降到小于 0.01 mg/L 水平;硫化法沉淀配以混凝法可使废水含汞量达到 0.01~0.02 mg/L 水平;还原法一般只用于少量废水处理,最终流出液中含汞量可实现相当低的水平。

## 2.4.1　沉淀法

沉淀法中以加入硫化物生成 HgS 沉淀为最常用的方法,这种方法还常与重力沉降、过滤或浮上等分离法联用。后续操作只能加速相分离,不能提高除汞效率。在碱性 pH 条件下,对原始含汞浓度相当高的废水,用硫化物沉淀法可达到高于 99.9% 的去除率。但流出液中最低含汞量不能降到 10~20 μg/L 以下。为减少药剂用量,可在接近中性条件下进行沉淀,仍具有较好的效果;也有人提出最佳 pH 为 8.5。

本方法的缺点是:①硫化物用量较难控制,过量的 $S^{2-}$ 能与 $Hg^{2+}$ 生成可溶性配合物;②硫化物残渣仍有很大毒性,较难处置。

## 2.4.2　离子交换法

本方法通常是在废水中通入氯气,使元素态 Hg 氧化为离子态。此后加入氯化物,使汞进一步转化为配合阴离子状态,再用阴离子交换树脂除之。由于氯碱制造工业废水中含 $Cl^-$ 浓度相当高,汞污染物很适宜用这种方法去除。如果废水中含 $Cl^-$ 量不高,则可应用阳离子交换树脂。还有一些带—SH 的聚硫基苯乙烯类树脂对从废水中除去汞离子有特别强的专一性。

不论采用阳离子交换树脂还是阴离子交换树脂,交换后流出液中无机汞的含量一般不会低于 1~5 μg/L。一般在中性或微酸性介质条件下,采取二级交换可得到最佳结果。

至于对废水中有机汞污染物的处理,只有乙酸甲基汞的离子交换研究进行得较多。所使用的树脂有 Dowex A‑1 螯合型树脂、国产大孔硫基树脂等。

## 2.4.3　混凝法

本方法可适用于从废水中除去无机汞,有时还能去除有机汞。常用的混凝剂有明矾、铁盐和石灰等。某些中间试验工厂的研究结果表明,铁盐对去除废水中所含的无机汞有较好效果;对于甲基汞来说,铝盐和铁盐都不显效。混凝剂最大剂量为 100~150 mg/L,继续提高剂量时,无助于除汞效率的提高。

## 2.4.4　吸附法

最常用的吸附剂是活性炭。其有效性取决于废水中汞的初始形态和浓度、吸附剂用量、处理时间等。增大吸附剂用量和增长吸附时间有利于提高对有机汞和无机汞的去除效率。一般有机汞的去除率优于无机汞。某些浓度颇高的含汞废水经活性炭吸附处理后,去除率可达85%~99%。但对于含汞浓度较低的废水,虽然处理后流出液中含汞水平相当低,但其去除百分数却很小。

除了以活性炭作吸附剂外,近年来还常用一些具有强螯合能力的天然高分子化合物来吸附处理含汞废水,如用腐殖酸含量高的风化烟煤和造纸废液制成的吸附剂;又如用甲壳素(是甲壳类动物外壳中提取加工得到的聚氨基葡萄糖),经再加工制得的名为 Chitosan 的高分子化合物,也可作为含汞废水处理的吸附剂。

### 2.4.5 还原法

呈离子状态的无机汞化合物可通过还原的方法,将其转为金属汞形态,然后再用过滤或其他固液分离的方法予以分离。可采用的还原剂有 Al、Zn、$SnCl_2$、$NaBH_4$、$N_2H_4$ 等。本方法的主要优点是最终可将汞回收,但当废水含汞初始浓度小于 100 $\mu g/L$ 时,就不能有效地使用本方法了。

# 第3章 镉

## 3.1 镉及其化合物的基本性质

### 3.1.1 镉的基本性质

在八大重金属污染物中,居于第二位的是镉。镉的元素丰度在地壳中占第 64 位(0.2 mg/kg),在海洋中居第 22 位(11 $\mu$g/L)。地球上的镉属于分散元素,其在各圈层中的储量及在各圈层间迁移通量都较小。

镉是银白色有光泽的金属,质地柔软,抗腐蚀、耐磨,稍加热即易挥发,其蒸气可与空气中氧结合,生成氧化镉。一旦形成氧化镉保护层,其内层将不再被氧化。

镉在周期表中与锌、汞共处第 II 副族,氧化数为 +2 和 +1,$Cd^{2+}$ 最稳定。$Cd^+$ 可生成 CdCl、CdOH 等少数几种化合物。

金属镉易溶于稀硝酸,在热盐酸中渐渐溶解,在稀或冷的硫酸中不溶解,但溶于浓热硫酸。镉不像锌那样因显中性而能溶于碱水溶液,但可溶于 $NH_4NO_3$ 溶液。挥发性化合物有 $Cd(CH_3)_2$ 等。

在没有任何阴离子配位体(如 $PO_4^{3-}$、$S^{2-}$)存在下,当 pH $\leqslant$ 8 时,水体中 Cd 仍全部呈 +2 价离子态,在 pH = 9 时开始水解,形成 $Cd(OH)^+$,在一般水体的 pH 范围内,不存在多羟基配位的镉水解产物。

### 3.1.2 常见的镉化合物及其用途

镉及其化合物的化学性质近于锌而异于汞,与邻近的过渡金属元素相比,$Cd^{2+}$ 属于较软的酸,在水溶液中与 $NH_4^+$、$CN^-$、$Cl^-$ 等能生成配合离子。镉还易与许多含软配位原子(S、Se、N)的有机化合物组成中等稳定的配合物,特别能与含—SH 的氨基酸类配位体强烈螯合。

常见的镉化合物有氧化镉(CdO),深棕色粉末,难溶于水;硫化镉(CdS),又名镉黄,为黄色结晶粉末,几乎不溶于水。其他还有氯化镉($CdCl_2$)、硝酸镉、硫酸镉($CdSO_4$)、醋酸镉等。

【镉合金】 中子吸收元件的含有铟与镉的银基合金,以安放在管状外壳内的块状或棒状形式使用,以便构成用于控制压水核反应堆反应速度的棒束的中子吸收元件。

【氯化镉】 $CdCl_2$。氯化镉易溶于水,也溶于乙醇和甲醇。其为毒害品,急性中毒:吸入可引起呼吸道刺激症状,可发生化学性肺炎、肺水肿;误食后可引起急剧的胃肠道刺激,出现恶心、呕吐、腹痛、腹泻、里急后重、全身乏力、肌肉疼痛和虚脱等症状,重者危及生命。慢性中毒:长期接触引起支气管炎,肺气肿,以肾小管病变为主的肾脏损害;重者可发生骨质疏松、骨质软化或慢性肾功能衰竭;可发生贫血、嗅觉减退或丧失等。氯化镉对环境有危害,对水体可造成污染,一般用于制造硫化镉、照相术、印染、电镀等工业,也可用于制作特殊镜子。

【硫化镉】 CdS。硫化镉有两种变体:一种为橙红色粉末;另一种为淡黄色结晶或粉末,又称镉黄。它难溶于水、稀盐酸,溶于热稀硝酸和硫酸;作为颜料,广受艺术家的欢迎,并广泛用于塑料、绘图、橡胶、玻璃、涂料和荧光体中,但也曾发生过用镉黄制作的陶瓷器烹调食品而中毒的事例。硫化镉 CdS、硒化镉 CdSe 和硫酸钡组成的红色颜料,具有优良的耐光、耐热、耐碱性能,而耐酸性能较差,用作绘画颜料,也用于涂料、搪瓷等工业。硫化镉由硫酸镉溶液与硫化钡在硒的存在下共沉淀而成。

【氧化镉】 CdO。氧化镉棕红色至棕黑色无定形粉末或立方晶系结晶体,无机工业用于制取各种镉盐;有机合成中用于制造催化剂;电镀工业用于配置镀铜的电镀液;电池工业用于制造蓄电池的电极;颜料工业用于制造镉颜料,应用于油漆、玻璃、搪瓷和陶器釉药中;冶金工业用于制造各种合金如硬钢合金、印刷合金等。

**【硫酸镉】** $CdSO_4$。在 25℃时每 100 克水能溶解 77.2 克硫酸镉,温度变化对溶解度影响不大,故可用于制备标准电池。硫酸镉可供制镉电池和镉肥,并可用作消毒剂和收敛剂。

**【硝酸镉】** $Cd(NO_3) \cdot 2.4H_2O$。硝酸镉用于制瓷器和玻璃上色。

**【硒化镉】** $Cd_4Se$。硒化镉是无机剧毒品,不溶于水,用于电子发射器和光谱分析、光导体、半导体、光敏元件中。

**【醋酸镉】** $C_2H_6CdO_4 \cdot 2H_2O$。醋酸镉能使陶瓷器发出珍珠光泽,可用于镀镉、织物印染、制陶瓷彩釉及卤化镉,并可用作化学试剂等。

**【二戊基二硫代氨基甲酸镉】** 润滑油添加剂。

**【硬脂酸镉】** $(C_{17}H_{35}COO)_2Cd$。硬脂酸镉可以作为稳定剂来防止塑料被氧化和紫外线退化,具有长期耐热稳定性、耐候性好、优良的润滑性、透明性好、初期着色性小等优点;为聚氯乙烯的耐热、耐光、透明性的热稳定剂,与钡盐、有机锡稳定剂、环氧化合物和亚磷酸酯并用,有优良的协同作用;主要用作软质透明 PVC 塑胶制品,如人造革、透明薄膜、薄板、软管、透明珠光鞋、PVC 塑胶、雨鞋、透明硬片等。

### 3.1.3 镉及其化合物的毒性

镉类化合物具有较大脂溶性、生物富集性和毒性,并能在动植物和水生生物体内蓄积。镉不是人体的必需元素。人体内的镉是出生后从外界环境中吸取的,主要通过食物、水和空气进入体内蓄积下来。

镉对生物机体的毒性像大多数其他重金属那样通常与抑制酶系功能有关。人体内的镉主要是通过消化道与呼吸道从被镉污染的水、食物和空气中摄取。肺内镉的吸收量约占总进入量的 25%～40%。每日吸 20 支香烟,可吸入镉 2～4 $\mu g$。如偏酸性或溶解氧值偏高的供水易腐蚀镀锌管路而溶出镉,通过饮水进入人体。又如长期吸烟者的肺、肾、肝等器官中含镉量超出正常值 1 倍,烟草中的镉来源于含镉的磷肥。肝脏和肾脏是体内贮存镉的两大器官,两者所含的镉约占体内镉总量的 60%。据估计,40～60 岁的正常人,体内含镉总量约 30 mg,其中 10 mg 存于肾,4 mg 存于肝,其余分布于肺、胰、甲状腺、睾丸、毛发等处。器官组织中镉的含量,可因地区、环境污染情况的不同而有很大差异,并随年龄的增加而增加。

进入体内的镉主要通过肾脏经尿排出,也有部分镉由肝脏经胆汁随粪便排出。镉的排出速度很慢,人肾皮质镉的生物学半衰期是 10～30 年。它对人体组织和器官的毒害是多方面的,能引起肺气肿、高血压、神经痛、骨质松软、骨折、肾炎和内分泌失调等病症。在日本曾发生过骇人听闻的"骨痛病",镉中毒的受害者开始是腰、手、脚关节疼痛,延续几年后,全身神经痛和骨痛,最后骨骼软化萎缩,自然骨折,直至在虚弱疼痛中死亡。有关报道指出,男性前列腺癌疾患也与人体摄入过量镉有关。

# 3.2 水体中镉污染物来源

镉本身是一种丰度次于汞的稀有金属,在自然界中主要存在于锌、铜和铝矿内,但在人类活动的参与下,将地下岩石圈中含镉的矿物开发利用,又将大量废弃物向环境中排放,从而引起环境的变化,这种状况就称为镉污染。国家污水综合排放标准规定 $Cd^{2+}$ 浓度须低于 0.1 mg/L。20 世纪初发现镉以来,镉的产量逐年增加。镉广泛应用于电镀、化工、电子和核等工业领域。镉是炼锌业的副产品,主要用在电池和染料领域,并可用作塑胶稳定剂,比其他重金属更容易被农作物吸附。相当数量的镉通过废气、废水、废渣排入环境,造成污染。污染源主要是铅锌矿,以及有色金属冶炼、电镀和用镉化合物作原料或催化剂的工厂。污染主要是由铅锌矿的选矿废水和有关工业(电镀、碱性电池等)废水排入地面水或渗入地下水引起的。

水体中镉的污染主要来自地表径流和工业废水。硫铁矿石制取硫酸和由磷矿石制取磷肥时排出的废水中含镉较高,每升废水含镉可达数十至数百微克,大气中的铅锌矿以及有色金属冶炼、燃烧、塑料制品的焚烧形成的镉颗粒都可能进入水中;用镉作原料的催化剂、颜料、塑胶稳定剂、合成橡胶硫化剂、抗生素等排放的镉也会对水体造成污染,在城市中,往往由于容器和管道的污染使饮用水中镉含量增加。

工业上 90% 的镉都用于电镀、颜料、塑胶稳定剂、合金及电池行业,10% 的镉大部分用于电视、电脑等显像管荧光粉、高尔夫球场抗生素、橡胶改良剂和原子核反应堆保护层及控制棒的制造等(镉是一种吸收中子的优良金属,制成铟与镉的银基合金棒条可在原子反应炉内减缓核子连锁反应速率,控制棒在反应堆中起补偿和调节中子反应性以及紧急停堆的作用)。

镉及其各种化合物应用广泛,归纳起来大致有以下几个方面。①电镀工业。工业上镉主要用于电镀。镉电镀可为基本金属(如铁、钢)提供一种抗腐蚀性的保护层;氰化镉具有良好的吸附性且可以使镀层均匀光洁,成为一种通用的电镀液。②颜料工业。制作镉黄、镉红颜料。③用作塑胶稳定剂。④电池和电子器件。⑤合金。

未污染河水和污染河水的镉浓度分别为低于 0.001 mg/L,以及 0.002~0.2 mg/L,海水中镉浓度平均约为 0.11 μg/L,海洋沉积物中一般为 0.12~0.98 mg/kg,而锰结核中为 5.1~8.4 mg/kg。

锌、镉金属冶炼中的排出废水是另一重大水体污染源,废水中主要含有 $CdSO_4$。镉冶炼中以干法炼锌工程的中间产物烟灰作原料,经硫酸溶解后除去料液中铁、铅、锌、铜等,随后用锌板或锌粉将镉置换析出,析出的海绵状镉再溶解并进一步净化后,作电解精炼。水洗工段排出的废水中的镉主要来源于沾在电解极板上的电解液以及管路、法兰、泵中泄漏出来的料液等。2005 年 12 月 16 日,经环保部门确认,发生在广东省北江部分江段的镉污染事件,是由韶关冶炼厂设备检修期间超标排放含镉废水所致。此次污染一度使供应当地十多万人饮水的英德市南华水厂停止供水。

## 3.3　镉在水体中的形态

海水中镉以 $CdCl^+$ 和 $CdCl_2$ 为其主要形态(合计占总量的 92%),河水中的主要形态为 $Cd^{2+}$、$CdCO_3$ 及稳定性很小的配合态镉。在 pH 较高的水体中,镉能以被颗粒物吸附的形态存在。例如水体中所含土壤微粒($Al_2O_3$ 和 $SiO_2$)、氧化物和氢氧化物胶体颗粒物、腐殖酸等都对水体中的镉化合物有强烈的吸附作用。

镉在水体中的状态分布也受水环境氧化还原电位影响,随水体氧化性增强,吸附在沉积物表面的镉化物会逐渐解吸而释放到水体中;相反,水体还原性提高,将有利于沉积物对镉的吸附。

与汞的情况相异,在水体(包括底泥)、水生生物中未发现有镉的烷基化作用,也就不存在烷基镉的化合物。

## 3.4　含镉废水治理方法

含镉废水治理方法很多,但迄今为止,国内外对此还没有较完善的方法,除沿用老方法外,大多处于研究和探索阶段。最常用的治理方法是沉淀法(硫化物、氢氧化物)和吸附法。应用电解和蒸发等方法处理含镉浓度较大的废水,能使镉得以回收。

### 3.4.1　物理和化学法

物理和化学法处理含镉废水即通过物理和化学的手段将游离态的镉离子从水溶液中提取、分离出来。传统的处理方法有化学沉淀法、电解法、吸附法、离子交换法、膜分离法等。

**1. 化学沉淀法**

化学沉淀法在含镉废水的处理中应用较多,特别适用于镉离子浓度较高的水体中镉的去除。依据沉淀剂的不同,化学沉淀法可以分为:氢氧化物沉淀法、硫化镉沉淀法、碳酸镉沉淀法、磷酸镉沉淀法、铁氧体共沉淀法及综合沉淀法。

(1) 氢氧化物沉淀法

氢氧根离子与镉离子结合可产生氢氧化镉沉淀。含镉废水的氢氧化物沉淀法大多是采用价廉高效的石灰中和沉淀法,该法 pH 的控制非常关键。张荣良采用底泥回流、石灰中和、提高 pH 的方法处理硫酸生产过程中含镉、砷废水,当 pH = 10 时,镉的去除率可达 99.25%。程振华等采用调节—混凝—沉淀—过滤工艺处理电池生产过程中产生的高 pH 镍、镉废水。采用强阴离子型聚丙烯酰胺作混凝剂、氢氧化钠或氢氧化钙作 pH 调节剂,当 pH > 10 时,可直接从废水中沉淀除去镍、镉,具有较高的经济性和可操作性。周淑珍采用泥浆循环—消石灰中和提高 pH 的方法对冶炼厂废酸废水中镉的去除进行了研究,研究表明控制一次中和槽 pH = 9~10,适当提高二次中和槽的 pH 可达到较高的镉去除率。廖长海等采用高 pH 控制中和混凝法对冶炼制酸高镉废水进行处理,一次中和反应的 pH 控制在 12 h,镉去除效果最佳。陈利民用氢氧化物沉淀法对铜、镉盐废水的处理进行了初步尝试,镉去除率良好。郭铮利用石灰-铝盐一段处理流程处理钨矿山含镉、氟工业废水。

(2) 碳酸镉沉淀法

碳酸镉的溶度积为 $5.2 \times 10^{-12}$,为难溶于水的化合物。沈华分析颜料工业废水中镉的含量为 40 mg/L,其利用工艺过程漂洗水中的 $Na_2CO_3$ 和 $NaOH$ 为沉淀剂,不加其他的沉淀剂,控制 pH 为 8~9,自然沉降 6~8 h,出水 $Cd^{2+}$ 的浓度低于 0.1 mg/L,实现了镉的沉淀,达到了固液分离的目的。

(3) 硫化镉沉淀法

硫化镉溶度积为 $3.6 \times 10^{-29}$,属难溶硫化物。根据溶度积原理,向含镉废水中加入硫化钠等,使硫离子与游离态的镉离子反应结合,生成难溶的硫化镉沉淀,镉的去除率一般可到 99% 以上。该法与其他方法联用效果较好。

(4) 磷酸镉沉淀法

$K_{sp}[Cd_3(PO_4)_2] = 3.6 \times 10^{-32}$,比 CdS 的溶度积小,理论上讲 $Cd_3(PO_4)_2$ 的沉淀效果要比 CdS 好。陈阳等用 $Na_3PO_4$、$Na_2S$ 和 $NaOH$ 作沉淀剂对电镀镉废水的处理进行了工艺对比实验,结果表明,用 $Na_3PO_4$ 沉淀法处理电镀镉废水效果最明显,处理后废水中镉的质量浓度低于 0.008 mg/L,达到国家排放标准。他们还提出以磷矿石代替 $Na_3PO_4$ 来处理电镀镉废水将降低处理成本,处理产生的 $Cd_3(PO_4)_2$ 还可以作为一种好的建筑材料得到二次利用,有好的应用前景。目前该法处理含镉废水还没有得到广泛应用,磷酸盐化学沉淀法处理含镉废水值得进一步探索和研究。

(5) 综合沉淀法

综合沉淀法就是将几种化学沉淀法结合起来,分步除去废水中的镉。王建明利用综合沉淀法处理锌、镉废水,用硫化物沉淀法进行废水的一级处理,石灰乳沉淀法进行二级处理,处理后的废水达到国家排放标准。张玉梅向含镉废水中先加入硫化钠,使镉沉淀出来,然后加入聚合硫酸铁,生成硫化铁和氢氧化铁,利用它们的凝聚和共沉淀作用,既强化了硫化镉的沉淀分离过程,又清除了水中多余的硫离子。实验表明利用该法处理含镉废水,水质可达国家污水综合排放一级标准,其中 $Cd^{2+}$ 浓度低于 0.1 mg/L。魏星做了类似的实验,镉去除率在 99.5% 以上。徐永华用硫化钠及添加阴离子高聚物絮凝剂的方法,对含有大量配合物体系中的镉进行了沉淀研究,镉的回收率达 98%。

化学沉淀法虽然具有工艺简单、操作方便、经济实用等诸多优点,但其沉淀渣难以处理,会造成二次污染,很难达到绿色环保的要求。

### 2. 电解法

电解法作为一种强的氧化技术,一般适用于镉含量大的废水处理。电镀废水中一般均含有大量的 $CN^-$,用电解法处理氰化镀镉废水时,可采用铂族氧化物或 $PbO_2$ 作阳极,以破坏氰化物,然后将镉离子在 $pH=11$ 的条件下絮凝、沉淀、过滤。处理后废水中镉离子含量低于 0.02 mg/L,$CN^-$ 含量低于 0.01 mg/L,镉的回收率可达 99.9%。张红波等对膨胀石墨流态化电极处理酸性含镉废水进行了研究。处理后 $Cd^{2+}$ 浓度可降至 10 mg/L 以下,结果虽未能达到国家规定的排放标准(0.1 mg/L),但从镉的回收方面来看还是有效的。辛世宗等对流化床电解法去除湿法冶金滤液中的铜和镉进行了研究。徐永华等则采用 C-纤维素作阴极,电解含 $CN^-$、$Cd^{2+}$ 废水,镉的去除率达 99.9%。由于该法能耗大,在含镉废水的处理上未能得到普遍应用。

### 3. 漂白粉氧化法

该法适用于处理氰法镀镉工厂的含氰、镉的废水。这种废水的主要成分是 $[Cd(CN)_4]^{2-}$、$Cd^{2+}$、$CN^-$,这些离子都有很大的毒性。用漂白粉氧化法既可除去 $Cd^{2+}$,同时也可以将 $CN^-$ 氧化除去。该法处理废水的主要反应过程为:首先漂白粉水解生成 $Ca(OH)_2$ 和 $HOCl$,$OH^-$ 与 $Cd^{2+}$ 结合生成 $Cd(OH)_2$ 沉淀,同时由于生成的 $HOCl$ 具有强的氧化性,可以将 $CN^-$ 氧化成 $CO_3^{2-}$ 和 $N_2$,所以一定程度上促进了 $[Cd(CN)_4]^{2-}$ 的离解,最后 $CO_3^{2-}$ 与 $Cd^{2+}$ 在碱性条件下生成 $CdCO_3$ 沉淀。该法处理效果好,但适用范围比较窄,仅适用于含氰、镉的电镀废水。

### 4. 铁氧体共沉淀法

铁氧体共沉淀法分为氧化法和中和法两种。将 $FeSO_4$ 加入含镉的废水中,用 NaOH 调节溶液的 pH 到 9~10,加热并通入压缩空气进行氧化,从而形成铁氧体晶体,此为氧化法;将二价和三价的铁盐加入到待处理的废水中,用碱中和到适宜的条件而形成铁氧体晶体,此为中和法。镉离子进入铁氧体晶格中,在共沉淀作用下从溶液相进入固相。Barrado 等对铁氧体法净化镉废水进行了研究,并对其进行了化学和电化学分析。方云如等用铁氧体法处理了含铬和镉的废水,其在适宜的操作条件下得到了磁性较强的铁氧体,同时,处理后的废水中镉含量降至 0.041 mg/L,达到国家排放标准。卢莲英等对铁氧体和镉共沉淀进行了实验研究,并探讨了主要的技术参数。在合适的条件下,$Cd^{2+}$ 的去除率达 99% 以上,出水 $Cd^{2+}$ 含量低于 0.1 mg/L,达到排放标准。刘淑泉等采用铁氧体-磁流体法净化含重金属的废水(含镉),以磁流体形式回收其中有价金属。用此法净化的废水中 $Cd^{2+}$ 的浓度由净化前的 0.412 mg/L 降至 0.0002 mg/L。且由于磁流体具有一定的磁性能,与其他净化废水的方法相比最大的优点是无废渣产生,避免了二次污染,且能在常温下进行。该法面临的最主要的问题是含镉铁氧体固体如何解决。

### 5. 吸附法

吸附法是利用多孔性固体物质,使废水中的 $Cd^{2+}$ 吸附在固体吸附剂表面而除去的一种方法。近年来,围绕低廉而高效的镉吸附剂的开发,人们做了大量的工作,也取得了一定成果。可用于废水除镉的吸附剂有活性炭、矿渣、壳聚糖、改性甲壳素、硅藻土、沸石、氢氧化镁、无定形氢氧化铁、催化裂化催化剂、合成羟基磷灰石、磷矿石、硅基磷酸盐、改性聚丙烯腈纤维、海泡石、活性氧化铝、蛋壳、膨润土、泥煤等。陈芳艳等对活性炭纤维吸附水中的镉离子进行了研究,结果表明活性炭纤维对镉离子的吸附为单分子层吸附,容易进行,且吸附效果良好。施文康对巯基棉吸附废水中的镉进行了实验设计,并对镉的脱附及巯基棉的再生进行了研究,结果表明巯基棉对镉有强烈的吸附作用,其吸附率大于 99%。陈晋阳等利用低成本的黏土矿物吸附水中的镉离子,结果表明,Langmuir 吸附等温方程式与吸附实验相符;溶液的 pH 越大,越有利于吸附;吸附剂的粒径越小,吸附效果越好;离子强度对吸附过程的影响很小。王银叶等对麦饭石进行改性处理,探讨了除去废水中铅、镉、汞的方法和条件。实验表明,麦饭石用 1 mol/L HCl 处理 3 h 后烘干,再在 150℃焙烧,对铅、镉、汞有较好的吸附性。吸附法处理含镉废水适用范围广,不会造成二次污染,但吸附剂往往对镉离子的吸附选择性不高。

**6. 离子交换法**

离子交换法选择性地去除废水中的镉离子,因其操作工艺简单、易于再生、除杂效果好等优点已广泛应用于工业废水处理。镉离子选择性树脂种类繁多,用其处理后的废水中镉离子的含量可达 μg/L 级。近年来人们围绕寻找高效低廉的树脂开展的研究也较多。俞善信等对碱型聚苯乙烯三乙醇胺树脂吸附水中的镉离子进行了研究,取得了良好的吸附效果。杨莉丽等用动态法对 201×7 型强碱性阴离子树脂吸附氯盐体系中的镉进行了动力学研究,确定了离子交换行为的控制步骤为颗粒扩散,并推算出离子交换过程的表观活化能、反应级数、速率常数和总反应方程式。陈立高用 001×7 强酸性阳离子交换树脂处理了某工厂含镉废水,镉的回收率在 90%以上,水的回收率在 85%以上,排出水的镉含量低于 0.1 mg/L。有资料指出,强酸性阳离子交换剂 KY-Z 净化含镉 20~70 mg/L 的废水时,在 pH 为 6 时,除镉率达 99%。张淑媛等用不溶性的淀粉黄原酸酯作离子交换剂,除镉率大于 99.8%,镉残余量低于 0.1 mg/L,且该法 pH 适用范围广,无二次污染。周国平等用自合成的水不溶性的羧基淀粉枝接聚合物(ISC)分别以动态和静态两种方式对电镀废水的除镉效果进行了研究,同时对 pH 的影响也进行了研究。车荣睿对离子交换法在治理含镉废水中的应用进行了详细的论述。该法受树脂的吸附容量限制,适用于处理含镉浓度低的废水,且树脂易于中毒,处理成本偏高。

**7. 金属粉还原法**

利用比镉活泼的金属如:铁、锌、镁、铝等作还原剂将镉从废水体系中还原出来,从而达到分离去除镉的目的。徐永华等用锌粉作还原剂,以 $As_2O_3$ 作加速剂,在振荡反应器中处理了含镉废水。结果显示,在含镉离子 250 mg/L 的废水中,加入 $As_2O_3$ 80 mg/L 和 Zn 11 g/L,在 pH 为 5.5 时,振荡反应 55 s,则废水中残留的镉可达 0.05 mg/L。该法处理含单一成分的高浓度含镉废水效果好,但脱镉不完全且原材料成本相对过高。

**8. 膜分离法**

膜分离技术是一项新兴的流体处理工艺,具有高效、节能、无二次污染等优点,被誉为 20 世纪最具有发展前途的十大高新技术之一。膜分离法作为一种新型隔膜分离技术在废水深度处理、饮用水精制和海水淡化等领域受到重视,并已在工程实践中使用。在处理含重金属离子的废水时,可选用不同的载体,一般处理含镉废水时,需要在液膜中加入氯化甲基三辛胺。经过膜分离技术处理的废水,可以实现重金属的零排放或微排放,使生产成本大大降低。戴汉光对微孔过滤处理含镉废水进行研究。结果表明用 PA-7 微孔管过滤含镉废水,出水清澈透明且镉离子的含量远低于国家规定标准。高以烜等以 B-9 型中空纤维膜对含镉废水进行了反渗透处理,镉的分离率可达 78%~99%。王志忠等用醋酸纤维素(CA)和 PSA 作反渗透膜,对硫酸镉进行了处理,镉分离率可达 97.72%~99.67%。近年来,膜萃取技术迅速发展,在含镉废水的处理方面已有报道。王玉军等以 P204+正庚烷为萃取剂,中空纤维为聚丙烯微孔膜,将膜萃取技术用于处理废水中镉、锌离子。结果显示中空纤维膜萃取可使镉离子浓度降低 2 个数量级,膜萃取后的镉浓度由 400 mg/L 降至 0.2 mg/L 以下。黄炳辉等对膜技术提取镉进行研究。研究显示,由 P204、Span80 和煤油组成的液膜用于低浓度(100 mg/L 左右)含镉废水处理,分离效率可达 99%,出水浓度可达到国家标准。何鼎胜等对三正辛胺-二甲苯液膜迁移镉进行研究。许振良等对水溶液中重金属离子镉和铅脱除进行了胶束强化超滤研究,胶束强化超滤(MEUF)后镉的截留率可达 99.0% 以上。Mathilde 等用电渗析法处理了含镉废水,镉一次去除率可达 70%。膜分离法处理含镉废水具有污染物去除率高、工艺简单等优点,但膜组件的设计困难,且膜易被污染堵塞,投资高等都限制了膜法的应用。

**9. 浮选法**

浮选法是一种废水处理新技术,分为溶气浮选法、电解浮选法、离子浮选法等多种浮选技术,它在废水处理领域有着广泛的应用。向含镉废水中加入硫化钠,将镉转化为硫化镉沉淀,然后加入捕捉剂十二烷胺醋酸酯,采用气泡上浮方法分离,对含镉为 5 mg/L 的废水能够达到 99% 的去除率。黄颂安等采用胶体吸附泡沫分离新技术,对脱除废水中的镉进行研究,在适宜的工艺条件下,浮选后残液中 $Cd^{2+}$ 的浓度低于 0.01 mg/L。陈跃等对泡沫塔处理含镉废水进行研究。其以十二烷基苯磺酸钠(LAS)为捕捉剂,得到连续稳态操作流程的适宜操作参数,镉的去除率达 99.9% 以上。该法具有处理量大,成本低及操作方便等优点,但合适捕捉剂的优选较难。

## 3.4.2  生物法

生物法处理重金属废水的研究始于 20 世纪 70 年代,到了 80 年代中期开始实际应用,但并不广泛。生物法与传统的物理、化学法相比,具有以下优点:运行费用低、操作 pH 及温度范围宽、高吸收率、高选择性。生物法又可分为植物修复法和微生物强化法。

**1. 植物修复技术**

植物修复技术(Phytoremediation)是利用植物去除水环境中的镉,降低水环境中的 Cd 污染。

有研究表明,在引起环境污染的几种重金属中,灌木型柳树对 Cd 的吸收积累能力最为突出,利用柳树的速生、生物量高及适应性强等特点,栽培柳树实施短轮伐林对 Cd 污染土壤进行修复,已成为植物修复技术应用研究的热点之一。李华等通过溶液培养,研究了剑兰、台湾水韭、尖叶皇冠等水生植物对 Cd 污染水体的修复效果及 Cd 对这三种水生植物的生长、Cd 积累的影响得出,剑兰是一种很有潜力的可用于 Cd 污染水体修复的耐性植物。申华等研究了斯必兰、羽毛草和水芹三种观赏水草对不同浓度的镉污染水体($Cd^{2+}$ 浓度分别为 0.5、1.0、5.0、10.0 mg/L)的修复效果以及镉对这三种观赏水草生长的影响。结果表明三种观赏水草均对水体镉污染有一定程度的抗性,并能不同程度地去除水体中的镉,3 种观赏水草对镉的富集能力为斯必兰>水芹>羽毛草。在三种观赏水草中斯必兰对水体镉污染的耐性最高、修复能力最强。

**2. 微生物强化法**

所谓微生物强化法就是在传统的生物处理体系中投加具有特定功能的微生物或某些基质,增强它对特定污染物的降解能力,从而改善整个污水处理体系的处理效果。它又可具体分为微生物的固定化和投菌活性污泥法。许华夏等对微生物法固定重金属离子镉和铅进行了研究,结果表明,真菌比其他菌株对镉的固定能力强,且到达平衡的时间短。投菌活性污泥法即将从自然界分离获得的强活力的菌种添加到活性污泥中,以活性污泥为载体,利用活性污泥自身的絮凝作用,培养出优势菌种并絮凝,从而达到驯化活性污泥进而降解污染物的目的。

总之,含镉废水对环境污染十分严重,而且危害很大。随着人们对环境和健康的日益重视,寻求高效低成本的方法彻底地处理含镉废水,使其达到并低于排放的标准将是今后一段时间的研究重点。传统的物理、化学法在含镉废水的处理上应用十分广泛,但仍然存在着诸如处理成本高、二次污染等问题。微生物法作为一种最有前途的处理方法,不但具有高效、无二次污染等优点,而且处理费用低。目前该法仍是国内外的一个研究热点。自然界存在的菌种耐镉能力有限,仅能处理低镉废水,所以其实际应用存在局限性,而生物强化法特别是投菌活性污泥法将是一种很有前途的处理方法,其将在含镉废水的处理方面具有广阔的发展空间和实际效益。

# 第4章 铅

## 4.1 铅及其化合物的基本性质

### 4.1.1 铅的基本性质

铅为污水综合排放标准中第一类污染物,总铅最高允许排放浓度不得高于 $1.0 mg/L$。铅在地球上属分散元素,它的元素丰度在地壳中居第 35 位($13 mg/kg$),在海洋中居第 46 位($0.03 \mu g/L$)。自然界中铅主要存在于方铅矿($PbS$)及白铅矿($PbCO_3$)中,经煅烧得硫酸铅及氧化铅,再还原即得金属铅。

铅是淡黄带灰的柔软金属,切削面有金属光泽,但在空气中很快生成黯灰色氧化膜,它的相对密度大(11.34),熔点低(327.5℃),沸点高(1 525℃),除金和汞之外铅是常见金属中最重的金属,它容易机械加工、熔点低、密度高、又能抗腐蚀,这些优良性质使它获得了广泛的应用。

铅的活泼性位于氢之上,能缓慢溶解在非氧化性稀酸中,也易溶于稀 $HNO_3$ 中,加热时溶于 HCl 和 $H_2SO_4$;有氧存在的条件下,还能溶于醋酸,所以常用醋酸浸取处理含铅矿石。

易溶于水的铅盐有硝酸铅、醋酸铅等,而大多数铅化合物难溶于水,如硫化物、氢氧化物、磷酸盐、硫酸盐等,其溶解度及溶度积分别如表 4-1 所示。

表 4-1 难溶铅化合物的溶解度

| 化合物 | 溶解度/(g/100 g H₂O) | 温度/℃ | 溶度积 $K_{sp}$ | 温度/℃ |
|---|---|---|---|---|
| $PbCO_3$ | $4.8 \times 10^{-6}$ | 18 | $3.3 \times 10^{-14}$ | 18 |
| $PbCrO_4$ | $4.3 \times 10^{-6}$ | 18 | $1.8 \times 10^{-14}$ | 18 |
| $Pb(OH)_2$ | | | $2.8 \times 10^{-16}$ | 25 |
| $Pb_3(PO_4)_2$ | $1.3 \times 10^{-5}$ | 20 | $1.5 \times 10^{-32}$ | 18 |
| $PbS$ | $4.9 \times 10^{-12}$ | 18 | $3.4 \times 10^{-26}$ | 18 |
| $PbSO_4$ | $4.5 \times 10^{-3}$ | 18 | $1.1 \times 10^{-8}$ | 18 |

作为汽车尾气的一种重要成分,$Pb_xCl_yBr_z$ 在水中有较大溶解度,而且溶解度数据是一个十分重要的环境参数,它关系到空气中含铅化合物的湿降、土壤中含铅化合物的溶解迁移等环境过程,也关系到沉积在人体肺内铅化合物的生理特性等。$Pb_xCl_yBr_z$ 在水中溶解度数据如表 4-2 所示。这些卤化物的溶解度数据也可根据热力学关系式进行计算求得。

表 4-2 $Pb_xCl_yBr_z$ 在水中的溶解度

| 温度/℃ | 化合物 | 溶解度/(g/L) | 溶解度/(mol/L) |
|---|---|---|---|
| 40 | $PbCl_2$ | 14.5 | $5.21 \times 10^{-2}$ |
| | $PbBr_2$ | 15.3 | $4.17 \times 10^{-2}$ |
| | $PbBrCl$ | 9.55 | $2.96 \times 10^{-2}$ |
| 20 | $PbCl_2$ | 9.9 | $3.56 \times 10^{-2}$ |
| | $PbBr_2$ | 8.5 | $2.31 \times 10^{-2}$ |
| | $PbBrCl$ | 6.64 | $2.06 \times 10^{-2}$ |

续表

| 温度/℃ | 化合物 | 溶解度/(g/L) | 溶解度/(mol/L) |
|---|---|---|---|
| | $PbCl_2$ | 6.73 | $2.42 \times 10^{-3}$ |
| 0 | $PbBr_2$ | 4.55 | $1.24 \times 10^{-3}$ |
| | PbBrCl | 4.38 | $1.36 \times 10^{-3}$ |

铅在周期表中位于第Ⅳ族。原子外层轨道有四个价电子,其中两个是 s 电子,另两个是 p 电子。所有四个价电子很难从原子中完全失去,而常与电负性较大元素的原子共用电子,形成共价键。在许多铅的化合物中,两个 s 价电子不参加成键,此时,铅表现出 +2 价氧化态。由于四价铅具有高氧化性,所以也可以说 +2 价氧化态是它的特征氧化态,二价化合物比四价的更稳定。此外铅还可能有 +1 和 +3 价氧化数。在简单化合物中,只有少数几种 +4 价化合物(如 $PbO_2$)是稳定的。

含铅的盐类多能水解。铅的氢氧化物显两性,既能形成含有 $PbO_3^{2-}$ 和 $PbO_2^{2-}$ 的盐,又能形成含有 $M^{4+}$ 和 $M^{2+}$ 的盐。这两种形式的盐都能水解。由于 $H_2PbO_3$ 和 $H_2PbO_2$ 都是弱酸,碱金属铅酸盐在水溶液中呈强碱性,而亚铅酸盐在水溶液中更能发生强烈水解作用。$PbCl_4$ 之类的四价铅盐在水溶液中也强烈水解而产生 $PbO_2$。

水溶液中,铅与配位体反应时,显示出介于硬酸和软酸之间的性质。$Pb^{2+}$ 与 $OH^-$ 配位体生成 $Pb(OH)^+$ 的能力比与 $Cl^-$ 配位体配合的能力大得多,甚至在 $pH = 8.1 \sim 8.2$,$c(Cl^-) = 20\ 000\ mg/L$ 的海水中,$Pb(OH)^+$ 的形态还能占据优势;在 $pH > 6$ 时,$Pb_3(PO_4)_2$ 和 $PbSO_4$ 等难溶盐也会发生水解生成可溶性 $Pb(OH)^+$;在 $pH < 10.0$ 的条件下,不会形成 $Pb(OH)_2$ 沉淀。

铅还能与含硫、氮、氧原子的有机配位体生成中等强度螯合物。

铅的氧化还原电位图如下:

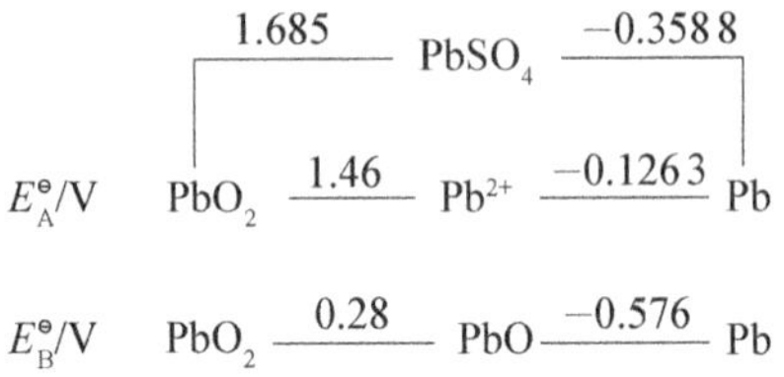

图 4-1　铅氧化还原电位图

Pb(Ⅳ)有较强氧化性,如 $PbO_2$ 在酸性介质中可以把 $Cl^-$ 氧化为单质氯,还可以将 $Mn^{2+}$ 氧化成紫红色的 $MnO_4^-$。

### 4.1.2　常见的铅化合物及其用途

【铅合金】　指铅与铅以外金属的合金中,铅占该合金质量百分之十以上者:①金属铅:可用于铅管、蓄电池极板、电缆被覆剂、化学反应锅贮槽的衬里、放射线的遮蔽材料、加热用的炉子(铅炉)、建筑的缓冲材料、机械零件的垫圈。②活字印刷用铅合金,铅约占 70% ～ 90%(铅、锡、锑)。③易熔合金亦含铅(铅、锡及锑或镉),焊锡含铅约 40% ～ 60%。④低熔点合金,轴承合金(铅、锡、锑或镉)铅约 25% ～ 35%;⑤轴承青铜(铜、锡、铅)铅约 5% ～ 25%。⑥高熔合金,如快削钢,铅约 1%。

【氧化铅】　PbO。危险标记 14(有毒品),俗称"密陀僧"、"铅黄"。氧化铅有两种变体:红色四方晶体和黄色正交晶体,主要用于铅黄颜料(铅铬黄)、冶金助熔剂、油漆催干剂,与甘油混合可作黏合剂、橡胶硫化促进剂、光学玻璃。它可用于生产水晶玻璃,能够增强透明物体的折射度,使玻璃制品更美观。

**【二氧化铅】** $PbO_2$。二氧化铅可用于蓄电池之正极板,氧化剂,医药,火柴等领域。

**【三氧化二铅】** $Pb_2O_3$。三氧化二铅呈红黄色或绿棕色粉状物,工业上用于冶金、陶器颜料、油漆、电子工业,也可用于制取其他铅的氧化物;医药上用于制作樟丹(铅丹、丹粉,系用铅、硫黄、硝石等合炼而成),铅丹体重性沉,能坠痰去祛,能消积杀虫,能解热、拔毒、长肉、去瘀,是外科必用的药物。

**【四氧化三铅】** $Pb_3O_4$。四氧化三铅俗称铅丹,工业上用于铅玻璃(光学用),油漆(红丹漆),红色颜料,蓄电池极板,真空管,电灯泡,医药等领域。

**【氢氧化铅】** $Pb(OH)_2$。工业上氢氧化铅常用于制造其他铅盐。

**【氯化铅】** $PbCl_2$。用于制造铅盐、铬黄、颜料、试药等。

**【碱式碳酸铅】** $PbCO_3 \cdot 2Pb(OH)_2$。有毒,又称白铅粉或铅白。它有良好的耐候性,但与含有硫化氢的空气接触时,因生成硫化铅而由白变黑,主要用于制造珠光塑料、珠光漆料、防锈油漆、绘画涂料、化妆品和户外用漆,也用于陶瓷工业(品质纯、粒子细、密度比其他铅化合物小,易于悬浮,制成的釉浆不会产生沉淀现象,铅的化合物还能与 $SiO_2$、$B_2O_3$ 及其他碱土金属生成一系列低温共熔物,可以帮助颜色釉显色,是低温色釉中必不可少的助熔剂。铅釉的流动性好,黏度小,气泡容易排出,釉面光泽度最高);也可用作聚氯乙烯塑料稳定剂。洗尽铅华的铅华的主要成分即碱式碳酸铅。碱式碳酸铅可用于制造白色油漆,这种油漆覆盖性好。铅白粉常被用来作底子材料,作成油画色覆盖力也很好。铅白是目前油画色里最佳的白颜料,纯净的铅白非常稳定,是欧洲传统油画色中最好的一种白色。

**【硫酸铅】** $PbSO_4$,别名为红矾、铅矾。用作草酸的催化剂、制白色颜料、蓄电池、氯乙烯稳定剂及快干漆等。

**【砷酸铅】** $Pb_3(AsO_4)$。危险标记 13(剧毒品),稳定,用作蔬菜水果的杀虫剂,除草剂。它同时具有铅和砷的毒性,但通常以砷的毒作用表现最为突出。

**【醋酸铅】** $(CH_3COO)_2Pb \cdot 3H_2O$,俗称铅糖。白色半透明不规则结晶体,微有醋味和甜味,有毒,易溶于水。微有刺激性,有消炎、消肿及收敛作用,用于亚急性有渗液的皮炎,1%～2%溶液用于未破的皮肤,0.2%～0.5%溶液用于黏膜。醋酸铅主要用于生产有机铅(如萘酸铅、硼酸铅、硬脂酸铅);在颜料工业中同红矾钠反应,是制取铬黄的基本原料;在纺织工业中,用作蓬帆布配制铅皂防水的原料;在电镀工业中,是氰化镀铜的发光剂,也是皮毛行业的染色助剂。

**【铬酸铅】** $PbCrO_4$。铬酸铅有毒,组成铬黄颜料的成分,亮黄色单斜晶体,相对密度为6.12,熔点为 844℃,难溶于水,溶于酸和碱溶液,高温下分解放出氧气,可用作黄色颜料、氧化剂和火柴成分等。它由铬酸钠溶液与硝酸铅溶液或由重铬酸钠溶液和乙酸铅溶液在适当的浓度、温度、酸碱值下作用制得。

**【硫化铅】** $PbS$。高纯度的硫化铅可作半导体。硫化铅是常用的减磨材料之一,它在高温时分解并氧化成的氧化铅能降低低温材料的分解速度,起到了高温无机黏合剂以及润滑调节剂的作用,减少了摩擦材料的烧失量,延长了摩擦材料的使用寿命;硫化铅在高温时与其他材料反应生成的产物硬度较低,可以减少摩擦材料在制动时发出的噪声,减轻对盘和轴的伤害,另外硫化铅的价格比硫化锑的低,有利于摩擦材料企业降低成本。

美国化学协会 2006 年第十期"Nano Letters"(纳米快报)发表了一篇题为《古代染发剂配方中硫化铅纳米技术的早期使用》的文章。这项由法国国家科学研究中心、欧莱雅研究院、美国阿贡国家实验室和国家航空研究办公室的研究人员共同完成的研究揭示了一个惊人的发现:早在 2 000 多年前,古希腊人和古罗马人就已经利用在纤维核心上形成黑色硫化铅的纳米晶体,来染黑白色的头发和羊毛。早些时候对古代埃及化妆品进行的研究显示,在 4 000 年前,合成的白色化合物已经被当作眼影来使用,这些化合物主要是铅化合物、角铅矿和羟氯铅矿。

**【硬脂酸铅】** $(C_{17}H_{35}COO)_2Pb$。别名十八酸铅。白色或微黄色粉末,有毒,可燃,熔点为 $103\sim110℃$,不溶于乙醇,微溶于水,溶于乙醚,遇强酸分解生成硬脂酸和相应的铅盐。硬脂酸铅可用作聚氯乙烯 PVC 等塑料的半透明耐热稳定剂,润滑脂的增厚剂,油漆的平光剂及催干剂,聚氯乙烯-玻璃布层压板的润滑剂等。

与同族元素碳、硅相比,铅的金属性强,共价性显著降低,在许多碳、硅化合物中,相同原子能联结成键,铅则不能。所以含铅有机化合物的数量不多,且有机铅化合物的稳定性也较差,如烷基铅加热时就能分解,这就证明了 C—Pb 间的键力很弱。各种铅有机化合物的稳定程度由分子中有机基团性质和数目决定,一般芳基铅化合物比烷基铅化合物稳定,且随有机基团数增多,稳定性提高。

烷基铅是一类重要的有机铅化合物。四甲基铅在常温下是相对密度为 $1.9952(20℃)$ 的无色、带芳香的油状液体,沸点为 $110℃$,可溶于苯、醇、醚,而不溶于水。四乙基铅 $(C_2H_5)_4Pb$ 在常温下是相对密度为 $1.6600(18℃)$ 的无色、带特殊臭气的油状液体,沸点为 $199℃$,可溶于苯、醚,微溶于乙醇而不溶于水。这两种化合物还能以任何比例与汽油互溶。在含铅汽油中,这类烷基铅被用作抗震剂。

某些 $Pb^{2+}$ 化合物(如乙酸铅)在厌氧条件下能生物甲基化而生成 $(CH_3)_4Pb$,反应条件为:①$Pb^{2+}$ 浓度控制在 $1\sim10\ \mu g/mL$;②含 $S^{2-}$ 浓度不能太高以免生成 PbS;③培养液使用期不超过 $6\sim7$ 周。在上述条件下,反应速率约 $2.5\ \mu g/d$,且实验室内进行的生物甲基化试验有很好的重现性。将含铅的水底沉积物在恒温箱中保存一段时间之后,也会产生 $(CH_3)_4Pb$。

$(CH_3)_2PbX_2$ 能在环境条件下发生不可逆歧化反应:

$$2(CH_3)_2PbX_2 \longrightarrow (CH_3)_3PbX + PbX_2 + CH_3X \qquad 反应(4-1)$$

X 的种类和反应物浓度不影响反应的化学计量性;反应是一级的,随反应物浓度增大,反应速率加快;X 的种类对反应速率的影响按下列次序递增:

$$Ac^- < ClO_4^- < NO_3^- < Cl^- < NO_2^- < Br^- < SCN^- < I^-。$$

$(CH_3)_3PbX$ 也能发生歧化反应:

$$3(CH_3)_3PbX \longrightarrow 2(CH_3)_4Pb + PbX_2 + CH_3X \qquad 反应(4-2)$$

歧化反应进行很慢,X 的种类对反应速率的影响也较小。

归纳起来,主要有以下几种用途:

(1)橡胶加硫剂(耐热增加用)常添加一氧化铅,盐基性碳酸铅等原料。

(2)合成树脂之制品常添加一氧化铅,盐基性碳酸铅,硬脂酸铅等原料。

(3)绘料常添加一氧化铅,三氧化二铅,四氧化三铅,铬酸铅,钛酸铅,盐基性碳酸铅等原料。

(4)釉药常添加一氧化铅,三氧化二铅,四氧化三铅,铬酸铅等原料。

(5)农药常添加砷酸铅,三氧化二铅,硝酸铅等原料。

(6)玻璃常添加一氧化铅,四氧化三铅,铬酸铅,硼酸铅等原料。

(7)黏着剂常添加一氧化铅,四氧化三铅,铬酸铅等原料。

# 4.2 铅及其化合物的毒性

铅是人类最早发现并予以应用的金属之一,在应用过程中,人们对其毒性也逐渐地有所了解。古罗马贵族、富豪用铅管导水,用铅制器皿作盛器,结果大量铅进入人体,引起中毒,这可能是导致罗马帝国中途衰亡的原因之一。

（1）神经系统：神经系统最易受铅的损害。铅中毒引起的智力发育落后,血铅水平每上升 $10~\mu g/dL$,智商将降低 $6\sim 7$ 分。

（2）造血系统：铅可以抑制血红素的合成与铁、锌、钙等元素拮抗,诱发贫血,并随铅中毒程度加重而加重,尤其是本身患有缺铁性贫血的儿童。

（3）心血管系统：经过调查统计发现人群中的血管疾病与机体铅负荷增加有关。铅中毒患者的主动脉,冠状动脉,肾动脉及脑动脉有变性改变,在因铅中毒死亡的儿童中亦发现有心肌变性。此外研究发现铅中毒时,能导致细胞内钙离子的过量聚集,使血管平滑肌的紧张性和张力增加引起高血压与心律失常。

（4）消化系统：铅直接作用于平滑肌,抑制其自主运动,并使其张力增高引起腹痛、腹泻、便秘、消化不良等胃肠机能紊乱。完整肝细胞对铅毒性有一定保护作用,但急性铅中毒时肝混合功能氧化酶系及细胞色素 P450 水平下降,以致肝脏解毒功能受损,出现病变。

（5）泌尿生殖系统：长期接触可致儿童及成人慢性肾炎,铅具有生殖毒性,胚胎毒性和致畸作用。

（6）免疫系统：铅能结合抗体,饮水中铅含量增加使循环抗体降低。铅可作用于淋巴细胞,使补体滴度下降,使机体对内毒素的易感性增加,抵抗力降低,常引起呼吸道、肠道反复感染。

（7）内分泌系统：铅可抑制维生素 D 活化酶、肾上腺皮质激素与生长激素的分泌,导致儿童体格发育障碍。血铅水平每上升 $100~\mu g/L$,其身高少 $1\sim 3$ cm。

（8）骨骼：骨骼是铅毒性的重要靶器官系统。体内铅大部分沉积于骨骼中,通过影响维生素 D3 的合成,抑制钙的吸收,作用于成骨细胞和破骨细胞,引起骨代谢紊乱,发生骨质疏松。流行病学研究表明,发生骨丢失时铅从骨中释放入血,对各大系统造成长期持久的毒害作用。

四甲基铅和四乙基铅本身不具有毒性。在肝脏中通过去烷基化生成三烷基化合物才是毒性的根源。表观上四甲基铅的毒性明显低于四乙基铅,这是因为前者去烷基化速率较慢的缘故。一般可溶性无机铅盐都有毒,这是因为 $Pb^{2+}$ 与蛋白质分子中半胱氨酸内的巯基（—SH）发生反应,生成难溶化合物,中断了有关的代谢路径。

铅在体内代谢情况与钙相似,易蓄积在骨骼之中。另一个特点是儿童对铅的吸收率要比成人高出 4 倍以上。当人体中摄入大量铅后,主要效应与四个人体组织系统相关：血液、神经、肠胃和肾。急性铅中毒通常表现为肠胃效应。在剧烈的爆发性腹痛后,出现厌食、消化不良和便秘。有异食癖的儿童可能经口摄入大量铅化合物（如舔食乳母脸上胭脂或食品罐头上的油漆剥落碎片）,而引起慢性脑病综合征,具有呕吐、嗜睡、昏迷、运动失调、活动过度等神经病学症状。铅中毒后对中枢神经系统和周围神经系统产生不良影响也是常见的。职业上接触铅的工人容易患贫血症,这是由于铅进入人体后截断了血红素生物合成途径的缘故。在农村由于长期饮用从含铅油漆房顶收集来的天落水,可能引起慢性肾炎,这种情况也是很多见的。

# 4.3　铅在水体中的形态

铅在水体中存在的化学、物理形态也是多样的。对世界范围内众多河流的有关资料进行归纳后可知,河水中约有 $15\%\sim 83\%$ 的铅是以与悬浮颗粒物结合的形态而存在,其中又有相当数量的铅与大分子有机物质相结合以及被无机的水合氧化物（氧化铁等）所吸附的状态存在。当 pH $>6.0$,且水体中又不存在相当数量的能与 $Pb^{2+}$ 形成可溶性配合物的配位体时,水体中可溶状态的铅可能就所存无几了。

在酸性水体中,腐殖酸能与 $Pb^{2+}$ 生成较稳定的螯合物;在 pH $>6.5$ 的水体中,黏土粒子

强烈吸附 $Pb^{2+}$（发生与腐殖酸竞争的情况），吸附生成物趋向于沉入水底。一般情况下，铅在腐殖酸成分中的浓集系数（即铅在腐殖酸和沉积物中浓度比）为 1.4～3.0。在向河水中加入 $Cl^-$ 或 NTA 时，水底沉积物中铅即发生解吸，且两种情况下解析率之比为 1：10，这与 $Pb$-$Cl^-$ 和 $Pb$-NTA 的稳定常数分别是 101.6 和 1 011.47 是相应的。

在天然水体中还存在一些无机颗粒状态的铅化合物，如 $PbO$、$PbCO_3$ 和 $PbSO_4$ 等。此外还有各种水解产物形态：$PbOH^+$、$Pb(OH)_2$、$Pb(OH)_3^-$、$Pb_2(OH)_3^+$、$Pb_4(OH)_4^{4+}$ 等。据测定，在 pH = 8.5 的海水中，各种无机形态铅配合物的分配为：88% $PbOH^+$、10% $PbCO_3$、2% $(PbCl^+ + Pb^{2+} + PbSO_4)$。

有机铅化合物在水体介质中溶解度小、稳定性差，尤其在光照下容易分解。但目前已发现在鱼体中含有占总铅 10% 左右的有机铅化合物，包括烷基铅和芳基铅。

# 4.4　水体中铅污染物的来源

未污染海水中的铅浓度约 0.03 $\mu g/L$。海滨地区或表层海水中的浓度可能是此值的 10 倍，被认为是大气中的铅降落海面所致。

未污染淡水中含铅量比海水中高得多，有人提出河水中含铅浓度的代表值为 3 $\mu g/L$。甚至在北极地区的冰层中也发现了铅的踪迹，并且其浓度在近代有急剧增长的趋势。这些情况表明：随着近代世界范围工业的发展，进入大气中的粒子状态的铅量迅速增多，由于滞留时间长，这些粒子状态的铅能参与全球性分配，并导致水体中铅浓度逐年增长。

水体中铅污染物的主要来源有两个方面：① 大气向水面降落的铅污染物；② 直接向水体排放的工业废水。

大气降尘或降水（含铅可达 40 $\mu g/L$）通常是海洋和淡水水系中最重要的铅污染源。据统计，全世界每年由空气转入海洋的铅量为 $40 \times 10^6$ kg。21 世纪以来，各产业部门向大气排放含铅污染物量激剧增多。在大气中铅的各类人为污染源中，油和汽油燃烧释放的铅占半数以上。汽油中添加烷基铅作防震剂，常用的化合物有：$Pb(CH_3)_4$、$Pb(C_2H_5)_4$、$Pb(CH_3)_3(C_2H_5)$、$Pb(CH_3)_2(C_2H_5)$ 和 $Pb(CH_3)(C_2H_5)_3$。此外还掺入一些有机卤化物（如二氯乙烯、二溴乙烯）作为清除剂，用以避免铅化合物在汽油燃烧后沉积在汽缸之中。在汽车排气中所含有的铅，大多数是颗粒非常小的微粒（0.2～1.0 $\mu m$），还有一些是未发生反应的残余有机铅烟气。在微粒中的 80%～90% 是 $Pb_xCl_yBr_z$ 化合物，其余为 $NH_4Cl$ 及其与 $Pb_xCl_yBr_z$ 的加合物。此外，还可能由光化学反应产生卤元素单质：

$$Pb_xCl_yBr_z \xrightarrow{h\nu} Pb_xCl_yBr_{z-1} + \frac{1}{2}Br_2 \qquad\qquad 反应(4-3)$$

排气中的挥发性 $Pb_xCl_yBr_z$ 又能在大气中进一步生成 $PbCO_3 \cdot Pb(OH)_2$ 和氧化铅的细粒气溶胶物质。大气中所含微粒铅的平均滞留时间为 7～30 d。较大颗粒可降落于距污染源不远的地面或水体，但细粒状或水合离子态的铅可能在大气中飘浮相当长的时间。降落在公路路基近旁的铅污染物，很容易流散，最终流到淡水源中，这种污染在经过一段干旱期后会特别严重。

铅是人类最早使用的金属之一，公元前 3000 年，人类已会从矿石中熔炼铅。铅在地壳中的含量为 0.001 6%，主要矿石是方铅矿 $PbS$。直到 16 世纪以前，在用石墨制造铅笔以前，在欧洲，从希腊，罗马时代起，人们就是手握夹在木棍里的铅条在纸上写字，这正是今天"铅笔"这一名称的来源。到中世纪，在富产铅的美国，一些房屋，特别是教堂，屋顶是用铅板建造，因为铅具有化学惰性，耐腐蚀。最初制造硫酸使用的铅室法也是利用铅的这一特性。

铅及其化合物以其优异的性能,成为工业上使用最为广泛的有色金属之一,因而也使得多种工业废水成了水体中铅的污染源。其中能造成环境铅污染的最主要工业有:①矿石的采掘和冶炼;②铅蓄电池制造、汽油添加剂生产;③铅管、铅线、铅板生产;④含铅颜料、涂料、农药、合成树脂生产;⑤其他各种铅化合物生产;⑥防 X 射线等的材料。其中产生铅污染废水最多的是生产汽油添加剂四乙基铅的石油工业;其次是蓄电池工业,其中铅板制作场所,由于 pH 低于 3.0,因此废水中含有高浓度的溶解性铅;石油炼制过程中常使用亚铅酸钠;镀铅时电镀槽中的电镀废液;油漆颜料的铬黄主要是通过铬酸钠和硝酸铅或醋酸铅反应制得,产生大量不溶性铅的废水;含铅玻璃混合剂常用于显像管前玻璃和管锥部分的熔合,清理回收或回用这种混合剂需要用稀酸溶解,从而产生含铅废水;铅矿开采及冶炼过程也会排放大量高浓度含铅废水。

饮用水中所含的铅很可能来自以铅作管材的管道系统。在供应 pH 较低的软水的地方,采用铅管系统是一个特别严重的问题。这种水是铅溶剂,能从管线中溶解大量铅。而 pH 高且含有溶解的钙盐和镁盐的硬水,在系统中形成一层"水垢",能阻止铅的溶解。在现代城市,已很少使用铅管和铅罐,它们已被其他材料的制件取代。以聚氯乙烯等塑料制造的管件中也含有作为稳定剂的铅盐,但它溶入水流中的量很少。

# 4.5　含铅废水治理方法

国家污水综合排放标准总铅为 1.0 mg/L。大多数工业废水中的铅以无机的颗粒状或离子态存在。但从烷基铅生产工厂排出的废水中含有很高浓度有机铅化合物,对这种废水的处理,在技术上是有一定难度的。某些工业废水的含铅水平如表 4-3 所示。

表 4-3　常见企业排水中铅的浓度

| 生产企业 | 铅浓度/(mg/L) | 生产企业 | 铅浓度/(mg/L) |
| --- | --- | --- | --- |
| 铅-锌厂 | 5.0~7.0 | 铅联合企业: | |
| 铜厂 | 5.0~7.0 | 　矿井水 | 0.8 |
| 锡加工厂 | 0.4~1.0 | 　选矿厂的一般尾矿废水 | 1.1 |
| 各种选矿厂(精选浓缩机溢流) | 0.58~3.7 | 多种金属冶金联合企业: | |
| 钼-钨厂: | | 　选矿厂 | |
| 　澄清水 | 0.0~16.0 | 　　尾矿池澄清后废水 | 0.16~0.78 |
| 　过滤水 | 0.00~0.25 | 　　铅厂废水 | 0.06~9.7 |
| 　铜厂尾矿池流出水 | 0.01 | 　　铅-锌选矿厂尾矿废水 | 5.5 |
| 　有色轧件厂,试剂车间 | 0.14 | 　　选矿厂尾矿废水 | 0.12 |
| 铅-锌选矿厂: | | 　　铜-钨选矿厂尾矿废水 | 16.0 |
| 　处理前废水 | 11.0 | 机床厂 | |
| 　氧化矿浮选排放水 | 0.0 | 　废酸洗液 | 4.0 |
| 　硫化物浮选排放水 | 0.16 | 　洗涤水 | 0.5~1.0 |
| 　尾矿池流出水 | 0.28 | 锻压厂 | 0.07~5.25 |
| | | 石油化工企业一般废水中铅的平均浓度 | 8 204.0 |

含铅废水的有效处理方法有沉淀法、混凝法、离子交换法等。应用沉淀法和离子交换法,处理效果都可达到 99% 以上。

## 4.5.1　沉淀法

从废水中沉淀 $Pb(OH)_2$ 的适宜 pH 视废水种类而异,可为 6.0~10.0。已经工厂试验证实的理论最佳 pH 为 9.2~9.5。经沉淀处理后流出液中铅浓度为 0.01~0.03 mg/L,还可从沉淀泥渣中回收铅。

除了用碱调节 pH,使废水中 $Pb^{2+}$ 呈 $Pb(OH)_2$ 沉淀外,其他的沉淀剂还有 $Na_2CO_3$、白云石($CaCO_3 \cdot MgCO_3$)、$Na_3PO_4$ 等。在产生沉淀后,往往还能将颗粒状的铅夹带沉降;如果在沉淀、沉降之外,再加上过滤操作单元,将会使除铅效果更好。例如将含铅废水流经事先焙烧处理过的白云石充填床层,就可同时产生沉淀和过滤的作用。用磷酸盐作沉淀剂时,常需要在 pH>7.0 和 3 倍剂量沉淀剂条件下进行操作,这样会引起处理后出水中含有相当多的 $PO_4^{3-}$。

### 4.5.2　混凝法

在四烷基铅生产废水处理中,常用沉淀剂先除去其中无机铅,再用 $FeSO_4$ 或 $Fe_2(SO_4)_3$ 作混凝剂将其中含有的有机铅除去。由此得到的含铅泥渣,可送至冶炼厂精炼回收铅。混凝法也适用于城市供水的处理。

### 4.5.3　离子交换法

离子交换法已成功地用于从废水中除去无机铅和有机铅。例如对弹药生产厂废水的处理先用沉淀法,使废水含铅量从 6.5 mg/L 降到 0.1 mg/L,再用磷酸型树脂吸附处理后,含铅浓度降到 0.01 mg/L。

### 4.5.4　吸附法

吸附法是废水深度处理中常用的方法,含 $Pb^{2+}$ 废水处理也不例外,如用活性炭或脱乙酰甲壳质作为一种天然阳离子交换树脂,其分子中的游离 $NH_2$— 可以与很多重金属离子形成配合物,吸附很多金属离子和小分子化合物。

### 4.5.5　电偶-铁氧体

采用电偶-铁氧体法处理印刷厂含铅废水,使得废水中铅离子与铁离子生成磁铅石铁氧体,从废水中分离出来。铁氧体的形成需要足够的铁离子,三价铁与二价铁的比例为 2∶1。将三氯化铁投加到含铅废水中,待溶解并充分混合后,将 1/3 的废水打入电偶还原塔(塔内装有铁屑)进行还原,把 $Fe^{3+}$ 还原为 $Fe^{2+}$,然后再与原溶液混合,在常温下加入氢氧化钠溶液,调节 pH 至 10 左右,数分钟后即生成黑棕色铁氧体,分离铁氧体沉渣。上述反应的方程式分别如下:

电偶还原塔内铁屑与氯化铁瞬间发生电偶作用:

$$2FeCl_3 + Fe \longrightarrow 3FeCl_2 \qquad\qquad 反应(4-4)$$

废水中 1/3 的 $FeCl_2$ 和 2/3 的 $FeCl_3$ 与氢氧化钠的反应为:

$$FeCl_2 + 2FeCl_3 + 8NaOH \longrightarrow Fe(OH)_2 \downarrow + 2Fe(OH)_3 \downarrow + 8NaCl \quad 反应(4-5)$$

$$Fe(OH)_2 + 2Fe(OH)_3 \longrightarrow FeO \cdot Fe_2O_3 \cdot 4H_2O(铁氧体) \qquad 反应(4-6)$$

废水中的 $Pb^{2+}$ 进入铁氧体的晶格中,置换出 $Fe^{2+}$,形成十分稳定的磁铅铁氧体 $PbO \cdot Fe_2O_3$。

# 第5章　铬

## 5.1　铬及其化合物

### 5.1.1　基本性质

1797年,法国的沃克兰,从红铅矿和盐酸反应的产物里,提取出三氧化铬,并用木炭和铬酐共热,得到金属铬粉。1798年沃克兰给他找到的这种灰色针状金属命名为chrom,来自希腊文chroma(颜色)。由此得到铬的拉丁名称chromium和元素符号Cr。差不多在同一个时期,克拉普罗特也从铬铅矿中独立发现了铬。

按照在地壳中的含量,铬属于分布较广的元素之一。它的含量比钴、镍、钼、钨都多,自然界中主要以铬铁矿$(Fe,Mg)Cr_2O_4$形式存在。由铝还原氧化铬,或由铬氨矾或铬酸电解可制得铬。

铬是银白色金属,质硬而脆,密度$7.20 g/cm^3$,熔点$1857℃ \pm 20℃$,沸点$2672℃$;外围电子排布:$3d^5 4s^1$,化合价$-1$、$-2$、$+1$、$+2$、$+3$、$+4$、$+5$、$+6$。金属铬在酸中一般以表面钝化为其特征,一旦去钝化后,即易溶解于几乎所有的无机酸中,但不溶于硝酸、磷酸。铬在高温下被水蒸气所氧化,在$1000℃$下被一氧化碳所氧化。在高温下,铬与氮起反应并为熔融的碱金属所侵蚀,可溶于强碱溶液。铬具有很高的耐腐蚀性,在空气中,即便是在赤热的状态下,氧化也很慢。

### 5.1.2　铬及其主要化合物的用途

【铬合金】　以铬为基础加入其他元素组成的合金,属难熔合金。铬能与镁、钛、钨、锆、钒、镍、钽、钇形成合金。铬及其合金具有强抗腐蚀能力,具有良好的抗氧化性能和抗高硫、柴油燃料、海水腐蚀性能。如Cr-MgO合金,在$1000\sim1200℃$温度下,材料表面形成$MgO \cdot Cr_2O_3$尖晶石结构,因而合金具有抗高温氧化和抗熔蚀性。与金属镍相比,用低间隙元素的原料,添加可净化杂质的合金元素(如钇、镧等)能提高铬合金的室温塑性。有的合金采用固溶强化和沉淀强化相结合的方法来提高它们的强度。铬合金的固溶强化元素有钽、铌、钨、钼等,沉淀强化相主要有ⅣA族和ⅤA族元素的硼化物、碳化物和氧化物。硅铬合金系铬、铁的硅化物,是含有足够硅量的铬铁。硅铬合金90%以上用作电硅热法冶炼中、低、微碳铬铁的还原剂。此外,硅铬合金还作为炼钢的脱氧剂与合金剂。随着氧气炼钢的发展,用硅铬合金还原钢渣中的铬和补加部分的铬量得到了日益广泛的应用。据统计,平均每吨钢消耗硅铬合金0.5 kg左右。不锈钢中便含有12%以上的铬。铬钴合金硬度高,用于制作切削工具。

【三氧化铬】　$CrO_3$。又称铬酸酐,是暗红色或紫色斜方结晶,高温下分解为三氧化二铬和氧气,是强氧化剂,酒精和它接触后能着火。用于电镀、医药、印刷等工业,在织物媒染和皮革工业中有着广泛的用途。

【三氧化二铬】　$Cr_2O_3$。又称铬绿、氧化铬绿、氧化铬,绿色粉末,六方晶系,无毒。三氧化二铬主要用途分冶金、颜料、磨料、耐火材料及新发展起来的溶喷涂料。冶金(铝热法制金属铬)用三氧化二铬占产量比例最大;其次是作为绿色颜料用于涂料、油墨、陶瓷、搪瓷、彩色水泥;能如叶绿素反射红外线,用于配制类似绿色树叶簇的伪装涂料;作为研磨剂,用于机械、仪器、仪表、钟表及滚珠轴承的研磨、抛光;直接用作耐火材料,或与氧化镁、氧化铝等制成复合耐火材料。作为熔喷涂料,借助等离子体直接喷涂到金属、陶瓷表面,赋予后者极高的耐磨性、耐蚀性和耐高温性。此外,三氧化二铬还用作催化剂及其载体,用于制作复合氧化物(包括含三氧化二铬的非绿色颜料)以及作为原料制取铬的碳、氮、硼、硅化物。最新的纳米材料——纳米三氧化二铬更具有优异性能和特殊用途。

**【氯化铬】**　(Chromium Chloride),$CrCl_3$。药物,用于参与体内的葡萄糖和脂肪代谢。缺铬可造成近视,易发生高血压、冠心病以及似糖尿病样病状。口服氯化铬,每日3次,每日1～2 mg。有较强的刺激性和腐蚀性,过量可引起中毒。

**【钾铬矾】**　$KCr(SO_4)_2 \cdot 12H_2O$,又称硫酸铬钾。深紫红色晶体,溶于水,水溶液冷时呈紫色,热时呈绿色。钾铬矾可用作鞣剂和媒染剂等,是制高级皮革必需的材料。

**【铬酸盐】**　含铬酸根 $CrO_4^{2-}$ 的盐类。一般呈黄色,铬酸银则呈深红色。碱金属和镁的铬酸盐,如铬酸钠、铬酸钾、铬酸镁等都溶于水,其他碱土金属和重金属的铬酸盐都不溶于水。铬酸盐有强氧化作用,在溶液中酸化时,转化为重铬酸盐,颜色由黄色变为橙红色;铬酸钡和铬酸铅用作黄色颜料;可溶性铬酸盐常用作氧化剂,并用作鞣剂。该盐可由铬铁矿制备。

**【重铬酸钠】**　$Na_2Cr_2O_7$,工业上称作红矾。可由铬铁矿制备。重铬酸钠用途广泛,可用作生产铬酸酐、重铬酸钾、重铬酸铵、盐基性硫酸铬、铅铬黄、铜铬红、溶铬黄、氧化铬绿等的原料,生产碱性湖蓝染料、糖精、合成樟脑及合成纤维的氧化剂、合成香料;医药工业用作生产胺苯砜、苯佐卡因、叶酸、雷佛奴尔等的氧化剂;印染工业用作苯胺染料染色时的氧化剂,硫化还原染料染色时的后处理剂,酸性媒介染料染色时的媒染剂;制革工业用作鞣革剂;电镀工业用于镀锌后钝化处理和金属表面处理,以增加光亮度;玻璃工业用作绿色着色剂。

**【重铬酸钾】**　$K_2Cr_2O_7$,又称红矾钾,为橙红色单斜晶系或三斜晶系结晶。其可用于生产铬明矾、氧化铬绿、铬黄颜料,制造火柴头的氧化剂、电焊条、印刷油墨,金属钝化;也用作鞣革剂,制造搪瓷瓷釉粉,使搪瓷成绿色;玻璃工业用作着色剂;印染工业用作媒介染料媒染剂,合成香料和有机合成氧化剂和催化剂。

**【有机铬——吡啶甲酸铬,烟酸铬,蛋氨酸铬】**　有机铬可增加胴体瘦肉率、提高种畜繁殖能力、增强动物抗应激能力,但细胞核中累积的铬有调节和改变基因的功能,Stearns 等(1995)用中国仓鼠卵巢细胞进行的体外研究表明,用 0.05,0.10,0.50 和 1.00 mmol/L 甲基吡啶铬处理后,一些染色体遭到破坏。以等量非毒性剂量尼克酸铬或带 6 个结晶水的 $CrCl_3$ 均能破坏染色体。

有机铬可作为饲料添加剂。①动物对无机三价铬的吸收率仅为 0.4％～3％,而有机铬的吸收率可达 15％～25％。有机铬以小分子有机物的形式在小肠中被吸收,通过肠黏膜进入动物体内后经血液送到肝脏和其他组织。②改善胴体品质,提高腰眼肌面积,降低背膘厚度,提高瘦肉率。③提高母猪产仔总数和分娩率,提高母猪繁殖能力和产仔成活率。

铬盐一般分为三价和六价铬盐,六价铬盐毒性较大,三价铬盐毒性较小,但在目前饲料法规条件下,在畜禽饲料中添加无机铬是不允许的。在吡啶甲酸的三价铬盐中,2-吡啶甲酸的三价铬盐(俗称有机铬)是最常用的饲料添加剂。有机铬可显著促进动物的生长,可大大提高动物的瘦肉率,畜产仔以及鸡、鸭的下蛋率。

# 5.2　铬对人体的影响

所有铬化合物都有毒性,但毒性的强弱不同。金属铬很不活泼;二价铬化合物一般认为是无毒的;三价铬可以引起肺损害;六价铬之铬酸盐毒性大,由于溶解度大,对所有组织都有刺激性和毒性。铬在体内可影响氧化、还原、水解过程,引起蛋白质变性,沉淀核酸、核蛋白,干扰酶系统。铬离子可与人的某些蛋白质起作用,主要是再结晶蛋白质,作用在蛋白质的羧基上,可引起鼻膜炎、支气管哮喘和肾病等。

铬是人体必需的微量元素,它与脂类代谢有密切联系,能增加人体内胆固醇的分解和排泄,是机体内葡萄糖能量因子中的一个有效成分,能辅助胰岛素利用葡萄糖。如食物不能提供足够的铬,人体会出现铬缺乏症,影响糖类及脂类代谢。但若大量的铬污染环境,则危害人体健康。铬的价态不同,人体吸收铬的效率也不一样,胃肠道对三价铬的吸收比六价铬低,六价铬在胃肠道酸性条件下可还原为三价铬,大量摄入铬可以在体内造成明显的蓄积。

铬中毒主要是指六价铬中毒。六价铬的毒性比三价铬高 100 倍左右。但三价铬和六价铬对水生生物都有致死作用,而且三价铬对鱼类毒害比六价铬大。试验表明,水中含铬在 1 mg/L 时,可刺激水生生物生长,在 $1\sim10$ mg/L 时会使水生生物生长受抑制,达到 100 mg/L 时,几乎使水生生物生长完全停止,濒于死亡。

铬的侵入途径不同,临床表现也不一样。饮用被含铬工业废水污染的水,可致腹部不适及腹泻等中毒症状;铬为皮肤变态反应原,引起过敏性皮炎或湿疹,湿疹的特征多呈小块、钱币状,以亚急表现为主,呈红斑、浸润、渗出、脱屑、病程长、久而不愈;由呼吸进入,对呼吸道有刺激和腐蚀作用,引起鼻炎、咽炎、支气管炎,严重时使鼻中隔糜烂,甚至穿孔。

铬在天然食品中的含量较低、均以三价的形式存在。目前没有科学根据显示六价铬是摄入性的致癌剂,因为六价铬在胃酸里会转变成无害的三价铬。

铬酸、重铬酸及其盐对人的黏膜及皮肤有刺激和灼烧作用,并导致伤、接触性皮炎。这些化合物以蒸气或粉尘方式进入人体,均会引起鼻中隔穿孔、肠胃疾患、白细胞下降、类似哮喘的肺部病变。皮肤接触铬化物,可引起愈合极慢的"铬疮",当空气中铬酸酐的浓度达 $0.15\sim0.31$ mg/m³ 时就可使鼻中隔穿孔。

# 5.3　含铬废水的来源

铬的污染主要由工业引起。铬的开采、冶炼,铬盐的制造、电镀、金属加工、制革、油漆、颜料、印染工业,都会有铬化合物排出。

铬及其化合物在工业生产的各个领域广泛应用,是冶金工业、金属加工电镀、制革、油漆、颜料、印染、制药、照相制版等行业必不可少的原料。这些工业部门分布点多而广,每天排出大量含铬废水,主要以 Cr(Ⅲ) 和 Cr(Ⅵ) 两种价态进入环境。电镀废水的铬主要来自于镀件(尤其是汽车配件制造业)钝化后的清洗工序,尤其在换电镀液时,常排放出大量含铬废水;制革工业处理一吨原皮,通常要排出含铬 410 mg/L 的废水 $50\sim60$ 吨;若每天处理原皮 10 吨,则年排铬 $72\sim86$ 吨。木材防腐和阻火处理时使用防腐剂和阻火剂排放的废水中含铬为 $0.23\sim1.5$ mg/L。炼油厂和化工厂所用的循环冷却水中含铬量也较高(缓蚀剂成分之一)。

铬对水体的污染不仅在我国而且在全世界各国都已相当严重了。世界各国普遍把铬污染列为重点防治对象。典型的六价铬废水来源及浓度如表 5-1 所示。

表 5-1　六价铬废水来源及浓度　　　　　　　　　　　　　　（单位：mg/L）

| 废水来源 | 浓度 | 废水来源 | 浓度 |
|---|---|---|---|
| 重铬酸钠生产 | $560\sim1490$ | 特种金属电镀 | $100\,000\sim270\,000$ |
| 皮革鞣制 | 40 | 镀槽冲洗废水 | $450\sim2310$ |
| 铝制造 | 136 | 染坊废水 | 300 |
| 铁合金生产 | $0.06\sim121$ | 复合颜料制造 | $2\sim2000$ |
| 汽车框架生产 | 700 | 铬黄颜料生产 | $17\sim957$ |
| 金属扣件生产 | 52 | 涂料制造 | $0.4\sim7.5$ |
| 特种金属光亮浸渍液 | $10\,000\sim50\,000$ | 油墨废水 | 150 |
| 特种金属阳极化处理液 | 173 | | |

水体中铬污染主要是三价铬和六价铬,它们在水体中的迁移转化有一定的规律性。三价铬主要被吸附在固体物质上面而存在于沉积物中;六价铬多溶于水中,而且是稳定的,只有在厌氧的情况下,才还原为三价铬。

三价铬的盐类可在中性或弱碱溶液中水解,生成不溶解于水的氢氧化铬而沉入水体底泥。在工业废水中,主要考虑的是六价铬含量,但环境中的三价铬和六价铬可以相互转化,所以近来水质标准的规定,倾向于铬的总含量,而不是六价铬的含量(污水综合排放标准要求六价铬低于 0.5 mg/L,总铬排放要求低于 1.5 mg/L)。

# 5.4　含铬废水处理方法

## 5.4.1　还原-沉淀法

对于含六价铬的废水,需先对废水进行还原,再调节废水 pH 为 6~8,添加沉淀剂(常用石灰)并持续搅拌,则多种重金属可一次性直接沉淀,其沉淀物用通常的过滤或沉淀技术去除,如有需要可添加适量的絮凝剂。

常规的还原处理技术是先用硫酸将废水 pH 调节到 2.0~3.0,再用化学还原剂如 $SO_2$、$Na_2SO_3$、$NaHSO_3$、$FeSO_4$ 等,将六价铬还原为三价铬,以便后续处理生成氢氧化物沉淀。六价铬还原成三价铬的程度,取决于反应时间、反应的 pH 以及还原剂的种类和浓度。

如果采用硫化钠作为还原剂,则废水的 pH 一定要控制在碱性条件下,防止酸性条件下硫化氢气体逸出。但此时六价铬还原成三价铬的速度缓慢,转化率也很低。

采用连续操作,机械搅拌,还原反应的关键在于控制反应的 pH 和氧化还原电位(ORP),为此采用一套 pH 控制仪和一套 ORP 控制仪,由计量泵准确控制加药量保证六价铬还原为三价铬的反应充分进行。反应 pH 控制在 2~3,氧化还原电位控制在 300 mV 左右。还原后的铬进入酸碱废水池与其他废水一起处理。以亚硫酸氢钠为还原剂并沉淀的反应方程如下所示:

$$4H_2CrO_4 + 6NaHSO_3 + 3H_2SO_4 \longrightarrow 2Cr_2(SO_4)_3 + 3Na_2SO_4 + 10H_2O$$
反应(5-1)

$$Cr^{3+} + 3OH^- \longrightarrow Cr(OH)_3 \downarrow$$
反应(5-2)

将电镀前处理的酸洗废水,特别是酸洗槽的废酸加入到含铬废水中,能起到既节约用酸量,又可引入 $Fe^{2+}$ 作为还原剂和混凝剂,达到一举两得的效果。

三价铬在碱性 pH 大于 8 的条件下都会生成氢氧化铬沉淀,不过沉淀物颗粒细小,沉降速度慢,10 h 沉淀体积仅为 50%。在实践中常用氧化镁和氧化钙作为沉淀剂,氧化镁效果最好,沉淀性能较好,沉淀体积仅为百分之八,但是价格比较高;氧化钙价格较低沉淀性能仅次于氧化镁,沉淀体积约为 15%,这两种药剂使用时应该注意 pH 的变化,沉淀时间仍需 4 h 以上。一些研究表明,高浓度废水的沉渣比低浓度的沉渣较为致密,有利于最终沉渣的处理。同时,如果氢氧化铬沉渣经老化或氧化后,转化为氧化铬,也会增加沉渣的致密性。

该方法的优点是一次性投资小、运行费用低、处理效果好、操作管理简便。但处理后污泥较多,易造成二次污染。

## 5.4.2　电解法

利用阳极铁在直电作用下,不断溶解产生亚铁离子($Fe^{2+}$),在酸性条件下,将 $Cr^{6+}$ 还原为 $Cr^{3+}$,反应如下:

$$Fe - 2e^- \longrightarrow Fe^{2+}$$
反应(5-3)

$$Cr_2O_7^{2-} + 14H^+ + 6Fe^{2+} \longrightarrow 2Cr^{3+} + 6Fe^{3+} + 7H_2O$$
反应(5-4)

上述反应过程中,消耗了大量 $H^+$,废水中 pH 升高,发生下列反应:

$$Cr^{3+} + 3OH^- \longrightarrow Cr(OH)_3 \downarrow \qquad 反应(5-5)$$
$$Fe^{3+} + 3OH^- \longrightarrow Fe(OH)_3 \qquad 反应(5-6)$$

$Fe(OH)_3$(确切来说是羟基铁,不是沉淀形态)是较好的絮凝剂,有助于 $Cr(OH)_3$ 及废水中其他颗粒较大的污染物的沉降,同时对其他有害离子也有良好的吸附作用。此外,废水中多种重金属离子的存在,还会发生共沉淀效应,从而改善了各重金属离子的沉淀条件,有利于去除。

该方法的优点是效果稳定、操作简单、工艺成熟、占地少、投资小。但也有其缺点:耗能大,运转费用较高,出水水质差,并产生大量难以处理的污泥。

### 5.4.3　离子交换法

电镀废水中常含有六价铬,它以铬酸离子 $Cr_2O_7^{2-}$ 存在。其在碱性条件下不能沉淀而且毒性很高,而三价铬毒性远低于六价铬,因此常采用硫酸亚铁及二氧化硫将六价铬还原为三价,以减轻铬污染,然后采用阳离子交换树脂去除。

离子交换法既能使铬获得回收,又能消除污染,因而是一种较为经济的处理方法。阳离子交换法用于去除 $Cr^{3+}$,阴离子交换法用于去除以 $CrO_4^{2-}$ 和 $Cr_2O_7^{2-}$ 中存在六价铬。当阴离子交换树脂饱和时,通常用 NaOH 溶液予以再生,使 $Na_2CrO_4$ 从离子交换树脂中洗脱下来,洗脱液再经过阳离子型交换树脂脱钠,即可回收浓度高达 6% 的铬酸溶液,或者通过还原-沉淀法,最终转化为 $Cr(OH)_3$ 沉淀而去除铬。

离子还原法和交换法费用较低,操作人员不直接接触重金属污染物,但仅适用于低浓度含铬废水或小型电镀厂,而且容易造成二次污染。离子交换法除铬的重要应用之一就是处理为铬所污染的循环冷却水。

### 5.4.4　蒸发回收法

对金属电镀漂洗水进行蒸发浓缩,使铬酸得到浓缩,并加以回收和回用。但由于杂质的积累会导致浓缩液的纯度较低,影响回收液的品质,所以一般需要阳离子交换预处理,以去除 $Fe^{2+}$、$Fe^{3+}$ 和 $Cr^{3+}$ 等阳离子,再浓缩回用。常用于电镀漂洗水的回用。

### 5.4.5　膜分离法

以选择性透过膜为分离介质,当膜两侧存在某种推动力(如压力)时,原料侧组分选择性透过膜,以达到分离、除去有害组分的目的,如反渗透、电渗析、纳滤等。

其优点是能量转化率高、装置简单、操作容易、易控制、分离效率高;缺点是投资大,运行费用高,薄膜的寿命短。

### 5.4.6　光催化法

光催化法是以半导体氧化物($ZnO/TiO_2$)为催化剂,利用太阳光光源对电镀含铬废水加以处理,使六价铬还原成三价铬,再以氢氧化铬形式除去三价铬。

该法铬的去除率较高,但目前技术不太成熟。

### 5.4.7　槽边循环化学漂洗法

在电镀生产线后设回收槽、化学循环漂洗槽及水循环漂洗槽各一个,处理槽设在车间外面。镀件在化学循环漂洗槽中经低浓度的还原剂(亚硫酸氢钠或水合肼)漂洗,使 90% 的带出液被还原,然后镀件进入水漂洗槽,而化学漂洗后的溶液则连续流回处理槽,不断循环,详见第三篇。

该法的优点是投资不大,占地面积较少,耗水量特别少,投药少,污泥少且纯度高,易于回收金属,处理费用低,可靠性高,排放水的水质高(达到国家或地方的排放标准),管理简便,易于实现自动化。

# 第6章 砷

## 6.1 砷及其化合物基本性质

### 6.1.1 砷的基本性质

砷(As),原子序数33,相对原子质量74.921 59。约公元317年,中国炼丹家葛洪将雄黄、松脂、硝石三物合炼得到砷;1250年德国的马格努斯用雌黄与肥皂共热制得砷,后经拉瓦锡确定是一种元素。

砷单质有三种同素异形体:黄砷、黑砷、灰砷。其熔点为817℃,613℃时升华。黄砷由砷蒸气骤冷而成,不稳定,密度为2.026 g/cm³;黑砷可由加热砷化氢制得,密度为4.7 g/cm³;灰砷能稳定存在,有金属性,密度为5.727 g/cm³。

砷在干燥空气中稳定,在潮湿空气中生成黑色氧化膜;砷与水、碱和非氧化酸不起作用,能与硝酸、浓硫酸反应。单质砷在高温时能与许多非金属作用;砷的化合物中砷化氢最重要,其为无色有大蒜味的剧毒气体;所有金属的砷酸盐都有毒。

### 6.1.2 砷及其化合物的用途

砷在地壳中含量并不大,约0.000 5%,但是它在自然界中到处都有。砷在地壳中有时以游离状态存在,不过主要是以硫化物矿的形式存在,常见的含砷矿物有斜方砷铁矿($FeAs_2$),雄黄($AsS$),雌黄($As_2S_3$),砷黄铁矿(又称毒砂 $FeAsS$),辉钴矿($CoAsS$),辉砷镍矿($NiAsS$),硫砷铜矿($Cu_3AsS_4$)等。无论何种金属硫化物矿石中都含有一定量砷的硫化物。因此人们很早就认识到砷和它的化合物。

【高纯砷】  高纯砷主要用于生产化合物半导体,如砷化镓、砷化铟、镓砷磷、镓铝砷等,以及用作半导体掺杂剂。这些材料广泛用于制作二极管、发光二极管、隧道二极管、红外线发射管、激光器以及太阳能电池等。其中GaAs是重要的半导体原料,性能比硅更优良。它的禁带宽度大,电子迁移率高,介电常数小,能引入深能级杂质,电子有效质量小,能带结构特殊,具有双能谷导带,可以制备发光器件、半导体激光器、微波体效应器件、太阳能电池和高速集成电路等,广泛用于雷达、电子计算机、人造卫星、宇宙飞船等尖端技术中。

【合金添加剂】  砷主要与铜、铅及其他金属制造硬质合金,用于生产印刷用合金、黄铜(冷凝器和蒸发器)、蓄电池栅板(硬化剂)、耐磨合金、高强度结构钢以及耐海水腐蚀用钢等。黄铜中含有微量砷时可以防止脱锌。经过分析,在中国商代时期的一些铜器中含砷,有的多达4%。铜砷合金中含砷约10%时呈现白色,有锡时含砷少一些。

【砷化氢】  $AsH_3$。无色、有蒜味的极毒气体。砷化氢不稳定,是强还原剂,加热至300℃时分解,工业上用于有机合成、军用毒气、科研或某些特殊实验中,它是生产过程中的副反应物或环境中自然形成的污染物。只要有砷和新生态氢同时存在,就能产生砷化氢。在工业生产中,夹杂砷的金属与酸作用,含砷矿石冶炼储存接触潮湿空气或用水浇含砷矿石的热炉渣均可形成砷化氢。

【三氧化二砷】  $As_2O_3$,别名砒霜、无水砷酸、砒、白砒、亚砷酸酐。三氧化二砷有非晶系、等轴晶系、单斜晶系的结晶或无色粉末三种状态,白色有时带天蓝、黄、红色调,也有无色,条痕白色或淡黄,危险标记13(无机剧毒品)。其主要用于玻璃、搪瓷、颜料工业和杀虫剂、皮革保存剂等。"鹤顶红"其实是红信石,就是三氧化二砷的一种天然矿物,加工以后就是著名的砒霜。小剂量砒霜作为药用在中国医药书籍中最早出现在公元973年宋朝人编辑的《开宝本草》中。美国食品和药品管理局(FDA)已正式批准了用三氧化二砷(砒霜)治疗急性早幼粒白血病(APL)的方案。

**【雄黄、雌黄】**　三硫化二砷 $As_2S_3$，俗称雌黄，颜色呈柠檬黄色，有时微带浅褐色；硫化亚砷 AsS 俗称雄黄，呈橘红色，条痕呈淡橘红色。三硫化二砷具有强烈毒性，自古以来被用作颜料和杀虫剂、灭鼠药。雄黄与雌黄、辰砂和辉锑矿紧密共生在低温热液矿床中。雄黄与雌黄是提取砷及制造砷化物的主要矿物原料。雄黄是中国传统中药材，具杀菌、解毒功效，作为解毒和杀虫剂。

**【砷酸盐】**　正砷酸 $H_3AsO_4$、偏砷酸 $HAsO_3$ 和焦砷酸 $H_4As_2O_7$ 的盐类，通常指正砷酸盐。砷酸盐有正盐、酸式盐和碱式盐。碱金属的砷酸盐溶于水，例如砷酸钠 $Na_3AsO_4$、砷酸二氢钾 $KH_2AsO_4$ 等。其他金属的砷酸盐几乎不溶于水，例如砷酸钙 $Ca_3(AsO_4)_2$、砷酸铅 $Pb_3(AsO_4)_2$、碱式砷酸铅 $Pb_5(OH)(AsO_4)_3$ 等。砷酸盐有毒，可以用作杀虫剂等。

**【有机砷化合物】**　脈(shèn)酸，亚脈酸，偶脈化合物，伯脈、仲脈、叔脈，三价氯脈。有机砷化合物广泛用作药物。对氨基苯脈酸氢钠盐对实验性的锥虫病有疗效。有机砷化合物所引起的毒性反应可用1,2-二硫基丙醇解毒。

**【砷的甲基化反应】**　据研究，砷与汞一样可以甲基化。砷化合物可在厌氧细菌作用下被还原，然后与甲基作用，生成毒性很大的易挥发的二甲基脈和三甲基脈。反应过程可如图6-1所示。

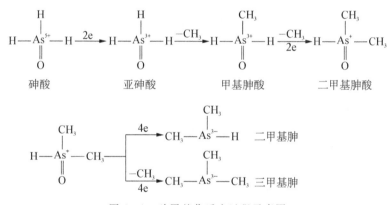

图 6-1　砷甲基化反应过程示意图

二甲基脈和三甲基脈虽然毒性很强，但在环境中易氧化为毒性较低的二甲基脈酸。

# 6.2　砷　的　毒　性

在土壤、水、矿物、植物中都能检测出微量的砷。正常人体组织中也含有微量的砷。单质砷不溶解于水，是没有毒性的，通常说的砷中毒，实际上是砷化物，主要是三氧化二砷中毒。砷化合物是有毒物质，以砷化氢及三价砷化物毒性最强。不同形态的砷毒性可以有较大差异，毒性顺序从高毒到无毒：$As_2O_3 \gg CH_3AsO(OH)_2 \approx (CH_3)_2AsO(OH) > (CH_3)AsO \approx (CH_3)_3As > (CH_3COO)_3As$。

作为杀虫剂、杀菌剂和灭鼠剂的含砷农药，常用的有三氧化二砷(砒霜、信石)、亚砷酸钠、砷酸钙、砷酸铅、退菌特、甲基酸钙(稻宁)、甲基脈酸铁铵(田宏)、甲基脈酸锌(稻脚青)和甲脈钠等；作为药物的砷化物，常用的有914、雄黄、脈苯胺酸和脈苯胺酸钠等。误食了含有这些农药、毒药的种子、青草、蔬菜、农作物、毒饵，或者应用砷制剂治疗疾病方法不当、剂量过大等，均可引起中毒。

　　砷进入人体内被吸收后,破坏了细胞的氧化还原能力,影响细胞正常代谢,引起组织损害和机体障碍,可直接引起中毒死亡。如果将砷作用于人体局部,最初有刺激症状,久之出现组织坏死。砷对黏膜具有刺激作用,可直接损害毛细血管。经黏膜或皮肤吸收的砷及化合物,主要沉积在毛发、指甲、骨、肝和肾等器官上。砷与毛发、指甲皮肤的角化组织有亲和力,无论是慢性砷中毒还是急性砷中毒,只要其中毒后存活1周以上,便可从毛发中发现较多含量的砷。

　　砷急性中毒的症状有两种类型,即麻痹型和胃肠型,其中尤以胃肠型较为常见。大量砷化物进入体内,可以麻痹中枢神经,出现四肢疼痛性痉挛、意识模糊、谵妄、昏迷、脉搏速弱、血压下降、呼吸困难,数小时内因毒物抑制中枢神经而死亡。在这种情况下,胃肠道的症状来不及出现或者症状很轻微。这就是麻痹型的症状,在实际生活中这种症状比较常见。砷中毒呈胃肠型症状者,在服毒1~2 h,甚至15~30 min,即发生剧烈的恶心、呕吐、腹痛、腹泻,酷似霍乱或重症胃肠炎,大便也呈水样并带血,可伴脱水和休克。一般中毒者在一两天内即会死亡。这是日常生活中常见的砷中毒症状。

　　此外,吸入砷化氢气体也可发生急性中毒,其主要表现为溶血。常人服入三氧化二砷0.01~0.05 g,即可中毒,出现中毒症状;服入0.06~0.2 g,即可致死;在含砷化氢为1 mg/m³的空气中,呼吸5~10 min,可发生致命性中毒。

　　常人接触砷数周后,即可发生慢性中毒。其症状表现为头痛、失眠、食欲不振、消化不良、体重减轻、多发性神经炎,出现知觉麻痹、运动神经麻痹、视神经萎缩,手掌、足角化层增厚等。

# 6.3　砷污染的来源

　　砷及其化合物在工农业中有着广泛的用途。农业上常用它们杀虫、毒鼠和灭钉螺;工业生产中砷及其化合物也常用于毛皮生产中消毒、防腐、脱毛;玻璃工业中用作脱色剂。

　　随着冶金和化工等行业发展以及贫矿的开发,砷伴随主要元素被开发出来,进入废水中的砷数量相当大,主要来源于采矿、冶金、化工、化学制药、农药生产、纺织、玻璃、制革等部门的工业废水。据1995年中国环境状况公报报道,1995年砷排放量达到1 084吨,比1994年增长4.4%,1996年中国环境状况公报报道,1996年砷排放量达到1 132吨,比1995年增长4.2%。含砷废水有酸性和碱性,其中一般也含有其他重金属离子。另外,燃煤引起的砷污染也很严重,2005年,通过燃煤进入大气的砷排放总量为1 564.4吨,每燃烧100万吨煤,即向大气排砷0.32吨。主要排放含砷废水的工业中砷的浓度如表6-1所示。

表6-1　主要含砷工业废水中砷含量　　　　　　　　　　（单位：mg/L）

| 工业废水来源 | 砷浓度 | 工业废水来源 | 砷浓度 |
|---|---|---|---|
| 杀虫剂制造 | 362 | 三氧化二砷生产 | 310 |
| 金矿提取 | 910~1 012 | 氨生产 | 430 |
| 硫酸生产 | 200~500 | 地热电厂冷凝水 | 11 |

# 6.4　含砷废水处理方法

　　含砷废水中砷的存在形态受pH的影响很大,在中性条件下,可溶砷的数量达到最大,随着pH的升高或降低其溶解的数量都将降低。pH为5.0时,溶液中砷主要以无机砷的形态存在,当pH为6.5时,有机砷为其主要存在形态。含砷废水的来源并不单一,其成分也是复杂多变的。

含砷废水的处理在 20 世纪 60 年代就已得到世人的关注。如能回收利用则不仅可解决砷对环境的污染问题,而且经济效益显著,节约资源。目前,比较系统的处理方法有化学沉淀法、物化法以及新兴的、最具发展前途的微生物法。

### 6.4.1　化学法

含砷废水传统的处理方法为石灰石或硫化物沉淀,或者用聚合铁、聚合铝的絮凝工艺,其适用于高浓度含砷废水,但是生成的污泥易造成二次污染。化学法处理含砷废水的研究已经比较成熟。

1) 化学沉淀法

砷能够与许多金属离子形成难溶化合物,例如砷酸根或亚砷酸根与钙、三价铁、三价铝等离子均可形成难溶盐,经过过滤后即可除去废水中的砷。由于亚砷酸盐的溶解度一般都比砷酸盐高得多,不利于沉淀反应的进行,因此,在实际设计中都需要预先将三价砷氧化为五价,最常用的氧化剂是氯,也可用活性炭作催化剂用空气氧化。沉淀剂的种类很多,最常用的是钙盐、铁盐、镁盐、铝盐、硫化物等。以金矿提取废水为例,常见化学沉淀剂的处理效果和用量如表 6-2 所示。

表 6-2　金矿提取废水中砷酸盐和亚砷酸盐的沉淀处理效果比较

| 化学沉淀剂 | 砷离子类型 | 适宜的 pH | 去除率/% | 沉淀剂离子/砷离子 |
|---|---|---|---|---|
| 硫化钠 | $AsO_4^{3-}$ | 7 | 80 | $S^{2-}/As = 0.5$ |
| | $AsO_2^-$ | 无沉淀 | 0 | |
| 石灰 | $AsO_4^{3-}$ | 12 | 95 | $Ca^{2+}/As = 9.8$ |
| | $AsO_2^-$ | 12 | 95 | |
| 苛性碱 | $AsO_4^{3-}$ | 10 | 80 | $Na^+/As = 3.8$ |
| | $AsO_2^-$ | 无沉淀 | 0 | |
| 硫酸铁 | $AsO_4^{3-}$ | 8 | 94 | $Fe^{3+}/As = 1.5$ |
| | $AsO_2^-$ | 无沉淀 | 0 | |
| 氯化铁 | $AsO_4^{3-}$ | 9 | 90 | $Fe^{3+}/As = 4.0$ |
| | $AsO_2^-$ | 8 | 95 | |
| 明矾 | $AsO_4^{3-}$ | 7~8 | 90 | $Al^{3+}/As = 4.0$ |
| | $AsO_2^-$ | 7~8 | 95 | |

结果表明,石灰沉淀法以较低的价格获得与其他化学沉淀法相似或更好的效果。该法对砷酸盐和亚砷酸盐均有效,因为在 pH 高达 12 的条件下,亚砷酸盐迅速转化为砷酸盐。这时可生成砷酸钙和氟化钙沉淀,能同时除去废水中大部分砷和氟。石灰沉淀法的缺点就是处理时需要较高的 pH,不但需要消耗较多的石灰,而且出水在排放时还需要中和至中性,其泥渣量大且沉淀缓慢,难以将废水净化到符合排放标准。

2) 絮凝共沉淀法

这是目前处理含砷废水用得最多的方法。它是借助加入(或废水中原有)$Fe^{3+}$、$Fe^{2+}$、$Al^{3+}$ 和 $Mg^{2+}$ 等离子,并用碱(一般是氢氧化钙)调到适当 pH,使其形成氢氧化物胶体吸附并与废水中的砷反应,生成难溶盐沉淀而将其除去。其具体方法有,石灰-铝盐法、石灰-高铁法、石灰-亚铁法等。

3) 铁氧体法

在国外,自 20 世纪 70 年代起已有较多报道,工艺过程是在含砷废水中加入一定数量的硫酸亚铁,然后加碱调 pH 至 8.5~9.0,反应温度 60~70℃,鼓风氧化 20~30 min,可生成咖啡色的磁性铁氧体渣。Nakazawa Hiroshi 等研究指出,在热的含砷废水中加铁盐(FeSO₄ 或 Fe₂(SO₄)₃),在一定 pH 下,恒温加热 1 h。用这种沉淀法比普通沉淀法效果更好。特别是利用磁铁矿中 $Fe^{3+}$ 盐处理废水中 As(Ⅲ)、As(Ⅴ),在 90℃,不仅效果很好,而且所需要的 $Fe^{3+}$ 浓度也降到低于 0.05 mg/L。赵宗升曾从化学热力学和铁砷沉淀物的红外光谱两个方面探讨了氧化铁砷体系沉淀除砷的机理,发现在低 pH 条件下,废水中的砷酸根离子与铁离子形成溶解积很小的 FeAsO₄,并与过量的铁离子形成的 FeOOH 生成吸附沉淀物,使砷得以去除。

马伟等报道,采用硫化法与磁场协同处理含砷废水,提高了絮凝沉降速度和过滤速度,并提高了硫化剂的利用率。研究发现经磁场处理后,溶液的电导率增加,电势降低,磁化处理使水的结构发生了变化,改变了水的渗透效果。国外曾有人提出在高度厌氧的条件下,在硫化物沉淀剂的作用下生成难溶、稳定的硫化砷,从而去除砷。

化学沉淀法作为含砷废水的一种主要处理方法,工程化比较普遍,但并不是采用单一的处理方式,而是几种处理方式的综合处理,如钙盐与铁盐相结合,铁盐与铝盐相结合,等等。这种综合处理能提高砷的去除率。但由于化学法要加入大量的化学药剂形成沉淀。这就决定了化学法处理后会带来大量的二次污染(如大量废渣的产生),而目前这些废渣尚无较好的处置方法,所以对其在工程上的应用和以后的可持续发展都存在巨大的负面作用。

### 6.4.2　物化法

物化法一般都是采用吸附、离子交换、萃取等方法除去废液中的砷,大都是些近年来发展起来的方法,实用的尚不多见,但是有众多学者在这方面进行了深入的研究,并取得了显著的成果。

1)吸附

可用于废水除砷的吸附剂常见的有活性炭、沸石、磺化煤、赤泥、活性氧化铝、钙膨润土等。活性炭由于表面官能团的限制,常用于处理有机砷,对无机砷的吸附能力很差。

沸石在我国资源丰富,用作砷吸附剂的沸石用碱预处理后,可以大大提高对砷的吸附能力。

铁、铝、钛、硅等元素的氧化物经硫酸或盐酸处理后,转化为相应的氢氧化物或羟基化合物,然后通过造粒,可制备出具有较大比表面积的颗粒赤泥,即日本的 CM-1 吸附剂。赤泥可用于吸附废水中的砷。

美国中南部某些地区饮用水中砷含量较高,曾用活性氧化铝作为砷和氟的吸附剂,在中性 pH 下,水中砷可由 0.06 mg/L 降低至 0.007 mg/L,吸附容量为 1 mg 砷/g 活性氧化铝。

用氢氧化钙与膨润土反应后,可生成硅酸钙和钙膨润土,价格低廉,制备工艺简单,砷去除率可达 99.9%,日本研制的 SC·50 化学吸附剂即是该产物。

陈红等曾利用 MnO₂ 对含 As(Ⅲ)废水进行了吸附实验,结果表明,MnO₂ 对 As(Ⅲ)有着较强的吸附能力,其饱和吸附量为 44.06 mg/g($\delta$-MnO₂)和 17.9 mg/g($\varepsilon$-MnO₂),阴离子的存在使 MnO₂ 吸附量有所下降,一些阳离子(如 $Ga^{3+}$、$In^{3+}$)可增加其吸附量,吸附后的 MnO₂ 经解吸后可重复使用。

胡天觉等报道,通过合成制备了一种对 As(Ⅲ)离子高效选择性吸附的螯合离子交换树脂。

刘瑞霞等也曾制备了一种新型离子交换纤维,该离子交换纤维对砷酸根离子具有较高的吸附容量和较快的吸附速度。实验表明该纤维具有较好的动态吸附特性,30 mL 0.5 mol/L 氢氧化钠溶液可定量将 96.0 mg/g 吸附量的砷从纤维上洗脱。

吸附剂的成本、再生、解吸后高浓度砷的处理以及吸附剂的耐久性等问题尚未解决,所以,目前吸附法尚未得以推广使用。

2）离子交换

离子交换法适于处理水量小、浓度低的含砷废水。树脂类型以阴离子树脂为佳，也可以采用铁型和钼型树脂。

3）萃取

萃取法适于处理水量小、浓度高的含砷废水，所用萃取剂为磷酸三丁酯（TBP），可以完全从废水中脱除砷，然后再用水反萃取有机相中的砷，最后用石灰沉淀法或硫化钠沉淀法从水相中除砷。

### 6.4.3　微生物法

与传统物理化学方法相比，微生物法处理含砷废水具有经济、高效且无害化等优点，已成为公认最具发展前途的方法。

1）活性污泥

国内外诸多研究表明，活性污泥 ECP（胞外多聚物）能大量吸附溶液中的金属离子，尤其是重金属离子，它们与 ECP 的配合更为稳定。许晓路等的试验研究发现，活性污泥对低浓度砷的去除率高于对高浓度砷的去除率。在半动态试验条件下，污泥浓度 MLSS 为 2 000 mg/L 时，活性污泥对砷的吸附在 $1 \sim 2$ h 左右达到平衡状态；含 20 mg/L、100 mg/L As（V）（$HAsO_3^{2-}$）的废水与污泥接触 12 h 后，其去除率分别为 55.8％和 46.3％；只有极少量 As（V）转化成 As（Ⅲ）；污泥对砷的去除率随污水的有机负荷升高而上升。采用污泥浓度 MLSS 为 100 mg/L，停留时间为 10 h 的动态模拟实验处理 72 h 后，有 45％、35％的 As（Ⅲ）转化成 As（V），此时砷的去除率分别为 44.3％和 40.2％；污泥的砷吸附量分别为 18.64 mg/g（干污泥）和 76.91 mg/g（干污泥）。

2）菌藻共生体

国外研究表明，生物迁移转化作为一种新的微生物法处理重金属废水，与传统方法相比，具有更高效，费用更低等优点。用小球藻的生物迁移转化处理重金属废水的工艺，有一些已投入工程运作。

菌藻共生体对砷的去除机理可认为是藻类和细菌的共同作用。许多研究表明，在去除金属过程中，微生物的表面起着重要作用。菌藻共生体中，藻类和细菌表面存在许多功能键，如羟基、氨基、羧基、巯基等。这些功能键可与水中砷共价结合，砷先与藻类和细菌表面上亲和力最强的键结合，然后与较弱的键结合，吸附在细胞表面的砷再慢慢渗入细胞内原生质中。因而在藻类和细胞吸附砷中，可能经过快吸附过程和较慢吸附两过程后，吸附作用才趋于平衡。

# 第7章 氰 化 物

## 7.1 氰及其化合物性质

氰化物特指带有—CN 或 CN⁻的化合物,其中的碳原子和氮原子通过叁键相连接。这一叁键给予氰基以相当高的稳定性,使之在通常的化学反应中都以一个整体存在。因该基团具有和卤素类似的化学性质,常被称为拟卤素。通常为人所了解的氰化物都是无机氰化物,俗称山奈(来自英语音译"Cyanide"),是指包含有氰根离子(CN⁻)的无机盐,可认为是氢氰酸(HCN)的盐,常见的有氰化钾和氰化钠。它们多有剧毒,故而为世人熟知。另有有机氰化物,是由氰基通过单键与其他碳原子结合而成。视结合方式的不同,有机氰化物可分为腈(C—CN)和异腈(C—NC),相应地,有氰基(—CN)或异氰基(—NC)。乙腈、丙烯腈、正丁腈等均能在体内很快析出离子,均属高毒类。凡能在加热或与酸作用后,在空气中或人体组织中释放出氰化氢或氰离子的氰化物都具有与氰化氢同样的剧毒作用。

**【氰化氢】** HCN,是一种无色气体,带有淡淡的苦杏仁味。有趣的是,因为缺少相应的基因,有四成人根本就闻不到它的味道。氰化氢主要用于丙烯腈和丙烯酸树脂以及农药杀虫剂的制造。

**【氰化钾】** KCN,白色圆球形硬块,粒状或结晶性粉末,剧毒。接触皮肤的伤口或吸入微量粉末即可中毒死亡。氰化钾溶解度很大,25℃下 100 g 水中可溶解 71.6 g。它常用于提炼金、银等贵重金属和淬火、电镀及制备分析试剂、有机腈类、医药、杀虫剂等,是能与元素金组成可溶化合物的极少数物质之一,因而它被用于珠宝的镀金和抛光。

**【氰化钠】** NaCN,白色结晶粉末,剧毒。用于提炼金、银等贵重金属和淬火,并用于塑料、农药、医药、染料等有机合成工业。

**【氯化氰】** CNCl,又名氯甲腈,无色液体或气体,有催泪性。用于有机合成;与氰化氢一样,是军事毒物之一。

**【亚铁氰化钾】** $K_4[Fe(CN)_6] \cdot 3H_2O$,浅黄色单斜体结晶或粉末,无臭,略有咸味,相对密度 1.85。其常温下稳定,高温下发生分解生成氮气、氰化钾和碳化铁;溶于水,不溶于乙醇、乙醚、乙酸甲酯和液氨,水溶液遇光分解为氢氧化铁、氰化钾和氰化氢。其主要用作钢铁工业的渗碳剂;配合乙酸锌作为乳品、豆制品等的澄清剂;用作食盐的抗结剂;欧洲常将其用作葡萄酒中铁、铜离子去除剂。

**【乙腈】** $CH_3CN$,无色透明液体,微有醚样臭气,有毒,易燃,与水或乙醇能任意混合,因此广泛地用作溶剂。乙腈是最简单的有机腈,能发生典型的腈类反应,是一个重要的有机中间体,用于制备许多典型含氮化合物。其主要用途:从植物油和鱼肝油中分离提纯脂肪酸的溶剂,合成维生素 A、可的松、碳胺类药物及其中间体的溶剂,制造维生素 $B_1$ 和氨基酸的活性介质溶剂;丙烯腈合成纤维的溶剂和丁二烯的萃取剂;还可以用于合成乙胺,乙酸等;在织物染色、照明工业、香料制造和感光材料制造中也有很多用途;还可用作医药,农药,分析用试剂及塑料工业的原料。

**【丙烯腈】** 化学式 $C_3H_3N$,结构式 $CH_2{=}CHCN$,为无色液体,沸点 77.3℃,属大宗基本有机化工产品,是三大合成材料——合成纤维、合成橡胶、塑料的基本且重要的原料,在有机合成工业和人民经济生活中用途广泛。丙烯腈用来生产聚丙烯纤维(即合成纤维腈纶)、丙烯腈-

丁二烯-苯乙烯塑料(ABS)、苯乙烯塑料和丙烯酰胺(丙烯腈水解产物)。另外,丙烯腈醇解可制得丙烯酸酯等。丙烯腈在引发剂(过氧甲酰)作用下可聚合成一线型高分子化合物——聚丙烯腈。聚丙烯腈制成的腈纶质地柔软,类似羊毛,俗称"人造羊毛",它强度高,相对密度低,保温性好,耐日光、耐酸和耐大多数溶剂。丙烯腈与丁二烯共聚生产的丁腈橡胶具有良好的耐油、耐寒、耐溶剂等性能,是现代工业最重要的橡胶,应用十分广泛。

【正丁腈】 $C_4H_7N$, $CH_3CH_2CH_2CN$ 又名丙基氰、丁腈。其为无色液体,有刺激性气味;主要用作有机合成的原料、溶剂、医药中间体,还可用于其他精细化学品。

# 7.2 氰 的 毒 性

氰化物拥有令人生畏的毒性,它们绝非化学家的创造,而是广泛存在于自然界,尤其是生物界。氰化物可由某些细菌、真菌或藻类制造,并存在于相当多的食物与植物中。在植物中,氰化物通常与糖分子结合,并以含氰糖苷(Cyanogenic Glycoside)形式存在。比如,木薯中就含有含氰糖苷,在食用前必须设法将其除去(通常靠持续沸煮)。水果的核中通常含有氰化物或含氰糖苷。如杏仁中含有的苦杏仁苷,就是一种含氰糖苷,故食用杏仁前通常用温水浸泡以去毒。

氰化物进入机体后分解出具有毒性的氰离子($CN^-$),氰离子能抑制组织细胞内 42 种酶的活性,如细胞色素氧化酶、过氧化物酶、脱羧酶、琥珀酸脱氢酶及乳酸脱氢酶等。其中,细胞色素氧化酶对氰化物最为敏感。氰离子能迅速与氧化型细胞色素氧化酶中的三价铁结合,阻止其还原成二价铁,使传递电子的氧化过程中断,组织细胞不能利用血液中的氧而造成内窒息。中枢神经系统对缺氧最敏感,故大脑首先受损,导致中枢性呼吸衰竭而死亡。此外,氰化物在消化道中释放出的氢氧离子具有腐蚀作用。吸入高浓度氢氰化氢或吞服大量氰化物者,可在 2~3 min 内呼吸停止,呈"电击样"死亡。

口服氢氰酸致死量为 0.7~3.5 mg/kg;吸入的空气中氢氰酸浓度达 0.5 mg/L 即可致死;口服氰化钠、氰化钾的致死量为 1~2 mg/kg。成人一次服用苦杏仁 40~60 粒、小儿 10~20 粒可发生中毒乃至死亡。未经处理的木薯致死量为 150~300 g。此外很多含氰化合物(如氰化钾、氰化钠和电镀、照相染料所用药物常含氰化物)都可引起急性中毒。

大剂量中毒常发生闪电式昏迷和死亡。摄入后几秒钟即发出尖叫声、发绀、全身痉挛,立即呼吸停止。小剂量中毒可以出现 15~40 min 的中毒过程:口腔及咽喉麻木感、流涎、头痛、恶心、胸闷、呼吸加快加深、脉搏加快、心律不齐、瞳孔缩小、皮肤黏膜呈鲜红色、抽搐、昏迷,最后意识丧失而死亡。

氰化物对鱼类有很大的毒性,比如鲫鱼最小致死量是 0.2 mg/L,世界卫生组织规定鱼的中毒限量为游离氰 0.03 mg/L。自然环境中普遍存在微量氰化物,主要来自肥料及有机质。

# 7.3 含氰废水的来源

工业中使用氰化物很广泛。含氰废水主要来源于矿物的开采和提炼,摄影冲印、焦炉废水、电镀厂、金属表面处理厂、煤气厂、染料厂、制革厂、塑料厂、合成纤维、钢锭的表面淬火以及工业气体洗涤等。另外,氰化物作为副产物产生于石油的催化裂解和蒸馏残渣的焦化过程。

1) 采矿业

氰化物被大量用于黄金开采中,金单质与氰离子配合降低了其氧化电位从而使其能在碱性条件下被空气中的氧气氧化生成可溶性的金酸盐而溶解,因此可以有效地将金从矿渣中分离出来,然后再用活泼金属,比如锌块,经过置换反应把金从溶液中还原为金属。

反应方程式：

$$4Au + 8NaCN + 2H_2O + O_2 === 4Na[Au(CN)_2] + 4NaOH \qquad 反应(7-1)$$
$$2Na[Au(CN)_2] + Zn === 2Au + Na_2[Zn(CN)_4] \qquad 反应(7-2)$$

一般处理 1 t 金精矿要外排 4 t 左右的氰化废水，其中氰化物的浓度在 50～500 mg/L，有的甚至更高。

2) 电镀工业

电镀工业是氰化物另一主要来源。电镀操作使用高浓度氰化物电镀液，以使镉、铜、锌盐等以配合物的形式溶解在镀液中，在镀件清洗的过程中，镀件会带出电镀液污染漂洗水，电镀废液（$CN^-$ 浓度达到 4 000～100 000 mg/L）的排放也会产生大量含氰废水。

另外，用于钢材表面增硬的淬火废盐液也是特高浓度的氰化物污染源，可以达到 10%～15%。

# 7.4　含氰废水处理方法

长期大量排放低浓度含氰污水，也可造成大面积地下水污染，而严重威胁供水水源。氰化物是剧毒物质，特别是当处于酸性 pH 范围内时，它变成剧毒的氢氰酸。含氰废水必须先经处理，才可排入下水道或溪河中。由于氰化物有剧毒，处理后指标必须绝对达标，若排入水体将造成严重污染，而且氰配合物影响废水的进一步处理，因此首先要去除废水中的氰化物，处理后水质测定达标后才能进行下一步处理。

含氰废水通常的处理方法有碱性氯化法、电解法、离子交换法、活性炭法。而碱性氯化法以其运行成本低、处理效果稳定等优点广泛在工程中采用。其可以分为两步氧化法和一步氧化法，两步氧化法即向含氰废水中投加氯系氧化剂，将氰化物部分氧化成毒性较低的氰酸盐，然后再继续氧化为氮气和二氧化碳；一步氧化法即一步完全氧化生成二氧化碳和氮。

## 7.4.1　一步氧化法

工程中多采用一步氧化法除氰，既简化了操作、方便了管理，又节省了处理成本。

1) 药剂选择

多种氧化剂除氰反应原理都是溶于水水解生成 HClO，再利用 HClO 的强氧化性破氰，有关反应式如下：

$$CN^- + HClO \longrightarrow CNCl + OH^- \qquad 反应(7-3)$$
$$CNCl + 2OH^- \longrightarrow CNO^- + Cl^- + H_2O \qquad 反应(7-4)$$

$ClO_2$ 一步氧化法除氰的反应式为：

$$2CN^- + 2ClO_2 === 2CO_2 \uparrow + N_2 \uparrow + 2Cl^- \qquad 反应(7-5)$$

$Cl_2$ 一步氧化法除氰的反应式为：

$$2CN^- + 3Cl_2 + 2H_2O \longrightarrow CO_2 + NO_2 + 6Cl^- + 4H^+ \qquad 反应(7-6)$$

液氯虽然成本低，但易引起安全事故；臭氧虽然去氰能力高、产渣量低但它所需的其他费用都较高；漂白粉有效氯含量低，渣量大；漂粉精有效氯含量为 60%，产渣量大，清渣麻烦；次氯酸钠有效氯含量为 95.3%，产渣量也较大。如 1999 年 12 月 18 日建成的成都某（集团）有限责任公司含镉废水处理站，在运行过程中，氰化物虽能完全达到排放标准，但除氰工艺上先采用漂粉精，产渣量大，去渣很麻烦，后改为次氯酸钠除氰，渣量相对少一些，但次氯酸钠成品药剂易失效，有效期仅为 10～15 天，不宜贮存。而用二氧化氯除氰就可以避免这些不足，所以，目前采用二氧化氯除氰是较为理想的处理工艺。

2）二氧化氯处理含氰废水的原理

二氧化氯是一种强氧化剂,与氯气相比,它具有氧化性更强,操作安全简便,受 pH 的影响较小的特点。氯气对氰化物的氧化通常是将 $CN^-$ 氧化成毒性较小的氰酸盐（NaCNO）,并要求很高的 pH,见反应式（7-7）,而二氧化氯对氰化物的氧化却能将 $CN^-$ 氧化成 $N_2$ 和 $CO_2$,见反应式（7-5）,彻底消除氰化的毒性。

$$CN^- + Cl_2 + 2OH^- = CNO^- + 2Cl^- + H_2O \qquad 反应（7-7）$$

二氧化氯在酸性条件下,对氰化物的氧化作用极低。当 pH 为弱碱性条件时,随着接触时间的加长,去除率都可达到 80% 以上,当 pH 达到 12.4 时,接触 2 h 去除率就可达到 96.3%。这说明,二氧化氯对氰化物的氧化作用可以在弱碱性条件下进行。如果需要在短时间内完成,则需保持较高的反应 pH。二氧化氯可以直接将氰化物氧化成二氧化碳和氮,见反应（7-5）。

3）二氧化氯除氰运行费用计算

二氧化氯可以直接将氰化物氧化成二氧化碳和氮,即:

氰化物以氰化钾计算:

$$ClO_2 \longrightarrow KCN \qquad 反应（7-8）$$
$$67.5 \qquad 65$$
$$1.04 \qquad 1$$

所以去除 1 g 氰化物需二氧化氯量为:1.04 g。

制取二氧化氯的反应式为:

$$2NaClO_3 + 4HCl = 2ClO_2 + Cl_2 + 2NaCl + 2H_2O \qquad 反应（7-9）$$
$$106.5 \qquad 73 \qquad 67.5$$
$$1.64 \qquad 1.12 \qquad 1.04$$

$NaClO_3$（99%）价格为 4.2 元/kg,费用为 $4.2 \times \dfrac{1.64}{99\%} \div 1\,000 = 0.006\,9$（元）。

HCl（36%）价格为 0.5 元/kg,费用为 $0.5 \times \dfrac{1.12}{36\%} \div 1\,000 = 0.001\,5$（元）。

所以每去除 1 g 氰化钾所需的药剂费用为 $0.006\,9 + 0.001\,5 = 0.008\,4$（元）。

说明:反应产生的 $Cl_2$ 也有氧化除氰的能力,此处只是进行理论计算,这部分能力可视为工程中的安全系数。

## 7.4.2 两步氧化法

第一阶段是使用氧化试剂,如氯或者次氯酸钠在碱性情况下（pH ≥ 10）,将氰化物氧化为氰酸盐（氰酸盐的毒性要比氰化物毒性小得多）;第二阶段,是添加更多的氯或者次氯酸钠,但是和第一阶段相比,是在低 pH（pH 7～8）情况下,将氰酸盐进一步氧化为二氧化碳或（和）氮气。

第一阶段氧化为不完全氧化反应,如反应式式（7-4）、式（7-10）和式（7-11）。

$$NaCN + NaClO + H_2O = CNCl + 2NaOH \qquad 反应（7-10）$$
$$2NaCu(CN)_2 + 5NaClO + NaOH + H_2O = 4NaCNO + 5NaCl + 2Cu(OH)_2$$
$$反应（7-11）$$

（式中的铜元素也可能是其他金属,如银、锌等）

操作时次氯酸钠与氢氰根的投加比为:$CN^- : NaOCl = 1 : 2.85$,控制废水的 pH 为 12～

13,反应温度为15℃～90℃,反应时间30 min。废水经第一阶段氧化处理后,氰化物转化为氰酸盐,其毒性降低为 NaCN 的千分之一,但还是具有一定毒性,故必须进行第二阶段的氧化处理,才能达标排放。

第二阶段氧化为完全氧化反应,如反应式(7－12)、式(7－13)。

$$2NaCNO + 3HOCl \Longrightarrow 2NaCl + H_2O + 2CO_2 + N_2 \qquad 反应(7-12)$$
$$4NaCNO + 3NaClO + 2H_2O \Longrightarrow 4CO_2 + 2N_2 + 4NaOH + 6NaCl \qquad 反应(7-13)$$

操作时次氯酸钠与氢氰根的投加比为:$CN^- : NaOCl = 1 : 3.42$。用稀硫酸把废水 pH 调整为8.5～9.0,温度为15～40℃,反应时间约为 30 min,第二阶段氧化处理是把氰酸盐连同第一阶段氧化反应后留下的残存的氯化物一起氧化成无毒的 $CO_2$ 和 $N_2$。

因为电镀工业含氰废水的排放量不大,可只用一个反应池,在反应池进行机械搅拌。把连续式处理法改为间歇式处理法,即在同一反应池中先按第一阶段的处理法投加次氯酸钠进行氧化反应,30 min 后改变反应条件,按第二阶段的处理法投加次氯酸钠进行完全氧化反应,反应池示意图如图7－1所示。

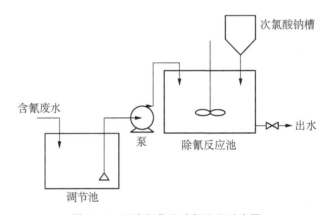

图 7－1　两步氧化法破氰流程示意图

### 7.4.3　二氧化硫-空气氧化法

该法又称 Inco 法,是 Inco 公司 1982 年研制开发的。

氯化法是处理含氰废水的成熟方法,处理效果好,处理后废水能达标排放。但操作较复杂,是纯消耗性的处理方法,成本较高,在某些地区正被 $SO_2$ - Air 法所取代。尤其是有焙烧 $SO_2$ 烟气的地区,利用 $SO_2$ 烟气处理含氰废水,以废治废,成本低廉(仅为碱氯法的 1/3.7)。

该法主要是利用 $SO_2$ 与空气的混合物,在 pH 为 8～10 的条件下氧化分解氰化物,化学反应如下:

$$CN^- + SO_2 + O_2 + H_2O \longrightarrow CNO^- + H_2SO_4 \qquad 反应(7-14)$$
$$CNO^- + 2H_2O \longrightarrow OH^- + NH_3 + CO_2 \qquad 反应(7-15)$$

该方法不仅完全适合于从贫液中除去所有氰化物,并能消除铁氰配合物。氰化物的去除率达 99.9% 以上,还能使水中的重金属降低到 1 mg/L 以下。与碱氯法相比具有设备简单、投资少、药剂费低等优点,是目前最常用的方法之一。据不完全统计,在 1984—1990 年的 6 年中,仅在北美洲就有 32 家金矿采用此法。我国山东新城金矿采用此法处理氰化废水,也已获得成功。

### 7.4.4　电解氧化法

电解氧化法适合于电镀厂浓度较高的含氰废水的初步处理,即处理后废液还需氯化法二次处理。高温水解法和蓝盐法在处理固体氰化钠生产含氰废水中已获得了工业应用。而欲与贫液全循环法联合使用的离子交换法、电解回收法处在试验阶段,有待进一步研究开发。膜(液膜或气态膜)分离法虽可以回收氰化物,但离工业化应用还有一段距离。

### 7.4.5 酸化法

酸化法是回收氰的传统方法,适合于处理浓度较高的含氰废水,有一定的经济效益。但设备和操作较复杂,投资较高;一次处理不合格,处理后废水需要采用氯化法或自然曝气或管道曝气进行二次处理后方能达到排放标准,这就使流程太长,增加了处理成本。近年来新兴起的与贫液全循环法组成联合工艺的溶剂萃取法、酸化沉淀-再中和法已走向了工业化应用,真正实现了氰化厂水的循环和氰的回收利用,达到了污水"零排放",环境效益与经济效益显著,正在取代原来的酸化法。

### 7.4.6 离子交换法

1950 年南非开始研究使用离子交换法处理黄金行业含氰废水。1960 年苏联也开始研究,并在杰良诺夫斯克浮选厂处理含氰废水并回收氰化物和金。

1970 年工业化装置投入运行,取得了较好的效果,1985 年加拿大的威蒂克(Witteck)科技开发公司开发了一种处理含氰废水的离子交换法,不久又成立了一个专门推广该技术的公司,叫 Cy-tech 公司。离子交换法处理含氰废水的研究取得了许多试验数据,并已达到了工业应用的水平。

离子交换法就是用离子交换树脂吸附废水中以阴离子形式存在的各种氰化物:

$$R_2SO_4 + 2CN^- \longrightarrow 2R(CN)_2 + SO_4^{2-} \qquad 反应(7-16)$$
$$R_2SO_4 + Zn(CN)_4^{2-} \longrightarrow R_2Zn(CN)_4 + SO_4^{2-} \qquad 反应(7-17)$$
$$R_2SO_4 + Cu(CN)_3^{2-} \longrightarrow R_2Cu(CN)_3 + SO_4^{2-} \qquad 反应(7-18)$$
$$2R_2SO_4 + Fe(CN)_6^{4-} \longrightarrow R_4Fe(CN)_6 + 2SO_4^{2-} \qquad 反应(7-19)$$

$Pb(CN)_4^{2-}$、$Ni(CN)_4^{2-}$、$Au(CN)_2^-$、$Ag(CN)_2^-$、$Cu(CN)_2^-$ 等的吸附与上述类似,硫氰化物阴离子在树脂上的吸附力比 $CN^-$ 更大,更易被吸附在树脂上。

$$R_2SO_4 + 2SCN^- \longrightarrow 2RSCN + SO_4^{2-} \qquad 反应(7-20)$$

在强碱性阴离子交换树脂上,黄金氰化厂废水中主要的几种阴离子的吸附能力如下:

$$Zn(CN)_4^{2-} > Cu(CN)_3^{2-} > SCN^- > CN^- > SO_4^{2-}$$

### 7.4.7 吸附-回收法

离子交换为化学吸附,吸附力较强,故解吸困难,解吸成本高。近年来,国外开发了用吸附树脂、活性炭做吸附剂,从含氰矿浆或废水中回收铜和氰化物的技术,已完成了半工业试验。吸附-回收法是回收金矿含氰废水中金、银及深度净化除氰的好方法,在 20 世纪 90 年代推广很快,环境和经济效益可观。

澳大利亚西部一炭浸厂对液相中铜、氰化钠浓度分别为 85 mg/L、158 mg/L 的氰尾浆进行了吸附-回收法半工业试验,采用法国地质科学研究所开发的 $V_{912}$ 吸附树脂,处理能力为 10 $m^3$/d,处理后尾浆液相中游离氰化物($CN^-$)浓度小于 0.5 mg/L。饱和树脂分两级洗脱再返回使用,用金属洗脱剂洗脱重金属,用硫酸洗脱氰化物,洗脱液用与酸化回收法类似的方法回收氰化物。

### 7.4.8 生物处理法

利用微生物来处理水量大的含氰废水或有机氰废水,已经成为处理氰化物的常用方法,除氰效率可达 99.9%。生物法又分为活性污泥法、生物滤池法(直接曝气法)。为了能处理浓度较高的含氰废水,采用联合工艺如湿式空气氧化法-活性污泥法、双氧水法-生物降解法等都是经济可行的。

# 第8章 氟 化 物

## 8.1 氟及其化合物基本性质

### 8.1.1 氟的基本性质

氟在地壳的存量为 $0.072\%$,存在量的排序数为 12,也是自然界中广泛分布的元素之一。自然界中氟主要以萤石(Fluorite)存在,其主要成分为氟化钙($CaF_2$)、冰晶石($3NaF \cdot AlF_3$)及以氟磷酸钙$[Ca_5F(PO_4)_3]$为主的矿物。

16 世纪前半叶,氟的天然化合物萤石($CaF_2$)就被记述于欧洲矿物学家的著作中,当时这种矿石被用作熔剂,把它添加在熔炼的矿石中,以降低熔点。因此氟的拉丁名称 fluorum 从 fluo(流动)而来。它的元素符号由此定为 F。1886 年法国化学家弗雷米的学生莫瓦桑制得了单质氟,且莫瓦桑因此获得 1906 年诺贝尔化学奖。

正常情况下氟气是一种浅黄绿色的、有强烈助燃性的、刺激性毒气,是已知的最强的氧化剂之一。其密度为 $1.69~g/L$,熔点为 $-219.62℃$,沸点为 $-188.14℃$,化合价为 $-1$。氟的电负性最高,电离能为 $17.422~eV$,是非金属中最活泼的元素,氧化能力很强,能与大多数含氢的化合物,如水、氨和除氦、氖、氩外一切无论液态、固态或气态的化学分子起反应。氟气与水的反应很复杂,主要产物是氟化氢和氧,还有较少量的过氧化氢,二氟化氧和臭氧产生,也可在化合物中置换其他非金属元素。可以同所有的非金属和金属元素起猛烈的反应,生成氟化物,并发生燃烧。氟离子体积小,容易与许多正离子形成稳定的配位化合物;氟与烃类会发生难以控制的快速反应。氟气有极强的腐蚀性和毒性,操作时应特别小心,切勿使它的液体或蒸气与皮肤和眼睛接触。

氟与 NaOH 反应:

$$2NaOH + 2F_2 = 2NaF + H_2O + OF_2 \qquad 反应(8-1)$$

氟与水反应:

$$2H_2O + 2F_2 = 4HF + O_2 \qquad 反应(8-2)$$

利用其强氧化性,氟在氟氧吹管及火箭燃料中用作氧化剂。另外,含氟塑料和含氟橡胶等高分子材料,具有优良的性能,可以用氟作为合成相应材料的原材料。

### 8.1.2 氟及其化合物的用途

【氟】 $F_2$。液态氟可作火箭燃料的氧化剂。

【氟化氢】 HF。具有腐蚀性和毒性。$0.05~mg/m^3$ 浓度下暴露数分钟可能致死。$100~mg/m^3$ 浓度下只能耐受 $1~min$;$400\sim430~mg/m^3$ 浓度下,急性中毒致死。皮肤接触后要尽快用缓和流动的温水冲洗患部 $20~min$ 以上,并在冲水时脱去污染物,然后将受伤处浸于冰的 $0.2\%$ Hyamine(氯化苄乙氧胺)、1 622 水溶液(1:500)或冰的 $0.13\%$ Zephiran(洁而灭氯化苯甲烃铵),若无法直接浸泡,可使用绷带,每 $2~min$ 更换一次。

液态 HF 具有介电常数大、黏度低和液态范围宽等特点,因而是一种极好的溶剂。常用于玻璃雕刻 ($SiO_2(s) + 6HF(aq) \longrightarrow H_2[SiF_6](aq) + 2H_2O(l)$);利用氢氟酸溶解氧化物的能力,可以用于铝和铀的提纯;半导体工业中单体硅表面的氧化物去除,不锈钢表面的含氧杂质的"浸酸"过程也会用到氢氟酸;在炼油厂中可以用作异丁烷和丁烷的烷基化反应的催化剂等;

此外氢氟酸也用于多种含氟有机物的合成,不粘锅的涂层 Teflon(PTFE)、冰箱里面的氟利昂的合成都要用到氢氟酸。

【氟化铵】 $NH_4F$,呈叶状或针状结晶。用作玻璃蚀刻剂、金属表面的化学抛光剂、酿酒的消毒剂、防腐剂、纤维的媒染剂,也用于提取稀有元素等。

【六氟磷酸铵】 $NH_4PF_6$,无色片状体。用作制造其他六氟磷酸盐的原料。

【六氟磷酸银】 $AgPF_6$,熔点为 $102℃$,白色粉末,在光照下分解变黑,常因产生银而呈灰色。用于从链烷烃中分离烯烃,也用作催化剂。

【氟硼酸】 $HBF_4$,无色液体,有毒,具有强烈的腐蚀性,不能久藏于玻璃容器。供制备稳定重氮盐、冶金轻金属和电镀等用,钠离子分析试剂。

【氟化钠】 $NaF$,白色粉末或结晶,无臭有害品。主要用作杀虫剂、木材防腐剂。急性中毒:服后立即出现剧烈恶心、呕吐、腹痛、腹泻,重者休克、呼吸困难、紫癜,可能在 $2\sim4$ 小时内死亡。部分患者出现荨麻疹,吞咽肌麻痹,手足抽搐或四肢肌肉痉挛。氟化钠粉尘和蒸气对皮肤有刺激作用,可引起皮炎。慢性影响:可引起氟骨症。

【氟化氢钠】 $NaHF_2$,白色结晶粉末,有毒。氟化氢钠用于制无水氟化氢和供雕刻玻璃、木材防腐等用。由氟化钠溶于氢氟酸溶液而制得。

【氟化钾】 $KF$,无色立方结晶,有害品。氟化钾主要用作分析试剂、配合物形成剂,可用于玻璃雕刻和食物防腐,还用作杀虫剂等。

【氟化钙】 $CaF_2$,无色立方系晶体,发光。自然界以萤石和氟石形式存在。氟化钙是制取氟及其化合物的原料,此外,还用于钢铁冶炼、化工、玻璃、陶瓷的制造业中。纯品可作脱水、脱氢反应的催化剂。

【氟化锂】 $LiF$,白色粉末或立方晶体。氟化锂主要用于搪瓷、玻璃、釉和焊接中作助熔剂。$LiF$ 大量用于铝、镁合金的焊剂和钎剂中,也用作电解铝工业中提高电效的添加剂;在原子能工业中用作中子屏蔽材料,熔盐反应堆中用作熔剂;在光学材料中用作紫外线的透明窗(透过率 $77\%\sim88\%$);在宇宙飞船中作为受热器原料贮存太阳辐射热能。由 $Li_2CO_3$(碳酸锂)和氢氟酸反应,在铂皿或铅皿中蒸发至干而制得。

【有机氟化合物】 Organic Fluorine Compound,有机化合物分子中与碳原子连接的氢被氟取代的一类元素有机化合物。分子中全部碳氢键都转化为碳氟键的化合物称为全氟有机化合物,部分取代的称为单氟或多氟有机化合物。由于氟是电负性最大的元素,多氟有机化合物具有化学稳定性、表面活性和优良的耐温性能等特点。

1) 含氟烷烃

以氟利昂为代表。氟利昂主要是氟化的甲烷和乙烷,也可以含氯或溴。这类化合物多数为气体或低沸点液体,不燃,化学稳定,耐热,低毒。含氟烷烃主要用作制冷剂、喷雾剂等,最常用的是氟利昂-11($CFCl_3$)和氟利昂-12($CF_2Cl_2$)。这类化合物也是重要的含氟化工原料或溶剂。如二氟氯甲烷用于合成四氟乙烯;1,1,2-三氟三氯乙烷用于合成三氟氯乙烯,也是优良的溶剂。含氟碘代烷如三氟碘甲烷等为重要的合成中间体。一些低分子含氟烷烃和含氟醚具有麻醉作用,并有不燃、低毒的优点,可用作吸入麻醉剂,例如 1,1,1-三氟-2-氯-2-溴乙烷(俗称氟烷)已广泛用于临床。

2) 含氟烯烃

以四氟乙烯、偏氟乙烯和三氟氯乙烯等为代表。四氟乙烯为最主要的含氟单体,可以聚合成聚四氟乙烯,或与其他单体共聚合成多种含氟高分子。偏氟乙烯 $CF_2=CH_2$ 在空气中的浓度为 $5.8\%\sim20.3\%$,遇火可爆炸,主要用于与其他单体共聚合制取含氟弹性体。三氟氯乙烯主要作为单体,用于合成均聚物或共聚物。

3）含氟芳烃

苯分子中的氢可以通过间接方法部分或全部用氟取代。氟苯为含氟芳烃的代表。多氟苯或全氟苯易与亲核试剂发生取代反应。

4）含氟羧酸

含氟羧酸可以进行一般羧酸的各种转化反应，例如，还原为醛、伯醇，生成酰卤、酸酐、酯、盐、酰胺等。全氟羧酸是强有机酸，长链的全氟羧酸及其盐类均为优良的表面活性剂。

有机化合物的氟化有以下几种方法：①选择性氟化。用碱金属的氟化物或锑、汞、银的氟化物，可将卤代烷或磺酸酯转化为氟代烷，反应一般在无水极性介质中进行；也可用五氯化锑等作催化剂，在无水氟化氢中进行氟化。四氟化硫可作为将羟基、羰基和羧基分别转化为一氟代烷基、二氟次甲基和三氟甲基的专一性试剂，必要时可添加氟化氢、三氟化硼等催化剂。②全氟化。元素氟可将有机化合物中的多重键用氟饱和并将碳氢键全部转化为碳氟键。由于反应大量放热，常伴随各种断键和一些偶合、聚合反应，产物极为复杂。高价金属氟化物如三氟化钴是比元素氟温和的氟化剂，可从萘和四氢萘的混合物制取全氟萘烷。其他类似的氟化剂为二氟化银、三氟化锰等。③电化氟化。将有机化合物溶于无水氟化氢中，必要时添加少量导电体，于低压下进行电化反应，在阴极放出氢，化合物中的碳氢键在阳极转化为碳氟键，多重键被氟饱和，并发生一些降解反应。这是制备全氟有机化合物的最好方法之一。

很多有机氟化合物有重要的用途。例如，聚四氟乙烯可做人造关节的部件，长期用于人体内；全氟萘烷和全氟三丙胺的混合乳剂可作为氟碳代血液；全氟环丁烷可作食品发泡剂；全氟三丁胺乳剂可替换大白鼠的全部血液而使动物仍能正常存活。

# 8.2　氟　的　毒　性

氟可以和人体内的钙、镁、锰等离子结合，抑制许多酶，如琥珀酸脱氢酶、乌头酸酶、烯醇化酶等，使羧酸循环发生障碍，醣原合成受阻，三磷酸腺苷形成减少，而使骨细胞能量供应不足，造成骨细胞营养不良。通常每人每日需氟量约为 $1.0 \sim 1.5$ mg，其中 $65\%$ 来自饮水，$35\%$ 来自食物。饮水中含氟 $0.5$ mg/L 以下，龋齿发病率高。而含氟 $0.5 \sim 1.0$ mg/L 范围使龋齿和斑釉齿发病率低，且无氟骨病发生。在 $1.0$ mg/L 以上时，随氟的增高，斑釉齿发病上升，超过 $4$ mg/L 时，氟骨病增多。

急性中毒。生产中吸入较高浓度的氟化物气体或蒸气，立即引起眼、鼻及呼吸道黏膜的刺激症状，有咳嗽、咽部灼痛、胸部紧束感等。重者可发生化学性肺炎、肺水肿或反射性窒息等。皮肤或黏膜接触氢氟酸则致灼伤。也有过敏性皮炎的报告。口服者宜先选用 $0.15\%$ 石灰水或 $1\%$ 氯化钙 100 mL 及时洗胃抽吸，再口服镁乳 $15 \sim 30$ mL 或牛乳 $100 \sim 200$ mL。

慢性影响。工作中长期接触过量无机氟化物，可引起以骨骼病变为主的全身性病损，这称为工业性氟病。骨骼的改变可由 X 线摄片检查发现。最先出现于躯干骨，尤其是骨盆和腰椎，继之桡骨、尺骨和胫骨，腓骨也可累及。骨密增高，骨小梁增粗、增浓，交叉呈网织状，似"纱布样"或"麻袋纹样"，严重者如"大理石样"。上述骨膜、骨间膜、肌腱和韧带出现大小不等、形态不一（萌芽状、玫瑰刺状或烛泪状等）的钙化或骨化等骨周改变。严重者可致关节运动受限、骨骼畸形和神经受压症状。尚未见长期接触氟化物的致癌性研究报告，也无氟化物与癌症死亡率相关的论证。

地方性氟病是长期饮用含氟高的饮水所致的一种地方性疾病。受工业"三废"严重污染的地区，也常发现这类病变。典型所见为氟斑牙及氟骨症。

氟斑牙：初期，牙面无光泽，偶见苍白色斑点，随后呈淡棕色至深棕色斑点或斑块，分布面扩大。齿质脆弱，易被磨损。本症主要是幼年牙生长期受到氟的影响所致。当成年后再移居高氟饮水区域,可免受侵害。

氟骨症:长期吸收多量氟化物,可引起特有的骨质硬化症,个别也见骨质疏松症。患者常诉腰酸背痛。至后期,其关节活动,特别是弯腰动作明显受限,甚至行动困难。在环境中含氟高的地区,妇女(尤其是 50 岁以上的经产妇中)患病率较高。

## 8.3 主要工业废水来源

含氟废水来源主要包括硅氟和碳氟聚合物制造,焦炭生产,玻璃和硅酸盐生产,电子元件生产,电镀,钢、铝制造,金属蚀刻(用氢氟酸),化肥生产,木材防腐和农药等。

磷肥生产过程中排放的主要是 $SiF_4$(四氟化硅),这是磷矿石处理过程中产生的。废水中氟化物浓度可以达到 $308\sim1\,050$ mg/L。

最初制铝业中用氟化物($Na_3AlF_6$)作为铝矾土还原反应中的催化剂,产生的含氟废气直接排入大气中。现在用湿法除尘使得气体中的氟污染转移到废水中,使得废水中平均含氟量达到 $107\sim145$ mg/L。

玻璃制造中氟一般为氢氟酸或氟离子形式。氢氟酸用于电视显像管荧幕和电子枪的酸性抛光,以使焊接边缘光滑,它还用于乳白灯泡的处理及各种压制和吹制玻璃产品的酸性抛光。含氟废水也是来源于烟气控制、漂洗水和废弃的浓缩酸,废水中含氟浓度可以达到 $1\,000\sim3\,000$ mg/L。

钢铁制造业中,氟化物废料主要来源于烧结和炼钢过程。在烧结分厂,石灰石和碱性吹氧炉的尘粒中有含氟物质;炼钢过程中的基本材料是石灰石和英石($CaF_2$)。废水中含氟量可以达到 $8\sim106$ mg/L。

电镀工业中,铅、锡等金属及其合金用氟硼酸盐作电镀液。随着清洗水的稀释,氟硼酸盐离子 $BF_4^-$ 水解成较稳定的三氟化硼 $BF_3$ 及氟离子,因而,废水处理就转化为如何去除氟化物。废水中氟含量约为 143 mg/L。

## 8.4 含氟废水处理方法

国家污水综合排放标准,氟离子浓度应小于 10 mg/L。目前,含氟废水的处理方法主要分为两大类:沉淀法和吸附法。

### 8.4.1 沉淀法

沉淀法即投加化学药品形成氟化物沉淀或氟化物被吸附在形成的沉淀物中而共沉淀,然后分离固体沉淀物,从而从废水中去除氟化物。去除率部分取决于固液分离效率。常见的沉淀剂有石灰、镁化合物(如白云石)、硫酸铝(明矾)等。

1)钙盐沉淀法

加石灰乳使含氟废水的 pH 至 $7.0\sim7.5$,再加 $1\sim1.5$ mL 高分子絮凝剂(聚丙烯酰胺)。处理后的水中残氟通常在 $15\sim40$ mg/L。

$$2HF + Ca(OH)_2 \longrightarrow CaF_2 + 2H_2O \qquad 反应(8-3)$$

氟化钙的最大溶解度为 8 mg/L,但实际上氟化物处理后仅能降低至 $10\sim20$ mg/L,这是由于沉淀物形成速率较慢所致,另外,沉淀物的沉降特性也较差。

2)钙盐-硫酸铝共沉淀法

明矾去除氟化物是一种共沉淀现象,氟化物随铝盐形成的絮体而得以去除。

采用石灰乳和硫酸铝处理含氟废水时,pH 应控制在 $6\sim7$,添加石灰乳量为 $Ca^{2+}$ 与 $F^-$ 物质的量的比为 10,硫酸铝用量为 3 000 mg/L,处理后废水残留的氟在 2.0～0.1 mg/L 以下。

3）钙盐–磷酸盐法

本法是通过加入钙盐和磷酸盐从废水中除去氟化物。当钙盐添加量为 $Ca^{2+}$ 与 $F^-$ 物质的量的比为 10,磷酸根添加 1 400～3 500 mg/L 时,处理后废水残留的氟在 2.0～0.1 mg/L 以下。

### 8.4.2　吸附法

含氟废水流经接触床,通过与床中的固体介质进行特殊或常规的离子交换或化学反应,去除氟化物。虽然处理过程中不需要移去固体介质,但接触床的再生及高浓度再生液(含高浓度的氟)的处理是整个处理过程必不可少的一部分。这类方法只适合处理低浓度废水或经其他方法处理后氟化物浓度降低至 10～20 mg/L 以下的废水。

# 第9章 有机污染物

## 9.1 概　述

早期，有机化合物是指由动植物有机体内取得的物质。自1828年人工合成尿素后，有机物和无机物之间的界线随之消失，但由于历史和习惯的原因，"有机"这个名词仍沿用。

20世纪以来，人类开始致力于合成和生产自然界中没有的有机化合物，从而产生了自然界中难以降解的有机物，给自然环境带来了许多难以解决的问题。

人工合成的有机化合物有一二十多万种，每年大约有300种的化合物投入生产。在现代生活中已经很难找到没有合成有机物存在的地方了：食品添加剂、洗涤剂、防腐剂、防霉剂、乳化剂、消泡剂、杀虫剂、除草剂、除臭剂、化妆品、合成燃料、塑料制品、油漆涂料、农药、肥料、药物、激素，等等。这些有机物或其中间产物在生产过程中已经大量进入环境中，而且产品最终也会进入环境中。

## 9.2　分　类

1）挥发性有机物

沸点不高于100℃，或在25℃时，其蒸气压大于1 mmHg的有机化合物，一般被视为挥发性有机物（VOCs）。挥发性有机物具有以下环境风险：一旦呈蒸气状态，其流动性很大，增加了释放于环境中的可能性；某些具有毒性的VOCs进入空气，可能给公共卫生造成很大风险；空气中的活化烃，可能导致形成光化学氧化剂。

2）消毒副产物

当废水中含有三氯甲烷（THMs）、卤代乙酸类（HAAs）、三氯苯酚和醛类等，并与氯消毒剂接触时，会产生消毒副产物（DBPs），可能会对人体健康产生风险。如在消毒出水中检测到$N$-亚硝基二甲胺（NDMA），而亚硝胺类化合物被认为是最强的致癌物。二甲基胺是某些水处理用的聚合物（如聚己二烯二甲基胺）和离子交换树脂的组成部分。紫外消毒替代氯消毒的依据之一即基于此。

3）农药和农用化学药剂

农药、除草剂和其他一些农用化学药剂，对许多有机体都具有毒性，是地表水的主要污染源。这些化学药剂的来源，除了生产厂家排放外，主要来自于农田、公园、高尔夫球场等绿地的地表径流。

4）新出现的有机化合物

除上述已制定了要求的化合物外，许多国家的水源地和市政污水中，又鉴定出许多新出现的化合物。它们主要来自：①兽用和人用抗生素；②人用的处方和非处方药；③工业和家庭废水的产物；④性激素和甾族激素。这类化合物的典型例子记录在表9-1中。显然，随着分析技术的不断进步，清单中的化合物数量会不断增加。可以预料，对这类化合物在健康方面的影响有了更多的认识后，可能会出台许多这类化合物的排放限制。

## 表 9 - 1　地表水中新检测出的有机化合物[①]

### 兽用和人用抗生素

| | | | | |
|---|---|---|---|---|
| 卡巴多司 | 诺氟沙星 | 磺胺二甲嘧啶 | 金霉素 | 磺胺甲嘧啶 |
| 土霉素 | 环丙沙星 | 罗沙肿 | 磺胺甲噁唑 | 林可霉素 |
| 强力霉素 | 罗红霉素 | 泰洛星 | 红霉素-$H_2O$ | 维吉霉素 |
| 沙拉沙星 | 大观霉素 | 红霉素 | 磺胺氯达嗪 | 伊维菌素 |
| 甲氧苄啶 | 恩氟沙星 | 四环素 | 磺胺二甲氧基嘧啶 | 磺胺噻唑 |

### 人用处方和非处方药

| | | |
|---|---|---|
| 扑热息痛(退烧药) | 阿莫西林(抗生素) | 1,7-二甲黄嘌呤(咖啡因代谢物) |
| 布洛芬(消炎药) | 甲氧苄啶(抗生素) | 异羟洋地黄毒苷原(地高辛代谢物) |
| 咖啡因(兴奋剂) | 可替宁(烟碱代谢物) | 帕罗西汀(Paxil 代谢物) |
| 沙丁胺醇(镇咳药) | 氟曲汀(抗抑郁药) | 去氢硝苯地平(抗心绞痛药) |
| 西咪替丁(解酸药) | 雷尼替丁(解酸药) | 依那普利拉(抗高血压药) |
| 吉非贝齐(降血脂药) | 甲福明(降血糖药) | 地尔硫卓(抗高血压药) |

### 工业和家庭废水产物

| | |
|---|---|
| 乙酰苯(芳香) | 2,6-二-特-对-苯醌(抗氧化剂) |
| 芘(PAH) | 苯并芘(PAH) |
| 蒽(PAH) | 荧蒽(PAH) |
| 萘(PAH) | 丁基羟基茴香醚(BHA) |
| 2,6-二-特-丁基苯酚(抗氧化剂) | 丁基羟基甲苯(BHT)(抗氧化剂) |
| 5-甲基-1-H-苯并三唑(抗氧化剂) | 苯酚(消毒剂) |
| $N,N$-二乙基甲苯酰胺(DEET)(杀虫剂) | 六氯化苯(农药) |
| 毒死蜱(农药) | 甲基对硫磷(农药) |
| 二嗪农(农药) | 狄氏剂(杀虫剂) |
| 顺式氯丹(农药) | 胺甲萘(农药) |
| 对甲酚(木材防腐剂) | 正二十三烷(抗菌消毒剂) |
| OPEO1 | OPEO2 |
| NPEO1-总(洗涤剂代谢物) | NPEO2-总(洗涤代谢物) |
| 对壬基酚-总(洗涤剂代谢物) | 四氯乙烯(溶剂) |
| 菲(PAH) | 胆固醇(粪便指示物) |
| 可待因(止痛药) | 咖啡因(兴奋剂) |
| 可替宁(尼古丁代谢物) | 1,4-二氯苯(熏蒸剂) |
| 豆甾烷醇(植物甾醇) | 3b-粪甾烷酮(食肉动物粪便指示物) |
| 三(二氯乙基)磷酸盐(阻火剂) | 三(二氯异丙基)磷酸盐(阻火剂) |
| 磷酸三苯酯(增塑剂) | 乙醇,2-丁氧基,磷酸盐(增塑剂) |
| 酞酸二乙酯(增塑剂) | 酞酐(用于塑料) |
| 双酚 A(用于聚合物) | 双(2-乙基己基)酚酞酯(增塑剂) |

### 性激素和甾族激素

| | | | | |
|---|---|---|---|---|
| 顺雄甾酮 | 17a-雌二醇 | 炔雌醇甲醚 | 3b-粪甾烷醇 | 17b-雌二醇 |
| 19-炔诺酮 | 胆固醇 | 雌三醇 | 黄体酮 | 马萘雌酮 |
| 雌酮 | 睾丸激素 | 马烯雌酮 | 17a-乙炔基雌二醇 | |

① 摘自 U.S.G.S.(2000)
注：PAH,多环芳烃；NPEO,壬基苯酚乙氧基醇；OPEO,辛基酚聚氧乙烯醚。

　　在废水中,有机污染物主要是农药、染料、表面活性剂、酚类化合物、油类等,由于有机污染物种类繁多,在研究其对水体污染的时候,我们只能简单地以油类、酚类和农药为例做一介绍。

# 9.3　含　油　废　水

废水中的油从化学结构上分为链烷烃、环烷烃和芳香烃；从物理形态上可以划分为五种。①游离态。在静止时能迅速上升到液面，形成油膜。②机械分散态。直径从几微米到几毫米的细微油滴，由于受到电荷力或其他力而稳定分散，但未受表面活性剂的影响，形成乳浊液。③化学稳定的乳化油。油滴类似于机械分散态，但由于油-水界面受到表面活性剂的影响而具有高度的稳定性。④"溶解态"油。化学概念上真实溶解的油和极细微分散的油滴（直径小于 5 nm），这种形态的油无法采用常规物理方法去除。⑤固体附着油。吸附于废水中固体颗粒表面的油。

## 9.3.1　含油废水来源

含油废水的主要工业来源是石油工业。废水是在石油生产、精炼、贮存、运输，或在使用这种产品中产生的，如炼油厂产生大量的含油废水（包括乳化油），主要是油气和油品的冷凝分离水、洗涤水、反应生成水、机泵填料函冷却水、化验室排水、油罐切水、油槽车洗涤水、炼油设备洗涤水、地面冲洗水等。

另一较大的来源是金属工业，主要是钢材制造和金属加工，其中既有游离态油，也有乳化油。在钢材制造业中，钢锭被热轧或冷轧成所需的形状，在热轧过程中的废水主要含有润滑油和液压油；冷轧前，钢锭须用油处理以便于润滑并除去铁锈（生锈的铁组件如果不能打开，一般采用煤油浸泡的方法即可除锈），在轧制时喷以油-水乳化液作为冷却剂，成型后须将钢材表面所黏附的油清除掉，因此，冷轧厂所产生的洗涤水和冷却水中含有较高浓度的油，其中 25% 为难以分离的乳化油。

金属加工业产生的油性废水主要含研磨油、切削油及润滑油，同时在加工过程中，也需要用油-水乳化液作为冷却剂，最后进入生产废水中。

含油废水第三大来源是食品加工，主要产生于畜、禽、鱼等的屠宰、清洗及副食品加工过程中。

在毛纺业中，生产过程中也产生大量的含油废水，主要来自于洗涤纤维（如羊毛）时所产生的废水。

## 9.3.2　含油废水对环境的危害

含油废水的危害主要表现在对生态系统、植物、土壤、水体的严重影响。

油田含油废水浸入土壤孔隙间形成油膜，产生堵塞作用，致使空气、水分及肥料均不能渗入土中，破坏土层结构，不利于农作物的生长，甚至使农作物枯死。为此，我国在 1985 年颁布的"B5084—1985 农田灌溉水质标准"规定，在一、二类灌区对水质的要求，石油类含量均不得大于 10 mg/L。

排放到天然水体的油，如果以油膜的形式存在，将漂浮在水面上。油膜几乎能完全阻止藻类幼苗的光合作用，使小型的藻类大量死亡，并干扰水体的生态平衡；较大面积的油膜阻碍水体的蒸发作用，干扰水体和大气的热交换；改变水面对太阳光的反射率，减少进入水体表层的光辐射，从而影响局部地区的水温和气象。在滩涂还会影响养殖和利用。有资料表明，向水面排放一吨油品，即可形成 $5 \times 10^6$ m² 的油膜。

含油废水排入城市沟道，对沟道、附属设备及城市污水处理厂都会造成不良影响，采用生物处理法时，一般规定石油和焦油的含量不超过 50 mg/L。

煤油、柴油、汽油等对皮肤黏膜刺激性强，大量吸入会引起严重的中枢神经障碍、颤抖，皮肤变青，脉搏混乱、减少，特别严重时反射停止、膀胱和脂肠麻痹，最后因心力衰竭而死。汽油慢性中毒会有沉重感，头、手、足、关节和四肢刺激性疼痛，腹泻，继而导致肾炎、贫血、咳嗽等，也会引起严重的视觉障碍。

芳香族苯、甲苯、乙苯和二甲苯主要存在于轻质油中,占汽油组分的 40% 以上,而且在工业上广泛用作溶剂和化工生产的中间体。这些物质危害较大,有潜在的致癌性。

1998 年以后的建设单位,对应于一、二、三类标准石油类含量最高分别为(5、10、20)mg/L。

### 9.3.3　含油废水处理方法

首先采用初级处理把浮油和水及乳化油分离,然后再采用二级处理技术破坏油-水乳液并分离剩余油。任何一种油水分离技术的处理效果,均与油在水中的形态和其他废水成分有关。

**1. 初级处理技术**

初级处理技术是利用油脂与水之间相对密度差异而达到油水分离目的的技术,可去除废水中的浮油及大部分分散油达到初步除油的目的,主要指重力除油。从目前使用情况来看,重力除油的主要设备有重力隔油池、立式除油罐、斜板式隔油池及粗粒化聚结器等。

1)重力隔油池

隔油(Oil Separation),利用油与水的相对密度的差异,分离去除水中悬浮状态的油类。

重力隔油池是处理含油废水最常用的设备,对于石油炼厂废水而言,悬浮状态的浮油一般占废水中含油量的 60%~80%,适合采用重力隔油池预处理。其处理过程通常是将含油废水置于池中进行油水重力分离,然后撇去废水表面的油脂。重力分离器的效率依赖于合理的水力设计及水力停留时间。停留时间越长,漂浮油与水的分离效果越好。

由于这种处理技术不添加任何化学试剂,漂浮的油脂经过收集后可以回收,重复使用,有着较为可观的经济效益。如果成分复杂的油脂回收后不能重复使用,则一般进行填埋或焚烧处理。

如果有油脂黏附于可沉降固体的表面,采用重力沉降的方法即可明显地降低废水中油的浓度。如铸铁、铸铜废水,油墨生产废水,冷轧热轧废水,皮革鞣制和抛光及涂料生产废水中的油,均可以在初沉池中得到较好的去除。

平流式隔油池流程如图 9-1 所示。废水从池子的一端流入池子,以较低的水平流速(2~

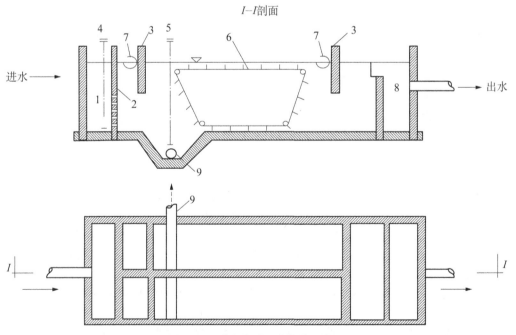

图 9-1　平流式隔油池结构示意图

1—配水槽;2—布水隔墙;3—挡油板;4—进水阀;5—排渣阀;
6—链带式刮油刮泥机;7—集油管;8—集水槽;9—排泥管

5 mm/s)流经池子,流动过程中,密度小于水的油粒上升到水面,密度大于水的颗粒杂质沉于池底,水从池子的另一端流出。在隔油池的出水端设置集油管,如图 9 - 2 所示。集油管一般用直径 200～300 mm 的钢管制成,沿长度在管壁的一侧开弧宽为 60°或 90°的槽口。集油管可以绕轴线转动。排油时将集油管的开槽方向转向水平面以下以收集浮油,并将浮油导出池外。为了能及时排油及排除底泥,在大型隔油池还应设置刮油刮泥机。刮油刮泥机的刮板移动速度一般应与池中流速相近,以减少对水流的影响。收集在排泥斗中的污泥由设在池底的排泥管借助静水压力排走。隔油池的池底构造与沉淀池相同。

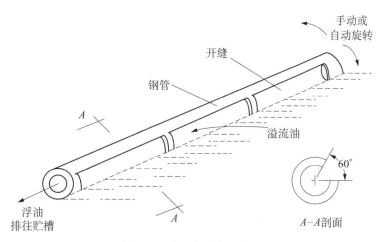

图 9 - 2 　集油管结构示意图

平流式隔油池表面一般设置盖板,除便于冬季保持浮渣的温度,从而保持它的流动性外,还可以防火与防雨。在寒冷地区还应在池内设置加温管,以便必要时加温。

平流式隔油池的特点是构造简单、便于运行管理、油水分离效果稳定。有资料表明,平流式隔油池可以去除的最小油滴直径为 100～150 $\mu m$,相应的上升速度不高于 0.9 mm/s。

仅依靠油滴与水的密度差产生上浮而进行油、水分离,油的去除效率一般为 70%～80%,隔油池的出水仍含有一定数量的乳化油和附着在悬浮固体上的油分,一般较难降到排放标准以下,需要二级处理工艺深度处理。一般是结合气浮,采用气浮法分离油、水,除油效果较好,出水中含油量一般可小于 20 mg/L。

2) 立式除油罐

立式除油罐均采用下向流方式,一般具有较大池深,这不仅可以提高除油效率,也是含油废水处理重力流程所需要的。20 世纪 70 年代中期,立式除油罐也引进了斜板技术,利用立式除油罐的高度,在罐内沉降区加设波纹斜板,从而形成所谓的立式斜板除油罐,这种除油罐集立式除油罐与斜板隔油池的优点于一体,大大提高了除油效率,可基本去除水中的浮油和分散油。

3) 粗粒化聚结器

粗粒化聚结属于物理化学法,通常设在重力除油工艺之前。粗粒化聚结器是利用粗粒化材料的聚结性能,使细小的油粒在其表面聚结成较大油粒,在浮力和水流冲击下,粒径增大的油粒脱离粗粒化材料表面而上浮。经过粗粒化处理后的污水,其含油量及原油性质并不发生改变,只是更有利于重力分离法除油。利用粗粒化聚结器可去除水中粒径在 10 $\mu m$ 以上的分散油和浮油。粗粒化聚结材料大致分为天然矿石和人工有机材料两类,目前应用较多的聚结材料有聚氨酯泡沫、聚丙烯泡沫、聚乙烯和聚氯乙烯以及不锈钢填料等。

**2. 二级处理技术**

当油和水相混合,又有乳化剂存在,乳化剂会在油滴与水滴表面上形成一层稳定的薄膜,这时油和水就不会分层,而呈一种不透明的乳状液。当分散相是油滴时,称水包油乳状液;当分散相是水滴时,则称为油包水乳状液。乳状液的类型取决于乳化剂。

与只包括重力分离和撇油工艺的初级处理不同,各种二级处理都是专门用于破坏初级处理后得到的油水乳状液,采用物理、化学、电解等方法进行破乳,并把破乳后的油从水相中分离出来。

破乳的方法有多种,但基本原理一样,即破坏液滴界面上的稳定薄膜,使油、水得以分离。破乳途径有下述几种:

(1) 投加换型乳化剂　例如,氯化钙可以使钠皂为乳化剂的水包油乳状液转换为以钙皂为乳化剂的油包水乳状液。在转型过程中存在着一个由钠皂占优势转化为钙皂占优势的转化点,这时的乳状液非常不稳定,油、水可能形成分层。因此控制"换型剂"的用量,即可达到破乳的目的。这一转化点用量应由实验确定。

(2) 投加盐类、酸类　可使乳化剂失去乳化作用。

(3) 投加某种本身不能成为乳化剂的表面活性剂　例如异戊醇,从两相界面上挤掉乳化剂使其失去乳化作用。

(4) 搅拌、震荡、转动　通过剧烈地搅拌、震荡或转动,使乳化的液滴猛烈相碰撞而合并。

(5) 过滤　如以粉末为乳化剂的乳状液,可以用过滤法拦截被固体粉末包围的油滴。

(6) 改变温度　改变乳化液的温度(加热或冷冻)来破坏乳状液的稳定。

破乳方法的选择需以试验为依据。某些石油工业的含油废水,当废水温度升到 65～75℃ 时,可达到破乳的效果。相当多的乳状液,必须投加化学破乳剂才能破乳。目前所用的化学破乳剂通常是钙、镁、铁、铝的盐或无机酸。有的含油废水亦可用碱(NaOH)进行破乳。

常见的二级处理方法如下。

1) 凝聚过滤法

凝聚过滤除油是小油珠凝聚和大油珠直接去除两种机理的综合过程。其影响因素很多,包括含油废水的性质、油脂浓度、油滴大小、固体废物含量及水力状况变化等。

2) 混凝破乳法

目前各油田应用的混凝剂可分为有机和无机两类,使用较多的是无机多价金属的水溶盐类,特别是铝盐和铁盐两种无机混凝剂。但近年来,有机聚合物破乳剂也得到了广泛应用,如聚丙烯酰胺、NK 型混凝剂、ZETAG-64 型反相破乳剂等。

3) 气浮法

气浮技术在石油开采废水处理上已得到广泛应用。根据产生气泡的方法不同,气浮形式有加压溶气气浮、叶轮浮选和电气浮等,在石油开采废水的处理中主要采用前两种方法。

加压溶气气浮以部分回流处理工艺的除油效果最好,但对运行管理的要求十分严格。回流比一般为 20%～40%,溶气罐压力为 0.40～0.60 MPa,停留时间为 2～4 min,空气吸入量约为废水体积的 6%～11%。

叶轮浮选是利用叶轮高速旋转所形成的负压使空气由进气管吸入,在叶轮搅动下,空气被粉碎成细小的气泡并与污水充分混合。目前国内有关油田使用的叶轮浮选机多从美国 WEMCO 公司引进。

4) 超滤法

超滤是一种有效范围低至分子直径(1～10 nm)的过滤技术,超滤膜内充满细孔,但由于表面张力的作用,需要加压才能使液体进入膜孔从而穿过滤膜。水分子及其他低分子量溶剂分子基本上都能通过膜孔,而大分子或油脂胶束等分子则无法通过。其实际的操作性能与许多因素有关,如膜的成分、结构和厚度、采用的压力、温度以及废水浓度等。出水较难达到 10 mg/L 以下的油脂排放浓度。

5) 化学处理法

乳化油的化学处理法一般直接用来削弱分散态油珠的稳定性,或用于破坏破乳液中的乳化剂,然后将分离的油脂除去。可供选择的化学破乳法包括:投加混凝剂,加酸,投加盐并加热乳液,投加盐并电解,加酸和有机分散剂。

使用混凝剂并通过沉降或气浮法去除油脂,是工业废水除油最常见的方法。通常包括混凝剂与废水的快速混合、絮凝,絮体的气浮或沉降等。

加入铁盐或铝盐可以有效地使废水破乳,但絮凝后会产生较多的污泥;酸的破乳效果一般优于混凝盐,但价格较高且油水分离后,需要对酸性出水进行中和,一般在有廉价的可利用废酸、碱的条件下,可以优先考虑采用该处理方法。

另外,气浮工艺可以独立除油,但效果一般不如首先加入化学试剂混凝破乳后气浮的效果好。

6) 电解法

用电流破坏废水中油珠稳定性的方法有两种:电解气浮法和电解凝聚法。前者通过电解时产生的氧气和氢气形成微气泡,从而携带着油滴上浮,达到油水分离的目的;后者利用电解时消耗性电极如废铁,在外加电流的作用下,电极氧化释放出亚铁离子等金属混凝剂,产生混凝作用,除去废水中的油滴。

**3. 生物处理技术**

含油废水也可以采用氧化塘厌氧生化或其他生物处理方法处理。极性油脂(可溶于水形成溶解性油)可以被微生物降解,在出水中含量可降低至 2～8 mg/L;非极性油(不溶于水的乳化油或较大的油滴)或者通过初级处理工艺采用物理方法去除,或者被微生物吸附,随剩余污泥一起排出。

在油类中,脂肪族链烃可以被很多好氧微生物降解,或者在厌氧的条件下直接脱氢;而能够利用脂环烃的微生物极少,而且活性比较低,其氧化能力差,因此,脂环烃一般不能作为微生物所利用的碳源。

# 9.4　含　酚　废　水

酚类是指苯环或稠环上带有羟基的化合物。酚及其衍生物组成了有机化合物中的一个大类,包含在这个大类中的酚类化合物总数有几百种之多。按照苯环上所含羟基数目的多少,可分为一元酚(如苯酚)、二元酚和多元酚。按照其能否与水蒸气共沸而挥发,又分为挥发酚和不挥发酚。因此,酚类不仅指苯酚,而且还包括邻位和间位被羟基、卤素、烷基、芳基、硝基、亚硝基、羧基、醛基等取代的,以及对位被卤素、甲氧基、羧基、磺基等取代的酚化合物的总称,并以酚类的含量表示其浓度。

最简单的是苯酚 $C_6H_5OH$,俗称石炭酸,它的浓溶液对细菌有高度毒性,广泛用作杀菌剂、消毒剂。甲酚有 3 种异构体,比苯酚有更强杀菌能力,可用作木材防腐剂和家用消毒剂等。在用氯气氧化处理废水时,废水中的酚容易被次氯酸氯化生成氯酚,这种化合物具有强烈的刺激性气味,对饮用水的水质影响很大。天然水中的腐殖酸组分是一种多元酚,其分子能吸收一定波长的光量子,使水呈黄色,并降低水中生物的生产力。丹宁和木质素都是植物组织中的成分,也都是多酚化合物,分别在制革工业和造纸工业中经废水进入天然水系。以上述及的这些都是天然水系中常见的酚类化合物。

### 9.4.1　含酚废水来源

酚可从煤焦油中提取回收,但现在大量的酚是用合成方法制造的,它们又大量地普遍地用于木材加工和各类有机合成工业,所以天然水体中若含有大量的酚,就可能来自于石油、炼焦、木材加工及化学合成(包括酚类本身、塑料、颜料、药物等合成)等工业的排放废水。一些工业废水的含酚浓度范围如表 9 - 2 所示。除工业废水外,粪便和含氮有机物在分解过程中也产生酚类化合物,所以城市污水中的粪便物也是水体中酚污染物的主要来源,如人的尿液和粪便中含酚量可分别达 $(0.2\sim6.6)$ mg/[kg(体重)・d]和 $0.3$ mg/[kg(体重)・d]。

表 9 - 2　一些工业废水的含酚浓度

| 废水种类 | 含酚浓度/(mg/L) | 废水种类 | 含酚浓度/(mg/L) |
|---|---|---|---|
| 炼焦 | | 酚醛树脂生产 | 800~2 000 |
| (a) 回收酚后的废液 | 900~1 000 | 煤的炭化 | |
| (b) 焦炉流出液 | 35~250 | (a) 低温炭化 | 1 000~8 000 |
| 石油精炼 | 2 000 | (b) 高温炭化 | 800~1 000 |

### 9.4.2　含酚废水的危害

酚的毒性非常大,而且涉及水生生物的生长和繁殖,污染饮用水水源。挥发性酚属于可生物降解有机物,但对微生物有毒害或抑制作用;不挥发性酚属于难生物降解有机物,对生物也有毒害或抑制作用。酚的水溶液与酚蒸气易被人体皮肤或呼吸道吸入引起中毒,因此,对含酚工业废水有着严格的规定。对于挥发酚,一、二、三类标准规定排放浓度分别为 $(0.5、0.5、1.0)$ mg/L。

对人体来说,酚类属高毒物质。长期饮用含酚水可引起头昏、出疹、瘙痒、贫血及各种神经系统疾患。体内过量摄入时会出现急性中毒症状,如引起腹泻和口疮等。

苯酚或大多数氯代酚可能对人体并没有致癌或致畸作用,但对各种细菌和酵母菌有显著的致突变作用。甲基衍生物是致癌和致突变的,而多数硝基酚无致癌性而有致突变性。

水体遭受酚污染后严重影响水产品的产量和质量,水体中低浓度酚就能影响鱼类的洄游繁殖,浓度为 $0.1\sim0.2$ mg/L 时鱼肉有酚味,浓度更高时可引起鱼类大量死亡,酚及其衍生物对鱼类和藻类引起急性毒害的浓度见表 9 - 3。

表 9 - 3　苯酚类化合物对水生藻类和鱼类的毒性(mg/L, 96LC$_{50}$[①])

| 化合物 | 淡水绿藻类 | 多种鱼类 | 化合物 | 淡水绿藻类 | 多种鱼类 |
|---|---|---|---|---|---|
| 苯酚 | 10~30 | 4.2~44.5 | 间甲苯酚 | — | 12.6~23.2 |
| 2 -氯苯酚 | 500 | 8.1~58.0 | 对甲苯酚 | — | 12~19 |
| 4 -氯苯酚 | 4.8 | 3.8~14.0 | 4 -氯-6 -甲基苯酚 | 92.6 | — |
| 2,4 -二氯苯酚 | — | 2.0~13.7 | 2,4 -二氯-6 -甲基苯酚 | — | — |
| 2,4,5 -三氯苯酚 | 1.2 | 0.4~0.9 | 2,4 -二甲基苯酚 | 500 | 5~17 |
| 2,4,6 -三氯苯酚 | 5.9 | 0.3~9.0 | 4 -硝基苯酚 | 4.2 | 7.8~17 |
| 2,3,5,6 -四氯苯酚 | 2.7 | — | 2,4 -二硝基苯酚 | 9.2 | 0.3~1.7 |
| 2,3,4,6 -四氯苯酚 | 0.6 | 0.1~0.5 | 2,4,6 -三硝基苯酚 | 41.7 | — |
| 五氯苯酚 | 1.0~2.7 | 0.06~1.7 | 2,4 -二硝基-6 -甲基苯酚 | 50 | — |

① 96 h 半致死浓度。

### 9.4.3　含酚废水处理方法

通常将质量浓度高于 $500$ mg/L 的含酚废水,称为高浓度含酚废水,这种废水须回收酚后,再进行处理。质量浓度小于 $500$ mg/L 的含酚废水,通常循环使用,将酚浓缩回收后处理。回收酚的方法有汽提吹脱法、溶剂萃取法、吸附法、封闭循环法等。含酚质量浓度在 500 mg/L 以下的废水可用生物氧化、化学氧化、物理化学氧化等方法进行处理后排放或回收。

**1. 高浓度含酚废水(高于 500 mg/L)**

传统上一般采用的回收方法。

1)汽提吹脱法

可用水蒸气在 100℃左右通入废水将酚吹出,然后用 15%NaOH 作化学吸收。估计每 1 000 m³ 废水需用 200 t 蒸汽和 2 t NaOH,处理后残余酚浓度接近 50 mg/L,回收率可达 95%,本方法设备投资费用较高。进一步可用生物法或吸附/离子交换法作后续处理。此外,也可用热空气(吹脱)代替水蒸气进行操作。

2)萃取法

例如宝钢的焦化废水。用萃取剂把苯酚从废水中萃取出来,萃取苯酚后的废水进入后续的生化处理工艺和活性炭吸附等进一步处理至达标排放。而萃取的苯酚再采用碱与苯酚反应,生成酚钠沉淀下来,沉淀后再与二氧化碳发生中和,从而回收到苯酚。

萃取剂一般选用芳香或脂肪烃类、酯类、醚类、酮类、醇类等,可根据分配系数、价廉易得、不溶于水、不乳化、蒸气压小、毒性小及稳定性强等条件选用。此外,还可以选用工厂生产排出的废油等,做到以废治废。常用萃取剂有酰胺类萃取剂 N503 和叔胺类萃取剂 N235 等,它们都是国产的高效萃取剂,化学结构如下:

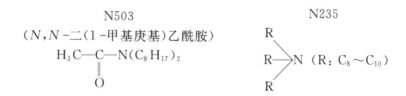

N503
($N,N$-二(1-甲基庚基)乙酰胺)

N235

其缺点是少量萃取剂可能溶入废水,造成二次污染。

另外,液膜萃取和焚烧技术也可以有效处理高浓度含酚废水。

**2. 中等浓度含酚废水(5~500 mg/L)**

处理工艺主要包括生物法,活性炭法及化学氧化法。

在无高浓度有毒物质或预先脱除有毒物质的情况下,对中等浓度含酚废水来说,生物处理是应用最广的一种方法。生物处理工艺包括活性污泥法、氧化塘、氧化沟、生物滤池等。生物降解苯酚的氧化反应如下所示:

$$苯酚 \rightarrow 苯二酚 \rightarrow 苯醌 \rightarrow 丁二酸 \rightarrow 醋酸 \rightarrow 二氧化碳 + 水$$

在生物处理苯酚的过程中,有以下几点需要注意:①废水中不得含焦油及其他油类物质。如果有,则要求预先除油。②含酚废水要有充足的溶解氧。③生物处理受有机负荷和水力负荷冲击的影响较大,因此,废水水量的波动会对出水水质有较大影响。

另外还有氯氧化法,它需要很高浓度和剂量的氯,一旦氯化不完全,会生成有毒的氯酚。

**3. 低浓度含酚废水**

低浓度含酚废水是指酚含量低于 5 mg/L 的废水。一般是经过生化处理后的含酚废水,经过生物处理后,废水中酚含量一般达到 0.5~1 mg/L。对于此类废水,一般采用物化或化学法进一步处理,主要有臭氧氧化、吸附等工艺。

臭氧氧化法无恶臭物质的产生,处理低浓度含酚废水时,可以将酚浓度从 0.16~0.39 mg/L 降低至 0.003 mg/L。

对于吸附法,常用的吸附剂主要有磺化煤、吸附树脂以及活性炭。磺化煤装塔并采用半连续式操作时,一次脱酚率可达 95% 左右。处理时进料酚浓度不宜太高,过高则吸附剂再生频繁,耗用酸碱过多;也不宜处理带油状物或悬浮物的废水,以防堵塞。

应用大孔吸附树脂法的特点:对废水中有机物具有选择性吸附,吸附不受无机盐的影响;解吸再生容易,回收产物质量高;树脂稳定,经久耐用。

大孔吸附树脂的孔径与吸附质分子比以 6:1 最好(对苯酚而言)。其吸附脱酚过程包括吸附、溶胀反冲、解吸及水洗。

活性炭吸附法对酚类物质有很高吸附效率,几乎可完全除去酚和 TOC,但存在对料液洁净度要求高,解吸手续繁杂,活性炭再生困难等问题。

# 9.5　农药废水(有机氯、有机磷)

农药是用于农业和林业的化学防治药品。但同时,农药又是有毒物和化学有害物质,会对人类、动物、环境生物和自然环境造成危害和污染。

另外,农药在卫生保健方面所起的作用也很大。如在 1955 年至 1965 年的 10 年间,由于使用合成杀虫剂所挽救的病人,单就疟疾而言就达 1 500 万人,远远超过了抗生素所挽救的人。

农药按照对环境的危害可以分为:剧毒农药,高毒农药,中等毒性的农药,低毒农药,微毒农药。剧毒农药包括:甲拌磷(3911),对硫磷(1605),磷胺,甲基对硫磷,三硫磷,久效磷,甲胺磷。国际上禁止生产使用的剧毒的 DDT(双对氯苯基三氯乙烷)和六六六(六氯环己烷)均属于有机氯农药,但在国内每年依然在大量地投入使用。有检测表明,在北京地区所有的蔬菜中均能检测到正在使用的六六六成分。在这些农药中,其中对环境影响最大的是有机氯和有机磷农药,因此,我们简单讨论一下这两类农药。

## 9.5.1　来源

水体中农药主要来源于农药制造厂、加工厂向水体排放的废物和废水;人们在农业生产和林业防护中使用的农药及农药药具的洗涤废水等。

## 9.5.2　危害

水体中农药不仅对靶标生物发生作用,对非靶标生物也同样产生直接或间接的影响,它能影响生物多样性,改变生态系统的结构和功能。

许多农药对鱼类是剧毒的,同时受影响的还有浮游生物和底栖生物。农药污染的水体可以通过食物链作用于人体。农药对人体的急性毒害主要表现为一些中毒症状,如有机磷农药的急性神经中毒,拟除虫菊酯的神经阻断等。

有机氯农药于 1983 年在我国明令禁止使用,但这种农药的降解速度较慢。据有关资料显示,大多数的有机氯农药均属于环境激素类物质,极微量的激素类物质进入人体,均有可能对人体的各种生理功能起干扰作用,将引起疾病。这类农药能在蔬菜中富集,并通过食物链进入人体,经消化道吸收后,主要分布于脂肪组织中,尤以肾周围和大网膜脂肪中含量最多,其次是骨髓、肾上腺、卵巢、脑、肝等。在体内代谢后,仅有少量的经尿、粪、乳汁等排出体外,大部分被人体吸收。其慢性毒性作用主要表现为对肝、肾的损害,并有致癌、致畸、致突变的作用。

除草剂是逐渐发展的一种农药类型,随着化学工业的发展,除草剂的品种也逐渐增多。在我国研制和投产的除草剂也已达数十种。大多数除草剂对人畜的急性毒性较低,极少有急性中毒发生。现有研究资料表明用除草剂饲养大鼠两年,有一半以上的大鼠产生了甲状腺肿瘤和其他肿瘤。

阿特拉津是 1952 年由瑞士 Basel Geigy 化学公司开发,1959 年在美国注册商业生产。自投入商业生产以来,在世界范围内得到了大面积的推广和使用。

阿特拉津会对被其污染地区的水生生物生长繁殖产生影响,Hayes(2006)等在被阿特拉津污染的八个地区对蛙类及环境进行了研究,发现在这些地区中有 92% 的蛙类发生了性腺变异,精巢和卵巢形态异常。实验室的研究也发现在阿特拉津浓度为 $0.1\ \mu g/L$(美国环保法规定饮用水中的阿特拉津含量不允许超过 $0.3\ \mu g/L$)的情况下,就有三分之一的美洲豹纹蛙(美国分布最广泛的本土蛙类)蝌蚪体内出现了变异的混合性腺;随着水中阿特拉津含量的不断增加,有 20% 处在发育期的雄性青蛙体内的雄性荷尔蒙会转变成雌性荷尔蒙,从而产生变性反应。

人类现象研究表明,长期接触阿特拉津的人患前列腺癌的比率要比平均水平高出 3.5 倍以上,用阿特拉津处理体外培养的人淋巴细胞,当阿特拉津浓度为 $0.001\ \mu g/L$ 时,淋巴细胞染色体轻微受损;浓度达到 $0.005\ \mu g/L$ 时,染色体发生显著损伤。

### 9.5.3　处理方法

#### 1. 有机磷废水

有机磷废水的处理方法主要有氧化法,水解法,吸附法,生化法。

1)臭氧氧化法

首先生成羰基化合物,最后分解成二氧化碳、水及无机磷酸盐,无二次污染,适用于处理低浓度、难生物降解或对生物有毒的农药废水。

2)水解法

在碱性条件下,有机磷分子中的酸酐键容易断裂,碱解有较好的去除有机磷的效果,常作为一种预处理技术。但降解产物仍是有机磷化合物,不易变成正磷酸盐,造成磷回收困难。

而酸解能使有机磷分子中的碱性基团断裂,生成正磷酸盐,易于回收磷。常用的工艺流程为:酸性水解、石灰乳中和、石灰乳脱硫和石灰乳混凝四步,中和生成的磷酸钙回收率一般大于 90%。在除磷的同时,也除去了有机硫和部分 $COD_{Cr}$。中和制得的沉淀——磷酸钙需进行安全性评估方可确定能否作为磷肥施用。

3)吸附法

有机磷多属于疏水性物质,因此可以采用活性炭吸附的方法去除,对于深度处理或低浓度有机磷废水,较为合算。

4)生化法

生化处理有机磷农药废水是重要的水处理方法之一,其主要方法是活性污泥法。废水中所含氮、磷、硫等元素,在生化过程中分别生成硝酸盐、磷酸盐和硫酸盐。

#### 2. 有机氯农药废水

有机氯农药废水的处理方法主要有焚烧法和吸附法。

(1)焚烧法是最常用而有效的高浓度有机氯农药废水处理方法。根据烟气中氯化氢处理工艺的不同,常见的处理方法有焚烧-烟气碱中和法、焚烧-回收无水氯化氢法、焚烧-烟气回收盐酸法。焚烧是在专用的炉中进行。炉温一般在 $800\sim1\ 000℃$,最高 $1\ 200℃$。难燃有机氯农药可采用两段法焚烧工艺,即在一段炉中将炉温控制在 $800\sim1\ 000℃$,将注入的废渣基本烧掉;未燃成分在二段炉中提高燃烧温度,将所有的有机物烧掉。焚烧法流程见图 9-3。

焚烧的产物为氯化氢和二氧化碳,烟气中含有大量的氯化氢气体,因此,对于烟气必须有处理措施。可以采用喷淋碱液的方式,吸收中和氯化氢,也可以先将烟气通入骤冷器中冷却,再采用稀盐酸吸收盐酸,或进一步浓缩、脱湿回收无水氯化氢。

(2)有机氯也是一种疏水性物质,对于低浓度的有机氯农药废水,也可以采用大孔、高比表面积、憎水性的树脂或活性炭,通过吸附处理低浓度的有机氯农药废水。

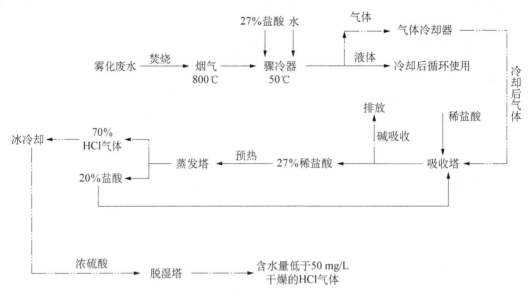

图 9-3　焚烧-回收无水氯化氢/盐酸流程示意图

# 第10章 放射性污染

## 10.1 概　　述

在自然资源中存在着一些能自发地放射出某些特殊射线的物质,这些射线具有很强的穿透性,如 $^{235}U$、$^{232}Th$、$^{40}K$ 等,都是具有这种性质的物质。这种能自发放射出射线的性质称为放射性。放射性元素进入环境后,会对环境及人体造成危害,成为放射性污染物。放射性污染物与一般的化学污染物有着明显的不同,主要表现在每一种放射性元素均具有一定的半衰期,在其自然衰变的这段时间里,它都会放射出具有一定能量的射线,持续地对环境和人体造成危害。放射性污染物所造成的危害,在有些情况下并不立即显示出来,而是经过一段潜伏期才显现出来。因此,对放射性污染物的治理也就不同于其他污染物的治理。

从原子核内部放出电磁波或带一定动能的粒子,降低了核体系能级水平,从而转化为结构稳定的核,这种现象称为核蜕变。

在核蜕变过程中,不稳定原子核能自发放出 α、β、γ 射线。就本质而言,α、β、γ 射线分别是氦核、负电子和短波长的电磁波。

电离辐射:放射性对物质的主要作用是电离。广而言之,凡与物质直接或间接作用时能引起物质电离的一切辐射都称电离辐射。某些带电粒子,如快速电子、β 射线、质子、α 粒子及一些被加速的轻元素核,它们的动能足够大,能引起被照射物质电离称直接电离粒子;某些非带电粒子,如光子、中子、X 射线和 γ 射线等,它们能与被照射物质作用,引起核反应,从而产生电离粒子称间接电离粒子;有些射线,如红外线、微波等,它们的能量低,不足以引起被照射物质电离称为非电离辐射。

放射性核素由于蜕变以致质量(或原有核数)减少一半所需的时间称为半蜕(衰)期。每种放射性元素都有自己固有的"半衰期"。铀的半衰期为 45 亿年。

## 10.2 来　　源

宇宙射线是在探测天然放射性本质时发现的。宇宙射线可分为初级和次级两类,在地球大气层外者为初级宇宙射线,其来源至今还不十分清楚,主要成分为质子($83\%\sim89\%$)、α 粒子($10\%\sim15\%$)以及电荷数 $z \geqslant 3$ 的轻核和高能电子($1\% \sim 2\%$),射线能量很高,可达 $1\,020$ eV 以上。初级宇宙射线进入大气层以后与空气中原子核发生碰撞,引起核反应并产生一系列其他粒子,通过这些粒子自身转变或进一步与周围物质发生作用,就形成次级宇宙射线。次级宇宙射线的主要成分(在海平面上)为介子(约 $70\%$)、核子和电子(约 $30\%$),其特点是强度低、能量高,它的"硬性"部分可穿透 15 cm 铅层。

环境中到处分布着天然的或人为的放射性核素,因此生活在环境中的生物体也时时刻刻都受到电离辐射的作用。

天然放射性核素是在地球起源时就存在于地壳之中的,母子体间已达到放射性平衡,建立了放射性核素系列。

这些天然放射性核素系列具有如下共同特点:①母体具有极长半蜕期,其值可与地球年龄(46 亿年)相当;②各代母子体间都达成了放射性平衡,系列中各组成核素的蜕变率全都相等；③每一系列中都含有放射性气体 Rn 核素，且系列的末端都是稳定的 Pb 核素。

20 世纪 40 年代核军事工业逐渐建立和发展起来，20 世纪 50 年代后核能逐渐被广泛地应用于各行各业和人们日常生活中，因而形成了放射性污染的人工污染源。

放射性同位素种类很多，广泛应用于国民经济的各个领域（表 10－1），放射性废水主要来自于原子能工业。核工业系统从铀矿的开采、加工、铀同位素分离、核燃料元件的制备到反应堆运行和核燃料后处理的一系列过程中，都不可避免地要产生大量的放射性废物。随着核动力堆的迅速发展，放射性废物的产生量和累计量正在急剧增长。有资料表明，一个电功率为 106 kW 的典型热中子反应堆核电站，每年卸下的核燃料元件为 35 t，经处理后，将产生 15 $m^3$ 的高放射性废液，此外还会产生一定数量的超铀元素。这些放射性物质将对人类和生物环境造成很大的辐射危害，而其最终处置问题将是核电发展的关键。因此严格控制放射性物质对环境的污染是当前世界各国急待解决的重要课题。

表 10－1　环境中人为放射性核素的来源

| 来　源 | 核　素 |
|---|---|
| 含核燃料矿物的开采、冶炼及各类核燃料加工厂 | 含铀、钍、镭的废水，含镭、钍和钢的废气（Em）及其子体氡的废气 |
| 反应堆、原子能电站、核动力舰艇 | 含各种核裂变产物（$^{131}I$、$^{60}Co$、$^{137}Cs$ 等）的三废排放物 |
| 工农业、医学、科研各部门使用放射性核素 | 含所使用放射性核素（如 $^{131}I$、$^{32}P$、$^{198}Au$、$^{65}Zn$ 等）的废物 |
| 大气层核试验、地下核爆炸冒顶、外层空间核动力航具事故 | 含裂变产物（$^{131}I$、$^{60}Co$、$^{137}Cs$ 等）的放射性气溶胶和放射性沉淀物 |

人工放射性污染物主要来源于天然铀矿的开采和选矿、精炼厂、放射性同位素应用时等所产生的废水，尤其是原子能工业和原子反应堆设施的废水、核武器制造和核试验污染以及各种放射性核废料等。对铀矿和钍矿的加工中，采用化学处理、离子交换沉淀法和萃取法从溶液中有选择地提取铀，铀衰变的放射性产物基本上随着矿石化学处理后的废液夹带出来。

（1）核工业　在核燃料的生产、使用及回收的循环过程中，每一个环节都会排放放射性物质，但不同环节排放种类和数量不同，例如，铀矿的开采、冶炼、精制和加工过程。开采过程中排放物主要是氡和氡的子体以及含放射性粉尘的废气和含有铀、镭、氡等放射性物质的废水；在冶炼过程中，产生大量低浓度放射性废水及含镭、钍等多种放射性物质的固体废物；在加工、精制过程中，产生含镭、铀等废液及含有化学烟雾和铀粒的废气等。

（2）核电站　核电站排出的放射性污染物主要是反应堆材料中的某些元素在中子照射下生成的放射性活化物。其次是由于核元件包壳的微小破损而泄漏的裂变物，核元件包壳表面污染的铀裂变产物。核电站排放的放射性废气中有裂变产物碘（$^{131}I$）、氚（$^3H$），惰性气体氪（$^{85}Kr$）、氙（$^{133}Xe$）和碳（$^{14}C$）以及放射性气溶胶。在放射性废物处理设施正常运行时，周围居民从核电站排放的放射性核素的接受剂量一般不超过背景辐射量的 1%。但在核电站反应堆发生堆芯熔化事故时，会对环境造成严重污染。如 1986 年 4 月 26 日，苏联的切尔诺贝利核电站四号反应堆发生爆炸，引起大火，放射性物质大量外漏扩散，造成人类核能开发史上最严重的事故。释放出的核素达 1.85 EBq（5 000 万居里），还有 185 TBq（5 000 Ci）在化学上不活泼的放射性气体，迫使周围 11.6 万居民疏散，300 多人受到严重辐射而送进医院抢救，死亡 31 人。科学家预测，在今后几十年里，受到辐射而转移的 2.4 万居民中，将有 100～200 人患癌症而死亡，对于欧洲其他地区和苏联西部受到切尔诺贝利核电站影响的死亡人数约为 5 000～75 000 人。

（3）核试验　在大气层进行核试验时，爆炸的高温放射性核素为气态物质，伴随着爆炸时产生的大量炽热气体，蒸汽携带着弹壳碎片、地面物升上高空。在上升过程中，随着蘑菇状烟云扩散，逐渐沉降下来的颗粒物带有放射性，称为放射性沉降物，又叫落下灰。这些放射性沉降物除了落到爆炸区附近外,还可以随风扩散到广泛的地区,造成对地表、海洋、人及动植物的污染。细小的放射性颗粒甚至可到平流层并随大气环流流动,经过很长时间才能落回到对流层,造成全球性污染。

由大气核试验所产生的核裂变是环境中最主要的放射性来源。自 1945 年美国初次核爆炸试验到 1962 年美、苏两国签订大气层部分禁止核试验条约为止,世界范围内共进行过大约 400 次大气核试验,进入大气层的主要放射性核素有: $^{131}I$、$^{89}Sr$、$^{90}Sr$ 和 $^{137}Cs$。除 $^{131}I$ 半蜕期相对较短($T_{1/2}$ 为 8.05 天),通过自然蜕变很快消亡外,其他核素的迄今尚未蜕变,部分由大气降落到地面或水域,并在地球北纬 30°～60°有最大累积量。

(4) 医院 $^{198}Au$;科研和教学过程中常用的放射性同位素主要有: $^{60}Co$,$^{204}Tl$,$^{90}Sr$ 等,主要用于教学实验、高分子化工研究以及辐照工艺等;诊治肺癌,采用内照射方式,使射线集中照射病灶;用于控制、分析、测试的设备使用了放射性物质,对职业操作人员会产生辐射危害。

(5) 工业生产及自动化仪表生产中常用的放射性同位素有 $^{60}Co$,$^{226}Ra$,$^{90}Sr$ 等,主要用于探伤、料位计、食品保鲜及消毒杀菌等方面。

(6) 某些建筑材料(如含铀、镭量高的花岗岩和钢渣砖等)的使用也会增加室内的辐照强度。某些生活消费品中使用了放射性物质,如夜光表、彩色电视机等。

# 10.3  放射性污染的危害

放射性废物按照其物理状态可分为废气、废液、废固,简称放射性三废。其中以放射性废液量最多,危害性也最大,处理工艺比较复杂,在三废处理中占有特别重要的地位。整个核工业的放射性废物,按其放射性活度计算,99% 以上来自核燃料后处理厂。核燃料后处理厂第一循环产生的酸性高放射性废液中含有大量的放射性物质,其中含有 99.9% 裂变产物以及少量铀和钚,其中还溶解和夹带少量的 TBP、煤油及其降解产物。第二和第三循环产生的中放射性废液的活性也比较高,这些废液是后处理也是整个核工业中最难处理的部分。后处理厂还产生大量低放废水,主要来自设备冲洗水,受到污染的车间和放化实验室冲洗水,反应堆冷却水等,其体积约占后处理厂废液总体积的 96%～98%。

放射性污染造成的危害主要是通过放射性污染物发出的射线照射来危害人体和其他生物体的,造成危害的射线主要有 α、β、γ 射线。α 射线穿透力较小,在空气中易被吸收,外照射对人体的伤害不大,但其电离能力强,进入人体后会因为内照射造成较大的伤害;β 射线是带负电的电子流,穿透力较强;γ射线是波长很短的电磁波,穿透力极强,对人的危害最大。人体所经受的外辐射和内辐射见图 10-1。

放射性物质进入水体后,在水体中进行扩散、混合、稀释、沉积和再悬浮,同时会发生放射性物质在水介质中水解、配合、氧化还原、沉淀、溶解、吸附、解析、化合、分解等化学反应;与此同时,水生生物对放射性物质也会产生吸收、吸附、代谢和转化,从而产

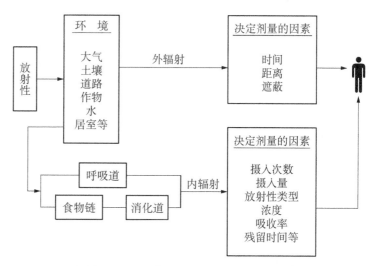

图 10-1  人体所经受的外辐射和内辐射

生一系列的生物效应。

放射性核素进入人体后,其放射性对机体产生持续辐射,直到放射性核素衰变成稳定性核素或全部排出体外为止。就多数放射性核素而言,它们在人体内的分布是不均匀的。放射性核素沉积较多的器官,受到内辐射量较其他组织器官大,因此,一定剂量辐射下,常观察到某些器官的局部效应。

人体内受到某些微量的放射性核素污染并不影响健康,只有当辐射达到一定剂量时,才会对人体产生危害。当内辐射剂量大时,可能出现近期效应,主要表现为:头痛、头晕、食欲下降、睡眠障碍等神经系统和消化系统的症状,继而出现白细胞和血小板减少等。超剂量放射性物质在体内长期残留,可产生远期效应,主要症状为:出现肿瘤、白血病和遗传障碍等。如1945 年原子弹在日本广岛、长崎爆炸后,居民由于长期受到放射性物质的辐射,肿瘤、白血病的发病率明显增高。

污染后的水体,水生生物通过外辐射和食用含有放射性核素的营养物质使体内放射性核素富集,并通过食物链传递给人类。人类通过饮用被放射性核污染的水和食用放射性污染源的水生生物,体内会受到放射性物种的内辐射。当核素由消化道摄入时,机体对放射性核素产生吸收,其中吸收率最高的是碱金属和碱土金属,稀土元素和重金属的吸收率较低。某些放射性核素进入人体后,可以选择性地沉积于某个或者某几个器官和组织内,致使该器官受到较大剂量的辐射,例如甲状腺、肺、肝、肾、骨骼等。在体内辐射时,射线在体内引起的电离密度越大,对生物体的作用就越强。因此 α,β,γ 三种粒子的电离作用依次减弱,对人体的伤害也相应减弱。细胞组织在受到体内辐射时,DNA 大分子发生降解,造成核苷酸及其组分的破坏,例如碱基脱落或被破坏、嘧啶二聚体形成、脱氧核糖的破坏、单链断裂、双链断裂、DNA 的链内交联或者链间交联、DNA 与蛋白质的交联等。导致组织细胞核改变,染色体畸变、细胞膜改变、细胞分裂和生长脱节等细胞杀伤,产生躯体效应和遗传效应。

# 10.4 工业排放标准

放射性废液可按其放射性水平高低分为高、中、低放废液三类。我国放射性废物分类标准:放射性浓度大于 $3.7 \times 10^9$ Bq(becquerel 贝克)/L($10^{-1}$ Ci/L)的废液称为高放废液;浓度在 $3.7 \times 10^5 \sim 3.7 \times 10^9$ Bq/L 的废液称为中放废液;浓度在 $3.7 \times 10^2 \sim 3.7 \times 10^5$ Bq/L 的废液称为低放废液。

工业上规定放射性废水的排放标准是:①放射性废水的瞬时排放浓度不应超过 $3.7 \times 10^3$ Bq/mL;②从医院和工厂排入污水管道的平均浓度不应超过 1 Bq/mL;③直接排入河流的废水浓度不得超过 0.1 Bq/mL。

# 10.5 性 质

环境中主要的放射性污染物是铀$^{238}$U,其他的放射性元素,如镭$^{226}$Ra、钍$^{232}$Th、铅$^{214}$Pb 等,是铀的蜕变产物。铀金属是一种软的白色金属,具有延展性,可以制成铀合金。铀在自然界中总是以四价或六价离子形式与其他元素化合存在。不论是金属态还是化合态的铀都具有放射性。铀的氧化物不溶于水;大部分铀裂变产物的氯化物是不挥发的,而铀的氯化物 $UCl_4$ 具有挥发性。$UOCl_2$ 易溶于水,硝酸铀酰 $UO_2(NO_3)_2$ 易溶于水,硫酸盐铀酰、三碳酸铀酰胺能溶于水。

铀的化学性质非常活泼,它能与除了惰性气体外所有的元素反应,包括氢气、氮气、卤素,铀的氧化态有 $+3$,$+4$,$+5$,$+6$,其中以 $+6$ 价最为稳定。

金属铀暴露在空气中会缓慢的氧化,生成黑色的氧化膜,此氧化层可以防止金属进一步被氧化。粉末状的铀在空气中能自燃。

1) 铀污染物的酸碱反应

铀与水在常温下会缓慢反应生成毒性较大的二氧化铀:

$$7U + 6H_2O \Longrightarrow 3UO_2 + 4UH_3 \qquad\qquad 反应(10-1)$$

铀能溶解在硝酸中形成硝酸铀酰 $UO_2(NO_3)_2$,也能溶于盐酸中生成三氯化铀 $UCl_3$ 和黑色的羟基氢化物:$HO—UH—OH$。铀通常不与碱反应。

2) 铀的配合反应

各价态铀的配合能力不同,其配合能力顺序与水解次序一致:

$$U^{4+} > UO_2^{2+} > U^{3+} > UO_2^+$$

$UO_2^{2+}$ 能与多种无机和有机配位体形成配合物。在各种配位体中,以含氧配位体最强,含氮、硫配位体次之。

U(VI)常见的配位数是 8,在这种配合物中,两个配位的位置被 $UO_2^{2+}$ 的氧原子占据,6 个配位位置被其他配位体占据。它与硫酸根、氯离子、氢氧根、硝酸根所形成的配合物的稳定性依次减弱。它还能与 EDTA、酒石酸、柠檬酸等形成配合物或螯合物。

$U^{4+}$ 具有较高的电荷和较小的离子半径,它不但能与各种配位体形成配合物离子,而且易于水解。一般配位数也是 8。它与阴离子的配合作用比 $UO_2^{2+}$ 强。

# 10.6　处 理 技 术

目前,除了进行核反应之外,采用任何化学、物理或生物的方法,都无法有效地破坏这些核素,改变其放射性的特性。对于放射性废物中的放射性物质,现在还没有有效的办法将其破坏,以使其放射性消失。只有利用放射性自然衰减的特性,采用在较长的时间内将其封闭,使放射强度逐渐减弱的方法,达到消除放射性污染的目的。因此,为了减少放射性污染的危害,一方面要采取适当的措施加以防护;另一方面必须严格处理与处置核工业生产过程中排放出的放射性废物。

放射性废水因其化学性质、放射性核素组成、放射性强度的不同,处理方法也不相同。常见的处理方法包括稀释排放法、放置衰减法、反渗透浓缩低放射性废液、蒸发法、超率法、混凝沉淀法、离子交换法、固化法、生物处理等。

## 10.6.1　稀释排放法

对符合我国《放射防护规定》中规定浓度的废水,可以采用稀释排放的方法直接排放。排入本单位下水道的放射性废水浓度不得超过露天水源中限制浓度的 100 倍,并必须保证在本单位总排放出水口中的放射性物质含量低于露天水源中的限制浓度。并规定在设计和控制排放量时,应取 10 倍的安全系数,排出的放射性废水浓度不得超过露天水源限制浓度的 100 倍。否则必须在排放前用非放射性废水稀释或经过专门净化处理后再排放。这种处理方法从长远看必将导致附近水域放射性本底增加;此外,放射性物质可能被河流或海洋中的植物和动物群有选择性地富集,随时可能被人体吸收。

## 10.6.2　放置衰减法

放射性废水处理的基本原则就是贮存。

对半衰期较短的放射性废液可直接在专门容器中封装贮存,经过一段时间后,待其放射强度降低后,可稀释排放。

对半衰期较长的或放射强度高的废液,可使用浓缩后贮存的方法。要求将放射性物质浓缩后装在体积很小的密闭容器内,进行长期贮存。贮存方式是把高浓度的放射性废水,经过蒸发器的蒸发,变成小体积的浓缩液,然后装入密封的屏蔽金属罐里边,贮存在地下或深海之中。也有将放射性废水注入地下池贮存或将废水与陶土等混合烧成陶瓷后埋入地下贮存的办法。所有这些做法,对半衰期很短的放射性物质的废液,是十分有效的。

### 10.6.3　反渗透浓缩法

对于含盐量为 $0.5 \, g/L$,pH 为 $7 \sim 8$,$\beta$ 放射量为 $5 \times 10^{-7} \sim 7 \times 10^{-7} \, Ci/L$ 的废液,采用醋酸纤维膜进行反渗透浓缩,去除率可达到 $95\%$ 以上。

### 10.6.4　蒸发法

蒸发浓缩是处理中高浓度放射性废液的一种有效方法,处理效率高,去污系数可达 $10^4$ 以上,特别适合处理含盐量较多、成分复杂的废液。该法是目前核工业中使用比较广泛的废水处理方法,在废水蒸发过程中,放射性核素和盐分不能挥发,理论上全部放射性核素都应存在于体积很小的蒸发残渣中,但由于雾沫夹带,冷凝液中仍不免带有一点放射性物质,一般需要进一步通过离子交换法处理,浓缩液送至水泥、陶土或石英砂等固化装置固化,埋入地下贮存。

此法不适合处理含有挥发性放射性物质(如 Ru、I 等)、有机物和易起泡物质的废水。挥发性物质会在蒸发浓缩过程中,随同水蒸气一同进入馏出液中,达不到放射性物质和水分离的目的。

### 10.6.5　混凝沉淀法(化学沉淀法)

在早期的核燃料后处理工艺中,无论是铀、钚分离净化,还是废液处理,都曾全面采用沉淀法。该法主要是在废液中加入一定量的化学絮凝剂而形成絮体,吸附废液中的放射性胶体,或借助于某些化学试剂,与放射性物质发生共结晶、共沉淀现象,将水中放射性物质大部分转移或富集于小体积的沉淀泥浆中,经过澄清和过滤,可将絮体沉淀从废液中分离出来。它具有操作简单、费用低廉等特点,但去污系数一般仅为 10 左右,适用于大量的低放射性废水的处理,或用于中放射性废水的预处理。在多种絮凝剂中,聚合铝去除多价放射性核素的效率最高,这是由于放射性核素的羟基水合离子同样能与羟基水合铝离子发生桥联作用,生成沉淀得以去除。

在含有放射性元素的废水中加入沉淀剂:石灰、碳酸钠、硫化钠、磷酸钠、铁氰化钠等,使放射性元素变成沉淀而得以去除,如:

$$UO_2^{2+} + CO_3^{2-} \longrightarrow UO_2CO_3(s) \qquad 反应(10-2)$$
$$UO_2^{2+} + S^{2-} \longrightarrow UO_2S(s) \qquad 反应(10-3)$$

另外还有电渗析、浮选、吸附等方法,但以上的处理方法均属于物理、物化或化学处理。我们不建议采用生物净化法。通过生物净化放射性污染物而产生的生物或微生物,由于放射性对染色体和 DNA 的强烈改变,这种物种会对生态系统产生意料不到的后果。也许会是灾难性的,因为它可能改变生态系统的物种平衡,改变或消灭生态系统的生物链。

# 第11章 热 污 染

## 11.1 概 述

由于人类的某些活动,使局部环境或全球环境增温,并可能对人类和生态系统产生直接或间接、即时或潜在的危害的现象称为热污染。对于环保的热污染问题,主要讨论废热排放的影响和治理。

## 11.2 热污染的来源

热污染主要来自能源消费,如发电、冶金、化工和其他工业生产。

按照热力学定律来看,人类使用的全部能量最终将转化为热。通过燃料燃烧和化学反应等过程产生的热量,一部分转化为产品形式,一部分以废热形式直接排入环境。转化为产品形式的热量,最终也要通过不同的途径,释放到环境中。以火力发电的热量为例:在燃料燃烧的能量中,40%转化为电能,12%随烟气排放,48%随冷却水进入到水体中。在核电站,能耗的33%转化为热能,其余67%转变为废热进入水中。在工业发达的美国,每天所排放的冷却水达4.5亿立方米,接近全国用水量的1/3;废热水含热量约2 500亿千卡,足够2.5亿立方米的水温升高10℃。

由以上数据可以看出,各种生产过程排放的废热,大部分进入水中,这些温度较高的水排入水体,形成对水体的热污染。电力工业是排放温热水量最多的行业,据统计,排入水体的热量,有80%来自发电厂。

## 11.3 热污染的危害

由于废热气体在废热排放总量中所占比例较小,因此,它对大气环境的影响表现不太明显,而温热水的排放量大,排入水体后会在局部范围内引起水温的升高,使水质恶化,对水生物圈和人的生产、生活造成危害,其危害主要表现在以下几个方面:

(1) 影响水生生物的生长 水温升高,影响鱼类生存。在高温条件下,鱼在热应力的作用下发育受阻,严重时会导致死亡;水温的升高,降低了水生动物的抵抗力,破坏水生动物的正常生存。

(2) 导致水中溶解氧降低 水温较高时,由亨利定律可知,水中溶解氧浓度降低。如在蒸馏水中,水温为0℃时DO为14.62 mg/L,20℃时为9.17 mg/L,升高到30℃时,DO降低至7.63 mg/L。与此同时,随着水温的升高鱼及水中动物代谢率增高,消耗的溶解氧增多,此时溶解氧的减少,势必对鱼类生存形成更大的威胁。

(3) 藻类和湖草大量繁殖 水温升高时,藻类与湖草大量繁殖,消耗了水中的溶解氧,影响鱼类和其他水生动物的生存。同时,水温升高,藻类种群将发生改变。在长有正常混合藻类的河流中,温度为20℃时硅藻占优势;30℃时绿藻占优势;35℃~40℃时蓝藻占优势。蓝藻可引起水体味道异常,并能分泌一种藻毒素。藻毒素对婴幼儿的肝肾等造成伤害,尤其能伤害胎儿的内脏等,是一种致癌物质。太湖严重的水污染事件就是蓝藻暴发引起的。

（4）导致水体中化学反应加快　水温每升高10℃,化学反应速率可加快一倍。

# 11.4　热污染的防治

## 11.4.1　废热的综合利用

充分利用工业的余热,是减少热污染的最主要措施。生产过程中产生的余热种类繁多,有高温烟气余热、高温产品余热、冷却介质余热和废气废水余热等。这些余热都是可以利用的二次能源。我国每年可利用的工业余热相当于5 000万吨标煤的发热量。在冶金、发电、化工、建材等行业,通过热交换器利用余热来预热空气、原材料、干燥产品、生产蒸气、供应热水等。此外还可以调节水田水温,调节港口水温以防止冻结。

对于冷却介质余热的利用方面主要是电厂和水泥厂等冷却水的循环使用,改进冷却方式,减少冷却水排放。

对于压力高、温度高的废气,要通过汽轮机等动力机械直接将热能转为机械能。

## 11.4.2　利用温排水冷却技术减少温排水

电力等工业系统的温排水,主要来自工艺系统中的冷却水,对排放后造成热污染的这种冷却水,可通过冷却的方法使其降温,降温后的冷水可以回流到工业冷却系统中重新使用。可用冷却塔冷却或用冷却池冷却。比较常用的为冷却塔冷却。在塔内,喷淋的温水与空气对流流动,通过散热和部分蒸发达到冷却的目的。采用冷却回用的方法,既节约了水资源,又可向水体不排或少排温热水,减少了热污染。

## 11.4.3　加强隔热保温,防止热损失

在工业生产中,有些窑体要加强保温、隔热措施,以降低热损失,如水泥窑筒体用硅酸铝毡、珍珠岩等高效保温材料,既减少热散失,又降低水泥熟料热耗。

## 11.4.4　寻找新能源

开发利用水能、风能、地能、潮汐能和太阳能等新能源。新能源既是整个能源供应系统的补充,又是环境治理和生态保护的重要措施,近来越来越得到研究人员的重视。特别是在太阳能的利用方面,各国都投入了大量人力和财力进行研究,已取得了一定的成果。

# 第二篇　工业废水处理基础理论

# 第 12 章　废水处理工程的基础理论

所有的点污染源的废水处理过程都是在特定边界所限定的空间内发生的,这种空间通常称为反应器。在反应器内,废水中的污染物与其他药剂或物质进行物理、化学、物化或生物化学的反应,由此,污染物会发生相应的变化。

废水中的一些主要组分是通过物理、化学和生物方法去除的。各种方法通常分为物理单元操作、化学单元过程和生物单元过程。物理、化学、物化和生物等过程的反应速率和转化速率十分重要,它将对必须设置的处理设备的尺寸产生影响。而反应和转化的速率及其完成的程度一般是所含组分、温度和反应器形式的函数。因此,温度和所使用反应器的形式对处理过程的选择具有重要意义。在对废水处理的一些物理、化学和生物单元操作和单元过程进行分析时所依据的是物料质量平衡原理。本章从反应动力学入手,通过物料衡算,选择合适的反应器类型,并确定反应器尺寸。

## 12.1　反应过程动力学

废水处理过程动力学专门研究和讨论废水处理反应器内部发生反应的反应速率和反应过程机理。在掌握了过程动力学之后,环境工程工作者能从影响反应速率和变化程度的因素着手,控制废水处理过程,确定废水处理程度和反应时间,从而确定反应器的尺寸。

### 12.1.1　化学反应速率

**1. 反应速率**

随着化学反应的进行,反应物的物质的量不断减少,产物物质的量不断地增加,单位体积、单位时间内反应物(即废水中污染物)或产物(即处理后水中生成物如活性污泥、絮凝沉淀等)的物质的量变化称化学反应速率。

$$R = \pm \frac{1}{V} \times \frac{\mathrm{d}N}{\mathrm{d}t} \tag{12-1}$$

式中,$R$ 为反应速率;$V$ 为反应器体积;$N$ 为反应物或产物的物质的量;$t$ 为反应时间。

由于反应器容积在反应前后的变化很小,假设其保持恒定,则:

$$\frac{\mathrm{d}N}{V} = \frac{1}{V} \times \mathrm{d}(Vc) = \frac{1}{V}(V\mathrm{d}c + c\mathrm{d}V) = \mathrm{d}c \tag{12-2}$$

则:

$$R = \pm \frac{\mathrm{d}c}{\mathrm{d}t} \tag{12-3}$$

式中,$c$ 为反应物或产物的浓度。表明反应速率可简化为单位时间内反应物或产物浓度的变化。

$$R = -\frac{\mathrm{d}c_A}{\mathrm{d}t} = +\frac{\mathrm{d}c_P}{\mathrm{d}t} \tag{12-4}$$

上述两式中的"＋""－"分别表示浓度的增加和减少。其变化情况如图 12-1 所示。

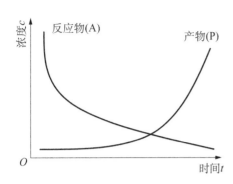

图 12-1　反应物和产物浓度随反应时间
　　　　　变化曲线

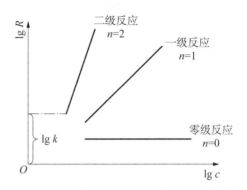

图 12-2　对数标绘速率、浓度和反应级数
　　　　　的关系

**2. 反应级数**

反应速率与反应物(或产物)之间的定量关系,一般可用动力学方程式表示:

$$R = kc^n \qquad (12-5)$$

式中,$k$ 为反应速率常数;$n$ 为反应级数。

式(12-5)两侧取对数得:

$$\lg R = \lg k + n\lg c \qquad (12-6)$$

如果以反应物浓度瞬时变化率的对数与相应的反应物浓度对数作图,可得一直线,直线的截距为 $\lg k$,斜率为反应级数 $n$ 的值,求解方法见图 12-2。

零级反应的反应速率与浓度无关,图 12-2 中指示的水平线即代表零级反应,表示在任何反应物浓度下,反应速率不变。一级反应的反应速率与反应物浓度成正比,图中指示斜率为 1 的直线即代表一级反应。同理,斜率为 2 的直线代表二级反应。反应级数也可能是分数,特别是微生物处理混合废水时的反应过程,往往不是整数级反应。

**12.1.2　化学反应类型**

**1. 基元反应和非基元反应**

在废水处理中,某反应按反应(12-1)所描述的情况进行。式(12-1)表示反应中污染物质与所加药剂之间的化学计量关系,该方程式亦称为化学计量方程式。

$$x\mathrm{A} + y\mathrm{B} =\!=\!= u\mathrm{P} + v\mathrm{Q} \qquad 反应(12-1)$$

分别用反应物(A 和 B)与产物(P 和 Q)的浓度变化表示反应速率,可得:

$$R_\mathrm{P} = \frac{\mathrm{d}c_\mathrm{P}}{\mathrm{d}t} = k_1 c_\mathrm{A}^a c_\mathrm{B}^b \qquad (12-7)$$

$$R_\mathrm{Q} = \frac{\mathrm{d}c_\mathrm{Q}}{\mathrm{d}t} = k_2 c_\mathrm{A}^a c_\mathrm{B}^b \qquad (12-8)$$

式(12-8)中的 $a$ 和 $b$ 与计量方程式中的系数 $x$ 和 $y$ 不一定相等。按式(12-8)所示,反应式的反应级数应为 $(a+b)$。如果 $a$ 和 $b$ 即是化学计量方程式中的 $x$ 和 $y$,则该反应的反应级数为 $(x+y)$,反应速率也可表示为:

$$R_\mathrm{P} = k_1 c_\mathrm{A}^x c_\mathrm{B}^y \qquad (12-9)$$

则该反应称为基元反应。反之,当反应速率方程与化学计量方程不能完全相对应,不能简

单地表示该反应的反应级数呈何种数学关系时,这种反应称为非基元反应。非基元反应的速率方程式呈以下形式:

$$R_P = \frac{k_1 c_A^x c_B^y}{k_2 + c_P/c_B} \qquad (12-10)$$

由于无法简单地表明该反应属何级反应,故该反应为非基元反应。在废水处理工程中,基元反应占绝大多数。

**2. 均相反应与非均相反应**

均相反应是指那些在同一相中进行的化学反应,反应物和反应物、反应物和产物之间不存在界面,在反应器内任何一点的反应能力一致。在均相反应范畴内还有许多不同反应,按反应的可逆性分为可逆与不可逆反应;按反应的复杂程度分为简单反应与复杂反应。

以下几种反应为不可逆反应:

| 单分子反应: | $A \longrightarrow P$ | 反应(12-2) |
| 双分子反应: | $A + B \longrightarrow P$ | 反应(12-3) |
| | $aA + bB \longrightarrow P$ | 反应(12-4) |
| | $A + B \longrightarrow C + D$ | 反应(12-5) |
| | $aA + bB \longrightarrow cC + dD$ | 反应(12-6) |

以下两种反应为可逆反应:

| 单分子反应: | $A \Longleftrightarrow P$ | 反应(12-7) |
| 双分子反应: | $A + B \Longleftrightarrow C + D$ | 反应(12-8) |

以上可逆与不可逆反应均为一步完成,故为简单反应。而复杂反应是指非一步完成的反应,如连串反应、系列平行反应、准稳态反应等。

| 连串反应: | $A \longrightarrow B \longrightarrow C$ | 反应(12-9) |
| 系列平行反应: | $A + B_1 \longrightarrow C_1 + D$ | 反应(12-10) |
| | $A + B_2 \longrightarrow C_2 + D$ | 反应(12-11) |
| | $A + B_3 \longrightarrow C_3 + D$ | 反应(12-12) |
| 准稳态反应: | $A + C \Longleftrightarrow AC \longrightarrow C + B$ | 反应(12-13) |

在废水处理过程中,通常涉及多种污染物,因此复杂反应占多数,而简单反应特别是单分子反应是很少见的。如果废水中只有单一组分,则进行简单反应时应优先考虑该组分的回收。而复杂反应为系列平行反应和准稳态反应,废水治理中的氧化、还原和生物降解即属此类反应。

非均相反应是指系统中存在两个或两个以上的相,化学反应可在相内或相界面上进行。反应可以是简单反应亦可以是复杂反应,但反应同时还受到物质在各个相内扩散运动的影响。影响因素比较复杂,且系统内不同位置的反应能力也不一样。其典型的反应步骤为:

（1）反应物Ⅰ从主体扩散传递到相界面;

（2）部分反应物Ⅰ可在相界面上发生化学反应,另一部分反应物Ⅰ从相界面扩散传递到反应物Ⅱ内部;

（3）反应物Ⅰ在反应物Ⅱ内部的活化中心进行吸附;

（4）发生化学反应;

（5）产物解析或脱附;

（6）产物从反应物Ⅱ内部向外扩散传递到界面;

（7）产物由相界面向反应物 I 主体扩散传递。

非均相反应的反应速率由上述七个步骤中最慢的一步控制。一般而言,化学反应速率通常大于扩散速率。废水处理中的萃取、离子交换、吸附、吹脱、汽提、生物降解等过程均是多相反应。因此,此类反应在点污染源控制的废水处理过程中应用甚广。

### 12.1.3 各类化学反应的反应速率描述

**1. 单组分的零级反应**

单组分零级反应时反应速率表达式为:

$$R = -\frac{dc_A}{dt} = k_0 \tag{12-11}$$

式中,$k_0$ 为零级反应的反应速率常数。

经反应时间 $t$ 后,反应物的剩余浓度为:

$$c_A = c_{A0} - k_0 t \tag{12-12}$$

式中,$c_{A0}$ 为反应物 A 的初始浓度。

单组分零级反应 $c-t$ 曲线如图 12-3 所示。

反应半衰期为:

$$t_{1/2} = c_{A0}/2k_0 \tag{12-13}$$

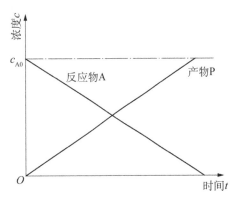

图 12-3 零级反应的 $c-t$ 曲线

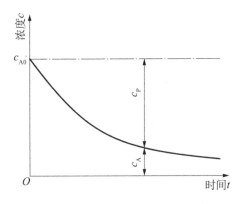

图 12-4 单组分一级反应的 $c-t$ 曲线

**2. 单组分的一级反应**

单组分一级反应的反应速率方程表达式为:

$$R = -\frac{dc_A}{dt} = k_1 c_A \tag{12-14}$$

式中,$k_1$ 为一级反应速率常数。

经反应时间 $t$ 后,反应物的剩余浓度为:

$$c_A = c_{A0} e^{(-k_1 t)} \tag{12-15}$$

单组分一级反应 $c-t$ 曲线如图 12-4 所示。

反应的半衰期为:

$$t_{\frac{1}{2}} = \frac{\ln 2}{k_1} \tag{12-16}$$

### 3. 两种反应物的二级反应

这类反应以双分子反应(12-3)为例来说明：

$$A + B \longrightarrow P$$

其反应速率表达式为：

$$R = -\frac{dc_A}{dt} = k_2 c_A c_B \tag{12-17}$$

当 $c_{A0} = c_{B0}$，即两反应物初始浓度相等时，在时间 $t$ 内有 $X$ 份产物 P 产生，则剩余 $c_A$ 和 $c_B$ 均为 $(c_{A0} - X)$。则反应速率表达式变为：

$$R = \frac{dX}{dt} = k_2 (c_{A0} - X)^2 \tag{12-18}$$

式中，$k_2$ 为二级反应速率常数。积分式(12-18)得：

$$\frac{X}{c_{A0}(c_{A0} - X)} = k_2 t \tag{12-19}$$

反应物 A 和 B 的剩余浓度为：

$$c_A = c_B = \frac{c_{A0}}{1 + k_2 c_{A0} t} \tag{12-20}$$

反应半衰期为：

$$t_{1/2} = 1/k_2 c_{A0} \tag{12-21}$$

对于组分 A 和 B 初始浓度不同或不是以 1：1 的比例进行反应的两组分二级反应，则式(12-20)、式(12-21)不能表达其浓度变化和半衰期，需要另行推算。一种组分浓度远远高于另一种组分的情况在废水处理中最为常见，下文我们进行专门讨论。

### 4. 两种反应物的伪一级反应

当上述两种反应物的二级反应中某一反应物的浓度很高，比另一反应物的浓度高 20 倍以上，即 $c_{B0} \geqslant 20 c_{A0}$ 时，则可视高浓度的反应物浓度在反应过程中保持不变。因此可得：

$$R = -\frac{dc_A}{dt} = k_2 c_A c_B = k_1' c_A \tag{12-22}$$

这样该二级反应就可转换成反应物 A 的一级反应，所表示的反应速率亦成了一级反应速率，这种反应称为伪一级反应，即反应级数可减少一级。在废水处理过程中，水的浓度相对杂质或污染物而言总是很高，可视其反应前后浓度不变，即 $c_W$ 为常数。这样废水处理过程中反应级数就可以减少一级。

由于废水处理过程中三级和三级以上的反应很少，在此不作讨论。

### 5. 可逆反应的反应速率

可逆反应如反应(12-7)和反应(12-8)所示：

$$A \underset{k_{-1}^1}{\overset{k_1}{\rightleftharpoons}} P \text{ 或 } A + B \underset{k_{-1}^1}{\overset{k_1}{\rightleftharpoons}} C + D$$

可逆反应中同样存在零级反应、二级反应、三级反应等，现以一级反应为例讨论之。

因 $k_1$ 和 $k_{-1}^1$ 分别表示正反应和逆反应的一级反应速率常数，则可逆反应速率为：

$$R = -\frac{\mathrm{d}c_A}{\mathrm{d}t} = k_1 c_A - k_{-1}^1 c_A \tag{12-23}$$

另外还有生物处理过程中遵循的准稳态反应,在环境微生物学课程中会详细学习,在此不作赘述。但一定要深入理解细菌增殖速率和底物浓度的关系,从而理解不同生物处理的极限性。

**6. 准稳态反应的反应速率**

现以废水生物处理过程中的生物化学反应为代表,讨论准稳态反应。常用 S 和 E 分别代表底物(Substrate)和酶(Enzyme),则生物化学反应可表示为:

$$S + E \underset{k_2}{\overset{k_1}{\rightleftharpoons}} ES \overset{k_3}{\longrightarrow} E + P \qquad\qquad 反应(12-14)$$

下面分别按一级和二级反应两种情况讨论之。

呈一级反应时的反应速率为:

$$\frac{\mathrm{d}c_S}{\mathrm{d}t} = k_2 c_{ES} - k_1 c_S \tag{12-24}$$

$$\frac{\mathrm{d}c_{ES}}{\mathrm{d}t} = k_1 c_S - k_2 c_{ES} - k_3 c_{ES} \tag{12-25}$$

$$\frac{\mathrm{d}c_P}{\mathrm{d}t} = k_3 c_{ES} \tag{12-26}$$

在准稳态反应时,复合体 ES 的生成速率与分解速率相同。故 $\frac{\mathrm{d}c_{ES}}{\mathrm{d}t} = 0$

则:

$$k_1 c_S - k_2 c_{ES} - k_3 c_{ES} = 0 \tag{12-27}$$

$$c_{ES} = \frac{k_1}{k_2 + k_3} c_S \tag{12-28}$$

将 $c_{ES}$ 代入式(12-24)和式(12-26)得:

$$\frac{\mathrm{d}c_S}{\mathrm{d}t} = -\frac{k_1 k_3}{k_2 + k_3} c_S \tag{12-29}$$

$$\frac{\mathrm{d}c_P}{\mathrm{d}t} = -\frac{k_1 k_3}{k_2 + k_3} c_S \tag{12-30}$$

由于复合体 ES 极易分解,则 $k_3 \gg k_1$,虽然 $k_2 < k_1$,仍得 $k_2 + k_3 \gg k_1$,故 $c_{ES} \ll c_E$。

呈二级反应时的反应速率为:

$$\frac{\mathrm{d}c_S}{\mathrm{d}t} = k_2 c_{ES} - k_1 c_E c_S \tag{12-31}$$

$$\frac{\mathrm{d}c_{ES}}{\mathrm{d}t} = k_1 c_E c_S - k_2 c_{ES} - k_3 c_{ES} = k_1 c_E c_S - (k_2 + k_3) c_{ES} \tag{12-32}$$

$$\frac{\mathrm{d}c_P}{\mathrm{d}t} = k_3 c_{ES} \tag{12-33}$$

在 $\frac{\mathrm{d}c_{ES}}{\mathrm{d}t} = 0$ 时得:

$$\frac{c_S c_E}{c_{ES}} = \frac{k_2 + k_3}{k_1} = k_m \tag{12-34}$$

其中，$k_m = \dfrac{k_2 + k_3}{k_1}$，称此常数为米氏（Michaelis）常数。

当所有的酶都结合成复合体 ES 时，生成物 P 的反应速率最大。可用下式表示：

$$R_{max} = k_3[E_t] \tag{12-35}$$

式中，$[E_t]$ 为全部酶的浓度；$R_{max}$ 为最大反应速率。

由反应系统内的物料衡算可得如下结果：酶的全部浓度中的一部分转化为复合体，而另一部分仍留在系统中，即：

$$[E_t] = c_E + c_{ES} \tag{12-36}$$

将式（12-36）代入式（12-34）得：

$$c_{ES} = \frac{[E_t]c_S}{k_m + c_S} \tag{12-37}$$

将式（12-34）代入式（12-31）得：

$$\frac{dc_S}{dt} = -k_3 c_{ES} = -\frac{dc_P}{dt} \tag{12-38}$$

将式（12-37）代入式（12-38）得：

$$-\frac{dc_S}{dt} = \frac{k_3[E_t]c_S}{k_m + c_S} \tag{12-39}$$

由式（12-39）可以看出，当 $c_S \to \infty$ 时，$-\dfrac{dc_S}{dt}$ 接近极限值 $k_3[E_t]$。以 $-\dfrac{dc_S}{dt} - c_S$ 作图，结果如图 12-5 所示。

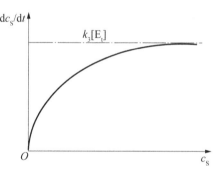

图 12-5　准稳态二级反应的反应速率-反应物浓度曲线图

将式（12-35）代入式（12-39）得：

$$R = -\frac{dc_S}{dt} = \frac{R_{max} c_S}{k_m + c_S} \tag{12-40}$$

式（12-40）即是著名的底物降解速率表达式——米-门氏方程（Michaelis-Menten Equation）。考虑到微生物浓度的影响，米-门氏方程也可以表示为：

$$v = \frac{v_{max}[S]}{k_m + [S]} \tag{12-41}$$

式中，$v_{max}$ 为底物最大比降解速率。式（12-40）和式（12-41）实际上是相对应的。改写米-门氏方程得一直线方程：

$$\frac{1}{v} = \frac{1}{v_{max}} + \frac{k_m}{v_{max}} \cdot \frac{1}{[S]} \tag{12-42}$$

同样改写式（12-39），得一直线方程：

$$-\left(\frac{dc_S}{dt}\right)^{-1} = \frac{1}{k_3 c_{E_t}} \cdot \frac{k_2 + k_3}{k_1} \cdot \frac{1}{c_S} + \frac{1}{k_3[E_t]} \tag{12-43}$$

比较这两个直线方程，则 $\dfrac{1}{v}$ 即为 $-\left(\dfrac{\mathrm{d}c_{\mathrm{S}}}{\mathrm{d}t}\right)^{-1}$、$\dfrac{1}{[\mathrm{S}]}$ 即为 $\dfrac{1}{c_{\mathrm{S}}}$。分别以这两个值为坐标，所得直线的斜率为 $\dfrac{k_{\mathrm{m}}}{v_{\mathrm{max}}}$ 或 $\dfrac{k_2+k_3}{k_1k_3[\mathrm{E_t}]}$，截距为 $\dfrac{1}{v_{\mathrm{max}}}$ 或 $\dfrac{1}{k_3[\mathrm{E_t}]}$，见图 12 - 6。

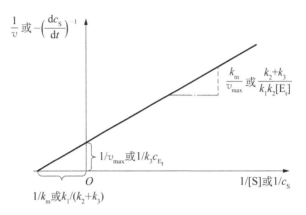

图 12 - 6　米-门氏方程直线图

Monod 提出了与米-门氏方程相类似的生物（或细菌）的生长率或比繁殖率公式：

$$\mu = \frac{\mu_{\mathrm{max}}[\mathrm{S}]}{k_{\mathrm{S}}+[\mathrm{S}]} \tag{12-44}$$

式中，$\mu_{\mathrm{max}}$ 为生物最大生长率；$[\mathrm{S}]$ 为底物浓度；$k_{\mathrm{S}}$ 为半饱和常数，数值上等于 $\mu = \mu_{\mathrm{max}}/2$ 时的底物浓度。

由式（12 - 41）和式（12 - 44），分别以 $v$-$[\mathrm{S}]$ 和 $\mu$-$[\mathrm{S}]$ 作图，得图 12 - 7 和图 12 - 8。

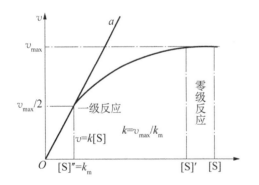

图 12 - 7　底物分解速率与底物浓度关系图

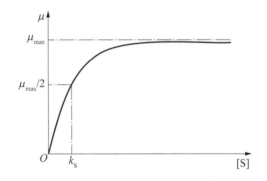

图 12 - 8　细菌生长率与底物浓度关系图

当 $[\mathrm{S}]$ 很小时，式（12 - 41）中分母上的 $[\mathrm{S}]$ 项可以忽略，则得：

$$v = \frac{v_{\mathrm{max}}}{k_{\mathrm{m}}} \tag{12-45}$$

式（12 - 45）为一级反应的反应速率方程式，故在 $[\mathrm{S}]$ 很小时，底物分解呈一级反应。如图 12 - 7 中 $[\mathrm{S}]''$ 时，其呈一直线 $Oa$，斜率 $v_{\mathrm{max}}/k_{\mathrm{m}}$ 即为一级反应速率常数。当 $[\mathrm{S}]$ 继续增加时，式（12 - 41）中的 $[\mathrm{S}]$ 不可忽略，呈混合级反应，反应动力学方程中浓度 $[\mathrm{S}]$ 的指数为分数。当 $[\mathrm{S}]$ 继续增加到 $[\mathrm{S}']$ 后，$k_{\mathrm{m}}$ 相对于 $[\mathrm{S}]$ 可以忽略不计，则 $v = v_{\mathrm{max}}$，为一常数，与底物浓度无关，呈零级反应。

在实际废水处理过程中，当 $[\mathrm{S}] \geqslant 100k_{\mathrm{m}}$ 时为零级反应，$[\mathrm{S}] \leqslant 0.01k_{\mathrm{m}}$ 时为一级反应。

### 12.1.4　反应速率常数与温度的关系

按照范特霍夫(Van't Hoff)规则,当温度梯度为 10℃时,反应速率常数 $k$ 值增加 2～4 倍。也可用 Arrhenius 方程式来表示 $k$ 与温度的关系:

$$\frac{\mathrm{d}(\ln k)}{\mathrm{d}T} = \frac{E}{RT^2} \qquad (12-46)$$

式中,$E$ 为反应活化能。积分式(12-46),整理得:

$$k = A\mathrm{e}^{\left(-\frac{E}{RT}\right)} \quad \text{或} \quad \lg k = \lg A - \frac{E}{2.303R}\left(\frac{1}{T}\right) \qquad (12-47)$$

式(12-47)为一直线方程,作图得一截距为 $\lg A$,斜率为 $E/2.303R$ 的直线,如图 12-9 所示。

从图中的斜率可以计算得 $E$ 值。以废水生物处理为例,处理系统中生物化学反应活化能,一般为 8 400～84 000 J/mol。

如果将式(12-47)代入不同温度,得如下结果:

$$\ln\frac{k_2}{k_1} = \frac{E}{R} \times \frac{T_2 - T_1}{T_2 T_1} \qquad (12-48)$$

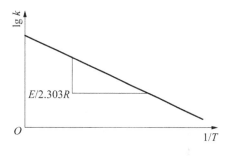

图 12-9　速率常数 $k$ 与温度关系图

式中,$k_2$ 和 $k_1$ 分别为 $T_2$ 和 $T_1$ 时的速率常数。

由于生物的耐温性差,不能在过高和过低温度下生存,故生物处理时 $T_2$ 和 $T_1$ 变化不大,可视 $\dfrac{E}{R} \times \dfrac{1}{T_2 T_1}$ 为一常数 $K$,则式(12-48)可表示如下:

$$\ln\frac{k_2}{k_1} = K(T_2 - T_1) \qquad (12-49)$$

$$\frac{k_2}{k_1} = \mathrm{e}^{K(T_2 - T_1)} = \theta^{(T_2 - T_1)} \qquad (12-50)$$

式中,$\theta$ 为温度系数。$T_1$ 通常为环境常温 20℃,因此可表示为:

$$\frac{k}{k_{20}} = \theta^{(T_2 - 20)} \qquad (12-51)$$

生物处理系统中的 $\theta$ 可见表 12-1。

表 12-1　生物处理系统中的温度系数

| 方法 | $\theta$(范围) | $\theta$(典型值) |
| --- | --- | --- |
| 活性污泥法 | 1.00～1.04 | 1.02 |
| 曝气塘 | 1.03～1.12 | 1.08 |
| 生物滤池 | 1.02～1.14 | 1.08 |

## 12.2　物　料　衡　算

物料衡算是建立在整个系统中质量守恒的基础上,对进出系统的物料变化情况进行计算。系统中可以只存在物料流入和流出的变化,而不发生化学变化;也可以既存在物料流入和流出的变化,又存在由于化学变化而引起的物料性状的改变。相对前者而言,后者显得较为复杂。

系统的变化可分为稳态和非稳态两种不同的形式,而物料进入系统的方式又可分为间断流和连续流。在多种不同的变化条件下,物料在系统中呈现出不同的特性。因此,在进行物料衡算时必须考虑三个要素:首先是物料,其次是系统,最后是物料在系统中变化前后的守恒特性。

### 12.2.1 物料衡算的若干概念

**1. 稳态流和非稳态流系统**

在废水处理系统中,水是系统内的流体,呈现出两种不同形式的流体系统:稳态和非稳态。

稳态流系统的特征是物质质量在系统中没有积累,可简单地认为流入系统的物质质量全部流出,或经过化学反应立即分解或转化。其特定条件可简化为:对流体中的 A 物质而言,$dc_A/dt = 0$。

非稳态流系统的特征是物质质量在系统中有积累,即存在物质积累的速率。其特征条件可简化为:对流体中的 A 物质而言,$dc_A/dt \neq 0$。

**2. 物料的单组分系统和多组分系统**

在处理系统中物料是由单一组分组成的称为单组分系统;反之,在系统中存在多种复杂的组分,这种系统称为多组分系统。在多组分系统中还存在化学反应,且通常是复杂反应。

**3. 控制体和控制体范围**

在废水处理的研究过程中,需要人为地选定一个目标系统,然后讨论在该目标系统中的物料衡算,这种人为选定的目标系统称为控制体。如在水和废水处理过程中,目标系统可以是点污染源控制的单级处理,也可以是几级串联后的组合,甚至可以是从点污染源控制扩大到非点污染源控制的庞大系统。因此,在研究过程中,目标系统的确定是极其重要的,也是进行物料衡算前首先要考虑的问题。然后再对已选定的控制体作出具体规定,如选择哪些组分,研究些什么内容,称为控制体范围。选择好控制体和控制体范围,是物料衡算的前提。

**4. 间断流和连续流**

流体间歇地流入某一控制体内发生预定的过程称为间断流;而流体不间断地、连续地流入某一控制体内发生预定的过程称为连续流。

### 12.2.2 物料衡算分析

**1. 物料衡算的准备**

(1) 为物料衡算的系统或过程准备一张简图或流程图。

(2) 绘制系统的边界以确定进行物料衡算的界限。恰当地选择系统或控制体边界非常重要,很多情况下,这将会简化物料衡算。

(3) 列出所有相关数据和假设条件,以备在简图或流程图上进行物料衡算。

(4) 列出所有在系统内发生的生物、化学、物理、物化反应速率表达式。

(5) 选择一种简便的计算方法,用作数字计算的基础。

**2. 物料衡算分析原理**

物料衡算分析所依据的原理是物质既不能生也不能灭,而只有形态的变化。物料衡算分析提供了一种简便的方法,用以确定在处理反应器内物质随时间变化的情况。首先确定系统的边界,以便识别流入、流出系统的全部液体和组分,对于已知的反应物,一般的物料衡算分析可描述为:

(1) 一般文字说明

在系统边界内反应物的积累速率=反应物流入系统边界的流速-反应物流出系统边界的流速+系统边界内反应物生成的速率

(2) 简化的文字说明

$$积累量 = 流入量 - 流出量 + 生成量$$

物料衡算由上述四项组成。根据流态或处理过程不同,其中的一项或几项可能为零。如对于既无流进也无流出的间歇式反应器,流出量和流入量均为零。当反应物为生成物时,生成量为正,反应物消耗时,生成量为负。

### 3. 物料衡算的分析

1) 单组分无化学反应时的物料衡算

如图 12 - 10 所示,整个系统由反应器组成。系统内只有组分 A,它以 $c_{A0}$ 的浓度、$Q_1$ 的流量进入体积为 $V$ 的反应器内,反应器内无化学变化发生。如果选择图 12 - 10 中虚线部分为控制体,控制体范围包括 $Q_1$、$Q_2$ 在内的 A 组分物料衡算。按质量守恒定律,组分 A 在控制体内的物料衡算关系如下:

流入控制体的质量速率＝流出控制体的质量速率＋在控制体内的质量积累速率

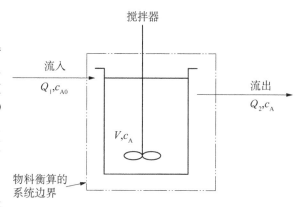

图 12 - 10　物料衡算分析示意图

$$Q_1 c_{A0} = Q_2 c_A + V \frac{\mathrm{d}c_A}{\mathrm{d}t} \tag{12 - 52}$$

或

$$Q_2 c_A - Q_1 c_{A0} + V \frac{\mathrm{d}c_A}{\mathrm{d}t} = 0 \tag{12 - 53}$$

或

$$V \frac{\mathrm{d}c_A}{\mathrm{d}t} = Q_1 c_{A0} - Q_2 c_A \tag{12 - 54}$$

式(12 - 52)～式(12 - 54)均为组分 A 的物料衡算式。

2) 多组分无化学反应时的物料衡算

对于体积为 $V$ 的反应器,$i$ 组分以 $Q_{i1}$、$c_{i1}$ 流入,以 $Q_{i2}$、$c_{i2}$ 流出,作出物料衡算:

$$Q_{i2} c_{i2} - Q_{i1} c_{i1} + V \frac{\mathrm{d}c_i}{\mathrm{d}t} = 0 \tag{12 - 55}$$

设 $X_i = c_i/c$ 为组分 $i$ 的质量分数,$c$ 为多组分的总浓度。以组分质量分数来表示的物料衡算可表达为:

$$Q_{i2} X_{i2} - Q_{i1} X_{i1} + V \frac{\mathrm{d}X_i}{\mathrm{d}t} = 0 \tag{12 - 56}$$

控制体内有 $n$ 个组分的话,总的物料衡算则为:

$$\sum_{i=1}^{n} Q_{i2} X_{i2} - \sum_{i=1}^{n} Q_{i1} X_{i1} + V \sum_{i=1}^{n} \frac{\mathrm{d}X_i}{\mathrm{d}t} = 0 \tag{12 - 57}$$

3) 系统中存在化学反应时的物料衡算

当在控制体内有化学反应发生时,即有产物生成,原来的组分随产物的增加而减少,进行物料衡算时就比没有化学反应存在时复杂。各组分在化学反应时以什么级数进行将影响组分在反应器内的浓度和流出液中的浓度,而各组分间的混合程度也影响反应的均匀性,为此在进行物料衡算前必须予以明确。现对其作出以下假定:

(1) 流入和流出的速率为常数;

（2）各组分在控制体内不挥发；

（3）各组分在控制体内混合均匀；

（4）存在的化学反应符合一级反应动力学。

如图 12-11 所示，对某组分的控制体内的物料衡算关系为：

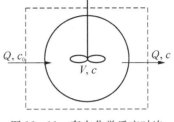

图 12-11　存在化学反应时连续流系

在控制体内的质量积累速率＝流入控制体的质量速率－流出控制体的质量速率＋控制体内化学反应所引起的质量变化速率

单组分时：

$$V \frac{\mathrm{d}c}{\mathrm{d}t} = Qc_0 - Qc + V(-kc) \tag{12-58}$$

多组分时：

$$V \frac{\mathrm{d}c_i}{\mathrm{d}t} = Qc_{i0} - Qc_i + V(-k_ic_i) \tag{12-59}$$

$$V\left(\sum_{i=1}^{n} \frac{\mathrm{d}c_i}{\mathrm{d}t}\right) = \sum_{i=1}^{n} Qc_{i0} - \sum_{i=1}^{n} Qc_i + V\sum_{i=1}^{n}(-k_ic_i) \tag{12-60}$$

4）间歇过程（或间断流）的物料衡算

所谓间断流，$Q$ 已不再起作用，则可设 $Q=0$。在无化学反应存在时，情况更为简单，系统内没有任何积累，即 $\mathrm{d}c/\mathrm{d}t=0$。从直观上理解，物料仅在反应器中作停留或储存，隔一段时间后全部流出反应器。当有化学反应存在时，反应器内物料的变化主要反映在由于化学反应而引起的变化，包括反应物和产物在内的物料衡算关系如下：

$$\frac{\mathrm{d}c}{\mathrm{d}t} = \sum_{i=1}^{n}(-k_ic_i) + \sum_{j=1}^{m}(k_ic_j) \tag{12-61}$$

式中，$c_j$ 为产物 $j$ 的浓度；$m$ 为在控制体内生成产物的数目。

**4. 稳态流和非稳态流的物料衡算**

下面仍以单一组分为例进行讨论。稳态流的特定条件为：$\mathrm{d}c/\mathrm{d}t=0$。实际上是在式(12-58)等于零的条件下进行求解，即：

$$Qc_0 - Qc + V(-kc) = V \cdot \frac{\mathrm{d}c}{\mathrm{d}t} = 0 \tag{12-62}$$

$$Vkc + Qc = Qc_0 \tag{12-63}$$

$$c = \frac{Qc_0}{Vk + Q} = \frac{c_0}{1 + k\dfrac{V}{Q}} \tag{12-64}$$

结果表明，对于稳态流和非稳态流两种情况，在其他条件均相同的前提下，物料浓度的最终变化是相同的，而稳态流系统的计算简单方便。当时间趋于无限长时，非稳态流就变为稳态流。因此，为了简化计算过程，在废水处理工程中通常采用稳态系统进行工程计算。

# 12.3　反应器及其选择

反应器是实现废水处理的主要设施。在这些设施中，废水发生物理、化学、生物和物化反应。由于各种反应器具有不同的特征，因此必须根据各类反应特点和不同反应器的特征，选择匹配的反应器，以达到最佳处理效果，并将反应动力学、流体力学和要求达到的最佳处理效果结合起来计算反应器所需的容积,安排反应器在处理系统中的位置。

### 12.3.1　反应器的类型及其特征

废水处理反应器的主要形式有:①间歇反应器(Completely Mixed Batch Reactor, CMBR);②完全混合反应器(Continuous Flow Stirred Tank,CFST or Completely Mixed Reactor CMR,在化学工程中也称为连续流搅拌池反应器,CFSTR);③推流反应器(Plug Flow Reactor,PFR);④随意流反应器(Arbitrary Flow Reactor,AFR);⑤填充床反应器(Packed Bed,PB);⑥沸腾床或流化床反应器(Fluidized Bed,FB)。除间歇式反应器外,其余均为连续流反应器。对于长期运行的废水处理过程而言,稳定的运行状态是必须保证的,因此在稳态条件下讨论这些反应器的特征是具有实际意义的。下面对上述各种反应器予以简述。

#### 1.　间歇反应器

物料一次性加入间歇反应器中,过了一段时间后(如图 12-12 所示由 $t_0$ 到 $t_1$),物料一次性同时取出,属间断流。如果反应器内存在化学反应,则待反应结束后取出,属典型的非稳态过程。其特征如下:

(1)物料(包括反应物和产物)进行反应阶段一直保持在反应器内。既不进新料,也不排出产物,反应特定时间后,才将反应物和产物同时排出反应器。

(2)物料(包括反应物和产物)在反应器内混合得相当完全,在反应器内不存在浓度梯度,即 $\mathrm{d}c/\mathrm{d}V = 0$。

(3)在整个反应器中温度完全一致,没有温度梯度。

(4)反应器中反应物和产物的浓度在同一时间上不存在浓度梯度,但随着时间的推移,反应不断进行,反应物和产物的浓度分别在不断减少和增加。因此,反应器内反应物和产物的浓度随时间而变化,故(2)中 $\mathrm{d}c/\mathrm{d}V = 0$ 必须为 $(\partial c/\partial V)_t = 0$。

(5)反应器内反应速率随时间的变化而不同,若所进行的反应以一级动力学来描述,则当 $t = t_1$ 时,反应物浓度为 $c_1$,反应速率 $r_1 = -k_1c_1$;$t = t_2$ 时,反应物浓度减少至 $c_2$,此时反应速率为 $r_2 = -k_1c_2$。

(6)物料衡算,取整个间歇式反应器为控制体,则其物料衡算如下:

反应器内 $i$ 组分的变化＝$i$ 组分的反应速率(假定为一级反应)

$t$ 是按照一级反应所需的时间来确定其停留时间,亦可以人为设定。

$$V\left(\frac{\mathrm{d}c_i}{\mathrm{d}t}\right) = V(-k_ic_i) \qquad (12-65)$$

$$t = -\frac{1}{k_i}\ln\frac{c_i}{c_{i0}} \qquad (12-66)$$

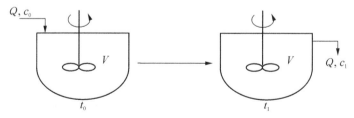

图 12-12　间歇式反应器示意图

常用于化学药剂的混合或浓化学药剂的稀释,废水处理过程中的气浮、凝聚、化学沉淀、中和等过程通常是在间歇式反应器中进行的。

#### 2.　活塞流式或管式反应器

连续稳定流入反应器的流体,在垂直于流动方向的任一截面上,各质点的流速完全相同,平行向前流动,恰似汽缸中活塞的移动,故称为活塞流或平推流,又称理想置换、理想排挤流。其特点是先后进入反应器的物料之间完全无混合,而在垂直于流动方向的任一截面上,物料的参数都是均匀的。物料质点在反应器内停留的时间都相同。

管式反应器(Tubular Flow Reactor,TFR)中的流动接近这种流型,特别是当其长径比较大、流速较高、流体流动阻力很小时,可视为活塞流,习惯称为理想管式反应器。

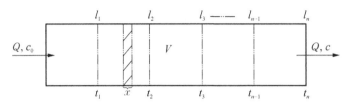

图 12 - 13 活塞流反应器示意图

其特征为:

(1)物料连续地依次均匀流经反应器,对其中某组分 $i$ 而言,在 $t_1$ 时间里流至反应器中 $l_1$ 位置,依次 $t_2$ 时到达 $l_2$,$t_{n-1}$ 时到达 $l_{n-1}$,到 $t_n$ 时流出反应器,反应器全长 $l$。不存在轴向扩散(或返混)。组分 $i$ 在反应器内停留时间为 $t_n$。

(2)物料在活塞流反应器中连续地、依次均匀地流动,因此,物料中任何组分在反应器中的停留时间都一致,等于理论停留时间:$t_T = V/Q$。

(3)反应在反应器内沿着流向进行。

(4)反应时间、反应物和产物浓度、反应速率均是反应器长度的函数。因此,在反应器内的某一点,$t$、$c$、$r$ 均保持不变。改变了在反应器中长度上的位置,$t$、$c$、$r$ 就会发生变化,由此可推算出最大反应速率发生的位置。

(5)为使活塞流在反应器内完成,则要求该反应器是一种有足够大的长宽比的矩形或管式反应器,这样尽可能地保证没有轴向扩散产生。

(6)物料衡算,对于一级反应,某反应物组分 $i$ 在 $x$ 长度内浓度变化速率为:

$$\frac{\partial c_i}{\partial t} = -v_x \cdot \frac{\partial c_i}{\partial x} - k_i \cdot c_i \qquad (12-67)$$

式中,$v_x$ 为物料在长度方向上长为 $x$ 范围内的流速。

连续流处于稳态条件下时,$\partial c_i / \partial t = 0$,则仅存在独立变量 $x$。式(12-67)可简化为:

$$0 = -v_x \cdot \frac{\partial c_i}{\partial x} - k_i \cdot c_i \qquad (12-68)$$

积分并整理,得:

$$t = \frac{V}{Q} = -\frac{1}{k_i} \cdot \ln \frac{c_i}{c_{i0}} \qquad (12-69)$$

废水处理中活性污泥法的推流式曝气池、沉降池等就是这种反应器的代表。

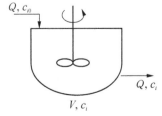

图 12 - 14 完全混合流反应器示意图

**3. 连续流搅拌槽或完全混合流反应器**

全混流是指连续稳定流入反应器的物料在强烈的搅拌下与反应器中的物料瞬间达到完全混合,又称理想混合流。其特点是反应器内物料的参数处处均匀,且都等于流出物料的参数,但物料质点在反应器中停留的时间各不相同,即形成停留时间分布。

这亦是一种理想的流动模型,当搅拌比较强烈、流体黏度较小、反应器尺寸较小时,可看作是理想混合,因此习惯上常称为理想釜式反应器。常见的活性污泥曝气池、曝气氧化塘等就是这种反应器的代表。

其特征如下:

(1)物料在反应器中连续流动。

(2)物料在反应器内受到均匀搅拌,混合充分,物质在反应器内任一点的浓度均相同,不存在浓度梯度 $dc/dV=0$。

(3)流出相中的浓度等于反应器内任一点的浓度。

(4)由于反应物和产物浓度在反应器内每一点均相同,因此,反应器内反应速率恒定,对于一级反应反应物反应速率为 $r=-k_i c_i$。

(5)物料中任一组分在反应器内停留时间可以在 $0 \rightarrow \infty$ 范围内变化。即有些物料进入反应器后马上流出,另一些有可能会停留很长时间,因此,用平均停留时间 $\bar{t}$ 来描述完全混合流反应器中的物料停留时间,即 $\bar{t}=V/Q$。

(6)物料衡算

$$V \frac{dc_i}{dt} = Qc_{i0} - Qc_i - Vk_i c_i \tag{12-70}$$

稳态条件下,$dc_i/dt=0$,代入式(12-70)并积分,得:

$$\bar{t} = \frac{1}{k_i} \cdot \left[ \frac{c_{i0}}{c_i} - 1 \right] \tag{12-71}$$

在相同的生产条件、物料处理量和最终转化率下,全混流反应器所需的容积要比活塞流反应器的容积大得多。

生物处理废水的活性污泥曝气池、曝气氧化塘等就是这种反应器的代表。

**4. 随意流反应器**

随意流实质上是活塞流和完全混合流的结合。其随意的程度取决于两者结合的程度。它可以看作是活塞流叠加了轴向扩散的流动,也可以看作是多级完全混合流反应器的串联。

(1)活塞流叠加轴向流

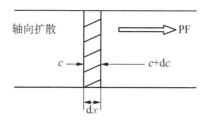

图 12-15　活塞流中的轴向扩散

轴向扩散可以用分子扩散过程中费克第一定律来表示:

$$N = -D_x \cdot \frac{dc}{dx} \tag{12-72}$$

式中,$N$ 为轴向扩散量;$D_x$ 为轴向扩散系数;“$-$”表示扩散方向与原流动方向相反;$dc/dx$ 为轴向的浓度梯度。

其特征主要体现了活塞流特征,仅在物料衡算时,在活塞流的基础上加上一项轴向扩散:

$$\frac{\partial c_i}{\partial t} = -v_x \cdot \frac{\partial c_i}{\partial x} - k_i \cdot c_i + \frac{\partial N_i}{\partial x} \tag{12-73}$$

（2）流体在多级完全混合流反应器串联中的流动状况见图 12 - 16。

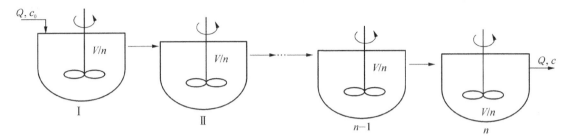

图 12 - 16　多级完全混合流反应器串联

图中，$n$ 为反应器串联的个数或称为级数，$V$ 为随意流反应器的总体积。

反应器个数 $n$ 依式计算：

$$n = \frac{Lv}{2D_x} \tag{12-74}$$

式中，$L$ 为随意流反应器总长度；$v$ 为流体的线速度。

如果采用 Ⅰ 级 CMR 反应器，达到处理效率所需的反应时间为：

$$\bar{t} = \frac{1}{k} \cdot \left[ \frac{c_0}{c} - 1 \right] \tag{12-75}$$

当采用 $n$ 级 CMR 反应器串联时，$n$ 级反应器的 $\overline{t_n}$ 相同，进出水浓度之间符合以下关系：

$$\frac{c_0}{c_1} \cdot \frac{c_1}{c_2} \cdot \cdots \cdot \frac{c_{n-1}}{c} = (\overline{t_n} \cdot k + 1)^n \tag{12-76}$$

即：

$$(\overline{t_n} \cdot k + 1)^n = \frac{c_0}{c} \tag{12-77}$$

整理得：

$$\overline{t_n} = \frac{1}{k} \cdot \left( \sqrt[n]{\frac{c_0}{c}} - 1 \right) \tag{12-78}$$

则 $n$ 级共需时间 $\bar{t}$ 为：

$$\bar{t} = n \times \frac{1}{k} \cdot \left( \sqrt[n]{\frac{c_0}{c}} - 1 \right) \tag{12-79}$$

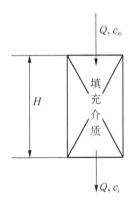

图 12 - 17　填充床反应器

其特征主要体现了完全混合流反应器的特征。废水治理中的曝气过程和沉降过程都是这种反应器的应用。

**5. 填充床**

填充床又称固定床反应器，用固体的反应物、载体颗粒或滤料堆积成一定高度、静止的床层，流体通过床层进行反应，见图 12 - 17。

其特征如下：

（1）流体在床层内呈连续流，理论上为活塞流式流动。

（2）床层内充满介质。可以是填料，亦可以是吸附剂、离子交换树脂等，介质在床层内固定不动。

（3）床层内所引起的反应为非均相反应。

（4）在床层内，流体和流出液中组分的浓度随时间 $t$ 和高度 $h$ 而变化，因此

$$(c_i)_{层内流体} = f(t, h), (c_i)_{固相} = f(t, h), (c_i)_{流出液} = f(t)。$$

在 $t \to \infty$，$h$ 为总高度 $H$ 时，$(c_i)_{固相}$ 为常数，称为饱和浓度 $c_s$。当 $(c_i)_{固相} = c_s$ 后，流出液中物料 $i$ 的浓度与流入浓度相同，即 $c_i = c_{i0}$。

（5）物料衡算

以吸附过程为例来说明。

用弗兰德里希（Freundlich）吸附等温式计算吸附容量：

$$q = k c_e^{\frac{1}{n}} \tag{12-80}$$

式中，$q$ 为吸附剂的静态吸附容量；$k$、$n$ 为经验常数，实验测定可得之；$c_e$ 为吸附平衡时的废水中 $i$ 组分的浓度。流出液中物料浓度随时间变化情况用穿透曲线来表示。

在 $t$ 时刻流体中 $i$ 的减少速率＝$t$ 时刻固相上吸附 $i$ 的增加速率

$$-\frac{dx_i}{dt} = k_a(X_{yi} - X_{ei})\frac{m}{\rho_c} \tag{12-81}$$

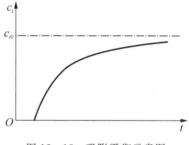

图 12-18　吸附平衡示意图

式中，$k_a$ 为表面反应控制动力学速度常数；$\rho_c$ 为床层内颗粒填充密度；$m$ 为吸附剂质量；$X_i$ 为组分 $i$ 在 $t$ 时刻的浓度；$X_{yi}$ 为组分 $i$ 在 $t$ 时刻溶液中残留浓度，$X_{ei}$ 为组分在 $t$ 时刻溶液中的平衡浓度。

废水处理中的吸附、离子交换和生物膜滤池等都有这种反应器的应用。

**6. 沸腾床或流化床**

流化床是一种具有较高流速的流体通过颗粒状固定层，使固体颗粒处于悬浮的无规则运动状态的反应器。其特征有：

（1）流体在床层内呈连续流动。

（2）床层内的填充介质不固定，由流体的流动来促使其运动。固、液两相在床层内做均匀的相对运动，床层内做完全混合流流动。

（3）固相颗粒间的空隙率的大小由流体的流速变化来控制。

（4）两相接触的比表面积要比其他反应器大得多。

（5）传质、传热效率高，因此废水处理效果亦高，在达到相同处理效果时，$BOD_5$、$COD_{Cr}$ 的负荷也高。

（6）物料在反应器内浓度不随床层高度而变，这与完全混合流反应器相同。

（7）流出液中组分浓度等于其在反应器内任一点的浓度。

（8）反应器内的反应为非均相反应，反应速率在同一时间里恒定不变，但随时间的改变而变化。

（9）物料衡算基本同完全混合流反应器的物料衡算，其主要区别在于填充介质亦与反应流体一同流出；与填充床相类似，要考虑物料在两相中的分配，如活性炭-活性污泥法、生物流化床等即是这种反应器的应用。

## 12.3.2　典型反应器的计算

反应器的计算实际上是通过计算方法寻找生产规模的化学转化率，并在转化率的基础上设计反应所需的体积及生产率。化学反应的转化率在废水处理中是指污染物去除率，可用去除百分数 $\eta$ 来表示：

$$\eta = \frac{c_0 - c}{c_0} = 1 - \frac{c}{c_0} \tag{12-82}$$

式中,$c_0$ 为污染物进口浓度;$c$ 为污染物出口浓度。

生产率是指每批生产去除的污染物的量与每批生产所需总时间(包括物料在反应器停留时间 $t$ 和生产辅助时间 $t_r$ 的总和)之比,即单位时间处理废水中污染物的能力,用 $P_r$ 表示:

$$P_r = \frac{Vc_0\eta}{t + t_r} = \frac{Vc_0\eta}{t} \cdot \frac{1}{1 + E} \tag{12-83}$$

式中,$V$ 为反应器体积;$E = t_r/t$ 为非生产时间与生产时间之比。

假设在处理废水时反应器内的反应为一级反应,以下对几种典型反应器进行讨论。

**1. 间歇式反应器**

由式(12-82)可得:

$$\frac{\mathrm{d}\eta}{\mathrm{d}t} = -\frac{1}{c_0}\frac{\mathrm{d}c}{\mathrm{d}t} \tag{12-84}$$

$$-\frac{\mathrm{d}c}{\mathrm{d}t} = kc\,(按一级反应考虑) \tag{12-85}$$

两边同除以 $c_0$,则:

$$-\frac{1}{c_0} \cdot \frac{\mathrm{d}c}{\mathrm{d}t} = k\left(\frac{c_0}{c_0} - \frac{c_0 - c}{c_0}\right) = k(1 - \eta) = \frac{\mathrm{d}\eta}{\mathrm{d}t}$$

或

$$-\frac{1}{c_0} \cdot \frac{\mathrm{d}c}{\mathrm{d}t} = \frac{kc}{c_0} = k(1 - \eta) = \frac{\mathrm{d}\eta}{\mathrm{d}t} \tag{12-86}$$

$$\frac{\mathrm{d}\eta}{\mathrm{d}(1 - \eta)} = k\mathrm{d}t, \quad -\int_0^\eta \frac{\mathrm{d}(1 - \eta)}{1 - \eta} = k\int_0^t \mathrm{d}t \tag{12-87}$$

所以:

$$t = \frac{1}{k}\ln\frac{1}{1 - \eta} \tag{12-88}$$

此即生产时间的求算式。

将 $t$ 代入式(12-83),整理得:

$$\frac{V_B c_0 \eta_B k}{(P_r)_B (1 + E)} = \ln\frac{1}{1 - \eta_B} \tag{12-89}$$

由式(12-89)可求得间歇式反应器的容积 $V_B$:

$$V_B = \frac{(P_r)_B (1 + E)}{c_0 \eta_B k}\ln\frac{1}{1 - \eta_B} \tag{12-90}$$

**2. 活塞流反应器的计算**

由于活塞流的特征是连续流,这就决定了活塞流反应器是连续生产过程,故 $t_r = 0$,即 $E = 0$,则式(12-90)转换为如下关系式:

$$V_P = \frac{(P_r)_P}{c_0 \eta_P k}\ln\frac{1}{1 - \eta_P} \tag{12-91}$$

将式(12-83)代入式(12-91)得:

$$V_P = \frac{Q}{k}\ln\frac{c_0}{c} \qquad (12-92)$$

以上计算亦可用物料衡算关系来推导,得到的是同样结果,在此从略。

在各种条件相同的情况下,比较式(12-90)和式(12-91)。即采用的水处理过程相同,且污染物初始浓度 $c_0$ 一致,$(P_r)_B = (P_r)_P$、$\eta_B = \eta_P$,则活塞流反应器和间歇式反应器两体积呈如下关系:

$$\frac{V_B}{V_P} = 1 + E \qquad (12-93)$$

因为 $E = t_r/t$

$$1 + E > 1$$

所以 $V_B > V_P$

结论:在其他条件均相同时,采用间歇式反应器所需体积大于活塞流反应器的体积。

**3. 完全混合流反应器的计算**

由式(12-64)所表示连续流中某组分在反应器中的浓度变化改为:

$$\frac{c}{c_0} = \frac{1}{1+kt} \qquad (12-94)$$

将 $c/c_0$ 的关系式代入(12-82)中,得:

$$\eta = 1 - \frac{1}{1+kt} \qquad (12-95)$$

$$t = \frac{\eta}{k(1-\eta)} \qquad (12-96)$$

上式是物料在完全混合流反应器中停留时间的求算式。如果式(12-83)用于完全混合流反应器中,则 $E = 0$。

$$(P_r)_C = \frac{V_C c_0 \eta_C}{t} \qquad (12-97)$$

即:

$$t = \frac{V_C c_0 \eta_C}{(P_r)_C} \qquad (12-98)$$

由式(12-96)和式(12-98),求得完全混合流反应器体积:

$$V_C = \frac{(P_r)_C}{c_0 k(1-\eta_C)} \qquad (12-99)$$

在各种条件相同的情况下,比较式(12-92)和式(12-99),即采用的水处理过程相同,且 $c_0$ 一致,$(P_r)_C = (P_r)_P$、$\eta_C = \eta_P$,则活塞流反应器和完全混合流反应器两体积呈如下关系:

$$\frac{V_C}{V_P} = \frac{\eta}{(\eta-1)\ln(1-\eta)} \qquad (12-100)$$

因为 $\eta < 1$,则上式右边项大于1,所以

$$V_C > V_P$$

由此可知,在其他条件均相同时,采用完全混合流反应器所需体积大于活塞流反应器的体积。虽然活塞流反应器的容积最小,但在废水处理中采用活塞流反应器的条件比较苛刻,仅消除轴向返混这一项就比较困难。

上述讨论是建立在化学反应呈一级反应动力学模式的基础上的。如果反应级数 $\alpha \neq 1$,同样可以推导出不同反应器的停留时间与体积,则 $V_C/V_P$ 为下述关系:

$$\frac{V_C}{V_P} = \frac{(\alpha-1)\eta}{(\eta-1)\left[1 - \ln(1-\eta)^{(\alpha-1)}\right]} \qquad (12-101)$$

当零级反应时,

$$\frac{V_C}{V_P} = 1 \qquad (12-102)$$

结论:化学反应按零级反应动力学模式描述时,该反应所采用的反应器不管是活塞流型还是完全混合流型,其体积相同。

**4. 任意流反应器(以多级串联的完全混合流反应器替代)的计算**

将一级完全混合流反应器的体积应用在 $n$ 级该反应器串联中的计算,可得以下关系式:

$$(V_C)_n = \frac{n(P_r)_C}{kc_0\eta_C}\left[\left(\frac{1}{1-\eta_C}\right)^{\frac{1}{n}} - 1\right] \qquad (12-103)$$

$$\frac{(V_C)_n}{V_P} = \frac{n\left(1 - \left(\frac{1}{1-\eta}\right)^{\frac{1}{n}}\right)}{\ln(1-\eta)} \qquad (12-104)$$

当 $n \to \infty$ 时,

$$\frac{(V_C)_n}{V_P} \to 1 \qquad (12-105)$$

结论:在 $n$ 个 $V_C$ 的完全混合流反应器串联后,其效果和活塞流反应器一样,为此,活塞流反应器可以看成无限多级完全混合流型反应器的串联组合。

### 12.3.3 反应器的选择与反应器在系统中的安排

**1. 反应器的选择**

在上述讨论中都涉及一些反应器选择的因素,如不同的处理过程选用不同类型的反应器,根据化学反应特性选用不同的反应器等,在此对选择的因素逐一探讨。

1) 废水的特性和数量

在处理过程中,如果废水的污染物与处理药剂混合得越完全,处理效果越好,则要求采用完全混合流反应器;反之,则用活塞流反应器。处理水量大,可选用连续流反应器,处理水量小则可用间歇式反应器。

2) 选用的处理过程

固液分离过程总是采用活塞流反应器,而不用完全混合流反应器;对吸附过程、离子交换过程则采用固定床,流化床在强化过程中也采用,但不如固定床普遍;气液过程总采用完全混合流反应器,如用 $Cl_2$、$O_3$ 的氧化、汽提、吹脱等过程的设备就是完全混合流反应器;生物过程中的表面曝气池是完全混合流反应器、滴滤池是填充床反应器等。

3) 反应动力学

反应速率快的反应,宜采用完全混合流反应器;反之宜采用活塞流反应器,如生物氧化过程反应速率一般较慢,过去多采用活塞流反应器。在设计曝气池时,过去按长方形的活塞流反应器概念进行,但近年来改为按完全混合流反应器概念进行,停留时间不变,即池的容积不增加。实践证明,处理效果亦很好,可以理解为曝气池内进行的反应接近于零级反应。

4) 反应器体积

在同一处理过程中,当其他要求如生产能力、转化率、进出水浓度等都一致,且外界条件不允许有很大的占地面积时,则要求从反应器体积上进行考虑、选择或改变。可按前所述:

$V_P < V_B$,$V_P < V_C$,$(V_C)_n \rightarrow V_P$ 等加以选择。

5) 当地环境条件

占地的大小、气温的高低、风力、风向等均会影响反应器的选择。

6) 基建费用

根据上述选择因素选定反应器类型,比较费用的大小后再行决定。

**2. 反应器在处理系统中的位置**

反应器在处理系统中位置的安排受各种因素的控制,以下介绍几种常见的情况。

1) 反应器安排在旁流系统中

这种反应器位置的安排如图 12-19(a)所示。可适用于以下几种情况:

(1) 只要求达到中等处理程度。

(2) 出水要求不高,且有后续处理相连。

(3) 反应器处理效果特别好,超过预定要求,如反渗透脱盐水用于循环冷却水。

(4) 反应器对负荷冲击的要求较高。

图 12-19　反应器在系统中的位置

2) 反应器安排在循环系统中

这种反应器位置的安排如图 12-19(b)所示,可适用以下几种情况:

(1) 反应器处理效果不是很好,部分出水需要重新处理,以稀释进水浓度,提高处理效果,如生物滤池处理高浓度有机废水。

(2) 回用反应物。

(3) 减少冲击负荷。

3) 反应器安排在分布进料系统中

这种反应器位置的安排如图 12-20 所示,适用于下列情况:

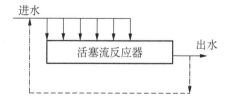

图 12-20　带回流或不带回流的分布进料系统

(1) 采用活塞流反应器的处理系统。

(2) 减少负荷。

(3) 强化处理效果。

# 第13章 工业废水物理处理过程

## 13.1 概　　述

### 13.1.1 废水处理方法

废水处理就是采用各种方法将废水中所含有的污染物质分离出来,或将其转化为无害和稳定的物质,从而使废水得以净化。

工业废水处理方法可分为:物理方法,化学方法,物理化学方法和生物处理过程四大类。

物理方法(Physical Treatment of Wastewater)是采用物理原理和方法,去除废水中污染物的废水处理方法。物理方法通过物理作用和机械分离回收废水中不溶解的悬浮物质,并在处理过程中不改变其化学性质。物理法操作简单、经济。

化学方法(Chemical Treatment of Wastewater)是利用化学原理和方法,去除废水中污染物的处理方法。通过化学反应来分离、回收废水中的溶解物质或胶体物质,可用来去除废水中的金属离子、细小的胶体有机物、无机物、富营养化物质、乳化油、色度、臭味、酸碱等,对于废水的深度处理也有着重要的作用。

物理化学法(Physical-chemical Treatment of Wastewater)是利用相转移或物质的表面作用力等方法进行分离或回收废水中污染物的方法。

生物法(Biological Treatment of Wastewater)是利用微生物的代谢作用分解废水中污染物的废水处理方法。微生物的新陈代谢可以降解废水中呈溶解或胶体状态的污染物,使其转化为无害物质,使污水得以净化。

### 13.1.2 废水中污染物形态分类

在废水中,污染物有四种存在形式。

(1) 污染物溶解的真溶液　污染物以分子或离子形态均匀地分散在废水中,例如苯酚废水、氨氮废水、电镀废水、冶炼行业的酸洗废水,等等,这种污染物的粒径一般小于 1 nm,需要采用化学(如氧化还原方法,加入沉淀剂进行沉淀等)、物理化学(如吸附等)或生物(活性污泥,生物滤池等)方法来处理。

(2) 胶体　它的粒径在 $1\sim100$ nm,在废水中形成胶体分散体系,污染物颗粒稳定地分散在废水中,不会出现连续的下沉运动。

胶体颗粒具有布朗运动的特性,带有同号电荷,具有强烈的吸附性能和水化作用。胶体的稳定性可以从胶团的结构(图 13-1)中得到解释。胶体由胶团组成,胶团包括以下部分。

① 胶核　即胶体的中心离子。一般将组成胶粒核心部分的固态微粒称为胶核。由数百乃至数千个分散相固体物质分子组成。例如用稀 $AgNO_3$ 溶液和 KI 溶液制备 AgI 溶胶时,由反应生成的 AgI 微粒首先形成胶核。天然水体中的黏土类微粒以及污水中的胶态蛋白质和淀粉微粒等都带有负电荷。

② 电位离子　在胶核表面选择性地吸附了一层同号电荷的离子,这些离子可以是胶核表层分子直接电离而产生的,亦可以是从水中选择吸附 $H^+$ 或 $OH^-$ 而形成的,它决定了胶粒的电荷多少和符号,构成了双电层的内层。

③ 反离子层　为维持胶体离子的电中性,在电位离子层外吸附电量与电位离子总电量相同、电性相反的离子,称其为反离子层。电位离子层与反离子层就构成了胶体粒子的双电层结

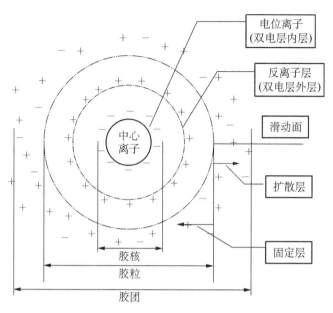

图 13 - 1　胶团结构示意图

构。其中电位离子构成了双电层的内层,其所带的电荷称为胶体粒子的表面电荷,其电性和荷电量决定了双电层总电位的符号和大小。这一层内的离子,由于位置不同,靠近电位离子层的反离子被电位离子牢牢地吸引着,当胶核运动时,它亦随着一起运动,称为反离子吸附层,并和电位离子组成胶团固定层;固定层以外的反离子,由于受到电位离子的吸引力较弱,不随胶粒一起运动,并有向水中扩散的趋势,称为反离子扩散层,固定层和扩散层之间的交界面称为滑动面。

④　胶粒　滑动面以内的部分称为胶粒,它是带电的微粒。

⑤　胶团　胶粒和扩散层组成了电中性的胶团。

胶体稳定性主要取决于两个方面:静电斥力和胶体的溶剂化作用。

(a)静电斥力

在胶团运动时,扩散层中的大部分反离子就会脱离胶团,向溶液主体扩散,这样就使胶粒产生剩余电荷,使胶粒与扩散层之间形成一个电位差,这个电位差就称为 ζ 电位,为胶体的电动电位。而胶核表面的电位离子与溶液主体之间,由于表面电荷存在所产生的电位差称为总电位或 φ 电位。

φ 电位对于某类胶体而言,是固定不变的,它无法测出,也不具备现实意义;而 ζ 电位可通过电泳或电渗计算得出,它随 pH、温度及溶液中反离子浓度等外部条件而变化。

根据电学的基本定律,可导出 ζ 电位的表达式为:

$$\zeta = \frac{4\pi q\delta}{\varepsilon} \tag{13-1}$$

式中,$q$ 为胶粒的电动电荷密度,即胶粒表面与溶液主体间的电荷差(SC);$\delta$ 为扩散层的厚度,cm;$\varepsilon$ 为水的介电常数,其值随水温升高而减小。

可见,在电荷密度和水温一定时,ζ 电位取决于扩散层厚度 $\delta$,$\delta$ 值越大,失去的反离子越多,ζ 电位也就越高,胶粒间的静电斥力就越大。ζ 电位引起的静电斥力,阻止了胶粒之间的相互接近和接触,并在水分子的无规则撞击下,做布朗运动,使得胶粒长期稳定地分散在水中,因此,ζ 电位越高,胶体的稳定性就越高。

（b）胶体的溶剂化作用

胶团表面将极性水分子吸附到它的周围，形成一种水化膜，使扩散层增厚，同样能阻止胶粒之间的相互接触，增强了胶团的稳定性。

针对静电斥力产生的原理，可以通过投加无机盐实现胶体脱稳。投加无机盐使溶液主体中离子强度增大，则新加入的反离子与扩散层原有反离子之间的静电斥力把原有扩散层部分反离子挤压到吸附层中，增大了吸附层电荷密度，从而使扩散层内反离子减少，$\zeta$ 电位相应降低。

对于以相对密度接近或大于 1 的胶体形态存在的污染物，如高分子有机物的生产废水，常采用物理化学方法（絮凝、混凝）或加入电解质使得污染物去溶剂化，从而达到胶体失稳的目的，将污染物从水中分离出来；而对于相对密度小于 1 的污染物，则采用（混凝）-气浮的方法处理，如乳化油废水，毛纺工业的洗毛污水等。

（3）废水中粒度大于 100 nm 且相对密度大于 1 的污染物颗粒，则可以在重力作用下沉降，使其从废水中得以去除，这种处理方法称为重力沉降法或沉降过程。沉降是一种采用物理作用进行固液分离的方法，其原理是利用的是悬浮颗粒和水的密度差。

（4）粒度大于 100 nm 且相对密度小于 1 的污染物颗粒，利用其所受的浮力，采用上浮或气浮的方法去除。

### 13.1.3　物理处理过程的定义和分类

物理处理过程：凡是借助物理作用或通过物理作用使废水发生变化的处理过程统称为物理单元操作。

物理处理过程没有改变污染物的化学本性，仅使污染物和水发生了分离。目前，物理处理过程是大多数废水和污水处理流程的基础。常用的过程有：①筛滤；②粗粒破碎（粉碎机、破碎机、筛渣磨碎机）；③流量调节；④混合和絮凝；⑤除砂；⑥沉淀；⑦高速澄清；⑧加速重力分离（涡流分离器、离心机）等。常见工业废水物理处理操作单元和作用见表 13-1。

表 13-1　常见工业废水处理中物理操作单元及其作用

| 操作 | 用途 | 装置 |
| --- | --- | --- |
| 粗筛滤（6～150 mm） | 通过截留（表面隔滤）去除未处理废水中的粗大的固体，如条状物、破布及其他垃圾 | 隔栅 |
| 细筛滤（0.5 μm～6 mm） | 去除细小颗粒物 | 细筛 |
| 微筛滤（<0.5 μm） | 去除细微固体、悬浮物、藻类 | 微筛 |
| 粉碎 | 对固体进行破碎，以减小颗粒尺寸 | 粉碎机 |
| 磨碎/破碎 | 磨碎隔栅截留的固体<br>从固体的旁流进行磨碎 | 筛余物磨碎机<br>破碎机 |
| 流量调节 | 暂时贮存废水，调节流量和 $BOD_5$ 及悬浮固体的质量负荷 | 调节池、调节罐 |
| 混合 | 废水中加入化学药品后，使其混合均匀并使得固体保持在悬浮状态 | 快速搅拌器 |
| 加速沉淀 | 除砂<br>除砂及粗大的固体 | 除（沉）砂池<br>涡流分离器 |
| 沉淀 | 去除可沉降物质<br>浓缩固体和生物固体 | 初次澄清池/高负荷澄清池<br>重力浓缩池 |
| 深度过滤 | 去除残留悬浮固体 | 深度过滤器 |
| 膜过滤 | 去除悬浮和胶体固体以及溶解的有机物和无机物 | 微滤、超率、纳滤、反渗透等膜系统 |

# 13.2　调　节　池

## 13.2.1　调节池的作用和定义

调节(Regulating),是使废水的水量和水质(浓度、温度等指标)实现稳定和均衡,从而改善废水可处理性的过程。

工业废水在排放过程中,随着生产状况的变化而变化,存在水质的不均匀和水量的不稳定情况。特别当生产上出现事故或雨水特别多时,废水的水质和水量变化更大,这种变化会造成废水处理过程失常,降低了处理效果,而且不能充分发挥处理设备的设计负荷。为了使处理工艺正常工作,不受废水高峰流量或高峰浓度变化的影响,要求废水在进行处理前有一个较为稳定的水量和均匀的水质,必须进行水质和水量的调节。酸性废水和碱性废水在进行调节时还可以达到中和的目的;对短期排除的高温废水也可以用调节的办法来平衡水温,因此调节池有调节水量、均衡水质和预处理三大作用。常见的调节功能有以下几个方面:

(1)尽量减小有机物浓度的变化以避免对生化处理系统的冲击。

(2)实现 pH 的控制和调节,或者减少中和时所需要的化学药品量。

(3)尽量减少物化处理时流量的波动,使废水的排放速度与处理装置的能力相符合。

(4)当工厂不开工时,可以在一段时间内保持生物处理系统连续进水。

(5)控制废水进入生化系统的速度,使负荷更均匀。

(6)防止高浓度的有毒物质进入生物处理系统。

调节池的设计应当考虑以下问题:

(1)调节池应当设置在处理工艺流程图的什么地方?

(2)应当采用什么类型的调节流程,在线还是离线?

(3)要求多大的调节池容量?

(4)如何控制沉积的体积和可能产生的臭味?

## 13.2.2　水量调节池

常见的水量调节池如图 13-2 所示,主要起到均匀水量的作用,称为水量均化池,简称均量池。进水为重力流,出水用泵抽吸,池中最高水位不高于进水管的设计水位,有效水深一般为 2～3 m。最低水位为死水位,即位于泵吸水口以下。

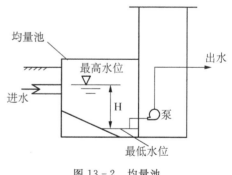

图 13-2　均量池

**1. 调节方式的分类**

流量调节装置安排位置的不同,所起的作用也不同。如分别设置在生产废水的各车间里为局部调节;设置在一级处理前为集中调节;而设置在二级处理后又是局部调节。

进水→筛→沉砂→调节池→泵控制流量→流量计→后续处理　　　　　　　　　(一级处理)

进水→筛→沉砂→溢流结构→→流量计→后续处理　　　　　　　　　　　　　(二级处理)

　　　　　　　　↓　　　　　　↑
　　　　　　调节池→→泵控制流量

在线调节是全部流量均通过调节池,对废水水质水量进行大幅度调节;旁线调节是只有超过日平均流量的那一部分流量才进入调节池,因此调节作用很小。

**2. 调节池容积的设计(图解法)**

调节池容积的大小一般根据废水的流量变化规律和要求及调节的均衡程度来设计,它要求能容纳水质或水量变化一个周期的全部水量。废水在调节池中的停留时间越长,均衡程度越高,则容积越大,经济上不合理,因此要求有个权限值,一般为 8 小时。

采用图解法计算调节池容积时,首先需要得到生产周期内废水流量曲线图,按照累积流量和时间计算:

$$W_T = \sum_{i=0}^{T} q_i t_i \tag{13-2}$$

式中,$q_i$ 为 $t_i$ 时间段内的流量,$m^3/h$;$t_i$ 为第 $i$ 段时间,$h$。

然后据此绘出废水流量累积曲线。其中分为图 13-3 中 A、B 两种图形类型进行求解计算。

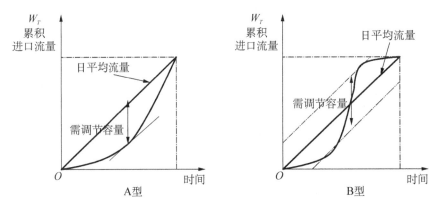

图 13-3   图解法确定两种流量模式的调节池容积曲线图

将日平均流量画在同一图中,它是一条由原点和累积流量曲线终点连成的直线。同时,假设调节池的出水采用泵抽吸的形式,泵的抽吸能力为日平均流量。

首先,作 A 型进口流量曲线与日平均流量直线相平行的切线得到一切点,在此切点时刻里,进口流量和日平均流量之间有一差值,该值为通过 A 型进口流量曲线上的切点和日平均流量之间垂直距离之值,该值为抽吸流量和进口流量累积差值的最大值,这一值即为所需调节的体积,也是最大空池子的容积。在低切点前,进水流量小于泵抽吸流量,调节池中的水逐渐减少;至低切点处(流量模式 A 型),调节池处于空载状态;超过这点之后调节池进水流量大于泵抽吸流量,开始进水,直至达到充满状态。从空载到充满状态的水总量即调节池的体积。因为切点之下,调节池的进口曲线斜率小于泵抽吸流量或日平均流量而使调节池处于空载状态,过切点之后,进口流量开始大于泵的抽吸流量,池子才开始充水,直至充满。对于流量模式 B 型,调节池在高切点处被充满。

作 B 型进口流量曲线与日平均流量直线相平行的两条切线得两个切点,调节池容积是在上部切点处充满得两条切线之间的竖直距离即所需调节的体积。

### 13.2.3 水质调节池

#### 1. 普通水质调节池

为了满足后续处理工艺对废水中某种污染物浓度的要求,在设计水质调节池的容积时,以调节池出水中该污染物的浓度 $c_{平均} \leqslant c_{设计}$ 作为设计依据,即

$$调节池容积 \overline{V} = q T_{调节} \tag{13-3}$$

式中,$q$ 为废水平均流量或废水最大流量,$m^3/h$;$T_{调节}$ 为调节时间,$h$。

$T_{调节}$ 一般采用试差法求得。调节池出水的平均浓度 $c_{平均}$ 符合处理要求的浓度 $c_{设计}$ 时,此

时的水力停留时间就是调节时间。

取废水在各时间段 $t_1, t_2, \cdots, t_n$ 内的平均流量为：$q_1, q_2, \cdots, q_n$

取废水在流量 $q_1, q_2, \cdots, q_n$ 中的平均浓度为：$c_1, c_2, \cdots, c_n$

在 $T$ 时间内（$t_1, t_2, \cdots, t_n$ 的总和）平均流量 $q_{平均}$ 为：

$$q_{平均} = \frac{q_1 + q_2 + \cdots + q_n}{n} \tag{13-4}$$

平均浓度为：

$$c_{平均} = \frac{c_1 q_1 t_1 + c_2 q_2 t_2 + \cdots + c_n q_n t_n}{q_1 t_1 + q_2 t_2 + \cdots + q_n t_n} \tag{13-5}$$

当 $c_{平均}$ 大于 $c_{设计}$ 时，继续增加调节时间，当 $c_{平均}$ 等于或小于 $c_{设计}$ 时，说明该调节时间下，出水能够符合处理要求，则

$$T = t_1 + t_2 + \cdots + t_n = \sum_{i=1}^{n} t_i \tag{13-6}$$

即为 $T_{调节}$，而调节池容积由式(13-3)求得。

**2. 穿孔导流槽式水质调节池**

同时进入调节池的废水，由于流程长短不同，使前后进入调节池的废水相混合，以此来调节水质。

对于对角线出水型水质调节池的容积可以按下式计算：

$$V = \frac{qT}{2} \tag{13-7}$$

考虑到废水在池内流动可能出现短路等因素，一般引入容积加大系数 $\eta = 0.7$，式(13-7)修正为：

$$V' = \frac{qT}{2\eta} \tag{13-8}$$

### 13.2.4　分流贮水池

定义：对于某些工业废水，如有偶然泄漏或周期性冲击负荷发生时，当废水浓度超过某一设定值时，将废水进行分流，贮存该废水的构筑物被称为分流式贮水池。

### 13.2.5　调节池的搅拌

通常有一种误解，认为沉淀池也可以起均量或均质的作用，实际上沉淀池是在较为平静的水力条件下，进行固液分离；而在调节池中通常需要对废水进行充分混合，从而保证水质水量的均匀并避免可沉积的固体沉淀在池底部。另外，废液中的部分还原性物质可以通过曝气混合得到氧化。调节池设置在初级处理之后带来的固体沉积和浮渣累积等问题较少。如果调节流量系统设置在初级沉淀和生物系统之前，则设计中应当考虑足够的搅拌以防止固体沉淀和浓度的变化，并应考虑通风问题。常用的混合方法包括以下几种。

（1）水泵强制循环搅拌　在池底设穿孔管，穿孔管与水泵压水管相连，用压力水进行搅拌，简单易行，混合也比较完全，但动力损耗较多。

（2）空气搅拌　在池底设置穿孔管，穿孔管与鼓风机空气管相连，用压缩空气进行搅拌。效果较好，还起到预曝气的作用，但运行费用较高。

（3）机械搅拌　在池内安装机械搅拌设备，如桨式、推进式、涡流式等。空气搅拌和机械搅拌的效果良好，能够防止水中悬浮物沉积，且兼有预曝气及脱硫的效能，此外，动力消耗也较

水泵强制循环少。但这种混合方式的管路和设备常年浸于水中,易遭腐蚀,且有使挥发性污染物质逸散到空气中的不良后果,运行费用也较高。

### 13.2.6　调节池的施工和设计

选用调节池的原则:主要考虑水利混合作用,对于化学反应、沉降和冷却作用也不可忽略。首先为达到连续及完全混合的目的,一般选用连续完全混合反应器,也可采用活塞流反应器,同时在反应器安装有混合装置如水泵强制循环搅拌,空气搅拌(还有预曝气作用),机械搅拌,还有一种差时混合装置。由于沉淀的沉降作用,还要在调节池内考虑排泥装置。

调节池常见形式为土池、穿孔导流槽式水质调节、环流式调节池、折流式调节池等。

土池结构最简单、造价最低。在使用浮动曝气机时要考虑最低操作水位,以保护曝气机,其深度一般为 1.5~2 m 左右,如果池体为水泥或钢材制成并半埋于地下,对于地下水位较高的地区要防止设备的漂浮。

穿孔导流槽式水质调节又名对角线出水调节池。池体为长方形,出水槽沿对角线方向设置。废水在左右两侧进入池内后,经过不同的时间流到出水槽,达到了自动调节均衡的目的。为防止废水在池内短路,可以在池内设置若干纵向隔板;在池底可设沉渣斗,通过排渣管定期排出池外;为控制水位,可采用堰顶溢流出水,或浮子定量设备。

## 13.3　沉　　　降

### 13.3.1　概述

沉降(Physical Precipitation)是利用悬浮物相对密度大于水的特性,通过重力沉降去除废水中悬浮物的过程。废水中粒度大于 100 nm 且相对密度大于 1 的污染物颗粒,可以在重力作用下沉降,使其从废水中得以分离去除。

### 13.3.2　沉降处理对象

由定义可知,沉降处理对象是指相对密度大于 1,即比水密度大和粒度大于 100 nm 的污染物颗粒。

这种污染颗粒物可以是废水中原有的固体颗粒,如砂、泥、铁屑、煤矸石及金属屑等,具体来说如洗煤废水,造纸废水中的白水,畜禽养殖污水,等等;也可以是废水处理过程中的次生固体颗粒物,如絮体、活性污泥、生物膜、化学反应生成的沉淀等,具体来说有活性污泥法工艺中二沉池中的活性污泥,生物滤池或生物塔出水中的生物膜,絮凝、混凝工艺后产生的絮体,重金属污染物采用沉淀方法产生的沉淀,含磷废水处理过程中产生的磷酸盐沉淀,等等。因此,沉降过程既适用于废水的预处理,如沉砂池、初沉池等,也适用于后续处理,如二沉池、絮凝沉淀池、澄清池等,而且池体易于施工运行,分离方法简单,效果好,在废水处理中应用十分广泛。常见的沉降流程如图 13-4 所示。

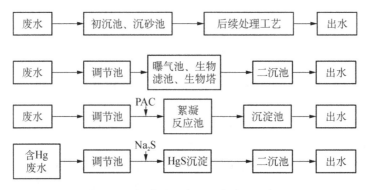

图 13-4　沉降过程在工业水处理的应用

### 13.3.3　固体颗粒分类和沉降类型

废水中固体颗粒的浓度和特性使得它在沉降过程中呈现出不同的状况,按照它的特性可以分为两大类:离散颗粒和絮体颗粒。

在沉降过程中,颗粒保持其原始的大小形状,彼此间不发生黏结现象,这种颗粒称为离散颗粒,如泥、砂、石等。

在整个沉降过程中,由于相互作用原始颗粒不断结成新的颗粒,粒度逐渐增大,这种颗粒称为絮体颗粒,在沉降过程中原始颗粒不复存在。絮凝过程的絮体和活性污泥均属于此类颗粒。

由于颗粒性质和浓度的不同,可将沉降过程分为以下四种类型,见图 13-5。

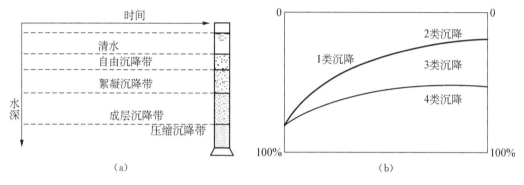

图 13-5　沉降类型示意图

(1) 自由沉降,又称为离散颗粒沉降。离散颗粒在沉降过程中,其形状、尺寸、质量均不变,下沉速度不受干扰,或称为沉降不受阻,这种沉降往往发生于沉砂池、初沉池中。如泥砂石的沉降分离过程中。

(2) 絮凝沉降或称干涉沉降。当悬浮物质浓度约为 50~500 mg/L 时,在沉淀过程中,颗粒与颗粒之间可能互相碰撞,颗粒在沉降过程中不断合并,尺寸和质量随深度的增加而增大,沉降速度也随之增大。一般发生于二沉池中,如活性污泥或生物膜及絮凝、混凝后生成的絮体的沉降过程,即是絮凝沉降。

(3) 成层沉降或称受阻沉降。当悬浮物质浓度大于 500 mg/L 时,固体颗粒在沉降过程中,相邻颗粒之间互相干扰,沉速大的颗粒也无法超越沉速小的颗粒,颗粒在这阶段的沉降过程中,相对位置保持不变,使水和固体颗粒间出现明显的分层,沉降显示为固液截面下沉。水对颗粒群产生了较大的阻力,一般发生在二沉池下部的沉降过程中。

(4) 压缩沉降。当层状沉降出现后,固体颗粒之间已经形成一层构体,沉降时整层构体下沉,在重力的作用下,上层颗粒挤压出下层颗粒间的水,此时颗粒构体层层压缩,实现的是水向上透过固体,而不是固体向下穿过水。活性污泥或絮凝物的浓缩均属于此类沉降。

### 13.3.4　沉淀池的设计

**1. 理想沉淀池**

沉降固体颗粒在实际进行沉淀时,首先,固体颗粒不可能全部为离散颗粒进行自由沉降,其次,进水和出水时存在湍流和短路,另外,污泥贮存和除泥设备操作时所产生的速度梯度对沉降的影响等,如果忽略这些各种因素的影响,用一个理想的状况来讨论沉降过程及其设备,称为理想沉淀池。即假设污水在池内沿水平方向作等速运动,水平流速为 $v$,从入口到出口的流动时间即停留时间为 $t$;在流入区,颗粒沿截面均匀分布并处于自由沉降状态,颗粒的水平分速度均为 $v$;颗粒沉到池底即被认为除去。

离散的、非絮体颗粒的沉降可借助经典的牛顿和斯托克斯沉淀定律分析。颗粒重力与摩擦阻力相等时,牛顿定律得出最终颗粒沉速。

重力由式(13-9)得出:

$$G = (\rho_s - \rho_w) \cdot g \cdot V_p \tag{13-9}$$

式中,$\rho_s$、$\rho_w$ 分别为颗粒和水的密度;$g$ 为重力加速度;$V_p$ 为颗粒体积。

摩擦阻力与颗粒速度 $v_p$、流体密度 $\rho_w$、阻力系数 $C_D$、颗粒在流向上的截面积或投影面积 $A$ 等有关,可由式(13-10)表示:

$$f = \frac{1}{2} \cdot C_D \cdot A \cdot \rho_w \cdot v_p^2 \tag{13-10}$$

由于颗粒在水中的受到的阻力与其沉降速度 $v_p$ 相关,沉降速度越大,受到的阻力越大,因此,离散的颗粒在水中下沉过程中,随着下沉速度的加快,所受的阻力也增大,当重力与阻力相等时,颗粒开始匀速下沉,此时的下沉速度称为最终沉速 $v_c$。

对于层流状态,即雷诺数 $N_R < 1$ 条件下,黏度 $\mu$ 是沉降过程中的主导作用力,假定颗粒为直径 $d$ 的球形,得出该颗粒的斯托克斯定律:

$$v_c = (\rho_s - \rho_w) \frac{g d_s^2}{18\mu} \tag{13-11}$$

即直径为 $d$ 的球形离散颗粒在层流区内的最终沉降速度。

如图13-6所示,某固体颗粒从 $B$ 点进入理想沉淀池沉降区,它的运动轨迹为具有水平分速度 $v$ 和沉速 $v_p$ 或 $v_c$。

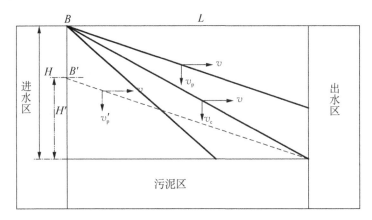

13-6　理想沉降池示意图

当理想沉淀池中的颗粒沉降速度为最终稳定沉降速度 $v_c$ 或大于 $v_c$ 时,则颗粒经过 $H$ 落入污泥区,即可以沉降下来;如果其沉降速度小于 $v_c$ 时,则颗粒不落入污泥区,而随水流进入出水区,不能通过沉降而得以去除。

若颗粒从 $B'$ 点进入沉降区,由于水平速度和下沉速度相同,因此,其运动轨迹为和从 $B$ 点出发时 $v_p$ 相同的平行线,但由于水平运动距离 $L$ 相同,而下沉距离 $H'$ 变短,因此它可以在流入出水区前,有充足的下沉时间落入污泥区,所以,当进水高度不一致时,同样 $v_p$ 小于 $v_c$ 的颗粒也可以有机会沉降去除。

若废水水力停留时间为 $t_d$,则

$$v_c = H/t_d \tag{13-12}$$

由于沉淀池体积 $V$ 是流量和水在沉淀池中停留时间的乘积,即

$$V = Q \cdot t_d \tag{13-13}$$

故沉淀池的出水量与固体颗粒沉降速率之间的关系可以推算为:

$$Q = V/t_d = A \cdot H/t_d = A \cdot v_c \tag{13-14}$$

式中,$A$ 为沉淀池水平方向横截面积,式(13-14)可改写为:

$$v_c = Q/A \tag{13-15}$$

定义 $q$ 为废水在单位时间内通过单位沉淀池表面积的流量,称为废水过流率(溢流率)或沉淀池的表面负荷,由定义可知:

$$q = Q/A \tag{13-16}$$

而

$$Q = V/t_d = A \cdot H/t_d = A \cdot v_c \tag{13-17}$$

因此

$$q = A \cdot v_c/A = v_c \tag{13-18}$$

所以理想沉淀池中水力表面负荷与颗粒最终稳定沉速在数值上是相同的,只是物理意义不同。

对于给定的澄清率 $Q$,只有最终沉速大于 $v_c$ 的那些颗粒,才能够被完全去除。而最终沉速小于 $v_c$ 的颗粒的去除比例,只有进水高度低于 $H_p = \dfrac{H}{v_c} \cdot v_p$ 的颗粒才能被去除。去除的颗粒包含了最终沉速大于 $v_c$ 的全部颗粒,和进水高度低于 $H_p$ 的颗粒。

通过废水的粒度分析,可以得到进水中最终沉速小于 $v_c$ 的颗粒所占比例为 $X_c$,则总去除颗粒中,沉速大于 $v_c$ 的颗粒所占份额为 $1 - X_c$;进水中粒径为 $d_p$ 的颗粒,所占比例为 $\Delta X$,则总去除颗粒中,该粒径颗粒的比例为 $\dfrac{H_p}{H} \cdot \Delta X$,或 $\dfrac{v_p}{v_c} \cdot \Delta X$。理想沉淀池总去除率可以表示为

$$\eta = (1 - X_c) + \int_0^{X_c} \frac{v_p}{v_c} dX \tag{13-19}$$

式中,$(1 - X_c)$ 为最终沉速 $v_p$ 大于 $v_c$ 的颗粒所占的百分率;$\displaystyle\int_0^{X_c} \frac{v_p}{v_c} dX$ 为最终沉速 $v_p$ 小于 $v_c$ 的颗粒被去除的百分率。

实际的沉淀池,如絮体沉降、层状沉降、压缩沉降,均必须在静止的沉淀柱(直径 150 mm,高 3 m)中,进行沉降试验,通过沉降曲线得到沉淀池的有效水深 $H$。

**2. 斜板和斜管沉淀池**

斜板和斜管沉降是浅层沉降设施,它们由叠层的偏置浅槽或各种不同几何形状的小的塑料管组成,目的是提高沉淀池的沉降性能。

设斜管沉淀池池长为 $L$,池中水平流速为 $v$,颗粒沉速为 $v_p$,在理想状态下,$L/H = v/v_p$。可见 $L$ 与 $V$ 值不变时,池身越浅,可被去除的悬浮物颗粒越小。若用水平隔板将 $H$ 分成 3 层,每层层深为 $H/3$,在 $v_p$ 与 $v$ 不变的条件下,只需 $L/3$,就可以将 $u_0$ 的颗粒去除,即总容积可减少到原来的 1/3。如果池长不变,由于池深为 $H/3$,则水平流速可增加至 $3v$,仍能将沉速为 $v_p$ 的颗粒除去,即处理能力提高 3 倍。同时将沉淀池分成 $n$ 层就可以把处理能力提高 $n$ 倍。这就是 20 世纪初,哈真(Hazen)提出的浅池理论。

我国在 1965 年开始进行澄清池分离区加斜板的实验,1968 年又在福州水厂做了斜管除

沙的试验,1972 年第一座生产性的上向流斜管沉淀池正式投入使用。随着理论研究的不断深入和生产实践的不断总结积累,斜管沉淀技术正在不断发展。

在平流式沉淀池中或在原有平流式沉淀池中加斜板后,效果一般均较普通平流式沉淀池提高 3～5 倍,因而它在生产实践中取得了较好效果,特别对离散颗粒的去除效果更为显著。因为微生物在斜管或斜板内易于滋生而导致堵塞,故斜管或斜板沉淀池不适用于生物颗粒的沉降。

# 13.4  离 心 分 离

物体高速旋转时会产生离心力场,利用离心力分离废水中杂质的处理方法称为离心分离法。

废水做高速旋转时,由于悬浮固体和水的密度不同,所受的离心力也不相同,密度大悬浮固体被抛向外围,而水在内围,在适当安排的各自出口处,两者得以分离。

废水在高速旋转时,悬浮固体颗粒同时受到两种径向力的作用,即离心力和水对颗粒的向心推力。设颗粒和同体积的水的质量分别为 $m$ 和 $m_0$,旋转半径为 $r$,角速度为 $\omega$,颗粒受到的离心力分别为 $m\omega^2 r$ 和 $m_0\omega^2 r$,此时颗粒受到的净离心力 $C$ 为两者之差,即:

$$C = (m - m_0)\omega^2 r \qquad (13-20)$$

该颗粒在水中所受的净重力(重力减去浮力)为:

$$F = (m - m_0)g \qquad (13-21)$$

若以 $n$ 表示转速,同时代入式

$$\omega = 2\pi n/60 \qquad (13-22)$$

用 $\alpha = C/F$ 表示离心设备的分离效果,则

$$\alpha \approx rn^2/900 \qquad (13-23)$$

$\alpha$ 越大,表示分离效果越好,即颗粒受到离心力的作用大于受重力作用的倍数越大,越易趋向离心场外围,与废水的分离效果越好。而且,它和离心设备的半径、转速的平方均成正比,也就是说提高转速和增加分离设备的半径,均能提高分离效果,但两者会分别导致设备投资增加,电力消耗增大。

# 13.5  过    滤

过滤(Filtration)是利用介质去除废水中杂质的方法。根据过滤材料不同,过滤可分为颗粒材料过滤和多孔材料过滤两大类。

## 13.5.1  颗粒材料过滤

在废水处理中,颗粒材料过滤主要用于经混凝或生物处理后低浓度悬浮物的去除。由于废水的水质复杂,悬浮物浓度高,黏度大,易堵塞,所以选择滤料时应注意以下问题:

(1)滤料粒径应当大些。采用石英砂为滤料时,砂粒直径可取 0.5～2.0 mm,相应的滤池冲洗强度亦大,可达 18～20 L/(m² · s)。

(2)滤料耐蚀性要强些。滤料耐蚀性的尺度可以用以下方法检测:用浓度为 1% 的 $Na_2SO_4$ 水溶液,将恒重后滤料浸泡 28 天,质量减少值不大于 1% 为宜。

(3)滤料的机械强度好,成本低。滤料可采用石英砂、无烟煤、陶粒、大理石、白云石、石榴石、磁铁矿石等颗粒材料及近年来开发的纤维球、聚氯乙烯或聚丙烯球等。

由于废水悬浮物浓度较高,为了延长过滤周期,提高滤池的截污量可采用上向流、粗滤料、

双层和多层滤料滤池;为了延长过滤周期,适应滤池频繁冲洗的要求可用连续流过滤池和脉冲过滤滤池;对含悬浮物浓度低的废水可采用给水处理中常用的压力滤池、移动冲洗罩滤池、无(单)阀滤池。

**1. 上向流滤池**

上向流滤池如图 13-7 所示。废水自滤池下部流入,向上流经滤层,从上部流出。滤料通常采用石英砂,粒径根据进水水质确定,尽量使整个滤层都能发挥截污作用,并使水头损失缓慢上升。废水处理厂上向流滤池滤料的级配列于表 13-2 中。

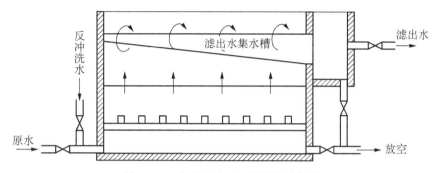

图 13-7　上向流滤池工作原理示意图

**表 13-2　滤池各层粒径和厚度范围**

| 滤料及承托层 | 上部细砂层 | 中部细砂层 | 下部粗砂层 | 承托层 |
|---|---|---|---|---|
| 粒径/mm | 1~2 | 2~3 | 10~16 | 30~40 |
| 厚度/mm | 1 500 | 300 | 250 | 100 |

上向流滤池的特点:

(1) 滤池截污能力强,水头损失小。污水先通过粗粒的滤层,再通过细滤层,这样能充分地发挥滤层的作用,可延长滤池的运行周期。

(2) 配水均匀,易于观察出水水质。

(3) 污物被截留在滤池下部,滤料不易冲洗干净。

**2. 深床过滤器**

深床过滤是使废水通过由颗粒或可压缩滤料组成的滤床去除废水中悬浮颗粒物的过程。目前,深床过滤用于生物和化学处理单元出水中悬浮固体(包括颗粒 $BOD_5$)的补充去除方法,以减少固体物质排放量,而更重要的作用是可作为一个调节过程,用于加强滤后水的消毒效果,也可以用于膜过滤的预处理,一级过滤和二级过滤,也可用于化学沉淀除磷。传统颗粒滤料深床快速过滤器的一般特点可用图 13-8 加以说明。

滤料(石英砂)置于砾石承托层上部,而砾石层放置于过滤器底部排水系统上。滤前废水由进水渠进入过滤器,滤后水收集于底部排水系统。反冲洗水逆向流过底部排水系统清洗滤床。滤后水排入环境之前一般需经消毒处理。

**3. 多层滤料滤池**

常用的有双层和三层滤料滤池,如图 13-9 所示。

无烟煤的相对密度为 1.4~1.6,比石英砂的相对密度 2.6 小,要放在上层,而且粒径可以选大些,但无烟煤的孔隙率大,可截留较多的污染物;下层石英砂的孔隙率较小,粒径也小,可以进一步截留悬浮物,而且悬浮物可以穿透滤池的深处,能较好地发挥整个滤层的过滤作用。水头损失增大也缓慢。如果在双层滤料下面再加一层密度更大、粒径更小的石榴石(相对密度为 4.2),便构成三层滤料滤池,也可以采用磁铁矿石(相对密度 4.7~4.8)作为重滤料。

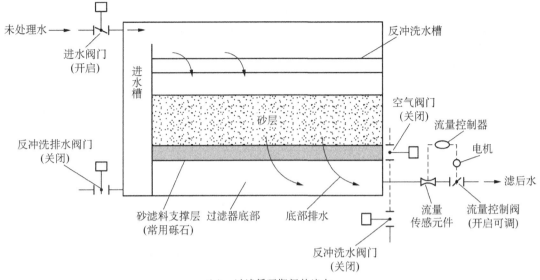

（a）　过滤循环期间的流向

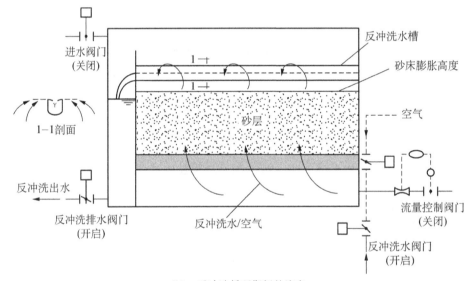

（b）　反冲洗循环期间的流向

图 13-8　传统颗粒滤料快速过滤器的一般特点及操作模式

　　多层滤池主要用于饮用水处理,现已推广至废水的深度处理中。在双层滤料滤池中,要求无烟煤的粒径满足能在其滤层内拦截 75%～90%(滤池去除率的百分比)悬浮物。多层滤料的粒径和厚度见表 13-3。

表 13-3　多层滤料粒径及厚度范围

| 层数 | 材料 | 粒径/mm | 厚度/mm |
|------|------|---------|---------|
| 双层滤料 | 无烟煤 | 1.0～1.1 | 50～77 |
| | 石英砂 | 0.45～0.60 | 25～30 |
| 三层滤料 | 无烟煤 | 1.0～1.1 | 45.7～61.0 |
| | 石英砂 | 0.45～0.55 | 24～30 |
| | 石榴石 | 0.25～0.4 | 5.1～10.2 |

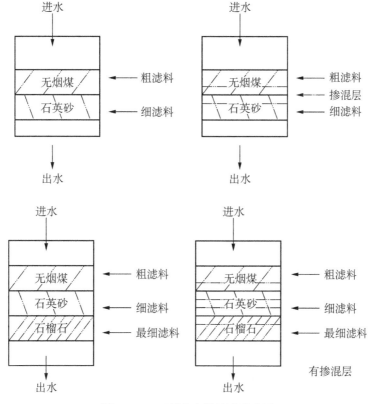

图 13 - 9　双层和多层滤池示意图

#### 4. 上流式连续反洗深床过滤器

上流式连续反洗深床过滤器,如图 13 - 10 所示,是一种集絮凝、澄清、过滤和生物处理功能为一体的连续式运行处理设备,广泛应用于饮用水、工业用水、污水深度处理及再生水处理领域。上流式连续反洗深床过滤器采用升流式流动床过滤原理和单一均质滤料,过滤与洗砂同时进行,能够 24 h 连续自动运行,无须停机反冲洗,巧妙的提砂和洗砂结构代替了传统大功率反冲洗系统,能耗极低,无须维护,管理简便,可无人值守。

上流式连续反洗深床过滤器基于逆流原理,待处理的原水通过进水管进入过滤器内部,经过底部布水器均匀分配后向上逆流通过滤床,过滤后的滤液在过滤器顶部汇集后溢流排出过滤器系统。

在空压机的作用下,空气提升泵将过滤器底层被污染的脏砂提升至过滤器顶部的洗砂器中,通过水流的紊流作用将砂表面的污染物分离出。清洗后的净砂返回到砂床中,而清洗砂所产生的污水从过滤器的排污口排出。

### 13.5.2　纤维滤料过滤

#### 1. 纤维过滤器

纤维过滤器又名 D 型滤池,是一种新型的快滤池。它采用 863 彗星式纤维滤料,小阻力配水系统,气水反冲洗,恒水位或变水位过滤方式,是新一代环保、实用、新型、高效的滤池,淘汰和取代传统的石英砂滤池。其广泛应用于饮用水处理工程等方面。

863 彗星式纤维滤料为一种不对称构型纤维过滤滤料,一端为松散的纤维丝束,称为"彗尾";由于彗星式纤维滤料的结构特点,所以滤层在水流方向上具备从大到小的空隙,形成了一个倒金字塔的构造,过滤时,比重较大的彗核起到了对纤维丝束的压密作用。

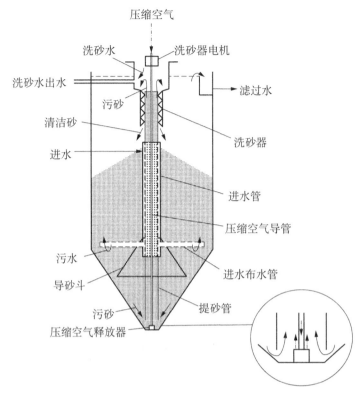

图 13-10　上流式连续反洗深床过滤器

其主要特点为：①过滤精度高。水中的悬浮物去除率可达 95% 以上。②截污量大。一般在 15～35 kg/m³。③可调性强。过滤精度、截污容量、过滤阻力等参数可根据需要调节。④占地面积小。占传统滤池的 1/3～1/2。⑤单位造价低于传统石英砂滤池。⑥不需要频繁地更换滤料，滤料使用寿命 10 年以上。

**2. 纤维束过滤**

纤维束过滤发明于 1985 年，发明人为刘凡清、李俊文和姚继贤。

工作原理：①采用软填料——纤维束作为滤元。纤维束过滤技术采用软填料——纤维束作为滤元，其滤料单丝直径可达几十微米甚至几微米，属微米级滤料（砂滤料属毫米级），具有巨大的比表面积和表面自由能，增加了水中杂质颗粒与滤料的接触机会及滤料的吸附能力，大大提高了过滤效率和截污容量（$d_{50}$：80 000 m²/m³，而砂为 $d_{1\,000}$：6 000 m²/m³）。②无级变孔隙滤层。滤池运行时，滤料在水力作用下形成变孔隙滤层，滤层密度沿水流动方向由小到大，这样的结构即能充分发挥滤料的截污容量，又能更好地保证过滤出水的水质。③密度可调，压缩过滤，放松清洗。

纤维束滤料是用联结件固定在滤池内设置的上、下滤板上的。其中下滤板固定，上滤板垂直可调，向下调时可增大滤层的密度，从而提高过滤出水水质，向上调时可降低滤层的密度，从而提高过滤出水流量。滤池运行时，纤维束滤料在水流作用下被压缩到一定的密度实现高精度过滤。滤池反冲洗时，纤维束滤料在反洗水和空气作用下被放松，可实现彻底清洗。

**13.5.3　多孔材料滤池**

在一些造纸、印染、毛纺等工业废水中，含有较细小的悬浮物，如 1～200 mm 长的纤维类杂物。这种悬浮细纤维，不能通过格栅去除，也难以用沉降法去除往往会堵塞排水管道、孔洞，缠绕水泵叶轮及其他废水处理设备，为了去除这类污染物，工业上常应用筛网或捞毛机。

**1. 筛网**

筛网一般由金属丝或化纤编制而成,筛孔尺寸一般为 0.15～1.0 mm。筛网过滤装置很多,有振动筛网、水力筛网、转鼓式筛网、转盘式筛网、微滤机等。不论何种形式,其结构既要截留污物,又要便于卸料及清理筛面。筛网分离具有简单、高效、运行费用低廉等优点。

图 13-11 是一种水力回转筛的结构示意图,它由运动筛网和固定筛网组成。回转筛的小头端用不透水的材料制成,内壁装设固定的导水叶片。当进水射向导水叶片时,便推动锥筒旋转,悬浮物被筛网截留,并沿斜面卸到固定筛上进一步脱水;水则穿过筛孔,流入集水槽。

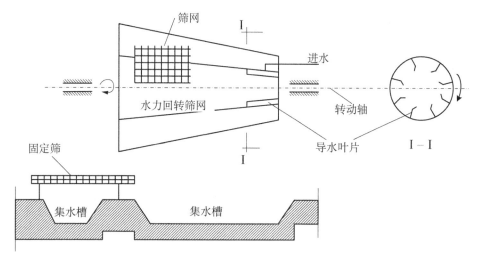

图 13-11　水力回转筛结构示意图

对于筛余物,可将收集的筛余物运至处置区填埋或与城市垃圾一起处理;当有回收利用价值时,可送至粉碎机或破碎机磨碎后再用;对于大型系统,也可采用焚烧的方法彻底处理。

**2. 捞毛机**

捞毛机安装在废水渠道的出口处。含有纤维杂质的废水进入筛网后,纤维被截留在筛网上,筛网旋转时,被截留的纤维杂质转移到筛网的顶部,在顶部安装一排压力喷水口,纤维杂质被从喷水口流出的冲洗水冲洗掉,送入安装在筒形筛网中心的输送带上,最后落入小车或地上,再由人工送出。目前常用的筛网圆筒直径为 2 200 mm,筛网宽度为 800 mm,孔眼为 9.5 目(每平方英寸上的孔眼数为 9.5×9.5,1 英寸 = 0.025 4 米)。用于进水渠水深小于 1.5 m 的条件下,如果水深增加,则圆筒直径增大,能耗较高。

**3. 滤布过滤器**

转盘式微过滤器属于滤布过滤器(图 13-12)是目前世界上最先进的过滤器之一,其过滤精度范围为 10～100 μm。该项技术处理效果好,出水水质高,设备运行稳定。转盘式微过滤器拥有过滤面积大的优点,并且它的过滤面积可以随着流量的增加而增大。

转盘式微过滤器主要作用:①污水中固体悬浮物的去除;②结合化学药剂可去除磷;③重金属的去除。

工作原理:转盘式微过滤器的工作原理是原水

图 13-12　转盘式微过滤器

通过中心转鼓重力自流到过滤段,在过滤期间,固体悬浮物被盘式过滤器的滤布截留。截留的固体污染物将会阻碍进水,进而转鼓中的水位上升,当达到一定值时,将会触发液位传感器,启动转鼓转动,同时反冲洗系统开始工作(正常情况下,过滤器是静止的,这就意味着没有能量的消耗),高压水冲下的固体物被收集到固体收集槽中。反冲水量仅为总水量的 $1\%\sim2\%$,并且可用滤后水作为反冲洗水。转盘式微过滤器在安装时,$60\%$ 需要淹没在水中,过滤器在 $50\sim200\ mm$,运行时最大允许水头损失为 300 mm。反冲洗和转鼓转动可以自动控制。

滤布滤池主要生产厂家如表 13-4 所示。

**表 13-4　滤布滤池主要生产厂家**

| 序号 | 1 | 2 | 3 | 4 | 5 |
|------|------|------|------|------|------|
| 公司名称 | 荷兰帕克 | 宜兴华都琥珀 | 德国汉斯琥珀 | 浦华环保 | 加拿大 NORDIC |

#### 4. 微滤、超滤

微滤膜用于分离大于 $0.1\ \mu m$ 的大分子物质;超滤膜截留组分直径为 $0.005\sim0.1\ \mu m$,相对分子质量大于 500 的大分子和胶体;反渗透可以截留相对分子质量小于 500 的小分子溶质,如盐、糖等低分子物质;纳滤介于反渗透和超滤之间,用于分离溶液中相对分子质量在几百至几千的小分子溶质。膜生产厂家如表 13-5 所示。

**表 13-5　2009 年各国中空纤维膜生产情况**

| 膜的分类 | | 代表公司 | 孔径/$\mu m$ | 材质 | 产地 |
|---------|------|---------|-----------|------|------|
| 超滤 | 帘式 | 通用电气(GE/Zenon) | 0.04 | PVDF | 匈牙利 |
| | | 美能(Memstar) | <0.1 | PVDF | 国产 |
| | | 海南立升 | 0.02~0.1 | PVC | 国产 |
| | 柱式 | 西门子(Seimens Memcor) | 0.04 | PVDF | 澳大利亚 |
| 微滤 | 帘式 | 北京碧水源 | 0.15 | PVDF | 国产 |
| | | 天津膜天膜 | 0.2 | PVDF | 国产 |
| | 束状 | 三菱丽阳(Mitsubishi Rayon) | 0.4 | PE/PVDF | 日本 |
| | | 旭化成(Microza) | 0.1 | PVDF | 日本 |

超滤膜与微滤膜占美、日、欧洲整个膜市场份额的 $50\%\sim60\%$,广泛用于化工过程的分离与精制,废水净化处理并回收有用成分,产业废水零排放,活性污泥膜法废(污)水处理回用(膜生物反应器,MBR)等。2005 年 UF/MF 相关设备的销售额达到 13.67 亿美元,若加上相关工程则接近 50 亿美元,年增长率 $9\%$,而在废水处理领域的增长率达到 $11\%$,超滤和微滤均属于压力(低压)驱动膜过程,超滤膜均匀孔径在 $1\sim50\ nm$ 之间,可以分离溶液中的大分子、胶体、蛋白质、微粒等。微滤膜的均匀孔径在 $0.1\sim20\ \mu m$,水处理一般用 $0.1\sim0.4\ \mu m$ 孔径的膜,主要去除微粒、亚微粒和细粒物质。超滤膜的材质主要为聚砜(PSU)、聚丙烯腈(PAN)、聚醚砜(PES)、聚偏氟乙烯(PVDF)、聚氯乙烯(PVC)等。而微滤膜材质为醋酸纤维素(CA)、聚碳酸酯(PC)、聚乙烯(PE)、聚丙烯(PP)、聚偏氟乙烯、聚四氟乙烯(PTFE)等。此外无机陶瓷也可制作超滤膜和微滤膜。

微滤和超滤在国外主要应用于饮用水处理,国内则主要用于产业领域的废水处理、回用,作为反渗透渗出的前处理已被认同。UF/MF 技术作为城市安全供水、市政污水处理、再生水回用的重要手段,随着国家对水资源再利用投入的增加,将获得广阔的市场空间。UF(MF)/RO 双膜法工艺、膜生物反应器技术等将得到迅速发展。无机膜,特别是陶瓷膜、金属膜因其耐高温、耐有机溶剂、耐酸碱,也将会得到发展。

就其工程应用而言,微滤和超滤主要用于地表水、受污染地下水的处理,及污水经二级处理后出水的深度处理,海水淡化、苦咸水淡化前处理等。

# 13.6　电　吸　附

电吸附除盐技术(Electro Sorb Technology,EST),又称电容性除盐技术,是 20 世纪 90 年代末开始兴起的一项新型水处理技术。该技术利用通电电极表面带电的特性对水中离子进行静电吸附,从而实现水质的净化目的。

水处理中的盐类大多是以离子(带正电或负电)的状态存在。电吸附除盐技术的基本思想就是通过施加外加电压形成静电场,强制离子向带有相反电荷的电极移动,使离子在双电层内富集,大大降低溶液本体浓度,从而实现对水溶液的除盐。

## 13.6.1　电吸附原理

电吸附原理如图 13-13 所示,原水从一端进入由两电极板相隔而成的空间,从另一端流出。原水在阴、阳极之间流动时受到电场的作用,水中离子分别向带相反电荷的电极迁移,被该电极吸附并储存在双电层内。随着电极吸附离子的增多,离子在电极表面富集浓缩,最终实现与水的分离,获得净化/淡化的产品水或回收金属离子。

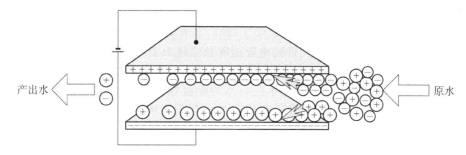

图 13-13　电吸附工作过程示意图

在电吸附过程中,电量的储存/释放是通过离子的吸/脱附而不是化学反应来实现的,故而能快速充放电,而且由于在充放电时仅产生离子的吸/脱附,电极结构不会发生变化,所以其充放电次数在原理上没有限制。

当含有一定量盐类的原水经过由高功能电极材料组成的电吸附模块时,离子在直流电场的作用下被储存在电极表面的双电层中,直至电极达到饱和。此时,将直流电源去掉,并将正负电极短接,由于直流电场的消失,储存在双电层中的离子又重新回到通道中,随水流排出,电极也由此得到再生,如图 13-14 所示。

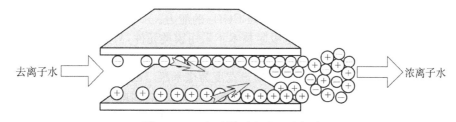

图 13-14　电吸附再生过程示意图

由于电吸附过程主要利用电场力的作用将阴、阳离子分别吸附到不同的电极表面形成双电层,这会使同一极面上的难溶盐离子浓度积相对低得多,可有效防止难溶盐结垢现象的发生。其次,电吸附极板间水径流与极板呈切线方向,不利于水中析出的难溶盐结晶在极板上的生长。电吸附可以在难溶盐过饱和状态下运行。另外,在电吸附模块中,由于电吸附过程中阴、阳离子吸附不平衡会导致产生氢离子含量较多的出水,通过倒极的方式,偏酸性的出水同样会使有微量结垢现象的垢体溶解掉。

### 13.6.2　电吸附工艺及特点

电吸附工艺流程如图 13-15 所示。其特点如下:

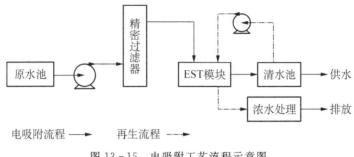

图 13-15　电吸附工艺流程示意图

(1) 电吸附除盐技术利用带电电极表面吸附水中离子,使水中溶解的盐类在电极表面富集浓缩而实现水的净化/淡化。其独特的除盐原理是将水中溶质从溶液中提取出来,而不是将水中溶剂从溶液中提取出来。

(2) 电吸附模块的电极采用惰性材料加工而成,具有化学性能稳定、使用寿命长(10 年以上)的优点。以电吸附模块为核心元件的电吸附除盐系统具有抗污染性强、预处理简单、不需要添加专用药剂、通量稳定、不用频繁清洗、运行成本低、节能环保的特性。

(3) 电吸附技术能耗低。电吸附技术进行水的除盐处理时,其主要的能量消耗在使离子发生迁移,而在电极上并没有明显的化学反应发生。与蒸馏法、反渗透法等除盐技术相比,电吸附技术是有区别性地将水中离子提取分离出来,而不是把水分子从待处理的原水中分离出来,无须高温或高压,因此所耗的能量相对较低。另外,由于电极加电后即为充电电容器,所施加的电能被储存在双电层电容上,如有必要,就可以将所存储的能量在电极再生时回收一部分,即将吸附饱和的模块上储存的电能再加到另一再生好的模块上,也即所谓的"秋千式"供电。这样可以大大地节约能源。

(4) 电吸附技术得水率高,用于再生的冲洗水可重复使用,一般情况下得水率可以达到75% 以上;如采用适当的工艺组合,甚至可达 90% 以上。

(5) 电吸附技术还是一项环境友好型技术。电极再生时只需将储存的电能释放掉,不需任何化学药剂进行再生。与离子交换技术相比,减少了在浓酸、浓碱的运输、贮存和操作上的麻烦,而且不向外界排放酸碱中和液;与反渗透相比,无需加入还原剂、分散剂、阻垢剂等化学药剂,所排放的浓离子水来自于原水,系统本身不产生新的排放物,从而避免了二次污染问题。另外,抗污染性能较强,并表现出一定的去除 $COD_{Cr}$ 的能力。

(6) 设备可靠,运行稳定。由于电吸附技术不采用膜类元件,只采用特殊的惰性材料为电极,因此对原水预处理的要求不高,即使在预处理上出一些问题也不会对系统造成不可修复的损坏。电吸附除盐装置采用通道式结构(通道宽度为毫米级),因此不易堵塞,对颗粒状污染物要求较低;电吸附技术是利用电场作用将阴、阳离子分别去除,因此,阴、阳离子所处场所不同,不会互相结合产生垢体;少量油类、铁、锰、余氯、有机物、pH 等对系统几乎没有什么影响,对各类水质的原水具有良好的适应性;在停机期间也无需对核心部件作特别保养;系统采用计算机控制,自动化程度高;由于采用碳类电极材料,从理论上讲电吸附模块可以长期服役。

(7) 适应性强,操作及维护简便。系统对原水预处理的指标要求不高,铁、锰、氯等离子、pH 和有机物等对系统几乎没有影响,所以除盐技术适应性强。在停机期间也无需对核心部件作特别养,维护方便。系统采用计算机控制,自动化程度高,操作程序简单容易掌握。

由于其广泛的适应性和良好的实用性,电吸附技术可以应用在工业废水回用处理、工业除盐水处理、苦咸水淡化等领域。苦咸水淡化乃至海水淡化将是 EST 技术的下一个更加诱人的应用领域。

### 13.6.3　电吸附在废水处理中的应用

由于电吸附除盐技术具有运行可靠、出水稳定、能耗低、操作方便、对进水水质要求不高、产水率较高、运行成本较低等特点,在工业污(废)水再生利用中可以涉及很多领域,如造纸、纺织、印染、电力、化工、冶金等需大量净水作为工艺用水的领域以及核工业废水的治理等方面。

1) 石化公司工业废水再生项目

2006 年 11 月 30 日,在齐鲁石化分公司建成世界首例每小时百吨级的 EST 工业废水再生工程,该项目为中石化齐鲁分公司胜利炼油厂第二污水处理厂排海水深度处理回用项目,其污水回用规模 2 400 m³/d。要求除盐率不低于 50%(或电导率不高于 800 μS/cm),用于循环水补水,产水能力为 100 m³/h。

齐鲁分公司炼油污水经过二级生化处理后的 $COD_{Cr}$ 约为 100 mg/L,石油类污染物含量不高于 5 mg/L,悬浮物浓度不高于 60 mg/L,电导率约为 1 400~3 300 μS/cm,氯离子及硫酸根离子浓度约为 300 mg/L。根据目前工业循环水补水水质的现状,确定污水回用到循环水系统需满足以下指标:$COD_{Cr}$≤30 mg/L,电导率≤800 μS/cm,氯离子≤100 mg/L,硫酸根离子≤100 mg/L,如表 13 - 6 所示。

表 13 - 6　电吸附工艺设计指标

| 项　　目 | 技术指标 | 项　　目 | 技术指标 |
|---|---|---|---|
| 进水平均电导率/(μS/cm) | <1 500 | 电导率平均去除率/% | ≥50 |
| 产水平均电导率/(μS/cm) | ≤750 | 电吸附单元产水率/% | ≥75 |
| 平均产水量/(m³/h) | ≥75 | 吨水耗电量/(kW·h) | ≤1.6 |

设计针对排污水水质、回用用户要求,结合目前炼油系统污水回用现状以及电吸附除盐技术特点,确定污水回用处理工程主要工艺流程为生物深度处理单元—絮凝过滤单元—电吸附除盐单元。

生物深度处理单元采用生物载体流化床(MBBR)工艺,该工艺由系统原有接触氧化池改造而成。为保证电吸附除盐单元的稳定运行,设计强化了对污水中悬浮物的去除。生物深度处理单元出水首先采用流砂过滤加纤维球过滤,可以有效去除污水中悬浮物。然后采用过滤精度高的滤芯式保安过滤器,以减少电吸附除盐模块发生污堵的可能性。污水中的重碳酸根在极板上的吸附和解吸速率比较小,因此,在工业实施时增加了除重碳酸根的措施,以使电吸附单元能够长期稳定运行。

设计采用两套电吸附除盐系统以 PLC 自动控制交替生产和再生,并共用一套电吸附原水池、再生水池、酸洗池和清水池;另外,增加外供水水泵变频器,保证系统产水量的连续稳定。

电吸附工艺流程如图 13 - 16 所示。

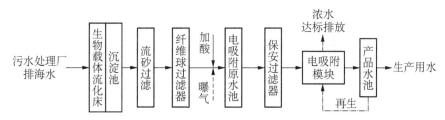

图 13 - 16　某电吸附回用项目工艺流程图

　　齐鲁石化公司胜利炼油厂第二污水处理厂排海水深度处理回用项目电吸附系统工艺、设备、水质一览表如表 13-7 所示。

表 13-7　电吸附系统工艺、设备、水质一览表

| 序号 | 处理单元 | 设备 | 规格型号 | 数量 | 功能作用 | 水质 | | |
| --- | --- | --- | --- | --- | --- | --- | --- | --- |
| | | | | | | 原水 | 出水 | 去除率/% |
| 1 | 加酸曝气 | 原水池 | 100 m³ | 1 | 去除 $HCO_3^-$ 碱度 | 248.4 mg/L | 77.3 mg/L | 68.9 |
| | | 风机 | 已有 | 1 | | | | |
| 2 | 过滤单元 | 保安过滤器 | 10 μm | 4 | 去除浊度 | 6 NTU | 1 NTU | 83 |
| 3 | 除盐单元 | 工作泵 | Q：100 m³ | 1 | — | — | — | — |
| | | 再生泵 | H：20 m | 1 | — | — | — | — |
| | | 排污泵 | N：11.5 kW | 1 | — | — | — | — |
| | | 电吸附模块 | EMK4452 | 32 | 除盐 | 1 499 μS/cm | 566 μS/cm | 63.2 |
| | | 产品水池 | 100 m³ | 1 | — | — | — | — |

　　电吸附模块采用 EMK4452 模块，单个模块尺寸 2 400 mm × 650 mm × 2 500 mm，两级模块串联运行，上下层叠置组成一小组。

　　齐鲁石化公司中试与项目运行效果的比较见表 13-8。

表 13-8　齐鲁石化公司中试与项目运行效果的比较

| 序号 | 项　目 | 中　试 | 工　程 |
| --- | --- | --- | --- |
| 1 | 电导率平均去除率/% | 57.4(原水 1 474 μS/cm) | 62.3(原水 1 499 μS/cm) |
| 2 | d 电吸附产水率/% | 75 | 75 |
| 3 | 吨水能耗/(kW·h/m³) | 1.64 | 1.33 |

　　由表 13-8 可知，在实际的项目中，电导率平均去除率（即除盐率）比中试高，而吨水能耗则比中试低。

　　在进水电导率 1 800～2 500 μS/cm，油 5 mg/L 的条件下，平均除盐率为 62.3%，达到循环水补水水质要求。平均产水率为 75.0%，模块吨水耗电量为 1.33 kW·h/m³。经粗略估算，该装置的吨水处理成本约为 0.72 元。电吸附除盐核心部件运行稳定，操作维护简便。

　　2）化工公司循环水旁滤器反洗水回用

　　河南晋开化工投资控股集团有限责任公司三期技改 18 万吨/年合成氨扩能工程中，将各循环水旁滤器反洗水进行除盐回用于循环水补水。

　　循环水旁滤器反洗水设计进水、出水详细指标见表 13-9。

表 13-9　EST 进出水指标

| 项目 | 单位 | 电吸附进水 | 电吸附出水 | 项目 | 单位 | 电吸附进水 | 电吸附出水 |
| --- | --- | --- | --- | --- | --- | --- | --- |
| pH | — | 7.8～8.5 | 6～9 | $Ca^{2+}$ | mg/L | 100～148 | — |
| SS | mg/L | ≤750 | ≤3 | $Cl^-$ | mg/L | 162～375 | — |
| 总 Fe | mg/L | ≤2 | — | 电导率 | μS/cm | ≤3 000 | ≤800 |
| 总 P | mg/L | 6～8 | — | 氨氮 | mg/L | ≤20 | ≤10 |
| 碱度 | mmol/L | 4.8～8 | — | $COD_{Cr}$ | mg/L | ≤110 | ≤40 |

　　系统产水量 100 m³/h，除盐率不低于 73%，产水率不低于 75%。

　　另外，电吸附技术也越来越多地应用于去除工业废水中大量的重金属离子、其他有害离子

以及农业污染产生的天然水体中难降解有机物。

Afkhami 等用高比表面积碳布对水溶液中 Cr(Ⅵ)、Mo(Ⅵ)、W(Ⅵ)、(Ⅳ)和 V(Ⅴ)进行吸附和电吸附。实验结果表明,除 V(Ⅳ)外其余的离子在酸性条件下均具有更好的吸附性,正极化提高了碳布对 Cr(Ⅵ)、Mo(Ⅵ)和 V(Ⅴ)的吸附;吸附平衡后,负极化可将 Mo(Ⅵ)和 V(Ⅴ)很大程度地脱附。因为 V(Ⅳ)在酸性条件下不能明显地被吸附,所以该方法可以作为一种分离 V(Ⅴ)和 V(Ⅳ)的有效方法。

孙奇娜等研究了载钛活性炭电吸附去除水中 Cr(Ⅵ)。实验结果表明,当 Cr(Ⅵ)的初始质量浓度为 20 mg/L,施加 1.2 V 的电压电吸附处理 3 h 后,水质满足国家排放标准,并且经 4 次电脱附再生后电吸附率仍保持在 81.2%。

为了去除工业废水中的有害成分,陈榕等研究了活性炭炭对 SCN⁻ 的电吸附行为。实验结果表明:正极化使得 SCN⁻ 的吸附提高,而负极化可以使被吸附的大部分的 SCN⁻ 脱附;在 pH 为 3 时,SCN⁻ 表现出最高的吸附容量。

电吸附还可以去除废水中各种有机物。随着科技的发展,农业中使用的各种各样的除草剂,不同程度地污染了当地水源。Ania 等发现阳极极化能明显提高除草剂噻草平在活性炭布上的吸附率。Kitous 等研究发现,在电极上施加 50 mV 的电压后,固定床的吸附容量比不加电压时吸附速率和吸附率都提高了 1 倍。

电吸附也可用于染料废水脱色。Han 等采用电吸附方法处理偶氮染料酸性废水。实验结果表明:电化学极化使得活性炭纤维的吸附速率和吸附容量都得到了提高,在极化电压为 600 mV 时,吸附速率和吸附容量分别提高 120% 和 115%,在所有实验中吸附等温线都可以用 Langmuir 等温线模型很好地拟合;当对活性炭纤维进行 5 V 的负极化时,再生效率超过 90%,10 个吸附—脱附循环后再生效率还保持在 70% 以上。

另外,电吸附对多种溶液中有机物的去除都有明显效果,如 $m$-甲酚、苯酚、苯胺等,但其电吸附效果和吸附机理不同。

# 第14章 工业废水的化学处理单元

在水处理的过程中应用化学原理和化学作用将废水中的污染物成分转化为无害物质,使得废水得以净化。污染物在经过化学处理后,改变了化学本性。常见的过程有中和、沉淀、氧化还原(包括电化学氧化和还原)、焚烧、混凝。

## 14.1 中　　和

中和(Neutralization),是用化学法去除废水中过量的酸、碱,使其 pH 达到中性的过程,即利用酸碱中和原理来去除废水中的酸碱。

含酸废水和含碱废水是两种重要的工业废水,在化工厂、化学纤维厂、金属酸洗车间、电镀车间等制酸或用酸的过程中都会排出酸性废水;而在造纸厂、印染厂、化工厂和制革厂等制碱或用碱过程中往往产生不同浓度的碱性废水。在酸性废水中有的含有无机酸(如硫酸、盐酸、硝酸等),有的含有有机酸(如醋酸等)。酸碱废水如不经回收和处理,直接排入下水道,将会腐蚀渠道或构筑物,如果进入水体,会污染水体,危害水生动植物的生存。

含碱量大于 3% 的废水称高碱性废水,含酸量大于 5%~10% 的废水称为高酸性废水,对此应当首先考虑中和利用或回收。例如可以利用洗钢废水(硫酸为 3%~5%,硫酸亚铁为 15%~25%)制造硫酸亚铁,或直接作为混凝剂,也可以利用其酸性来中和处理碱性废水。又例如,可以将废电石渣(含有氢氧化钙)投入含硫酸为 5%~8% 的酸性废水中制造石膏,给硅酸盐制品厂制砖。

酸碱废水中低浓度部分,在没有找到经济有效的回收利用方法以前,必须用中和办法处理,常用的方法有:

(1) 酸、碱废水互相中和,达到以废制废的目的;

(2) 各自投加碱性或酸性药剂;

(3) 通过起中和作用的滤料过滤。

### 14.1.1　中和过程机理及过程分析

废水中的酸和碱进行如下化学反应:

$$A\ 酸 + B\ 碱 = C\ 盐 + D\ 水 \qquad\qquad 反应(14-1)$$

其物质的量的关系为
$$\frac{n_{酸}}{A} = \frac{n_{碱}}{B} = \frac{n_{盐}}{C} = \frac{n_{水}}{D} \qquad\qquad (14-1)$$

反应(14-1)是一个简单的化学反应过程,中和药剂用量按式(14-1)计算,但由于废水中存在其他杂质,特别是一些重金属离子在酸性废水中共存,这些杂质也与酸或碱反应,使反应复杂化,所以所用酸碱量要比单纯酸碱中和剂量大得多。

所用反应器因处理方法不同而有差异,如酸碱废水互相中和反应,要求混合均匀,用完全混合反应器较好,也可用较大长宽比的活塞流反应器,使其有足够长的时间互相接触而混合均匀;投药中和反应,必须采用完全混合反应器;过滤中和反应,则要采用沸腾床反应器处理,当然亦可以采用固定式或流动式填充床反应器,但其处理效果不如沸腾床反应器好。

### 14.1.2　常用中和方法

#### 1. 酸碱废水互相中和

若酸性废水的含酸量为 $n_1$,碱性废水中的含碱量为 $n_2$,两种废水流量分别为 $Q_{酸}$ 和 $Q_{碱}$,

则中和时要满足：

$$\frac{n_1}{A} = \frac{n_2}{B} \tag{14-2}$$

中和槽容积为：

$$V = (Q_{酸} + Q_{碱})t_{停留} \tag{14-3}$$

式中，$t_{停留}$为两种废水在中和槽中的停留时间，一般单级中和按停留时间约 $1 \sim 2\ h$ 计算。

如果废水需要用水泵抽升，或有相当长的沟渠或管道可用，则不必设置中和槽。如果 $\frac{n_1}{A} \neq \frac{n_2}{B}$，则需要按需要补充酸或碱性药剂。

**2. 加药中和**

对于酸性废水(图 14-1)，常用的碱性药剂有石灰、苛性钠、石灰石、白云石等，对于碱性废水，常用的酸性药剂有普通的硫酸、盐酸、硝酸，其中以硫酸居多，另外还有采用烟道气来中和碱性废水的，它是利用烟道气中二氧化碳和二氧化硫等酸性成分和碱发生中和反应，这种方法同时可以达到消烟除尘的目的，但处理后的废水中，硫化物、色度和耗氧量均有显著增加。

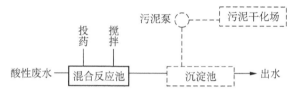

图 14-1 酸性废水投药中和流程图

中和剂的投加量计算如下：

$$G = (K/p)(Qc_1a_1 + Qc_2a_2) \tag{14-4}$$

式中，$Q$ 为酸或碱性废水流量，$m^3/d$；$c_1$ 为废水中酸或碱的含量，$kg/m^3$；$a_1$ 为中和 1 kg 酸或碱所需的药剂量，kg；$c_2$ 为废水中与试剂反应的杂质的浓度，$kg/m^3$；$a_2$ 为与 1 kg 杂质反应所需药剂量，kg；$K$ 为考虑反应不均匀性或不完全的药剂过量系数；$p$ 为药剂有效成分的百分含量，%。

**【例 14-1】** 某钢铁厂在洗钢过程中，采用稀硫酸洗去钢板表面的铁锈，最终排放的洗钢废水的 pH 为 3，排放量 $Q$ 为 500 $m^3/d$，现需要与其他废水混合，进入生化处理工艺，由于生化工艺要求进水 pH 为 7，废水需首先进行中和处理，拟采用有效成分为 74% 的熟石灰作为 pH 调节剂，问每天需要多少熟石灰才能满足处理要求？

**【解】** 已知 pH = 3，则废水中 $[H^+]$ 为 $10^{-3}$ mol/L，要求中和至中性，则每天需中和的氢离子物质的量为：

$$n_{H^+} = 500 \times 10^3 \times 10^{-3} = 500\ mol$$

则需要石灰提供 500 mol 的 $OH^-$。

根据化学反应方程：$Ca(OH)_2 \Longrightarrow Ca^{2+} + 2OH^-$

$$
\begin{array}{cc}
1 & 2 \\
x & 500
\end{array}
$$

可得：

$$x = \frac{500 \times 1}{2} = 250\ mol$$

又已知 $Ca(OH)_2$ 的相对分子质量为 74，熟石灰的纯度为 74%，则每天需要熟石灰的质量为：

$$m_{熟石灰} = m_{Ca(OH)_2}/74\% = \frac{74 \times 250}{74\%} = 25\ 000\ g = 25\ kg$$

即为使流量为 500 m³/d、pH 为 3 的酸性废水中和至 pH 为 7,每天需要投加纯度为 74% 的熟石灰 25 kg。

中和药剂的选择,不仅考虑药剂本身的溶解性、反应速度、成本、是否产生二次污染以及使用方法等因素,而且还要考虑中和产物的性状、数量及其处理费用。

此法的优点是能中和处理任何性质、任何浓度的酸碱废水,允许废水中含有较高浓度的悬浮物,中和剂利用率高,过程易调节控制;缺点是建筑投资大,产物呈沉淀时处理麻烦,操作中劳动强度大,条件差,维护管理麻烦。

**3. 过滤中和**

过滤中和是利用难溶性的中和药剂作原料,让酸性或碱性废水通过,达到中和目的。采用此法时,首先需对废水中悬浮物、油脂等进行预处理,以防堵塞;滤料颗粒直径不宜过大,颗粒越小则滤料的比表面积越大,和废水接触越充分;失效的滤渣要及时清理或更换;滤料的选择与中和产物的溶解度有密切关系,因为中和反应发生在滤料颗粒的表面,如果中和产物溶解度很小,在滤料表面形成不溶性硬壳,则会阻止中和反应。盐酸和硝酸的钙盐、镁盐的溶解度较大,因此对于含有盐酸或硝酸的废水,可将大理石、石灰石、白云石等粉碎到一定粒度作为滤料;碳酸盐的溶解度都较低,则在中和含有碳酸的废水时,不宜选用钙盐作为中和剂;硫酸钙的溶解度很小,硫酸镁的溶解度则较大,因此,中和含硫酸的废水最好选用含镁的中和滤料(如白云石等)或含镁的废渣。

也有利用酸性或碱性的废渣作为滤料的。例如用酸性废水喷淋锅炉灰渣,就能获得一定的中和效果。

过滤中和常用的设备有普通中和滤池、升流式膨胀中和滤池。其中,普通中和滤池应用固定床形式,可采用平流式和竖流式,目前多采用竖流式。其中,竖流式又分为升流式和降流式,如图 14-2 所示。

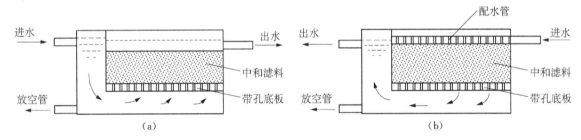

图 14-2 普通中和滤池

升流式膨胀中和滤池采用流化床形式,其中恒速升流式膨胀中和滤池结构如图 14-3 所示。

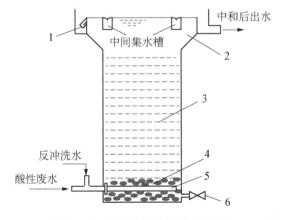

图 14-3 恒速升流式膨胀中和滤池

1—环形集水槽;2—清水区;3—石灰石滤料;4—卵石垫层;5—大阻力配水系统;6—放空管

# 14.2　化 学 沉 淀

化学沉淀(Chemical Precipitation)是向废水中投加某种化学物质,使之与废水中某些溶解性污染物产生化学反应,生成难溶于水或不溶于水的化合物而沉淀下来的过程。

通常把溶解度小于 100 mg/L 的物质称为不溶物,确切地说应称为难溶物。用溶度积常数 $K_{sp}$ 的大小来表示某化合物的溶解度大小,$K_{sp}$ 越小,表示该化合物溶解度越小。化合物在水溶液中存在以下溶解平衡:

$$x M^{y+} + y N^{x-} \rightleftharpoons M_x N_y (固) \qquad 反应(14-2)$$

则:

$$K_{sp} = [M^{y+}]^x \cdot [N^{x-}]^y \qquad (14-5)$$

当溶液中存在以下关系,$[M^{y+}]^x \cdot [N^{x-}]^y > K_{sp}$ 时,表明溶液中该盐处于过饱和状态,超过饱和的部分离子将以沉淀形式析出。而在 $[M^{y+}]^x \cdot [N^{x-}]^y < K_{sp}$ 时,表明该盐在溶液中尚未达到饱和,则盐从固体形态向溶液中转移,如果没有沉淀形式的盐,则溶液保持平衡。

$K_{sp}$ 的大小受很多因素影响,分析和认识这些影响因素,对控制沉淀过程有着重要的意义。

(1) 化合物的本身特性　不同的药剂与废水中的污染物生成的沉淀物溶解度大小不一,因此,对于某种污染物,要选择能生成 $K_{sp}$ 尽量小的化学药剂作为沉淀剂,要在不同的化合物中加以选择。

(2) 废水 pH　pH 为生成物取得最小溶解度的外在条件。对于氢氧化物沉淀法而言,废水的 pH 为沉淀过程的重要条件,必须选择最佳 pH 来控制沉淀过程。

(3) 盐效应　在弱电解质、难溶电解质和非电解质的水溶液中,加入不同离子的无机盐,能改变溶液的活度系数,从而改变离解度或溶解度。这一效应称为盐效应。如果在废水中有其他可溶性盐类存在,将增加难溶化合物的溶解度。溶液的离子强度越大,沉淀组分的离子电荷越高,盐效应越明显。即溶液中的离子总数增大,离子之间的静电作用增强,沉淀表面碰撞的次数减小,使沉淀过程速度变慢,平衡向沉淀溶解的方向移动,故难溶物质溶解度增加。在废水中存在杂质盐类十分普遍,这对采用沉淀法处理废水是不利的,因此,在投加沉淀剂时要考虑到盐效应的影响。

(4) 同离子效应　在难溶化合物饱和溶液中,如果加入有同离子的强电解质,则沉淀-溶解平衡向着沉淀方向移动,使难溶化合物溶解度降低。在废水处理中可以利用同离子效应,通过加入过量沉淀剂或另加同离子的其他化合物来达到这一目的。

(5) 不利的副反应伴生　由于废水中成分复杂,加入的沉淀剂和污染物有可能发生配合反应、氧化还原反应、中和反应等,消耗了沉淀剂或和组分离子生成可溶性化合物,从而降低了沉淀法处理的效果,因此,在选择沉淀剂种类和反应剂量时,要考虑上述不利副反应的发生。

根据沉淀剂种类的不同,化学沉淀处理工艺可以分为氢氧化物法、硫化物法、钡盐法等。

## 14.2.1　氢氧化物沉淀法

除了碱金属和部分碱土金属外,其他金属的氢氧化物大多数是难溶的,因此可以用氢氧化物沉淀法去除金属离子。对重金属的去除效果更好一些。常用的沉淀剂有石灰、碳酸钠、苛性碱、石灰石、白云石等,来源丰富,价格低廉。

表 14 - 1　某些金属氢氧化物的溶度积

| 化学式 | $K_{sp}$ | 化学式 | $K_{sp}$ | 化学式 | $K_{sp}$ |
|---|---|---|---|---|---|
| AgOH | $1.6 \times 10^{-8}$ | $Cr(OH)_3$ | $6.3 \times 10^{-31}$ | $Ni(OH)_2$ | $2.0 \times 10^{-15}$ |
| $Al(OH)_3$ | $1.3 \times 10^{-33}$ | $Cu(OH)_2$ | $5.0 \times 10^{-20}$ | $Pb(OH)_2$ | $1.2 \times 10^{-15}$ |
| $Ba(OH)_2$ | $5 \times 10^{-3}$ | $Fe(OH)_2$ | $1.0 \times 10^{-15}$ | $Sn(OH)_2$ | $6.3 \times 10^{-27}$ |
| $Ca(OH)_2$ | $5.5 \times 10^{-6}$ | $Fe(OH)_3$ | $3.2 \times 10^{-38}$ | $Th(OH)_4$ | $4.0 \times 10^{-45}$ |
| $Cd(OH)_2$ | $2.2 \times 10^{-14}$ | $Hg(OH)_2$ | $4.8 \times 10^{-26}$ | $Ti(OH)_3$ | $1 \times 10^{-40}$ |
| $Co(OH)_2$ | $1.6 \times 10^{-15}$ | $Mg(OH)_2$ | $1.8 \times 10^{-11}$ | $Zn(OH)_2$ | $7.1 \times 10^{-18}$ |
| $Cr(OH)_2$ | $2 \times 10^{-16}$ | $Mn(OH)_2$ | $1.1 \times 10^{-13}$ | | |

采用氢氧化物沉淀法时,对于溶度积为 $K_{sp}$ 的氢氧化物 $M(OH)_n$ 来说,在废水中存在以下平衡关系:

$$M^{n+} + nOH^- \rightleftharpoons M(OH)_n \qquad\qquad 反应(14 - 3)$$

$$H^+ + OH^- \rightleftharpoons H_2O(aq) \qquad\qquad 反应(14 - 4)$$

其中:

$$K_{sp} = [M^{n+}] \cdot [OH]^n \qquad\qquad (14 - 6)$$

$$K_w = [H^+] \cdot [OH^-] = 10^{-14} \qquad\qquad (14 - 7)$$

则废水中氢离子浓度为:

$$[H^+] = \frac{K_w}{[OH^-]} = \frac{10^{-14}}{(K_{sp}/[M^{n+}])^{\frac{1}{n}}} \qquad\qquad (14 - 8)$$

对等式两边取负对数得:

$$pH = 14 - \frac{1}{n}(lg[M^{n+}] - lg K_{sp}) \qquad\qquad (14 - 9)$$

即:

$$lg[M^{n+}] = lg K_{sp} + npK_w - npH \qquad\qquad (14 - 10)$$

由式(14 - 10)可知:

(1) 金属离子的浓度相同时,$K_{sp}$ 越小,开始析出氢氧化物沉淀物时的 pH 值越低。

(2) 对于同一金属离子,其浓度越大,开始析出沉淀物时的 pH 值越低。

【例 14 - 2】　已知 $Cu^{2+}$ 的排放标准为 0.5 mg/L,采用氢氧化物沉淀法去除至达标,需要调节 pH 至多少?(Cu 的相对原子质量为 63.5;$Cu(OH)_2$ 的 $pK_{sp} = 19.66$。)

【解】

(1) $Cu(OH)_2$ 在水中的溶解平衡方程如下:

$$Cu(OH)_2 \rightleftharpoons Cu^{2+} + 2OH^-$$

已知 $Cu(OH)_2$ 的 $pK_{sp} = 19.66$,即 $[Cu^{2+}] \cdot [OH^-]^2 = 10^{-19.66}$

(2) 设排放的废水中 $Cu^{2+}$ 的浓度恰好为 0.5 mg/L,则

$$Cu^{2+} 的摩尔浓度 = \frac{0.5}{63.5} \times 10^{-3} = 7.87 \times 10^{-6} \text{ mol/L}$$

代入式(14 - 9),得

$$pH = 14 - \frac{1}{2} \times [\lg(7.87 \times 10^{-6}) + 19.66] = 6.72$$

即要使废水达标排放,需调节废水的 pH 不低于 6.72 即可。

但某些金属具有两性,和氢氧根离子可以生成氢氧化物沉淀,而且当碱浓度足够高时,生成的氢氧化物沉淀,又可以和碱反应,生成羟基配合物,溶于碱性废水中,如 $Zn^{2+}$,$Al^{3+}$,$Fe^{2+}$,$Cd^{2+}$,$Hg^{2+}$。综上所述,氢氧化物沉淀法中 pH 是非常关键的控制因素。

### 14.2.2　硫化物沉淀法

大多数过渡金属的硫化物都难溶于水,因此可用硫化物沉淀法去除废水中的重金属离子。各种金属硫化物的溶度积相差悬殊,同时溶液中 $S^{2-}$ 离子浓度受 $H^+$ 浓度的制约,所以可以通过控制酸度,用硫化物沉淀法把溶液中不同金属离子分步沉淀而分离回收。硫化物沉淀法常用的沉淀剂有 $H_2S$,$Na_2S$,$NaHS$,$(NH_4)_2S$、$MnS$ 和 $FeS$ 等。

在金属硫化物沉淀的饱和溶液中,存在以下平衡:

$$M_2S_n \Longleftrightarrow 2M^{n+} + nS^{2-} \qquad\qquad 反应(14-5)$$
$$K_{sp} = [M^{n+}]^2 \cdot [S^{2-}]^n \qquad\qquad\qquad (14-11)$$

硫化物存在溶解平衡的同时,溶液中还存在着硫化氢的电离平衡,其电离方程式如下:

$$H_2S \Longleftrightarrow H^+ + HS^- \qquad\qquad 反应(14-6)$$
$$HS^- \Longleftrightarrow H^+ + S^{2-} \qquad\qquad 反应(14-7)$$

电离常数分别为:

$$K_1 = \frac{[H^+][HS^-]}{[H_2S]} = 9.1 \times 10^{-8} \qquad\qquad (14-12)$$

$$K_2 = \frac{[H^+][S^{2-}]}{[HS^-]} = 1.2 \times 10^{-15} \qquad\qquad (14-13)$$

由式(14-11)、式(14-14)和式(14-15)可得:

$$[M^{n+}] = \left[ K_{sp}\left( \frac{[H^+]^2}{1.1 \times 10^{-22}[H_2S]} \right)^n \right]^{\frac{1}{2}} \qquad\qquad (14-14)$$

0.1 MPa、25℃的条件下,硫化氢在水中的饱和浓度为 0.1 mol/L(pH < 6),因此:

$$[M^{n+}] = \left[ K_{sp} \cdot \left( \frac{[H^+]^2}{1.1 \times 10^{-23}} \right)^n \right]^{\frac{1}{2}} \qquad\qquad (14-15)$$

由此可见,由于加入的硫化物在废水中发生水解,$S^{2-}$ 水解为 $HS^-$ 或 $H_2S$,而水解程度与废水的 pH 密切相关,该沉淀法处理过程中受 pH 的影响较大。酸性条件下,$S^{2-}$ 主要以硫化氢分子存在,只能沉淀溶度积极小的金属离子;而在碱性条件下,硫主要以 $S^{2-}$ 形态存在,可以把溶度积较大的金属离子沉淀下来,因此,通过调节废水 pH,可以将不同金属离子分步沉淀下来。对于单一金属离子来说,出水中的金属离子浓度随着 pH 的升高而降低。

虽然硫化物法能够比氢氧化物法更完全地去除金属离子,但是由于它的处理费用较高,而且硫化物的沉淀困难,常需要投加絮凝剂,将细小的硫化物沉淀吸附在絮体表面,与絮体共同沉淀,以加强去除效果。

硫化物沉淀法主要用于无机汞的去除,另外,在处理含 $Cu^{2+}$、$Zn^{2+}$、$Cd^{2+}$ 和 $Pb^{2+}$ 等废水时也均有应用,由于采用了分步沉淀过程,泥渣中各金属基本得以分离,便于回收利用。但是要注意控制沉淀剂的用量,防止水的硫化物污染。

### 14.2.3 碳酸盐沉淀法

碳酸盐沉淀已经广泛应用于给水的硬水软化处理中。碱土金属（Ca、Mg 等）和重金属（Mn、Fe、Co、Ni、Cu、Zn、Ag、Cd、Pb、Hg、Bi 等）的碳酸盐都难溶于水,在废水处理中,主要用于去除重金属离子,根据处理对象不同,分别有以下两种应用方式:

（1）投加难溶碳酸盐,如碳酸钙,利用沉淀转化原理,使废水中重金属离子,如 $Pb^{2+}$、$Cd^{2+}$、$Zn^{2+}$、$Ni^{2+}$ 等离子,生成溶解度更小的碳酸盐沉淀,从而去除废水中重金属离子。

（2）投加可溶性碳酸盐,如碳酸钠,使水中金属离子生成难溶性盐析出,这种方式用于废水中重金属离子的去除,在给水中碳酸盐硬度的降低也是采用这种处理方式的。

由于碳酸钙、碳酸钠、氧化钙等比较便宜,因此此法应用也较为广泛。

### 14.2.4 卤盐沉淀法

某些金属离子的卤化物如氯化物、氟化物的溶度积很小,如 AgCl 的 $K_{sp} = 1.8 \times 10^{-40}$,$CaF_2$ 的 $K_{sp} = 2.7 \times 10^{-11}$,工业上往往利用此法回收废水中的银和去除废水中氟离子。含银废水主要来自于镀银和照相工艺。氰化银镀槽废水中含银浓度高达 13 000～45 000 ppm（1 ppm $= 10^{-6}$ g/$m^3$）,在首先使用电解法回收废水中大部分银后,将银离子浓度降低至100～500 ppm,再用氯化银沉淀法,可以将银离子浓度降低至几个 ppm,如果在碱性条件下,与其他金属氢氧化物共沉淀,银离子浓度可以进一步降低至 0.1 ppm。但必须注意不要使氯离子过量,生成可溶的配合物。

对于含氟废水,通过投加石灰,废水 pH 调节至约 12,则发生以下反应:

$$Ca^{2+} + 2F^- \rightleftharpoons CaF_2 \downarrow \qquad \text{反应}(14-8)$$

如果同时加入磷酸盐,如过磷酸钙、磷酸二氢钠等,则可以形成难溶的磷灰石沉淀,反应如下:

$$3H_2PO_4^- + 5Ca^{2+} + 6OH^+ + F^- \rightleftharpoons Ca_5(PO_4)_3F \downarrow + 6H_2O \qquad \text{反应}(14-9)$$

在适当的条件下,可将废水中 $F^-$ 离子含量降低至 2 ppm 左右。

### 14.2.5 铁氧体沉淀法

废水中各种金属离子形成不溶性的铁氧体晶粒而沉淀出来的方法叫作铁氧体沉淀法。铁氧体是指一类具有一定晶体结构的复合氧化物,它不溶于酸、碱、盐溶液,也不溶于水。

铁氧体法分为氧化法和中和法两种。将 $FeSO_4$ 加入含镉废水中,用 NaOH 调节溶液的pH 到 9～10,加热并通入压缩空气进行氧化,从而形成铁氧体晶体,此为氧化法;将二价和三价的铁盐加入待处理的废水中,用碱中和到适宜的条件而形成铁氧体晶体的方法为中和法。镉离子进入铁氧体晶格中,在共沉淀作用下从液相进入固相。

铁氧体沉淀工艺包括投加亚铁盐、调整 pH、充氧加热、固液分离、沉渣处理等五个环节。

（1）配料反应　为了形成铁氧体,通常要有足量的 $Fe^{2+}$ 和 $Fe^{3+}$。重金属废水中,一般或多或少地含有铁离子,但大多数满足不了生成铁氧体的要求,通常要额外补加铁离子,如投加硫酸亚铁和氯化亚铁等。投加二价铁离子的作用有三:①补充 $Fe^{2+}$;②通过氧化,补充 $Fe^{3+}$;③如废水中有六价铬,则 $Fe^{2+}$ 能将其还原为 $Cr^{3+}$,作为形成铁氧体的原料之一,同时,$Fe^{2+}$ 被六价铬氧化成 $Fe^{3+}$,可作为三价金属离子的一部分加以利用。通常,可根据废水中重金属离子的种类及数量,确定硫酸亚铁的投加量。如在含铬废水所形成的铬铁氧体中,$Fe^{2+}$ 和"$Fe^{3+} + Cr^{3+}$"的物质的量比为 1:2;而在还原六价铬时 $Fe^{2+}$ 的耗量为 3 mol/mol（$Cr^{6+}$）。因此,1 mol 的 $Cr^{6+}$ 所需的 $FeSO_4$ 为 5 mol(理论量)。亚铁盐的实际投量稍大于理论量,约为理论量的 1.15 倍。

（2）加碱共沉淀　根据金属离子的种类不同,用氢氧化钠调整 pH 至 8～9。在常温及缺氧条件下,金属离子以 $M(OH)_2$ 及 $M(OH)_3$ 的胶体形式同时沉淀出来,如 $Cr(OH)_3$、$Fe(OH)_3$、$Fe(OH)_2$ 和 $Zn(OH)_2$ 等。必须注意,调整 pH 时不可采用石灰,这是因为它的溶解度小且杂质多,未溶的颗粒及杂质混入沉淀中,会影响铁氧体的质量。

(3) 充氧加热、转化沉淀　为了调整二价金属离子和三价金属离子的比例,通常要向废水中通入空气,使部分 Fe(Ⅱ)转化为 Fe(Ⅲ)。此外,加热可促使反应进行、氢氧化物胶体破坏和脱水分解,使之逐渐转化为铁氧体:

$$Fe(OH)_3 = FeOOH + H_2O \qquad \text{反应}(14-10)$$

$$FeOOH + Fe(OH)_2 = FeOOH \cdot Fe(OH)_2 \qquad \text{反应}(14-11)$$

$$FeOOH \cdot Fe(OH)_2 + FeOOH = FeO \cdot Fe_2O_3 + 2H_2O \qquad \text{反应}(14-12)$$

废水中其他金属氢氧化物的反应大致相同,二价金属离子占据部分 Fe(Ⅱ)的位置,三价金属离子占据部分 Fe(Ⅲ)的位置,从而使其他金属离子均匀地混杂到铁氧体晶格中去,形成特性各异的铁氧体。例如,$Cr^{3+}$ 离子存在时形成铬铁氧体 $FeO(Fe_{1+x}Cr_{1-x})O_3$。

加热温度要注意控制,温度过高,氧化反应过快,会使 Fe(Ⅱ)不足而 Fe(Ⅲ)过量。一般认为加热至 $60\sim80\,^\circ\!C$,时间为 20 min,比较合适。加热充氧的方式有两种:一种是对全部废水加热充氧,另一种是先充氧,然后将组成调整好了的氢氧化物沉淀分离出来,再对沉淀物加热。

(4) 固液分离　分离铁氧体沉淀的方法有四种:沉降过滤、浮上分离、离心分离和磁力分离。由于铁氧体的相对密度较大($4.4\sim5.3$),采用沉降过滤和离心分离都能获得较好的分离效果。

(5) 沉渣处理　沉渣的组成、性能及用途不同,处理方式也各异:①若废水的成分单纯、浓度稳定,则其沉渣可作铁氧磁体的原料,此时,沉渣应进行水洗,除去硫酸钠等杂质;②可制耐腐蚀瓷器;③暂时堆置贮存。

该法可以使废水中各种金属离子与铁离子形成铁氧体晶粒沉淀析出。其方法是在含金属离子的废水尤其是含重金属离子的废水中,加入铁盐,如果废水中已经有 $Fe^{3+}$,$Fe^{2+}$ 存在,则按照其他金属与 $Fe^{2+}$ 和 $Fe^{3+}$ 含量的比例,补充铁盐,然后加碱调节 pH 至 $8\sim9$,使所有金属离子包括 $Fe^{2+}$ 和 $Fe^{3+}$ 在内,均为氢氧化物沉淀,最后充分加热,使氢氧化物转化为氧化物,形成铁氧体。铁氧体不溶于酸、碱、水及盐溶液,易于沉淀分离,同时由于铁氧体具有磁性,可用磁力分离方法来分离,处理效果也非常好。

图 14-4 为铁氧体沉淀过程处理含铬废水流程示意图。

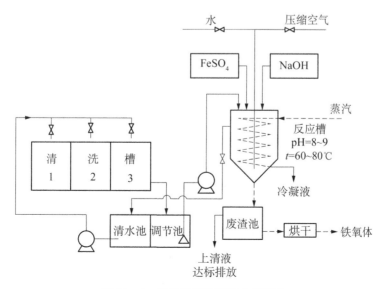

图 14-4　铁氧体沉淀处理含铬废水

废水中主要含铁离子和六价铬离子,初始 pH 为 3～5。清洗废水由调节池进入反应槽,按 $FeSO_4 \cdot 7H_2O : CrO_3 = 16 : 1$(质量比)投加硫酸亚铁。经搅拌使 $Cr^{6+}$ 与 $Fe^{2+}$ 进行氧化还原反应,然后用 NaOH 调节 pH 至 7～9,产生氢氧化物沉淀,加热至 60～80℃,通空气曝气 20 min。当沉淀呈现黑褐色时,停止通入空气。之后进行固液分离,铁氧体废渣送去再利用,废水经检测达标排放。

### 14.2.6 有机试剂沉淀法

利用有机试剂和废水中有机或无机污染物作用产生沉淀而去除污染物的方法。

如有机废水中的含酚废水,可用甲醛作沉淀剂,将苯酚缩合成酚醛树脂而沉淀析出,此法对于酚来说,回收率可达 99.2%。

本方法去除污染物效果好,但试剂昂贵,同时,为避免有机试剂过量造成的二次污染,必须对有机试剂用量进行精确计算。

在化学沉淀过程中,一般会涉及多种沉淀过程的发生,污泥量的计算尤为关键,下面以石灰去除磷酸盐的过程为例,介绍污泥量计算过程。

【例 14-3】 将石灰加入沉淀池进行化学除磷,试计算每天产生的污泥体积。$Ca(OH)_2$ 投加量为 400 mg/L,TSS 去除率为 85%。废水的总硬度为 241.1 mg/L(以 $CaCO_3$ 计);进出水中 $PO_4^{3+}$ 以 P 计分别为 10 mg/L 和 0.5 mg/L;进出水中离子形态的 $Ca^{2+}$ 含量分别为 80 mg/L 和 60 mg/L,除离子形态的 $Ca^{2+}$ 和形成化学沉淀的 $Ca_5(PO_4)_3(OH)$ 外,均以 $CaCO_3$ 形式的化学沉淀存在。进出水中 $Mg^{2+}$ 含量分别为 10 mg/L 和 0 mg/L,不考虑废水中硬度的去除。

已知条件:$Q = 1000$ m³/d;进水中 TSS 为 220 mg/L;沉淀后化学污泥相对密度为 1.07,含水率为 92.5%。

$$5Ca^{2+} + 3PO_4^{3-} + OH^- \longrightarrow Ca_5(PO_4)_3(OH) \downarrow$$
$$Ca^{2+} + CO_3^{2-} \longrightarrow CaCO_3 \downarrow$$
$$Mg^{2+} + CO_3^{2-} \longrightarrow MgCO_3 \downarrow$$

P 的摩尔质量为 30.97 g/mol;$Ca_5(PO_4)_3(OH)$ 的摩尔质量为 502 g/mol;$Ca^{2+}$ 的摩尔质量为 40 g/mol;$Ca(OH)_2$ 的摩尔质量为 74 g/mol;$CaCO_3$ 的摩尔质量为 100 g/mol;$Mg^{2+}$ 的摩尔质量为 24.31 g/mol;$Mg(OH)_2$ 的摩尔质量为 58.3 g/mol。

1)求出投加 400 mg/L 石灰后生成的 $Ca_5(PO_4)_3(OH)$、$Mg(OH)_2$ 和 $CaCO_3$ 的质量浓度。

2)求每天产生的污泥总量。

3)求每天产生的化学污泥总体积。

【解】 1)A. 求出每天产生的 $Ca_5(PO_4)_3(OH)$ 的质量。

(1)求出去除的 P 的物质的量的浓度。

$$去除的 P 的物质的量的浓度 = \frac{(10 - 0.5) \text{ mg/L}}{(30.97 \text{ g/mol}) \times (10^3 \text{ mg/g})} = 0.307 \times 10^{-3} \text{mol/L}$$

(2)求出所生成的 $Ca_5(PO_4)_3(OH)$ 的物质的量的浓度。

$$生成的 Ca_5(PO_4)_3(OH) 的物质的量的浓度 = 1/3 \times 0.307 \times 10^{-3} \text{mol/L}$$
$$= 0.102 \times 10^{-3} \text{ mol/L}$$

(3)求出所生成的 $Ca_5(PO_4)_3(OH)$ 的质量浓度

$$生成的 Ca_5(PO_4)_3(OH) 的质量浓度 = 0.102 \times 10^{-3} \text{ mol/L} \times 502 \text{ g/mol} \times 10^3 \text{ mg/g}$$
$$= 51.2 \text{ mg/L} = 51.2 \text{ g/m}^3$$

则每天产生的 $Ca_5(PO_4)_3(OH)$ 的质量为

$$M_{Ca_5(PO_4)_3(OH)} = \frac{(51.2 \text{ g/m}^3) \times (1\,000 \text{ m}^3/\text{d})}{1\,000 \text{ g/kg}} = 51.2 \text{ kg/d}$$

B. 求出所生成的 $Mg(OH)_2$ 的质量。

(1) 求出去除 $Mg^{2+}$ 的物质的量的浓度。

$$去除 Mg^{2+} 的物质的量的浓度 = \frac{(10 \text{ mg/L} - 0 \text{ mg/L})}{(24.31 \text{ g/mol}) \times (1\,000 \text{ mg/g})}$$
$$= 0.411 \times 10^{-3} \text{ mol/L}$$

(2) 求出所生成的 $Mg(OH)_2$ 的质量浓度。

$$Mg(OH)_2 的质量浓度 = 0.411\,5 \times 10^{-3} \text{ mol/L} \times 58.3 \text{ g/mol} \times 10^3 \text{ mg/g}$$
$$= 24.0 \text{ mg/L} = 20.4 \text{ g/m}^3$$

则每天产生的 $Mg(OH)_2$ 的质量为

$$M_{Mg(OH)_2} = \frac{(24.0 \text{ g/m}^3) \times (1\,000 \text{ m}^3/\text{d})}{1\,000 \text{ g/kg}} = 24.0 \text{ kg/d}$$

C. 求出每天产生 $CaCO_3$ 的质量浓度。

(1) 求出在 $Ca_5(PO_4)_3(OH)$ 中 $Ca^{2+}$ 的质量浓度。

$$Ca_5(PO_4)_3(OH) 中 Ca^{2+} 的质量浓度 = 5 \times 0.102 \times 10^{-3} \text{ mol/L} \times 40 \text{ g/mol} \times 10^3 \text{ mg/g}$$
$$= 20.4 \text{ mg/L}$$

(2) 求出 $Ca^{2+}$ 在药剂中的总的质量浓度。

$$Ca^{2+} 在药剂中的总的质量浓度 = \frac{(40 \text{ g/mol}) \times (400 \text{ mg/L})}{74 \text{ g/mol}}$$
$$= 216.2 \text{ mg/L}$$

(3) 求出以 $CaCO_3$ 形式存在于化学污泥中的 $Ca^{2+}$ 的质量浓度。

污泥中以 $CaCO_3$ 形式存在的 $Ca^{2+}$ 质量浓度 = $Ca^{2+}$ 在投加的 $Ca(OH)_2$ 中的量＋$Ca^{2+}$ 在废水进水中的量－$Ca^{2+}$ 在 $Ca_5(PO_4)_3(OH)$ 中的量－$Ca^{2+}$ 在废水出水中的量

$$= 216.2 \text{ mg/L} + 80 \text{ mg/L} - 20.4 \text{ mg/L} - 60 \text{ mg/L}$$
$$= 215.8 \text{ mg/L}$$

(4) 求出每升废水产生的 $CaCO_3$ 质量。

$$污泥中 CaCO_3 的质量 = \frac{(100 \text{ g/mol}) \times (215.8 \text{ mg/L})}{40 \text{ g/mol}}$$
$$= 540 \text{ mg/L} = 540 \text{ g/m}^3$$

则每天产生 $CaCO_3$ 质量为

$$M_{CaCO_3} = \frac{(540 \text{ g/m}^3) \times (1\,000 \text{ m}^3/\text{d})}{10^3 \text{ g/kg}} = 540 \text{ kg/d}$$

D. 求出每天去除 TSS 而产生的污泥质量。

$$M_{TSS} = \frac{0.85 \times (220 \text{ g/m}^3) \times (1\,000 \text{ m}^3/\text{d})}{10^3 \text{ g/kg}} = 187 \text{ kg/d}$$

2) 求得每天产生的污泥总量。

通过以上计算,得:

$$每天产生的污泥总量 M_t = (187 + 51.2 + 24.0 + 540) \text{ kg/d} = 802.2 \text{ kg/d}$$

3) 求得每天产生的化学污泥总体积。

$$V_t = \frac{802.2 \text{ kg/d}}{1.07 \times 1\,000 \text{ kg/m}^3 \times 0.075} = 10.0 \text{ m}^3/\text{d}$$

即每天产生污泥 $9.70 \text{ m}^3/\text{d}$。

　　沉淀过程在沉淀槽内反应进行。对沉淀槽的要求首先是废水和沉淀剂混合均匀,因此,从反应器角度来考虑,必须选用连续式完全混合反应器或间歇式混合反应器。反应器体积可按以下公式计算:

$$V = (Q_{废水} + Q_{药剂})t_{停留} \tag{14-16}$$

或

$$V = Q_{废水}t_{停留} + V_{固体药剂} \tag{14-17}$$

式中,$t_{停留}$ 是指废水和沉淀剂在反应器内停留时间,它既要考虑水力学条件,又要考虑反应时间。这是因为沉淀反应并不一定全都如中和反应那样在瞬间完成,因此,当 $t_{反应} > t_{水力学}$ 时,设计时采用 $t_{反应}$;反之,采用 $t_{水力学}$。如果处理时要进行分步沉淀,则 $t_{停留}$ 要按照分步沉淀反应时间之和来计算。

# 14.3　氧　化　还　原

　　氧化还原(Oxidation-reduction Reaction),通过向废水中投加药剂(氧化剂或还原剂),使之与废水中的污染物发生反应并得以去除的过程。

　　废水中溶解性有害物质,可以利用其氧化、还原的性质,转化为无毒无害的新物质或转化为能从废水中分离出来的形态(如气态或固态)而去除。氧化还原过程可以通过投加化学药剂来完成,也可以通过电化学过程来达到。我们将从氧化还原的基本理论开始,详细叙述空气湿式氧化、氯氧化和臭氧氧化三个部分,对电化学氧化也作一些讨论。由于还原过程在废水处理中有一定的局限性,主要用于含金属离子的废水处理,因此仅作简要讨论。

## 14.3.1　氧化还原过程基本原理

　　氧化还原过程建立于氧化、还原反应,该反应的实质是反应物的离子或原子在反应中失去或得到电子的结果。在化学反应过程中无机化合物的电子得失和有机化合物的电子偏移,形成了"氧化数"的概念,因此,氧化数是一种原子所具有的价电子数或偏移的电子数。

　　离子具有同它们电荷数相同的氧化数;有机化合物中的原子的氧化数是原子中的电子在化合物中的偏移数。

　　由于氧化还原反应中化合物的电子有得有失,它们的氧化数也有增有减,如:

$$Hg^{2+} + 2e \longrightarrow Hg \qquad\qquad 反应(14-13)$$

氧化数　　　+2　　　　　　　　　0　　　　　减少

$$2Cl^- - 2e \longrightarrow Cl_2 \qquad\qquad 反应(14-14)$$

氧化数　　　-1　　　　　　　　　0　　　　　增加

　　因此,氧化数的升高的化学反应,为氧化反应,所经历的过程为氧化过程;反之,氧化数减少的反应和过程为还原反应和还原过程。例如在下面的反应中:

$$Cl_2 + CH_4 \longrightarrow CH_3Cl + HCl \qquad\qquad 反应(14-15)$$

Cl 的氧化数由 0 减小为 −1,称为还原过程;C 在 $CH_4$ 中的电负性大于 H 的电负性,四个共价电子偏向于 C,因而氧化数为 −4;而在 $CH_3Cl$ 中,Cl 的电负性大于 C,所以一个共价键偏向 Cl,三个共价键偏向 C,则 C 的氧化数变成 −2,则 C 的氧化数由 −4 增大为 −2,是氧化过程。

用氧化数的高低来说明某物质处于氧化态还是还原态。一种物质氧化数高的形态称为氧化态;反之,称为还原态。

如:　　　　$Hg^{2+} + 2e \longrightarrow Hg$　　　　　　　　　　　　　　反应(14 − 13)

氧化数　+2　　　　　　　0

　　　　氧化态　　　　还原态

其统一形式为:

$$氧化态 + ne \longrightarrow 还原态 \qquad\qquad 反应(14 − 14)$$

在反应过程中,还原剂被氧化,氧化剂被还原,氧化还原过程必同时伴随发生。

氧化还原反应能否顺利进行,主要由氧化剂和还原剂双方的氧化还原能力对比情况来决定。氧化还原能力是指某化合物失去或取得电子的难易程度,用氧化还原电位来表征它。氧化还原电位由该化合物的特性和其相对浓度来决定,以物质氧化还原的标准电极电位 $E^\circ$ 作为衡量指标,表示为氧化态/还原态。并规定下述氧化还原反应中的标准电极电位为零:

$$2H^+ + 2e \longrightarrow H_2 \qquad\qquad 反应(14 − 16)$$

在 $H^+$ 浓度为 1 mol/L,$H_2$ 气体压力为 1 个大气压($1.01 \times 10^5$ Pa)的条件下,电对 $2H^+/H_2$ 的标准电极电位为零。然后以此电对为半电池,当其他物质和此电对组成原电池时,测得的电池电动势,即为该物质的氧化还原电位。

$E^\circ$ 越小,表示还原能力越强;$E^\circ$ 越大,表示该物质的氧化性越强。

$E^\circ$ 是指在 25℃,离子活度为 1,气体分压为 1 个大气压时的数值。如果温度、离子活度、气体分压发生了变化,则氧化还原电位随反应物浓度或气体分压及温度而变化,其变化规律可用能斯特方程式表示:

$$E = E^\circ + \frac{RT}{nF}\ln\frac{[氧化态]}{[还原态]} \qquad\qquad (14 − 18)$$

式中,n 为电极反应中得失的电子数;F 为法拉第常数;R 为气体常数;T 为绝对温度;[氧化态]、[还原态]为反应物的物质的量的浓度。在 25℃ 时,式(14 − 18)可以简化为:

$$E = E^\circ + \frac{0.059\,1}{n}\lg\frac{[氧化态]}{[还原态]} \qquad\qquad (14 − 19)$$

表 14 − 2 为常见的氧化还原半反应的标准电位。

表 14 − 2　常见的氧化还原半反应的标准电位

| 半　反　应 | 氧化电位/V | 半　反　应 | 氧化电位/V |
|---|---|---|---|
| $Li^+ + e \longrightarrow Li$ | −3.04 | $Al^{3+} + 3e \longrightarrow Al$ | −1.66 |
| $K^+ + e \longrightarrow K$ | −2.93 | $MnO_4^- + 8H^+ + 5e \longrightarrow Mn^{2+} + 4H_2O$ | −1.51 |
| $Ba^{2+} + 2e \longrightarrow Ba$ | −2.91 | $Mn^{2+} + 2e \longrightarrow Mn$ | −1.18 |
| $Ca^{2+} + 2e \longrightarrow Ca$ | −2.87 | $2H_2O + 2e \longrightarrow H_2 + 2OH^-$ | −0.83 |
| $Na^+ + e \longrightarrow Na$ | −2.71 | $Zn^{2+} + 2e \longrightarrow Zn$ | −0.76 |
| $Mg(OH)_2 + 2e \longrightarrow Mg + 2OH^-$ | −2.69 | $Fe^{2+} + 2e \longrightarrow Fe$ | −0.45 |
| $Mg^{2+} + 2e \longrightarrow Mg$ | −2.34 | $Cd^{2+} + 2e \longrightarrow Cd$ | −0.40 |

续表

| 半　反　应 | 氧化电位/V | 半　反　应 | 氧化电位/V |
|---|---|---|---|
| $Ni^{2+} + 2e \longrightarrow Ni$ | $-0.25$ | $Fe^{3+} + e \longrightarrow Fe^{2+}$ | $+0.77$ |
| $S + 2H^+ + 2e \longrightarrow H_2S$ | $-0.14$ | $Ag^+ + e \longrightarrow Ag$ | $+0.80$ |
| $Pb^{2+} + 2e \longrightarrow Pb$ | $-0.13$ | $ClO^- + H_2O + 2e \longrightarrow Cl^- + 2OH^-$ | $+0.90$ |
| $2H^+ + 2e \longrightarrow H_2$ | $0.00$ | $Br_2 + 2e \longrightarrow 2Br^-$ | $+1.09$ |
| $Cu^{2+} + e \longrightarrow Cu^+$ | $+0.15$ | $O_2 + 4H^+ + 4e \longrightarrow 2H_2O$ | $+1.23$ |
| $N_2 + 8H^+ + 6e \longrightarrow 2NH_4^+$ | $+0.27$ | $Cl_2 + 2e \longrightarrow 2Cl^-$ | $+1.36$ |
| $Cu^{2+} + 2e \longrightarrow Cu$ | $+0.34$ | $H_2O_2 + 2H^+ + 2e \longrightarrow 2H_2O$ | $+1.78$ |
| $I_2 + 2e \longrightarrow 2I^-$ | $+0.54$ | $O_3 + 2H^+ + 2e \longrightarrow O_2 + H_2O$ | $+2.07$ |
| $O_2 + 2H^+ + 2e \longrightarrow H_2O_2$ | $+0.70$ | $F_2 + 2H^+ + 2e \longrightarrow 2HF$ | $+3.05$ |

氧化还原反应存在着化学平衡,服从化学平衡规律,并有相应的平衡常数,对于化合物1和2来说,氧化还原化学平衡反应为:

$$a \text{ 氧化态}_1 + b \text{ 还原态}_2 \Longleftrightarrow a \text{ 还原态}_1 + b \text{ 氧化态}_2 \qquad \text{反应}(14-17)$$

其平衡常数为:

$$K = \frac{[\text{还原态}_1]^a [\text{氧化态}_2]^b}{[\text{氧化态}_1]^a [\text{还原态}_2]^b} \qquad (14-20)$$

将物质1和物质2的氧化态和还原态分别作电对,它们的电极电位分别为:

$$E_1 = E_1^\ominus + \frac{0.059\,1}{n} \lg \frac{[\text{氧化态}_1]^a}{[\text{还原态}_1]^a} \qquad (14-21)$$

$$E_2 = E_2^\ominus + \frac{0.059\,1}{n} \lg \frac{[\text{氧化态}_2]^b}{[\text{还原态}_2]^b} \qquad (14-22)$$

化学平衡时,$E_1 = E_2$,则:

$$E_1^\ominus - E_2^\ominus = \frac{0.059\,1}{n} \lg \frac{[\text{还原态}_1]^a [\text{氧化态}_2]^b}{[\text{氧化态}_1]^a [\text{还原态}_2]^b} = \frac{0.059\,1}{n} \lg K \qquad (14-23)$$

则

$$\lg K = 16.95 n (E_1^\ominus - E_2^\ominus) \qquad (14-24)$$

由式(14-24)可以计算出各种氧化还原反应的平衡常数 $K$,它由氧化还原反应的电子转移数和参加反应的两种物质的标准电极电位所决定的。

由于氧化还原电位与溶液中物质呈氧化态和还原态时的浓度有关,因此,随着氧化还原反应的不断进行,溶液中参加氧化还原反应的两物质浓度在不断变化,因此,它们的电极电位也在不断地变化,当 $E_1 = E_2$ 时,称为等点电位,也就是化学反应达到平衡。

氧化还原进行的速度一般来说要比酸碱中和反应慢,影响氧化还原反应速度的因素主要有以下几个方面:

(1)氧化剂或还原剂的性质。

(2)氧化剂或还原剂参与反应时的浓度。一般来说,浓度越高,反应速度越快。

(3)温度。对大多数氧化还原反应来说,升高温度对反应有利,符合阿伦尼乌斯方程:

$$\frac{d(\ln k)}{dT} = \frac{-E_a}{RT^2}$$

式中,$k$ 为反应速率常数;$E_a$ 为反应活化能;$T$ 为反应时绝对温度;$R$ 为理想气体常数。

（4）催化剂与杂质的存在。催化剂加速氧化还原反应,而杂质往往对氧化还原反应不利。

（5）溶液的 pH。由于溶液的 pH 影响溶液中物质存在的状态和数量,同时 $H^+$ 和 $OH^-$ 都能直接参与氧化还原反应,有时还能作为催化剂,因此,pH 对氧化还原反应速度影响很大。

### 14.3.2　药剂氧化还原法

在废水处理中常用的氧化剂有:

（1）活泼的非金属中性分子,如氧气、氯气、臭氧等。

（2）含氧酸根的阴离子及高价金属离子,如 $ClO^-$ , $MnO_4^-$ 等。

（3）新生态的氧原子。

常用的还原剂主要有:

（1）活泼金属中性原子,如 Fe、Zn 等

（2）离子,如 $Fe^{2+}$ 、 $BH^-$ 等。

（3）$SO_2$ , $H_2S$ 等废气中还原组分的利用。

对于氧化还原药剂,要求来源丰富,价格低廉,氧化还原能力强,在反应过程中不产生有毒有害的中间体或最终产物。

我们分别以空气（纯氧）氧化法,臭氧氧化法和氯氧化法对氧化剂作以讨论,对还原过程则以硫酸亚铁还原六价铬,铁屑还原二价汞为例进行讨论。

#### 1. 空气（纯氧）氧化

1）湿式空气氧化法（WAO）

空气氧化和纯氧氧化都是利用氧气的化学氧化性来氧化废水中的污染物。空气来源丰富,但由于空气中氧气仅占 1/5 左右,因此,空气氧化常用来处理还原性较强的废水。用纯氧氧化的效果要比空气氧化的效果好,但由于 $O_2$ 进行氧化时,活化能高,影响了反应速率,而且常温常压下,氧气在水中溶解度很低,因此近年来发展了湿式空气氧化法（Wet Air Oxidation,简称 WAO）,即在高温、高压下,利用空气在有或无催化剂的存在下,使废水中有机物降解成简单无机物的方法。高温高压强化了气液传质速率,提高了氧气在水中的溶解度,其流程如图 14-5 所示。

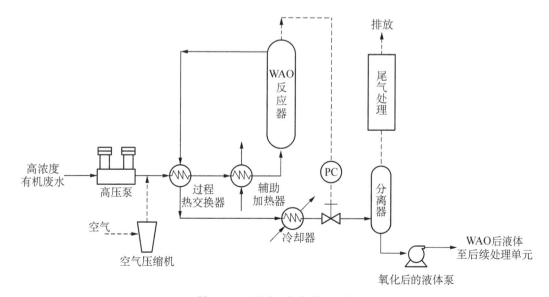

图 14-5　湿式空气氧化流程图

湿式空气氧化是一个放热反应,只要废水中有足够的污染物,在正常运转情况下,热量可以维持反应的高温,无须外界继续补充能量,如果加入催化剂以断开 O—O 键,以原子态的 O 作为氧化剂,则氧化反应更强,这种方法适于难氧化的有机物的处理。

湿式空气氧化过程有三个阶段:

(1) 热分解　首先大分子的有机物溶解和水解,但没有被氧化,热分解速度主要取决于反应温度,这是因为有机物的溶解度和水解反应速度均随温度升高而增加。在这个阶段里,废水的总 $COD_{Cr}$ 没有改变,而是部分不溶解的 $COD_{Cr}$ 转化为可溶性的 $COD_{Cr}$。

(2) 局部氧化　经过热分解后,大分子量的有机物被氧化为小分子量的中间产物,如乙酸、甲酸、甲醛等,含氮有机物则被氧化为氨氮和其他一些中间产物。总 $COD_{Cr}$ 依然不变,但 $BOD_5$ 大大增大,提高了可生化性。

(3) 完全氧化　局部氧化后生成的中间产物,进一步氧化成 $CO_2$ 和 $H_2O$,含氮的低分子有机物被氧化成氮气。

空气氧化法对于空气的需要量可由废水中的 $COD_{Cr}$ 值计算获得:

$$A = \frac{(COD_{进} - COD_{出})V_{废水}}{0.232\rho_{空气}} \tag{14-25}$$

式中,$A$ 为处理 $V$ 体积废水的空气需要量;$V$ 为待处理的废水体积;0.232 为氧气在空气中的质量百分含量。

湿式空气氧化法必须保持在液相进行,否则,大量热量将消耗在水的汽化上。因此反应温度要在水的临界温度 374℃ 之下,常为 200～340℃;压力在 40～120 kgf/cm² (1 kgf/cm² = 98.067 kPa)。湿式空气氧化法处理低浓度废水在经济上是不合理的,这是因为可氧化燃烧的污染物少,释放出的热量低,不足以维持自身反应温度而需外部供给热量,导致处理费用昂贵,一般用于处理 $COD_{Cr}$ 为 15～200 g/L 的废水。而对于低浓度有机废水可以采用活性炭吸附的方法,然后再采用湿式空气氧化法去除活性炭上吸附的污染物而使活性炭得以再生,在这种条件下,活性炭不被氧化,是一种经济而高效的吸附-氧化处理方法。

WAO 已经有了工程应用,已经商业化。现场运行的装置容量约为 9.45～1 134 L/min,并可处理从废碱溶液到制药的各种废水,处理后的废水组分列于表 14-3 中。若干案例的处理性能总结见表 14-4。这些系统均使用空气作为氧的来源。高温、高压以及废水的腐蚀性需要每年维护和检修设备,经常清洗锅炉和热交换器以除去沉积物。按常规维修,一套 WAO 装置预期能运行的时间为全年的 80%～85%,如果有备用泵和压缩机,则运行时间可以提高到 90%～95%。

表 14-3　湿式空气氧化后废水组分

| 进水中溶解、胶体或悬浮物种 | WAO 产物 | |
| --- | --- | --- |
| | 部分氧化 | 完全氧化 |
| 复杂有机物 | 低分子量有机物(羧酸类、醛类、酮类、碳氢类) | $CO_2$、$H_2O$、HX |
| 无机物 | $NH_4^+$、$N_2$、$SO_4^{2-}$ | $SO_4^{2-}$、$NO_3^-$、$PO_4^{3-}$ |

表 14-4　WAO 装置运行条件及分解效率总结

| 废水中化合物 | 处理参数 | | 氧化分解率/% |
| --- | --- | --- | --- |
| | 温度/℃ | 停留时间/min | |
| 苊 1 | 275 | 60 | 99.99 |
| 苊 2 | 275 | 60 | 99.0 |

续表

| 废水中化合物 | 处理参数 | | 氧化分解率/% |
| --- | --- | --- | --- |
| | 温度/℃ | 停留时间/min | |
| 四氯化碳 | 275 | 60 | 99.7 |
| 三氯甲烷 | 275 | 60 | 99.5 |
| 二丁酯邻苯二酸盐 | 275 | 60 | 99.5 |
| 马拉硫磷 | 250 | 60 | 99.9 |
| 硫醇 | 200 | — | ＞99.99 |
| 4-硝基酚 | 275 | 60 | 99.6 |
| 酚 | 200 | — | 97.7～98.2 |

2）超临界水氧化法（SCWO）

为彻底去除一些 WAO 难以去除的有机物，还出现了将废水温度升至水的临界温度以上，利用超临界水的良好特性来加速反应进程的超临界水氧化法（Supercritical Water Oxidation，SCWO）。其原理是在超临界水的状态下将废水中所含的有机物用氧化剂迅速分解成水、二氧化碳等简单无害的小分子化合物。

当物质的温度、压力分别高于临界温度和临界压力时就处于超临界状态。在超临界状态下，流体的物理性质处于气体和液体之间，既具有与气体相当的扩散系数和较低的黏度，又具有与液体相近的密度和对物质良好的溶解能力。因此可以说，超临界流体是存在于气液这两种流体状态以外的第三流体。对于水来说，水的温度和压力升高到临界点的温度和压力分别为 $T_c = 374.3℃$，$p_c = 22.05 \text{ MPa}$。

超临界水具有溶解非极性有机化合物（包括多氯联苯等）的能力，在足够高的压力下，它与有机物和氧或空气完全互溶，因此这些化合物可以在超临界水中均相氧化，并通过降低压力或冷却选择性地从溶液中分离产物。

超临界水氧化法工艺流程如图 14-6 所示。

首先，用污水泵将污水压入氧化反应器中，在此与循环反应物直接混合，提高了温度，然后，用压缩机将空气增压，通过循环用喷射器把上述预热过的循环反应物一并带入反应器。在氧化反应器里，有机物与氧在超临界水相中迅速反应，被完全氧化，氧化释放出的热量足以将反应器内的所有物料加热至超临界状态，在均相条件下，使有机物进行反应。离开反应器的物料进入旋风分离器，在此将反应中生成的无机盐等固体物料从流体相中沉淀析出。离开旋风分离

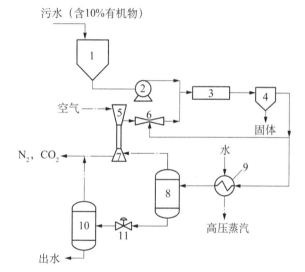

图 14-6　超临界水氧化法流程示意图

1—污水槽；2—污水泵；3—氧化反应器；4—旋风分离器；5—空气压缩机；6—循环用喷射器；7—膨胀透平机；8—高压气液分离器；9—蒸汽发生器；10—低压气液分离器；11—减压器

器的物料一分为二，一部分经循环用喷射泵进入氧化反应器，另一部分作为高温高压流体先通过蒸汽发生器，产生高压蒸汽，再通过高压气液分离器，在此 $N_2$ 及大部分 $CO_2$ 以气体物料离开分离器，进入透平机，为空气压缩机提供动力。液体物料（主要是水和溶在水中的 $CO_2$）经减压阀减压，进入低压气液分离器，分离出的气体（主要是 $CO_2$）进行放空排放，液体则为净化后

的出水,可以回收利用或排放。

**2. 臭氧氧化法**

臭氧氧化(Ozonation),臭氧气体作为强氧化剂通入水层中(或与水接触)进行氧化反应除去水中污染物的过程。

臭氧在常温常压下是一种淡紫色气体,有特殊臭味,沸点为 $-111.9℃$,标准状态下,密度为 $2.144\ g/L$,比氧气重,易溶于水,在水中的溶解度是氧气的 10 倍,但在水中易分解为氧气,在水中的半衰期仅为 20 min,在空气中为 16 h。在水中,酸性条件下比碱性条件下稳定。

臭氧是一种强腐蚀性有毒的气体,臭氧除了金和铂外,几乎对所有的金属都有腐蚀作用,和臭氧接触的部分采用含 25% 铬的铬铁合金;对聚氯乙烯塑料等非金属材料也有强烈的腐蚀作用,一般采用硅橡胶或耐酸橡胶材料与其接触。

臭氧在酸性条件下的氧化能力远远高于碱性溶液中,比氯气的氧化性也高。酸性条件下,$E° = 2.07\ V$,碱性条件下,$E° = 1.24\ V$,$Cl_2$ 的氧化还原电位为 $E° = 1.36\ V$。

由于臭氧的不稳定性,通常在使用时要现场制备,目前工业上主要采用干燥空气或氧气通过无声放电来制取。反应如下:

$$3O_2 \longrightarrow 2O_3 - 288.9\ kJ \qquad\qquad 反应(14-18)$$

制备 1 kg 臭氧,理论上消耗 $0.836\ kW·h$ 的能量,但由于 95% 的电能转化为光能和热能被消耗掉,故用无声放电法制备臭氧,实际能耗为 $15\sim20\ kW·h$。

臭氧氧化处理废水装置是气-液装置,主要形式有填料塔、筛板塔、湍流塔等,塔高或水深一般为 $4\sim6\ m$,使臭氧气体和处理废水之间有充分的接触时间,另外也可以用臭氧在塔内停留时间作为设计参数,一般控制在 30 min 以上。将臭氧通入废水中时,尽可能地将其分散成微小气泡,如采用多孔扩散器,乳化搅拌器、喷射器等。

臭氧氧化法在工业废水处理中主要是使污染物氧化分解,用于降低 $BOD_5$、$COD_{Cr}$、脱色、除臭、杀菌以及除铁、锰、氰、酚等。

1)印染废水的处理

臭氧处理印染废水主要是用来脱色。染料的色彩是由于分子中不饱和官能团存在引起的,它能吸收部分可见光,这些不饱和官能团,称为发色基团,常见的有乙烯基 $C=C$,偶氮基 $N=N$,羰基 $C=O$,等等,臭氧将不饱和键打开后,生成有机酸和醛类等产物,使之失去显色能力。臭氧氧化可以将水溶性的染料几乎完全脱色,对于不溶性的硫化、还原染料及涂料,脱色效果差。

2)含氰废水的处理

在电镀铜、锌、镉生产过程中,会排出含氰废水,臭氧和氰发生如下反应:

$$2KCN + 3O_3 \longrightarrow 2KCNO + 2O_2 \qquad\qquad 反应(14-19)$$
$$H_2O + 2KCN + 3O_3 \longrightarrow 2KHCO_3 + N_2 + 2O_2 \qquad\qquad 反应(14-20)$$

3)含酚废水

臭氧对酚的氧化能力是氯气的两倍,且不产生氯酚。苯酚与臭氧反应的过程如下:

苯酚与 $O_3$ 生成二苯酚,然后氧化为邻苯醌,然后苯环断裂,成为己二酸,最终可以转化为二氧化碳和水。但一般由于经济因素,只是氧化到邻苯醌为止。

臭氧氧化的优缺点:

(1)氧化能力强,对难降解、难氧化物质有较为显著的去除效果。

(2)废水中残存的臭氧很快分解成氧气,无毒且增加了废水中溶解氧含量,改善水质;另外空气中的臭氧也很快分解,不引起大气污染。

（3）缺点是臭氧的制备电耗较大，处理成本高，对供电有限的地区，更是无法采用。

**3. 氯氧化法**

常用的氯氧化药剂有次氯酸钠、漂白粉、液氯等，但无论何种药剂，最终都是在水中溶解或水解为次氯酸来发挥氧化作用的。如漂白粉在水中的水解反应为：

$$2CaOCl_2 + 2H_2O \longrightarrow 2HClO + Ca(OH)_2 + CaCl_2 \qquad 反应(14-21)$$

氯气在水中发生歧化反应：

$$Cl_2 + H_2O \Longrightarrow HCl + HClO \qquad 反应(14-22)$$

在废水中次氯酸迅速离解成次氯酸根：

$$HClO \Longrightarrow H^+ + ClO^- \qquad 反应(14-23)$$

平衡常数 $K$ 为：

$$K = \frac{[H^+][ClO^-]}{[HClO]} \qquad (14-26)$$

由式(14-26)可知，在废水中次氯酸和次氯酸根所占的比例主要取决于水溶液的 pH，而 HClO 的氧化电位 $E^\circ = 1.49V$，$ClO^-$ 的氧化电位 $E^\circ = 0.89\,V$，但在酸性条件下次氯酸的氧化能力较低。

**4. 药剂还原法**

药剂还原法主要用于无机离子，特别是重金属离子的还原，很少用于有机化合物，常用的方法有铁屑或锌粒过滤法，硫酸亚铁还原法，有时也用亚硫酸钠、二氧化硫、水合肼等作还原剂。将一些有毒的重金属还原成毒性较小的离子或设法沉淀去除。我们以铁屑除二价汞和硫酸亚铁除六价铬为例来讨论。

1）铁屑除汞法

$Fe^{2+}/Fe$ 的氧化还原电位 $E^\circ = -0.44\,V$，有较强的还原性，在工程上常用铁刨花装入滤柱，处理含汞（铬、铜）等重金属废水，如 $Hg^{2+}/Hg$ 的氧化还原电位 $E^\circ = +0.86\,V$，因此可以被铁屑还原。铁屑除汞的化学反应式为：

$$Fe + Hg^{2+} \longrightarrow Fe^{2+} + Hg \qquad 反应(14-24)$$

或

$$2Fe + 3Hg^{2+} \longrightarrow 2Fe^{3+} + 3Hg \qquad 反应(14-25)$$

铁屑还原的效果与废水的 pH 有关，一般以 6～9 为宜，当 pH 过低时，由于铁的 $E^\circ$ 小于氢的 $E^\circ$，所以废水中的氢离子也被还原出来，成为氢气逸出，结果使铁屑耗量增大。

2）硫酸亚铁除铬法

含铬废水一般用 $FeSO_4$ 将六价铬还原为三价铬，再用石灰将三价铬生成 $Cr(OH)_3$ 沉淀除去。

六价铬在废水中以 $CrO_4^{2-}$（高 pH 时）和 $Cr_2O_7^{2-}$（低 pH 时）形式存在：

$$2CrO_4^{2-} + 2H^+ \longrightarrow Cr_2O_7^{2-} + H_2O \qquad 反应(14-26)$$
$$Cr_2O_7^{2-} + OH^- \longrightarrow 2CrO_4^{2-} + H_2O \qquad 反应(14-27)$$

六价铬还原为 $Cr^{3+}$ 的电位为 $1.33\,V$，其还原的半电池反应为：

$$Cr_2O_7^{2-} + 14H^+ + 6e \longrightarrow 2Cr^{3+} + 7H_2O \qquad 反应(14-28)$$

或

$$CrO_4^{2-} + 8H^+ + 3e \longrightarrow Cr^{3+} + 4H_2O \qquad\qquad 反应(14-29)$$

用 $FeSO_4$ 作还原剂时,反应式为:

$$H_2Cr_2O_7 + 6FeSO_4 + 6H_2SO_4 \longrightarrow Cr_2(SO_4)_3 + 3Fe_2(SO_4)_3 + 7H_2O$$
$$反应(14-30)$$

或

$$2H_2CrO_4 + 6FeSO_4 + 6H_2SO_4 \longrightarrow Cr_2(SO_4)_3 + 3Fe_2(SO_4)_3 + 8H_2O$$
$$反应(14-31)$$

然后加入石灰乳,生成沉淀去除:

$$Cr_2(SO_4)_3 + 3Ca(OH)_2 \longrightarrow 2Cr(OH)_3 \downarrow + 3CaSO_4 \qquad 反应(14-32)$$

由于废水经过曝气,要考虑氧气氧化消耗的部分,因此加入的还原剂要过量一些,一般要过量 $100\% \sim 200\%$。

另外,还原剂的选择还应优先考虑可利用的还原性废物,如 $H_2S$、$SO_2$ 等废气,以 $SO_2$ 为例,反应如下:

$$SO_2 + H_2O \longrightarrow H_2SO_3 \qquad\qquad 反应(14-33)$$
$$2H_2CrO_4 + 3H_2SO_3 \longrightarrow Cr_2(SO_4)_3 + 5H_2O \qquad 反应(14-34)$$

又如,工厂里同时有含铬和含氰废水时,可以利用互相的氧化还原作用来处理:

$$2Cr^{6+} + 6CN^- + 6H_2O \longrightarrow 2Cr^{3+} + 3(CONH_2)_2 \qquad 反应(14-35)$$

反应时调节 $pH < 5$,并以 $Cu^{2+}$ 为催化剂。

### 14.3.3　电化学氧化还原法

物质氧化还原的实质是电子得失,而电解槽的阴阳极能失去或接受电子,也相当于氧化剂或还原剂,可以氧化或还原污染物。这是电化学直接氧化还原作用。同时,电解过程中,也可以通过某些阳极反应产物如 $Cl_2$、$O_2$、$H_2O_2$、$ClO^-$ 等间接地氧化废水中污染物;通过阴极反应生成的 $Fe^{2+}$、$H_2$ 等还原污染物,这是电化学间接氧化还原反应。同时,为了强化阳极的氧化作用,往往在废水中增加一定量的食盐,进行所谓的电氯化,此时,阳极的直接氧化与间接氧化同时起作用。

另外,在以铝或铁作阳极时,产生电化学腐蚀,铝和铁以离子态溶解,进入溶液中,经过水解反应可生成羟基配合物,作为混凝剂对废水中悬浮物起凝聚作用,称为电凝聚,而阴极表面上产生的气体为 $H_2$、$O_2$、$Cl_2$ 等,都以微小气泡逸出,在上升过程中,对废水中的微小颗粒及油粒产生气浮作用,称为电气浮。

在此,我们以电化学氧化含氰废水和电化学还原含铬废水为例讨论。

**1. 电化学氧化处理含氰废水**

在电解含氰废水时,$CN^-$ 在阳极被氧化:

$$CN^- + 2OH^- - 2e \longrightarrow CNO^- + H_2O \qquad 反应(14-36)$$
$$2CNO^- + 6OH^- - 6e \longrightarrow N_2 + 2HCO_3^- + 2H_2O \qquad 反应(14-37)$$
$$CNO^- + 2H_2O \longrightarrow NH_3 + HCO_3^- \qquad 反应(14-38)$$
$$4OH^- - 4e \longrightarrow 2H_2O + O_2 \qquad 反应(14-39)$$

从以上反应式可知,氰的氧化过程要在碱性条件下进行。阳极上放出的 $O_2$,与氰的氧化无关,却降低了电流效率。当废水中 $CN^-$ 浓度低时,其他副反应比例增大,使电流效率降低很多,同时由于溶液中电解质少时,电阻增大,电压效率也低,往往在废水中加入电解质如 $NaCl$,以增加废水的导电性,而且还因 $Cl^-$ 在阳极放电,产生氯气,进一步氧化 $CN^-$,而副反应生成的 $HClO$ 和 $ClO^-$ 也能促使 $CN^-$ 的氧化作用,为防止 $CNO^-$ 在水中积累,可控制 pH 在 10 以上,使 $CNO^-$ 迅速水解。

电解除氰时,阳极为石墨,阴极为普通钢板,电解槽采用全密闭式,可以使氰离子浓度降低至 $0.1\,g/L$ 以下,效果好,流程简短,但费用昂贵。

**2. 电化学还原含铬废水**

铬以 $CrO_4^{2-}$ 和 $Cr_2O_7^{2-}$ 的形态存在于酸性废水中,电解时产生直接和间接还原作用,同时由于 $H^+$ 离子在反应中的消耗和阴极板放电,使废水的 pH 逐渐升高,还原反应生成的 $Cr^{3+}$ 和 $Fe^{3+}$ 便形成 $Cr(OH)_3$ 和 $Fe(OH)_3$ 沉淀去除,主要反应如下。

阴极直接还原:

$$Cr_2O_7^{2-} + 14H^+ + 6e \longrightarrow 2Cr^{3+} + 7H_2O \qquad\qquad 反应(14-28)$$

或

$$CrO_4^{2-} + 8H^+ + 3e \longrightarrow Cr^{3+} + 4H_2O \qquad\qquad 反应(14-29)$$

同时

$$2H^+ + 2e \longrightarrow H_2 \uparrow \qquad\qquad 反应(14-16)$$

溶液中间接还原反应为:

阳极 Fe 溶解:

$$Fe - 2e \longrightarrow Fe^{2+} \qquad\qquad 反应(14-40)$$

然后 $Fe^{2+}$ 还原六价铬为三价铬,由 $H^+$ 的反应可见,随着电解的进行,氢离子浓度逐渐减少,废水碱性增强,因此,在碱性条件下,氧化还原生成的 $Fe^{3+}$ 和 $Cr^{3+}$ 转化为沉淀最终去除,研究发现,对于六价铬的还原作用,$Fe^{2+}$ 的还原作用是主要的,而阴极的直接还原仅占百分之几,因此,必须采取铁作为阳极材料,从而通过阳极溶解产生间接还原反应。

另外,通过电解还原法在阴极上将金属离子沉积下来加以回收利用的应用也很多。如含铜废水回收铜,含银废水回收银等。

药剂氧化还原法的反应器主要采用反应槽或反应塔,而电化学法主要采用电解槽,其主要原则为:

(1)电解槽一般采用连续推流式反应器。

(2)停留时间由反应时间和水力学停留时间综合考虑。

$$反应器体积 V = Q \times t_d \qquad\qquad (14-27)$$

### 14.3.4　高级氧化工艺

高级氧化工艺(Advanced Oxidation Processes,AOPs),通过产生羟基自由基来对废水中不能被普通氧化剂氧化的污染物进行氧化降解的过程。该工艺主要用于氧化废水中难以生物降解的复杂有机污染物。很多情况下,化学氧化并没有将一种或一组化合物完全氧化,而是通过部分氧化提高其可生化性或降低其毒性。高级氧化过程中,有机污染物存在以下四种降解可能性:

(1)**初步降解**　改变原始化合物的结构。

(2)**降低毒性**　使原始化合物结构发生变化从而达到降低其毒性的目的。

（3）完全降解（矿化）　使有机碳转化为无机物 $CO_2$。

（4）不可接受的降解（有害化）　氧化过程使原始化合物结构发生变化，毒性增大。

**1. 高级氧化理论**

高级氧化工艺一般涉及发生和利用游离羟基 $HO^{\cdot}$ 作为强氧化剂破坏常规氧化剂不能氧化的化合物。表 14-5 中列出了游离羟基与其他常规氧化剂的相对氧化势。如表所示，游离羟基是目前已知的除氟外最具活性的氧化剂之一。游离羟基与溶解性组分反应时，可激活一系列氧化还原反应，直至该组分被完全矿化。游离羟基几乎可以不受任何约束地将现存的所有的还原性物质氧化成为特殊化合物或化合物的基团。在这些化学反应中不存在选择性并且可在常温常压下操作。

表 14-5　各种氧化剂的氧化势比较[①]

| 氧化剂 | 电化学氧化势<br>（EOP）/V | 与氯的相对<br>EOP | 氧化剂 | 电化学氧化势<br>（EOP）/V | 与氯的相对<br>EOP |
|---|---|---|---|---|---|
| 氟 | 3.06 | 2.25 | 次氯酸盐 | 1.49 | 1.10 |
| 游离羟基 | 2.80 | 2.05 | 氯 | 1.36 | 1.00 |
| 氧（原子态） | 2.42 | 1.78 | 二氧化氯 | 1.27 | 0.93 |
| 臭氧 | 2.08 | 1.52 | 氧（分子态） | 1.23 | 0.90 |
| 过氧化氢 | 1.78 | 1.30 | | | |

[①] 摘自 Ozonia(1977)。

高级氧化工艺与其他物化处理工艺不同，经过高级氧化处理后，废水中化合物被降解而非被浓缩或转移到其他相中。

**2. 用于产生游离羟基（$HO^{\cdot}$）的技术**

目前，已有很多技术可在液相条件下生产 $HO^{\cdot}$，按照反应过程中是否使用臭氧，将各种 $HO^{\cdot}$ 生产技术汇总于表 14-6 中。表 14-6 中列举的技术中，只有臭氧/紫外线，臭氧/过氧化氢，臭氧/紫外线/过氧化氢以及过氧化氢/紫外线等技术处于工业化应用中。

表 14-6　用于生产反应性游离羟基基团 $HO^{\cdot}$ 的技术实例

| 臭氧基工艺 | 非臭氧基工艺 |
|---|---|
| 臭氧（在高 pH＞8～10 条件下） | $H_2O_2 + UV_{254}$ * |
| 臭氧＋$UV_{254}$（也适于气相）* | $H_2O_2 + UV_{254}$ ＋亚铁盐（Fenton 试剂） |
| 臭氧＋$H_2O_2$ * | 电子束照射 |
| 臭氧＋$UV_{254}$＋$H_2O_2$ * | 电动液压空气化作用 |
| 臭氧＋$TiO_2$ | 超声波 |
| 臭氧＋$TiO_2$＋$H_2O_2$ | 非热能等离子体 |
| 臭氧＋电子束照射 | 脉冲电晕放电 |
| 臭氧＋超声波 | 光催化（$UV_{254} + TiO_2$） |
| | 伽马射线 |
| | 催化氧化 |
| | 超临界水氧化 |

* 2001 年起在工业中应用。

1）臭氧/紫外线

可用下列臭氧的光解作用来解释利用紫外线生产游离羟基 $HO^{\cdot}$ 的过程：

$$O_3 + UV（或 \; hv, \lambda ＜ 310 \; nm）\longrightarrow O_2 + O(^1D) \qquad 反应(14-41)$$

$$O(^1D) + H_2O \longrightarrow HO^{\cdot} + HO^{\cdot}（在湿空气中）\qquad 反应(14-42)$$

$$O(^1D) + H_2O \longrightarrow HO^{\cdot} + HO^{\cdot} \longrightarrow H_2O_2 \text{（在水中）} \qquad \text{反应（14-43）}$$

式中，$O_3$ 为臭氧；UV 为紫外线（或 $hv$ 能量）；$O_2$ 为氧；$O(^1D)$ 为被激活的氧原子，符号（$^1D$）是用于规定氧原子及氧分子形态的光谱符号（也称为单谱线氧）；$HO^{\cdot}$ 为游离羟基，在羟基及其他基团右上角的圆点（·）用于指示这些基团带有不成对电子。

如上所示，在湿空气中通过臭氧的光解作用会生成游离羟基，而在水中，则生成过氧化氢，随后过氧化氢光解生成游离羟基，臭氧用于后者时，其费用非常昂贵。在空气中，臭氧/紫外线工艺可以通过臭氧直接氧化、光解作用或羟基化作用，使化合物降解。当化合物通过紫外线吸收并与游离羟基基团反应发生降解时，利用臭氧/紫外线工艺比较有效。

2）臭氧/过氧化氢

对于不可吸收紫外线的化合物，采用臭氧/过氧化氢高级氧化工艺，可能是比较有效的处理方法。Karimi 等研究表明，利用过氧化氢和臭氧产生 $HO^{\cdot}$ 的高级氧化处理工艺可以显著降低废水中三氯乙烯（TCE）和过氯乙烯（PCE）类氯化合物的浓度。利用臭氧和过氧化氢反应生成游离羟基的过程如下：

$$H_2O_2 + 2O_3 \longrightarrow HO^{\cdot} + HO^{\cdot} + 3O_2 \qquad \text{反应（14-44）}$$

3）过氧化氢/紫外线

当含有过氧化氢的水暴露于紫外线（200～280 nm）中，也会形成羟基基团。可用下列反应描述过氧化氢的光解作用：

$$H_2O_2 + UV \text{（或 } hv, \lambda \approx 200 \sim 280 \text{ nm）} \longrightarrow HO^{\cdot} + HO^{\cdot} \qquad \text{反应（14-45）}$$

过氧化氢的分子消光系数很小，不能有效利用紫外线的能量，同时要求高浓度过氧化氢，因此，并不是所有情况均适用过氧化氢/紫外线工艺。

最近该工艺已经应用于氧化处理污染废水中微量组分，主要用于去除废水中 $N$-亚硝基甲胺（NDMA）和其他人们所关心的化合物，其中包括：①性激素及甾族类激素；②处方和非处方人体用药物；③兽用抗生素及人体用抗生素；④工业、农业及生活污水中持久性有机污染物。在此类化合物浓度较低时（通常以 $\mu g/L$ 计），其氧化反应似乎遵循一级动力学规律。

氧化反应需要的电能以 EE/O 单位表示，定义为单位体积每对数减小级的电能输入。EE/O 表达式为：

$$EE/O = \frac{EE_i}{V[\lg(c_i/c_f)]} \qquad (14-28)$$

式中，EE/O 为每对数减小级的电能输入，$kW \cdot h/(m^3 \cdot \log$ 减小级$)$；$EE_i$ 为电能输入，$kW \cdot h$；$V$ 为废水体积，$m^3$；$c_i$ 为进水浓度，$ng/L$；$c_f$ 为出水浓度，$ng/L$。

近年实际运行经验表明，在过氧化氢投加量为 5～6 mg/L 时，减小 1 对数级（即：100 到 10）NDMA 需要的 EE/O 值为 21～265 $kW \cdot h/(10^3 \ m^3 \cdot$ 对数级$)$。所需要的 EE/O 值随废水水质的不同而发生显著变化。

其他反应形式也会产生游离羟基，如 $H_2O_2$ 和 UV 与 Fenton 试剂反应、作为催化剂的 $TiO_2$ 类半导体金属氧化物对紫外线的吸收反应等，这些工艺方法目前仍处于研发阶段。

**3. 高级氧化工艺的应用**

根据大量研究成果表明，几种高级氧化工艺的结合比任何一种氧化剂都有效。高级氧化工艺由于产生羟基基团所需要的臭氧或（和）过氧化氢的成本很高，所以通常应用于 $COD_{Cr}$ 浓度较低的废水处理中。下面讨论一下高级氧化工艺在废水消毒及难降解有机化合物处理中的应用方法。

1）消毒

高级氧化中产生的游离羟基是一种很强的氧化剂，因此，理论上可以氧化或杀死水中微生物。但非常遗憾的是，游离羟基基团的半衰期仅为微秒级，所以在水中不可能达到较高的浓度，也不能满足杀灭微生物时停留时间的要求，在水消毒中禁止使用游离羟基。

2）难降解有机化合物的处理

废水中一旦产生羟基基团，可以通过基团加成、脱氢、电子转移及基团结合破坏难降解有机物分子。

（1）加成反应　羟基基团与不饱和脂肪族或芳香族有机化合物的加成反应会生成带羟基基团的有机化合物，这类化合物可被氧化亚铁类化合物进一步氧化生成稳定的氧化型最终产物。在下列反应中，用 R 代表参与反应的有机化合物：

$$R + HO^{\cdot} \longrightarrow ROH \qquad\qquad 反应（14-46）$$

（2）脱氢反应　羟基基团从有机化合物分子上脱除一个氢原子，导致生成一种带有电子对的有机化合物基团，这种有机化合物与氧反应可以激发一种链式反应，产生某种过氧基团，继续与另一种化合物反应。

$$R + HO^{\cdot} \longrightarrow R^{\cdot} + H_2O \qquad\qquad 反应（14-47）$$

（3）电子转移　电子的转移形成高价离子，一价负离子的氧化可以生成原子或游离基团。

$$R^{n} + HO^{\cdot} \longrightarrow R^{n-1} + OH^{-} \qquad\qquad 反应（14-48）$$

（4）游离基团结合　两个游离基团结合在一起，会形成一种稳定产物。

$$HO^{\cdot} + HO^{\cdot} \longrightarrow H_2O_2 \qquad\qquad 反应（14-49）$$

一般说来，在一个完全反应中，羟基基团与有机化合物的反应会生成水、二氧化碳及盐，这一过程也称为矿化。

**4. 高级氧化工艺的操作问题**

在某些废水中如果含有高浓度碳酸盐和重碳酸盐，这些物质可与羟基基团 $HO^{\cdot}$ 发生反应，降低高级氧化工艺的处理效率。悬浮物、pH、残留化合物的种类及性质、废水中其他组分等也可能对高级氧化工艺产生影响。对每一种废水而言，由于其组分的化学性质不同，为取得有意义的设计数据和资料并积累操作经验，必须进行中试试验研究，以确保高级氧化工艺的技术可行性。

## 14.3.5　焚烧

通常将 $BOD_5 > 1\,000$ mg/L，$COD_{Cr} > 2\,000$ mg/L 的废液称为高浓度有机废水。工业有机废水的来源十分广泛，从城市生活废水到石油化工、冶金、造纸、制革、发酵酿造、制药、纺织印染工业废水。随着工业的迅速发展和工业规模的不断扩大，有机废液呈现出数量多、浓度高、毒性大的趋势。有机废液种类极其繁多，根据物化性质可以分为以下几种。①不含卤素的有机废液，主要指碳氢化合物，含有 C、H、O，有时还含有 S。废液自身可作为燃料，燃烧时产生 $CO$、$H_2O$ 和 $SO_2$，其产生的热量可以通过锅炉或余热锅炉回收。②含卤素有机废液，废液中的有机化合物包括 $CCl_4$、氯乙烯、溴甲烷等。废液焚烧可产生单质卤素或卤化氢（HF、HCl、HBr 等），根据需要可将其回收或去除。③高浓度含盐有机废液，含有高浓度无机盐或有机盐。在设计时需要考虑的因素有耐火材料、燃烧温度的选择以及停留时间的确定。由于该类废液通常热值较低，需要辅助燃料以达到完全燃烧。

高浓度有机废液的主要处理方法有生化降解法、高级氧化法、湿式氧化法和焚烧法等。生化降解法对废液浓度比较敏感，适合对 $BOD_5$ 值较高的废液进行处理，但处理后废水的 $COD_{Cr}$

仍然较高;高级氧化法对设备要求非常高,且在超临界状态下材料存在严重的腐蚀问题;湿式氧化法能耗高,要求设备耐高温、高压和腐蚀,处理量小。高浓度有机废液的可生化性差,使用上述常规方法很难处理。

**1. 焚烧处理原理**

废水处理中的焚烧处理是指在高温条件下,有机废水中的可燃组分与空气中的氧发生剧烈化学反应,释放能量,产生固体残渣。它是在高温下用空气深度氧化处理废水中有机物的有效手段,也是高温深度氧化处理有机废水最易实现工业化的方法。焚烧法既可以焚烧掉有害物质,又可以回收利用余热,降低处理成本,达到减量化、无害化、资源化的目的。一般说来,当 $COD_{Cr}$ 大于 100 g/L、热值大于 $1.05 \times 10^4$ kJ/kg 废水时,用焚烧技术要比其他技术更加合理、更加经济。

**2. 有机废液焚烧技术的现状**

有机废液焚烧处理的一般工艺流程为:

有机废液→预处理→蒸发浓缩→高温焚烧→热量回收→烟气处理→烟气排放

1) 预处理

由于有机废液的来源及成分不同,通常都要进行预处理使其达到燃烧要求。

(1) 一般的有机废液中都含有固体悬浮颗粒,而有机废液常采用雾化焚烧,因此在焚烧前需要过滤,去除有机废液中的悬浮物,防止固体悬浮物阻塞雾化喷嘴,使炉体结垢。

(2) 不同工业废液的酸碱度不同。酸性废液进入焚烧炉会造成炉体腐蚀,而碱性废液更易造成炉膛的结焦结渣。因此有机废液在进入焚烧炉前需进行中和处理。

(3) 低黏度的有机废液有利于泵的输送和喷嘴雾化,所以可采用加热或稀释的方法降低有机废液的黏度。

(4) 喷液、雾化过程在废液焚烧过程中十分重要。雾化喷嘴的大小、嘴形直接关系到液滴的大小和液滴凝聚。因此需要选好合适的喷嘴和雾化介质。

(5) 不适当的混合会严重限制某些能作为燃料资源的废物的焚烧,合理的混合能促进多组分废液的焚烧。混合组分的反应度和挥发性是提高混合方法效果的重要因素,混合物的黏性也十分重要,因为它影响雾化过程。合理的混合方法可以减少液滴的微爆现象。

2) 高温焚烧

有机废液的焚烧过程大致分为水分的蒸发、有机物的汽化或裂解、有机物与空气中氧的燃烧反应三个阶段。焚烧温度、停留时间、空气过剩量等焚烧参数是影响有机废液焚烧效果的重要因素,在焚烧过程中要进行合适的调节与控制。

(1) 大多数有机废液的焚烧温度为 900~1 200℃,最佳的焚烧温度与有机物的构成有关。

(2) 停留时间与废液的组成、炉温、雾化效果有关。在雾化效果好,焚烧温度正常的条件下,有机废液的停留时间一般为 1~2 s。

(3) 空气过剩量的多少大多根据经验选取。空气过剩量大,不仅会增加燃料消耗,有时还会造成副反应。一般空气过剩量选取范围为 20%~30%。

3) 焚烧炉的选择

焚烧炉是焚烧技术的关键设备。目前常用的炉型有液体喷射焚烧炉、回转窑焚烧炉和流化床焚烧炉。

(1) 液体喷射焚烧炉

有机废液为可燃性的液态或浆状废液而且可以用泵输送时,可以采用液体喷射焚烧炉。它通常将低热值的废水与液体燃料掺混至混合液的热值大于 $1.86 \times 10^4$ kJ/kg,然后通过雾化器送入焚烧室焚烧。良好的雾化是达到有害物质充分燃烧的关键,可以用蒸汽或机械雾化。液体燃烧温度一般为 800~1 200℃,在燃烧室的停留时间为 0.3~2.0 s。液体喷射焚烧炉分为卧式和立式两种。卧式液体喷射焚烧炉处理的有机废液含灰量很少。有机废液含较多无机盐和低熔点灰分时多采用立式液体喷射焚烧炉。这种焚烧系统结构简单,建设费用低,但是对废液热值和雾化质量要求高,焚烧低热值废液时用油或天然气助燃使运行成本增大,烟气中$NO_x$含量也较高,需要采用合适的控制措施。

(2) 回转窑焚烧炉

回转窑焚烧炉如图 14-7 所示。

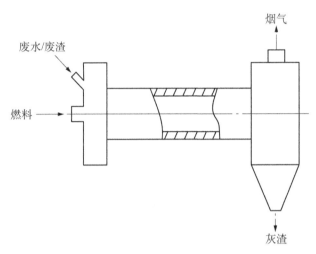

图 14-7　回转窑焚烧炉示意图

它一般采用两段焚烧工艺,一段炉是可调速的回转圆筒式炉体,二段炉为立式炉。工业废液、活性污泥在炉内多呈表面燃烧方式,回转炉的翻腾作用使废物不断得以搅拌,连续暴露新表面,能加快燃烧速度。炉中燃烧温度平均为 700～1 300℃,在燃烧室的停留时间为 1.0～3.0 s,处理固态、液态和气态可燃性废物都可采用该种炉型,对给料的适应性好,适合商业化运行,在德国等欧洲国家多采用回转窑焚烧炉焚烧废液,美国危险废物的焚烧也多采用该种炉型。其操作稳定,焚烧安全,但结构复杂,运动部件多,投资费用高。由于其炉膛内不能有效地除去焚烧产生的有害气体,通常还需增加燃烬室。

(3) 流化床焚烧炉

流化床焚烧炉的燃烧室由上部稀相区和下部密相区组成。其工作原理是流化床密相区床层有大量惰性床料(如煤灰、砂子等),其热容量很大,能满足有机废液的蒸发、热解、燃烧所需要的大量热量的要求。密相区床层呈流化状态,传热良好,温度均匀稳定,能维持 800～900℃。密相区未燃尽成分进入稀相区可继续燃烧,所以燃烧非常充分,有机物的去除率最高可达 99.999%。流化床焚烧炉根据空气在床内空截面的速度不同,分为两种炉型:速度为1.0～3.0 m/s 时为鼓泡床;空气速度为 5.0～6.0 m/s 时,使物料实现循环,称为循环床。

流化床焚烧炉是目前废液焚烧中最常见的一种废液焚烧炉,适合焚烧各种水分含量和热值的废液。流化床焚烧炉的废物适应性好,燃烧稳定且焚烧效率高,设备结构紧凑,占地面积小,事故率低,重金属排放量低,能够满足苛刻的环保要求。但是当有机废液含碱金属盐类时,容易在床层内形成熔点为 635～815℃的低熔点共晶体或黏性很强的 $Na_2SiO_3$,导致床料结焦,流化失效。

图 14-8 是我国某石油化工厂自行设计的活性污泥沸腾焚烧炉。它以粒状砂作为热载体,污泥用压力式喷嘴喷入炉内,下部装有热风发生炉,通过筛板导入炉内,点燃废物。

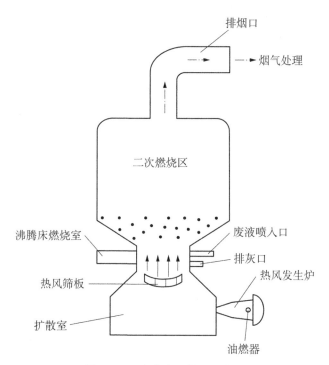

图 14-8　流化床焚烧炉示意图

上述几种炉型的主要技术数据如表 14-7 所示。

表 14-7　几种焚烧炉型的主要技术数据

| 项目 | 液体喷射焚烧炉 | 回转窑焚烧炉 | 鼓泡流化床焚烧炉 | 循环流化床焚烧炉 |
|---|---|---|---|---|
| 投资费用 | 低 | 高 | 高 | 低 |
| 废液给入方式 | 过滤后雾化 | 过滤后雾化 | 过滤后雾化 | 直接加入不雾化 |
| 燃烧效率 | 高 | 高 | 很高 | 最高 |
| 炭燃烧效率/% | | | <90 | >98 |
| 热效率/% | | <70 | <75 | >78 |
| 传热系数 | 中等 | 中等 | 高 | 最高 |
| 焚烧温度/℃ | 700~1 300 | 800~1 200 | 760~900 | 790~870 |
| $NO_2$、CO 排放量 | 很高 | 很高 | 比循环床高 | 低 |
| 维修保养 | 容易 | 不容易 | 容易 | 容易 |

**3. 余热回收**

余热回收装置并不是废液焚烧炉的必要组件,其是否安装取决于焚烧炉的产热量,产热低的焚烧炉安装余热回收装置是不经济的。废热回收设计还需考虑废液燃烧产生的 HCl、$SO_x$ 等物质的露点腐蚀问题,要控制腐蚀条件,选用耐腐蚀材料,保证其不进入露点区域。

**4. 烟气处理**

有机废液多含有氮、磷、氯、硫等元素,焚烧处理后会产生酸性气体。因此,焚烧装置必须考虑二次污染问题。美国 EPA 要求所有焚烧炉必须达到以下三条标准:①主要危险物 P、H、C 等的分解率、去除率不低于 99.999 9%;②颗粒物排放浓度 34~57 mg/dscm;③烟气中 HCl 和 Cl 比值为 21~600 ppm,干基,以 HCl 计。

**5. 有机废液焚烧技术的发展趋势**

对于工业废液中出现的挥发性有机化合物,可采用催化焚烧的方式,即对焚烧的废液进行催化氧化后再焚烧,此举可以降低运行温度,减少能耗。对于抗生物降解的有机废液,可以采用微波辐射下的电化学焚烧,它不会产生二次污染,容易实现自动化。

**6. 有机废液焚烧技术存在的问题**

1)焚烧过程中有害物质的排放

焚烧产生的酸性气体 HCl 不但污染大气,而且还降低了烟气的露点,造成炉膛腐蚀和积灰,影响锅炉的正常运行,可以采取湿法、干法、半干法去除。废液中含有聚氯乙烯、氯苯酚、氯苯、PCB 等类似结构的物质时,反应生成二噁英。抑制二噁英的生成可采用以下方法:①增加焚烧温度,一般应不低于 800℃,并保证烟气的停留时间;②加入辅助燃料煤,利用煤中的硫抑 $N$-噁英的生成;③尽可能充分燃烧以减少烟气中的碳含量;④使冷却烟道尾部的烟气温度迅速下降;⑤利用活性炭部分吸附尾气中的二噁英。

2)结焦结渣

结焦结渣是受热面上熔化了的飞灰沉积物的积聚,其本质是床层颗粒燃烧产生大量热量,其温度超过了灰渣的变形温度而发生的黏结成块现象。造成焚烧炉结焦结渣的原因很多,如灰分的组成及其熔点的高低、焚烧温度、碱金属盐类、燃烧器布置方式及其结构、辅助燃烧的混合比例及其特性等。减轻结焦结渣的方法有:①适当降低焚烧温度;②预处理时除去碱金属盐类;③设计最佳的燃烧器喷射高度;④向其中添加高岭土、石灰石、$Fe_2O_3$ 粉末等添加剂来抑制结焦结渣。

3)炉体腐蚀

炉体腐蚀的主要形式为露点腐蚀和应力腐蚀。炉体腐蚀的主要原因有:①焚烧产生的酸性物质如 $H_2S$、$SO_2$、$NO_x$ 等与水蒸气结合形成酸液,附着在炉壁上造成化学和电化学腐蚀;②炉体受热不均产生的热应力。主要的防护措施有:①在尾气炉前端加防护衬里;②使用耐腐蚀性能强的炉体材料。

4)二次废水

焚烧装置产生的废水主要为洗涤尾气产生的烟气除尘废水,主要污染指标为 $COD_{Cr}$、SS,一般经沉淀处理后排放。

5)焚烧标准的制定

目前我国的废液焚烧技术还处于起步阶段,没有一套完善的焚烧处理标准。相关部门应尽快制定出相应的法律法规和标准,以促进焚烧技术的发展。

6)投资效益

废液焚烧技术之所以在我国受到较少的关注,其原因就在于其投资大,收益低,这使得众多企业对其望而却步。因此,我们需要解决有机废液焚烧中的各种问题,改进焚烧技术,降低成本。

# 第 15 章　物理化学处理单元

## 15.1　混　　凝

混凝(Coagulation)是通过投加药剂破坏胶体及悬浮物在废水中形成的稳定分散体系,使其聚集并增大至能自然重力分离的过程。混凝是工业废水经常采用的一种处理方法,其主要处理对象是水中的微小悬浮物、乳状油和胶体杂质。

### 15.1.1　胶体的稳定性

胶体微粒都带有电荷,胶粒在水中的相互作用受到以下三方面的影响。

(1) 带相同电荷的胶粒产生静电斥力,而且电动电位愈高,胶粒间的静电斥力愈大。

(2) 水分子热运动的撞击,使微粒在水中做不规则的运动,即"布朗运动"。

(3) 胶粒之间还存在着相互引力——范德瓦尔斯力。当分子间距较大时,此引力略去不计。

由于三种作用中第一种最强烈,同时,带电胶粒将极性水分子吸引到它的周围形成一层水化膜,同样能阻止胶粒间相互接触,故胶体微粒不能相互聚结而长期保持稳定的分散状态。

### 15.1.2　胶体的脱稳

使胶体失去稳定性的过程称为脱稳。可以通过四种不同的作用来达到胶体脱稳。

1) 电性中和与双电层压缩作用

通过向胶体中投加电解质,增加溶液主体中的离子强度,新增的反离子与扩散层内原有的反离子之间的静电斥力,把原有的反离子挤压到吸附层内,扩散层被压缩,ζ 电位迅速降低,两颗粒双电层受压缩的胶粒间范德瓦尔斯力起主要作用,小颗粒结合成大的颗粒。这种能使胶体颗粒脱稳和相互聚结,从而使其快速沉降或更易过滤的药剂称为混凝剂(Coagulant)。在混凝过程中,胶粒和混凝剂本身也结合成大颗粒,这样在双重作用下,胶体脱稳而聚集起来。但如果投加的剂量过大,会造成胶粒电性反逆而出现复稳现象。

加入的电解质离子对压缩双电层作用的能力随着其价数的增加而迅速提高,如向带有负电荷的胶体中投加电介质 $Na^+$, $Ca^{2+}$, $Al^{3+}$,它们投加的剂量大致成 $1:10^{-2}:10^{-3}$ 的比例。

2) 絮体-网捕共沉淀作用

絮凝剂的金属离子水解,水解产物迅速沉淀析出,或使胶体作为晶核析出。此时絮体具有较大的比表面积,能吸附网捕胶体而共同沉淀下来,在吸附、网捕过程中,胶体不一定脱稳,却能被卷带网罗除去。一般来说,废水中胶粒越多,网捕-共沉淀的速度也越快,因此,胶体物质的数量越大,这种金属离子的絮凝剂投加量反而越少。因此,废水中胶体浓度越大,投加的絮凝剂的剂量不一定相应地增加,必须寻找最佳絮凝剂投加量,一般要通过小试确定。

3) 桥连作用

当采用链状高分子聚合物作絮凝剂时,在这种分子上,具有能与胶粒表面某些点位起作用的化学活性基团,这些活性基团在水溶液中从主链上伸展进入水中,通过范德瓦尔斯力、氢键和配合作用等,胶粒被吸附在这些活性基团上,因此,有机絮凝剂分子上的活性基团越多,能吸附的胶粒也越多,往往一个分子能吸附多个胶粒,这种现象称为桥连作用。

在这种絮凝剂作用下,胶体的去除不是通过胶粒间直接接触,而是通过絮凝剂高分子长链作为桥梁将其连接起来,而使絮体长大,沉降下来。为增加高分子絮凝剂与胶粒之间的接触,往往在絮凝过程中加以搅拌,但搅拌也要适当,搅拌过于剧烈时,高分子絮凝剂的二次吸附,会使胶体复稳。

4）去溶剂化作用

由水化或溶剂化作用形成的胶体,只要设法除去外层水壳(或称水化膜),即可压缩扩散层,进而压缩双电层,使胶体脱稳。一般可以加入固体电解质,固体溶解时需要水分,同时电解质离子在与胶粒电性中和时,使两胶粒靠近而挤出水分,破坏了水化膜。

### 15.1.3　凝聚动力学

凝聚动力学是描述絮体形成过程及其速度问题。絮体的形成一般可以分成三个阶段。

第一阶段为金属离子的水解反应形成分子态的高分子聚合物,这一过程的反应速率甚快,形成高分子化合物所需的时间与凝聚物形成的时间相比是极短的。

第二阶段是高分子的聚集和高分子化合物延伸。当胶体由于布朗运动而迅速运动时,促使了颗粒间的相互接触而聚集,形成了较大的颗粒。随着颗粒增大,质量也增加,扩散速度降低,最后颗粒一直增大到约 $1\ \mu m$,扩散速度变得可以忽略不计,为进一步聚集而增加颗粒的尺寸直至达到自由沉淀,则必须外界提供机械混合才行。布朗运动引起的聚集只需 $6\sim10\ s$。

对于第一和第二阶段,温度对它们的速率均有影响,即温度影响水解反应和布朗运动,如果反应速率快,温度的影响就显得不重要了,但对于一些絮凝剂,在低温下,水解速度极慢时,如在寒冷地区,冬天使用明矾或氯化铝,絮凝效果极差,这时就要考虑温度的影响了。

第三阶段为颗粒靠液体的运动聚集到一起。液体中任一点颗粒聚集速率都与该点的速度梯度成正比,因此液体的运动状态对聚集作用有很大的影响,对于反应器内某一特定的流动状态,聚集的速率正比于混合速率,当然此速率不能大到使已经形成的絮凝颗粒破碎的程度。

对于这一阶段,温度的影响是无关紧要的。

下面就布朗运动引起的凝聚作用和搅拌引起的凝聚作用分别加以讨论。

#### 1. 异向凝聚

胶体颗粒间由于布朗运动引起的碰撞,促使颗粒相互接触而聚集在一起,称为异向凝聚。单一分散相的颗粒浓度为 $n$(个/cm³),由布朗运动引起碰撞而减少的速率可用 $n$ 的二级反应来表示:

$$-\frac{\mathrm{d}n}{\mathrm{d}t} = k_p n^2 \tag{15-1}$$

式中,$k_p$ 为速率常数。

$$k_p = 8\pi r \alpha_p D_b \tag{15-2}$$

式中,$\alpha_p$ 为胶粒碰撞次数中产生永远黏结在一起的分数;$D_b$ 为布朗运动扩散系数,$m^2/s$;$r$ 为胶体颗粒半径,m。

而

$$D_b = \frac{kT}{6\pi\mu r} \tag{15-3}$$

式中,$k$ 为玻耳兹曼常数,$1.38\times10^{-23}\ J/K$;$T$ 为绝对温度,K;$\mu$ 为水的动力黏度,$Pa\cdot s$。整理,得:

$$-\frac{\mathrm{d}n}{\mathrm{d}t} = \frac{4\alpha_p kT}{3\mu}n^2 \tag{15-4}$$

在时间由 $0\to t$ 变化时,胶体颗粒浓度由 $n_0\to n$,式(15-4)经积分处理,得

$$\int_{n_0}^{n}\frac{\mathrm{d}n}{n^2} = \frac{4\alpha_p kT}{3\mu}\int_0^t\mathrm{d}t \tag{15-5}$$

$$\frac{1}{n} - \frac{1}{n_0} = \frac{4\alpha_p kT}{3\mu}t \tag{15-6}$$

以 $n = \dfrac{n_0}{2}$ 代入,得反应半衰期,即颗粒数目由 $n_0$ 减少至一半的时间为:

$$t_{\frac{1}{2}} = \frac{3\mu}{4\alpha_p kT} \tag{15-7}$$

假设每次碰撞都是有效的,即 $\alpha_p = 1$,则:

$$t_{1/2} = \frac{2 \times 10^{11}}{n_0} \tag{15-8}$$

若水中颗粒浓度为 $n_0 = 10^6$ 个 $/\mathrm{cm}^3$,则半衰期为 $2 \times 10^5$ s,即 2.3 d。这一数值说明,单靠布朗运动引起聚集而絮凝沉淀是不现实的。更有甚者,颗粒长大后,布朗运动就会停止,颗粒间碰撞机会也降得很低,进一步的聚集也就不可能了。

**2. 同向凝聚**

胶体颗粒因机械搅拌增加了相互碰撞的机会,从而使颗粒聚集成大颗粒而产生的凝聚作用,称为同向凝聚。

若水中有 $i$, $j$ 两种颗粒,在搅拌条件下每秒钟碰撞次数 $J_{ij}$ 由下式决定:

$$J_{ij} = \frac{4}{3}n_i n_j R_{ij}^3 \frac{\mathrm{d}v}{\mathrm{d}R} \tag{15-9}$$

式中,$n_i$, $n_j$ 分别为颗粒 $i$ 和 $j$ 在水中的浓度;$r_i$, $r_j$, $R_{ij}$ 分别为 $i$ 和 $j$ 颗粒的半径,以及两颗粒的半径之和;$\dfrac{\mathrm{d}v}{\mathrm{d}R}$ 为两颗粒间的速度梯度,这是水中两颗粒相碰的必要条件。

如果两颗粒为同一种胶体,则 $R_{ij} = 2r_i$ 或 $2r_i = D$。而 $n_i = n_j$,此时 $J_{ij} = J$,则颗粒因碰撞聚集而减少的速率为:

$$-\frac{\mathrm{d}n}{\mathrm{d}t} = \alpha_p J = \alpha_p \cdot \frac{4}{3}n^2 \cdot D^3 \frac{\mathrm{d}v}{\mathrm{d}D} \tag{15-10}$$

由式(15-10)可知,颗粒因搅拌碰撞聚集而减少的速率为颗粒浓度的二级反应。

当 $t = 0$ 时,$n_0$ 个直径为 $r$ 的颗粒的总容积为一常数 $\Phi$,则

$$\Phi = n\frac{\pi D^3}{6} \tag{15-11}$$

即

$$n = \frac{6\Phi}{\pi D}$$

代入式(15-10),得

$$-\frac{\mathrm{d}n}{\mathrm{d}t} = \alpha_p \frac{8}{\pi}\Phi \frac{\mathrm{d}v}{\mathrm{d}D}n \tag{15-12}$$

$$-\int_{n_0}^{n} \frac{\mathrm{d}n}{n} = \alpha_p \frac{8}{\pi}\Phi \frac{\mathrm{d}v}{\mathrm{d}D}\int_{0}^{t} \mathrm{d}t \tag{15-13}$$

$$\ln\frac{n}{n_0} = -\alpha_p \frac{8}{\pi}\Phi \frac{\mathrm{d}v}{\mathrm{d}D}t \tag{15-14}$$

$$n = n_0 \exp\left(-\alpha_p \frac{8}{\pi}\Phi \frac{\mathrm{d}v}{\mathrm{d}D}t\right) \tag{15-15}$$

当 $n = \dfrac{n_0}{2}$ 时, $t_{\frac{1}{2}}$ 同向凝聚颗粒个数的半衰期为：

$$t_{\frac{1}{2}} = \frac{0.693}{\alpha_p \dfrac{8}{\pi} \Phi \dfrac{\mathrm{d}v}{\mathrm{d}D}} \qquad (15-16)$$

由此式可见：

(1) 加大搅拌所产生的速度梯度 $\mathrm{d}v/\mathrm{d}D$，可减少其浓度的半衰期。

(2) 同样数目的颗粒相比较时，粒径越大，则 $\Phi$ 越大，聚集的半衰期迅速缩短。

由以上讨论可知，同向凝聚是可以控制也是可以实现的，因此，在废水处理工程上，采用凝聚过程时必须考虑搅拌设施。

### 15.1.4　混凝剂及助凝剂

为使胶体混凝而投加的化学药剂称为混凝剂或助凝剂。混凝剂和助凝剂可分为以下几类：

(1) 无机类：低分子的有铝盐、铁盐、镁盐、锌盐，高分子的有阳离子型聚合氯化铝、聚合硫酸铝和阴离子型的活化硅酸。

(2) 有机类：阳离子型的有聚乙烯酰胺、水溶性苯胺树脂等；阴离子型的有羧甲基纤维素钠；非离子型的有淀粉、水溶性尿素树脂；两性型的有动物胶、蛋白质等。

(3) pH 调整剂：石灰、碳酸钠、苛型碱、盐酸、硫酸等。

(4) 辅助剂：高岭土、膨润土等。

1) 铝盐——聚合氯化铝

聚合铝并不是单一分子的化合物，而是由不同聚合度和聚合形态的化合物组成的。

碱化度 $B = n_{[OH^-]}/n_{[Al^{3+}]}$，即聚合氯化铝中总的 $OH^-$ 和 $Al^{3+}$ 的摩尔数之比。由于达到 3 时，即完全转化为氢氧化铝，因此，工业上常常采用 $(B/3) \times 100\%$ 来表示。大量研究表明，在聚合氯化铝中，有一种聚合物称为 $Al_{13}^{7+}$，它是 13 个铝和 O 及氢氧根的聚合物，带有 7 个正电荷，并具有 1.08 nm 的尺寸，在处理带有负电性的废水时，具有最好的效果。它的生成是在碱化度为 2.4～2.48 时最多，但总铝浓度仅为 0.2 mol/L，在工业制备中，由于生产条件所限，一般 $Al_b$ 含量不会超过 30%，主要是 $Al_a$ 和 $Al_c$ 成分，碱化度一般为 40%～60%。目前天津大港可以生产出碱化度为 80% 左右的聚合氯化铝。

2) 活化硅酸的助凝作用

当单独使用混凝剂不能达到预期效果时，为改善混凝条件和效果所投加的辅助药剂，称为助凝剂(Coagulation Aid)。

助凝剂对混凝过程的强化主要表现在加速凝聚过程，加大絮体的密度或质量，起黏结架桥作用，充分发挥吸附卷带作用，提高澄清效果，等等。

活化硅酸是由硅酸钠经活化过程制备的，实际上是一种离子型无机高分子电解质。

### 15.1.5　影响混凝效果的主要因素

影响混凝效果的因素较复杂，主要有水温、水质和水力条件等。

1) 水温

水温对混凝效果有明显的影响。低温时，水解速率非常缓慢，废水黏度大，胶体颗粒水化作用增强。以上结果均不利于脱稳胶粒相互絮凝。通常絮凝体形成缓慢，絮体颗粒细小、松散，进而影响后续的沉淀处理的效果。

改善的办法是增加混凝剂投加量和投加高分子助凝剂，或是用气浮法代替沉淀法作为后续处理。

2) pH

废水的 pH 对混凝的影响程度视混凝剂的品种而异。

低分子无机盐如铝盐或铁盐作混凝剂时效果受 pH 的影响较大。水解时需要消耗大量的 $OH^-$，当溶液中 $OH^-$ 不足时，影响絮凝剂水解的程度，往往需要投加石灰以补充水体碱度。

高分子混凝剂尤其是有机高分子混凝剂，混凝的效果受 pH 的影响较小。

3）水中杂质的成分、性质和浓度

水中杂质的成分、性质和浓度都对混凝效果有明显的影响。

从混凝动力学方程可知，水中悬浮物浓度很低时，颗粒碰撞速率大大减小，混凝效果差。为提高低浊度废水的混凝效果，通常采用以下措施：①在投加混凝剂的同时，投加高分子助凝剂，如活化硅酸或聚丙烯酰胺等；②投加矿物质颗粒（如黏土等）以增加混凝剂水解产物的凝结中心，提高颗粒碰撞速率并增加絮体密度。如果矿物颗粒能吸附水中有机物，效果更好。如投入颗粒尺寸为 500 μm 的无烟煤粉，比表面积约为 92 cm²/g，同时起到吸附和加强絮凝的效果。③采用直接过滤法。④采用混凝沉淀返流的方式，提供絮体生成时所需的晶核。

如果原废水中悬浮物浓度过高，为使悬浮物达到脱稳效果，所需混凝剂也将大大增加，通常投加高分子助凝剂。

因影响混凝效果的因素比较复杂，在生产和实用上，主要靠混凝试验来选择合适的混凝剂和最佳投量。

4）混凝剂种类与投加量

混凝剂的种类与投加量对混凝效果会产生较大影响。混凝剂的选择主要取决于废水的性质，如废水中胶体和细微悬浮物的特性、浓度、电性等。对于混凝剂的最佳投药量，则需要通过试验进行确定。

此外，若两种或多种混凝剂混合使用时，混凝剂的投加顺序在某些时候也会影响混凝效果。最佳投加顺序可通过试验来确定。一般而言，当无机混凝剂与有机絮凝剂并用时，先投加无机混凝剂，再投加有机絮凝剂。

5）水力条件

混凝过程中的水力条件对絮凝体的形成影响极大。整个混凝过程可以分为两个阶段：混合和反应。水力条件的配合对这两个阶段非常重要。其中两个主要的控制指标是搅拌强度和搅拌时间 $t$。

对于无机混凝剂，混合阶段要求快速和剧烈搅拌，在几秒钟或一分钟内完成；对于高分子混凝剂，混合反应可以在很短的时间内完成，而且不宜进行过分剧烈的搅拌。反应阶段要求搅拌强度或水流速度应随着絮凝体的结大而逐渐降低，以免结大的絮凝体被打碎。

搅拌强度用速度梯度 $G$ 来表示。速度梯度是指由于搅拌在垂直水流方向上引起的速度差 $dv$ 与垂直水流距离 $dy$ 间的比值，即

$$G = dv/dy \tag{15-17}$$

速度梯度实质上反映了颗粒碰撞机会。速度梯度越大，颗粒越易发生碰撞。

速度梯度计算公式的推导如下：

根据流体力学原理，两层水流间摩擦力为 $F$、接触面积为 $A$ 时，

$$F = \mu A \, dv/dy \tag{15-18}$$

而单位体积液体搅拌所需功率为

$$P = FA^{-1} \, dv/dy \tag{15-19}$$

故有

$$G = \sqrt{\frac{P}{\mu}} \tag{15-20}$$

速度梯度 $G$ 与搅拌时间 $t$ 的乘积 $Gt$ 可间接表示整个反应时间内颗粒碰撞的总次数,可用来控制反应效果。一般 $Gt$ 应控制在 $10^4 \sim 10^5$。在 $G$ 给定的情况下,可调节 $t$ 来改善反应效果。在混合阶段,要求混凝剂与废水迅速均匀地混合,使药剂迅速均匀地扩散到全部水中,以创造良好的水解和聚合条件,因此,在该阶段要求快速和剧烈搅拌(但对高分子絮凝剂,不宜进行过分剧烈的搅拌),通常要求 $G$ 在 $700 \sim 1\,000$ s$^{-1}$,搅拌时间 $t$ 应在 $10 \sim 30$ s。而到了混凝反应阶段,既要创造足够的碰撞机会和良好的吸附条件,让絮体有足够的成长机会,又要防止生成的小絮体被打碎,因此搅拌强度要逐渐减小,而反应时间要延长,相应 $G$ 和 $t$ 分别为 $20 \sim 70$ s$^{-1}$ 和 $15 \sim 30$ min。最佳的水力条件应当通过试验来确定。

### 15.1.6 混凝工艺流程

首先向废水中投加混凝剂,并剧烈搅拌,使混凝剂和废水中胶体污染物充分混合、接触、碰撞,混凝剂发生水解反应,生成高分子的聚合物。这个阶段的速度梯度 $G$ 一般在 $700 \sim 1\,000$ s$^{-1}$。这个过程在混合池内进行;然后充分混合的混凝剂和废水进入絮凝反应池,此时,混凝剂的水解反应已经完成,絮体继续长大,并通过吸附、架桥、网捕等作用,充分和污染物结合在一起,这个过程要防止剪切力过大而破坏已经长大的絮体,即在絮凝阶段,速度梯度 $G$ 一般为 $20 \sim 70$ s$^{-1}$;最后,充分形成的絮体和污染物形成共沉淀,在沉降池中发生沉降或在气浮池中上浮,从废水中分离出来,其常规的工艺流程如图 15-1 所示。

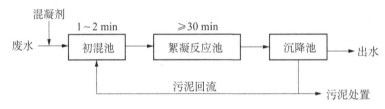

图 15-1 混凝工艺流程示意图

在一些特殊的工艺中,如采用水力漩流器的方式可以达到絮凝剂与废水充分混合的目的,即可以省略初混池,有时后续采用过滤工艺,如在深度处理工艺中,进水中悬浮物含量很少,药剂投加量可以在较少的条件下,通过快速过滤的方法完成絮体的生长和对污染物的吸附、去除,这样就综合了絮凝反应池和沉降池的作用。

### 15.1.7 混凝工艺设备

**1. 混凝剂溶解和配制**

混凝剂投加分为固体投加和液体投加两种方式。前者我国很少应用,通常将固体溶解后配制成一定浓度的溶液投入水中,如图 15-2 所示。

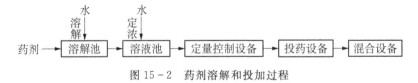

图 15-2 药剂溶解和投加过程

首先,混凝剂需要溶解配制。溶解在溶解池中完成,溶解池采用完全混合流反应器,池中应有搅拌装置,以保证药剂充分完全地溶解。溶解池容积 $W_1$ 按下式计算:

$$W_1 = (0.2 \sim 0.3)W_2 \tag{15-21}$$

式中,$W_2$ 为溶液池容积,m$^3$。

完全溶解后的药剂,浓度很高,通常用耐蚀泵或射流泵将溶解池内高浓度药液送入溶液池中,用清水稀释到设定的浓度后备用。溶液池容积按下式计算:

$$W_2 = \frac{24 \times 100 aQ}{1\,000 \times 1\,000 cn} = \frac{aQ}{417cn} \qquad (15-22)$$

式中，$Q$ 为处理的水量，$m^3/h$；$a$ 为混凝剂最大投加量，$mg/L$；$c$ 为溶解池中药剂浓度，一般取 $5\% \sim 20\%$（按商品固体质量计）；$n$ 为每日调制次数，一般不超过三次。

**2. 混凝剂投加**

混凝剂投加设备包括计量设备、药液提升设备、投药箱、必要的水封箱以及注入设备等。不同的投药方式或投药计量系统所用设备也不同。

1）计量设备

药液投入原水中必须有计量或定量设备，并能随时调节。计量设备多种多样，应根据具体情况选用。计量设备有：虹吸定量设备、孔口计量设备、转子流量计、电磁流量计、苗嘴、计量泵等。虹吸定量投加设备的结构如图 15-3 所示，其利用空气管末端与虹吸管出口间的水位差不变而设计。孔口计量设备的构造如图 15-4 所示，配制好的混凝剂溶液通过浮球阀进入恒位箱，箱中液位靠浮球阀保持恒定。采用苗嘴计量仅适于人工控制，其他计量设备既可人工控制，也可自动控制。

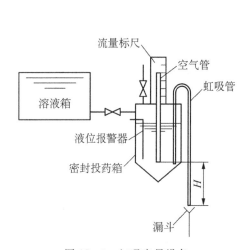

图 15-3　虹吸定量设备

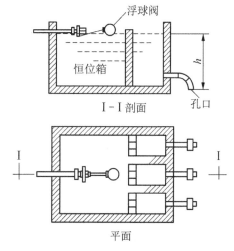

图 15-4　孔口计量设备

苗嘴是最简单的计量设备。其原理是，在液位一定下，一定口径的苗嘴，出流量为定值。当需要调整投药量时，更换不同口径的苗嘴即可。图 15-4 中的计量设备即采用苗嘴。图中液位 $h$ 一定，苗嘴流量也就确定。使用过程中要防止苗嘴堵塞。

2）投加方式

常用的投加方式有泵前投加、重力投加、水射器投加、泵投加四种。

（1）泵前投加　药液投加在水泵吸水管或吸水喇叭口处，见图 15-5。这种投加方式安全可靠，适用于进水泵与混凝反应设备较近的情况。图中水封箱 7 是为防止空气进入而设，当不投加药剂或加药系统故障时，打开进水管 11 上的阀门，通过进水管 11 给水封箱 7 供水，保证水封箱 7 充水，防止废水提升泵 9 进入空气，发生汽蚀。

（2）高位溶液池重力投加　当废水提升泵距离混凝单元较远时，应建造高架溶液池，利用重力将药液投入水泵压水管上，见图 15-6。或者投加在混合池入口处。这种投加方式安全可靠，但溶液池位置较高。

（3）水射器投加　利用高压水通过水射器喷嘴和喉管之间真空抽吸作用将药液吸入，同时随水的余压注入原水管中，见图 15-7。这种投加方式设备简单，使用方便，溶液池高度不受太大限制，但水射器效率较低，且易磨损。

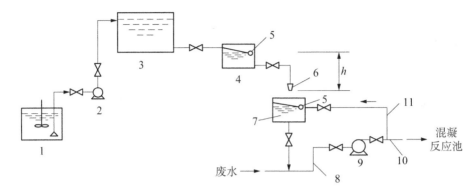

图 15 - 5 泵前加药示意图

1—溶解池；2—药剂提升泵；3—溶液池；4—恒位水箱；5—浮球阀；6—苗嘴；7—水封箱；
8—废水提升泵吸水管；9—废水提升泵；10—废水提升泵压水管；11—水封箱进水管

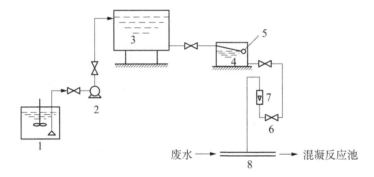

图 15 - 6 高位溶液池重力加药示意图

1—溶解池；2—药剂提升泵；3—溶液池；4—恒位水箱；5—浮球阀；
6—调节阀；7—流量计；8—压水管

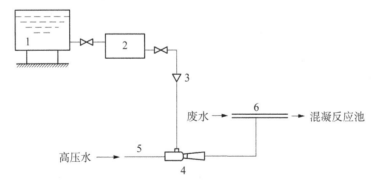

图 15 - 7 水射器加药示意图

1—溶液池；2—投药箱；3—漏斗；4—水射器；5—高压水管；6—压水管

（4）泵投加　泵投加用两种方式：一是采用计量泵（柱塞泵或隔膜泵），一是采用离心泵配上流量计。采用计量泵不必另备计量设备，泵上有计量标志，可通过改变计量泵行程或变频调速改变药液投加量，最适合用于混凝剂自动控制系统。图15-8为计量泵加药示意图。图15-9为药液注入管道方式示意图，这样有利于药剂与废水混合。

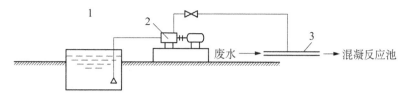

图 15 - 8　计量泵加药示意图

1—溶液池；2—计量泵；3—压水管

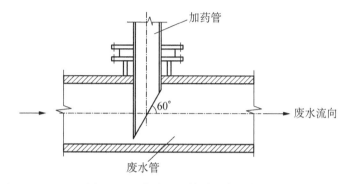

图 15 - 9　药液注入管道方式示意图

### 3. 混合设备

为了创造良好的混凝条件,要求混合设施能够将投入的药剂快速均匀地扩散于废水中。混合的基本要求在于通过对水体的强烈搅动,能够在很短的时间内促使药剂均匀地扩散到整个水体,达到快速混合的目的。混合设施种类较多,归纳起来有水泵混合、管式混合和机械混合。

1) 水泵混合

水泵混合是我国常用的混合方式。药剂投加在取水泵吸水管或吸水喇叭口处,利用水泵叶轮高速旋转达到快速混合目的。水泵混合效果好,不需另建混合设施,节省动力,大、中、小型水厂均可采用。但在采用三氯化铁作为絮凝剂时,若投量较大时,药剂对水泵叶轮可能有轻微的腐蚀作用。当水泵距离混凝沉淀设施较远时,不宜采用水泵混合,因为长距离输送过程中,管道中可能会过早形成絮体。已形成的絮体在管道中一经破碎,往往难于重新聚集,不利于后续絮凝,且当管道中流速较低时,絮体还可能沉积在管道中。因此,采用水泵混合时,水泵距离混凝设施距离不宜大于 150 m。

2) 管式混合

最简单的管式混合是将药剂直接投入水泵压水管中,借助管中流速进行混合。管中流速不宜小于 1 m/s,投药点后的管内水头损失不小于 0.3~0.4 m。投药点至末端出口距离以不小于 50 倍管道直径为宜。为提高混合效果,可在管道内增设孔板或文丘里管。这种管道混合简单易行,无须另建混合设备,但混合效果不稳定,管中流速低时,混合不均匀。

目前最广泛使用的管式混合器是"管式静态混合器"。混合器内按要求安装若干固定混合单元。每一混合单元由若干固定叶片按一定角度交叉组成。水流和药剂通过混合器时,将被单元体多次分割、改变、并形成漩涡,达到混合目的。目前,我国已生产多种形式静态混合器,图 15 - 10 为其中一种。管式静态混合器的口径与输水管道相配合,目前最大口径已达 2 000 mm。这种混合器的水头损失稍大,但因混合效果好,从总体经济效益而言,还是具有优势的。其唯一缺点是当流量过小时混合效果下降。

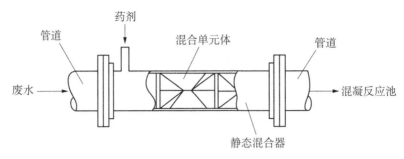

图 15-10　管式静态混合器

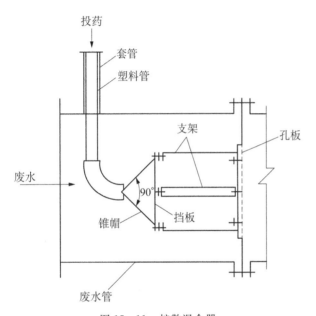

图 15-11　扩散混合器

另一种管式混合器是"扩散混合器"。它是在管式孔板混合器前加装一个锥形帽,其构造如图 15-11 所示。水流和药剂对冲锥形帽而后扩散形成剧烈紊流,使药剂和水快速混合。锥形帽夹角为 90°,其顺水流方向的投影面积为进水管总截面积的 1/4。孔板的开孔面积为进水管截面积的 3/4。孔板流速一般采用 1.0~1.5 m/s,混合时间约 2~3 s。混合器节管长度不小于 500 mm。水流通过混合器的水头损失约 0.3~0.4 m。混合器直径在 $DN200~DN1200$。

3) 机械混合

机械混合池是在池内安装搅拌装置,以电动机驱动搅拌器使水和药剂混合的。搅拌器可以是桨板式、螺旋桨式或透平式。桨板式适用于容积较小的混合池(一般在 2 m³ 以下),其余可用于容积较大混合池。搅拌功率按产生的速度梯度为 700~1 000 s⁻¹ 计算确定。混合时间控制在 10~30 s 以内,最大不超过 2 min。机械混合池在设计中应避免水流同步旋转而降低混合效果。机械混合池的优点是混合效果好,且不受水量变化影响,适用于各种规模的水厂。其缺点是增加机械设备并相应增加维修工作。

机械混合池的设计计算与机械絮凝池相同,只是参数不同。

**4. 混凝反应设备**

原水与药剂混合后,在混凝反应设备内,速度梯度的推动下,微絮凝颗粒发生有效碰撞,产生同相凝聚,形成较大的密实絮体,从而实现沉淀分离的目的。故在此过程中,应当缓慢搅拌,创造颗粒碰撞和吸附架桥、网捕共沉淀的条件,防止絮体破碎和胶体复稳。

混凝池形式较多,概括起来分成两大类:水力搅拌式和机械搅拌式。我国在新型混凝池研究上达到较高水平,特别是水力混凝池方面。这里着重介绍以下几种。

1) 隔板混凝池

隔板混凝池是应用历史较久、目前仍常应用的一种水力搅拌混凝池,有往复式和回转式两种,如图 15-12 和 15-13 所示。后者在前者的基础上加以改进而成。在往复式隔板混凝池内,水流经过 180°转弯,局部水头损失较大,而这部分能量消耗往往对絮凝效果作用不大。因为 180°的急转弯会使絮凝体有破碎的可能,特别在混凝反应后期。回转式隔板混凝池内水

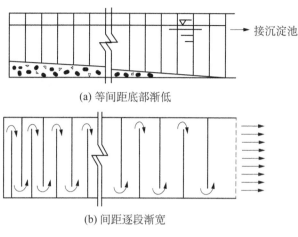

(a) 等间距底部渐低

(b) 间距逐段渐宽

图 15-12　往复式混凝反应池

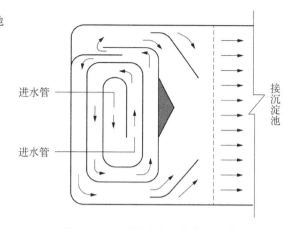

图 15-13　回转式隔板混凝反应池

流经过 90°转弯，局部水头损失大为减小，混凝效果也有所提高。

从反应器原理而言，隔板混凝池接近于推流型反应器（PFR），特别是回转式。因为往复式的 180°转弯处的絮凝条件与廊道内条件差别较大。

为避免絮凝体破碎，廊道内的流速及水流转弯处的流速应沿程逐渐减小，从而使 $G$ 也沿程逐渐减小。隔板混凝池的 $G$ 按甘布公式计算：

$$G = \sqrt{\frac{gh}{\nu t}} \qquad (15-23)$$

式中，$g$ 为重力加速度，9.8 m/s$^2$；$h$ 为混凝设备中的水头损失，m；$\nu$ 为水的运动黏度，m$^2$/s；$t$ 为水流在混凝反应设备中的停留时间，s。

式（15-23）中水头损失 $h$ 按各廊道流速不同，分成数段分别计算。总水头损失为各段水头损失之和（包括沿程损失和局部损失）。各段水头损失近似按下式计算：

$$h_i = \zeta m_i \frac{u_{ii}^2}{2g} + \frac{u_i^2}{C_i^2 R_i} l_i \qquad (15-24)$$

式中，$u_i$ 是第 $i$ 段廊道内水流速度，m/s；$u_{ii}$ 是第 $i$ 段廊道内转弯处水流速度，m/s；$m_i$ 是第 $i$ 段廊道内水流转弯次数；$\zeta$ 是隔板转弯处局部阻力系数，往复式隔板（180°转弯）$\zeta = 3$，回转式隔板（90°转弯）$\zeta = 1$；$l_i$ 是第 $i$ 段廊道总长度，m；$R_i$ 是第 $i$ 段廊道过水断面水力半径，m；$C_i$ 是流速系数，随水力半径 $R_i$ 和池底及池壁粗糙系数 $n$ 而定，通常按满宁公式 $C_i = \frac{1}{n} R^{\frac{1}{6}}$ 计算或直接查水力计算表。

混凝反应池内总水头损失为：

$$h = \sum h_i \qquad (15-25)$$

根据混凝反应池容积大小，往复式总水头损失一般在 0.3～0.5 m 左右。回转式总水头损失比往复式约小 40%。

隔板絮凝池通常用于大、中型水处理厂。因水量过小时，隔板间距过狭，不便施工和维修。隔板絮凝池优点是构造简单，管理方便；缺点是流量变化大者，混凝效果不稳定，与折板及网格式混凝池相比，因水流条件不甚理想，能量消耗（水头损失）中的无效部分比例较大，故需较长混凝反应时间，池子容积较大。

隔板混凝反应池已积累了多年运行经验,在水量变动不大的情况下,混凝效果有保证。目前,往往把往复式和回转式两种形式组合使用,前为往复式,后为回转式。因混凝反应初期,絮体尺寸较小,采用往复式较好;后期絮体尺寸较大,采用回转式较好。

隔板絮凝池主要设计参数如下:

(1) 廊道中流速　起端一般为 0.5～0.6 m/s,末端一般为 0.2～0.3 m/s。流速应沿程递减,即在起、末端流速已选定的条件下,根据具体情况分成若干段来确定各段流速。分段愈多,效果愈好。但分段过多,施工和维修较复杂,一般宜分成 4～6 段。为达到流速递减目的,可采取两种措施:一是将隔板间距从起端至末端逐段放宽,池底相平;二是隔板间距相等,从起端至末端池底逐渐降低。因施工方便,一般采用前者较多。若地形合适,也可采用后者。

(2) 为减小水流转弯处水头损失,转弯处过水断面面积应为廊道过水断面面积的 1.2～1.5 倍。同时,水流转弯处尽量做成弧形。

(3) 混凝反应时间,一般采用 20～30 min。

(4) 隔板净间距一般宜大于 0.5 m,以便于施工和检修。

(5) 为便于排泥,池底应有 0.02～0.03 坡度,坡向排泥口,并设置直径不小于 150 mm 的排泥管。

2) 折板混凝反应池

折板混凝反应池是在隔板混凝池基础上发展起来的,目前已得到广泛应用。

折板混凝反应池是利用在池中加设一些扰流单元以达到混凝所要求的紊流状态,使能量损失得到充分利用,停留时间缩短,折板反应池有多重形式,常用的有多通道和单通道的平折板、波纹板等。可布置成竖流或平流式,通常采用竖流式。折板反应池要设排泥设施。

竖流式平折板反应池通常适用于中、小型污水处理厂,折板可采用钢丝网水泥板、不锈钢或其他材质制作。反应池一般分为三段(也可采用多段),三段中的折板布置可采用同波折板、异波折板及直板折板,如图 15-14 所示。

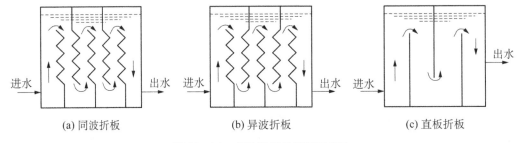

(a) 同波折板　　　　　(b) 异波折板　　　　　(c) 直板折板

图 15-14　单通道折板混凝反应池

多通道指将反应池分成若干格子,每一格内安装若干折板,水流沿格子依次上下流动。在每一个格子内,水流平行通过若干个由折板组成的并联通道,如图 15-15 所示。

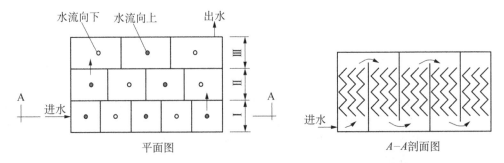

平面图　　　　　　　　　　　A—A剖面图

图 15-15　多通道折板混凝反应池

　　无论在单通道还是多通道内,同波、异波折板均可组合应用。有时,反应池末端还可以采用直板。例如,前面可采用异波、中部采用同波,后面采用直板。这样组合有利于絮体逐步成长而不易破碎。如图 15-15 中,第Ⅰ段采用同波折板,第Ⅱ段采用异波折板,第Ⅲ段可采用直板。同波和异波折板混凝效果差别不大,但直板只能放置在反应池末端。

　　如隔板反应池一样,折板间应根据水流速度由大到小而改变。折板之间的流速通常也分段设计,分段数不宜小于 3 段,各段流速可分别为:

　　第一段:0.25~0.35 m/s;

　　第二段:0.15~0.25 m/s;

　　第三段:0.10~0.15 m/s。

　　折板夹角采用 90°~120°。波高一般采用 0.25~0.40 m。

　　折板混凝反应池中的平折板也可改用波纹板,国内采用波纹板的较少。

　　折板反应池的优点是,水流在同波折板之间曲折流动或在异波折板之间缩放流动且连续不断,以至形成众多的小漩涡,提高了颗粒碰撞絮凝效果。在折板的每一个转角处,两折板之间的空间可视为 CMR 单元反应器。众多的 CMR 单元反应器串联起来,就接近推流型 PF 反应器。因此,从总体上看,折板反应池接近推流型。与隔板反应池相比,水流条件大大改善,即在总的水流能量消耗中,有效能量消耗比例提高,故所需混凝反应时间可以缩短,体积减小。从实际生产经验可知,絮凝时间在 10~15 min 为宜。

　　折板混凝反应池因板间距小,安装维修较困难,费用较高。

　　3) 机械混凝反应池

　　机械混凝反应池利用搅拌器对废水进行搅拌,故水流的能量消耗来源于搅拌机的功率输入。水流速度梯度采用式(15-20) $G = \sqrt{\dfrac{P}{\mu}}$ 计算。搅拌器有桨板式和叶轮式,目前我国常用前者;根据搅拌轴的安装位置,又分为水平轴式和垂直轴式,见图 15-16。水平轴式通常用于大型废水处理厂,垂直轴式一般用于中、小型废水处理厂。

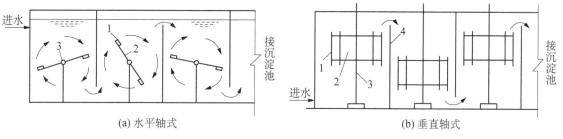

(a) 水平轴式　　　　　　　　　　　　　　(b) 垂直轴式

图 15-16　机械混凝反应池

1—桨板;2—叶轮;3—旋转轴;4—隔墙

　　单个机械混凝反应池接近于 CMR 反应器,故宜分格串联。分格愈多,愈接近 PF 反应器,混凝效果愈好。但分格越多,造价越高且增加维修工作量。

　　为便于控制速度梯度,反应池每格均安装一台搅拌机。为适应絮体的形成规律,第一格内搅拌强度最大,而后逐格减小,从而速度梯度 $G$ 也相应由大到小。搅拌强度取决于搅拌器转速和桨板面积,由计算决定。

　　设计桨板式机械混凝反应池时,应符合以下几点要求。

　　(1) 混凝反应时间一般宜为 15~20 min。

　　(2) 池内一般设 3~4 挡搅拌机。各挡搅拌机之间用隔墙分开以防止水流短路。隔墙上、下交错开孔,开孔面积按穿孔流速决定。穿孔流速以不大于下一挡桨板外缘线速度为宜。为增加水流紊流性,有时在每格池子的池壁上设置固定挡板。

(3)搅拌机转速按叶轮半径中心点线速度通过计算确定。线速度宜自第一挡的 0.5 m/s 起逐渐减小至末挡的 0.2 m/s。

(4)每台搅拌器上桨板总面积宜为水流截面积的 10%～20%,不宜超过 25%,以免池水随桨板同步旋转,降低搅拌效果。桨板长度不大于叶轮直径 75%,宽度宜取 10～30 cm。

机械混凝反应池的优点是可随水质、水量变化而随时改变转速,以保证混凝效果,能应用于任何规模的废水处理厂。

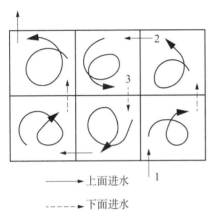

上面进水 ——→

下面进水 ------→

图 15-17　穿孔旋流混凝反应池平面示意图

(2)网格、栅条混凝反应池

**4)其他形式混凝反应池**

(1)穿孔旋流混凝反应池

穿孔旋流混凝反应池是由若干方格组成。方格数一般不少于 6 格。各格之间的隔墙上沿池壁开孔,孔口上下交错布置,见图 15-17。水流沿池壁切线方向进入后形成旋流。第一格孔口尺寸最小,流速最大,水流在池内旋转速度也最大。而后孔口尺寸逐渐增大,流速逐格减小,速度梯度 G 也相应逐格减小以适应絮体的成长。一般说来,起点孔口流速宜取 0.6～1.0 m/s,末端孔口流速宜取 0.2～0.3 m/s。混凝反应时间 15～25 min。

穿孔旋流混凝反应池可视为接近 CMR 反应器,且受流量变化影响较大,故混凝效果欠佳,池底也容易产生积泥现象。其优点是构造简单,施工方便,造价低,可用于中、小型废水处理厂,或与其他形式混凝反应池组合应用。

网格、栅条混凝反应池设计成多格竖井回流式,每个竖井安装若干层网格或栅条,各竖井之间的隔墙上,上、下交错开孔。每个竖井中网格或栅条数目自进水端至出水端逐渐减少,一般分 3 段控制。前段为密网或密栅,末段不安装网、栅。

图 15-18 所示网格/栅条混凝池,一组共分 9 格(即 9 个竖井),网格层数共 27 层。当水流通过网格时,相继收缩、扩大,形成漩涡,造成颗粒碰撞。水流通过竖井之间孔洞,流速按絮体生长规律逐渐减小。

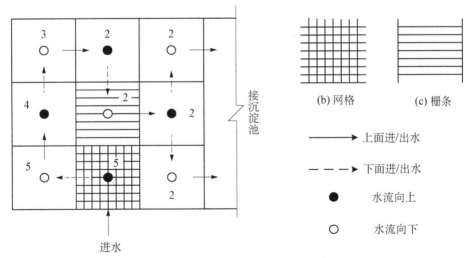

(a)平面布置(其中数字表示网格/栅条层数)

图 15-18　网格/栅条混凝反应池平面示意图

网格和栅条混凝池所造成的水流紊动颇接近于局部各向同性紊流,故各向同性紊流理论应用于网格和栅条混凝池更为合适。

网格混凝池效果好,水头损失小,混凝时间较短。不过,根据已建的网格和栅条混凝池运行经验,还存在末端池底积泥现象,少数废水处理厂发现网格上滋生藻类、堵塞网眼现象。网格和栅条混凝池目前尚在不断发展和完善之中。混凝池宜与沉淀池合建,一般布置成两组并联形式,每组设计水量一般为 $(1.0\sim2.5)\times10^4$ m³/d 之间。

(3) 不同形式混凝反应池组合应用

每种形式的混凝池都各有其优缺点,不同形式池子的组合应用往往可以相互补充,取长补短。往复式和回转式隔板混凝反应池在竖向组合(通常往复式在下,回转式在上)是常用的方式之一。穿孔旋流与隔板混凝池也往往组合应用。图15-19所示为隔板混凝池和桨板式机械混凝池的组合。当水质、水量发生变化时,可以调节机械搅拌速度以弥补隔板混凝池的不足;当机械搅拌装置需要维修时,隔板混凝池仍可继续运行。此外,流量较小时,若采用隔板混凝池往往前端廊道宽度不足 0.5 m,则前端采用机械混凝池可弥补此不足。实践证明,不同形式混凝池配合使用,效果良好,但设备形式增多,需根据具体情况决定。

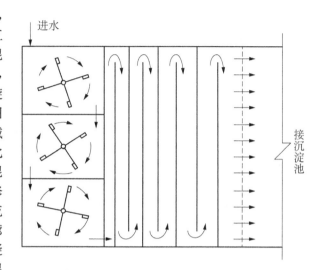

图 15-19　机械混凝池和隔板混凝池组合

# 15.2　气　　浮

气浮(Air Floation)是通过絮凝和浮选使废水中的污染物分离上浮而得以去除的过程。气浮利用高度分散的微小气泡作为载体黏附于废水中的悬浮污染物,使其浮力大于重力和阻力,从而使污染物上浮至水面,形成泡沫,然后用刮渣设备自水面刮除泡沫,实现固液或液液分离。

分离是由于液相中引入细小的气体(通常是空气)气泡而完成的。气泡附在颗粒上,气泡和颗粒合在一起的浮力足够大到使颗粒上升到表面。这样,密度比液体高的颗粒也可以上升,而密度比液体低的颗粒同样更容易上升(如废水中油的悬浮颗粒)。

在废水处理中,气浮主要用于去除悬浮物和浓缩生物固体。气浮与沉淀相比其主要优点在于,沉降缓慢但很轻的颗粒能在较短的时间内用气浮比较完全地去除。一旦颗粒上升到废水表面,即可进行撇沫收集去除。

## 15.2.1　气浮机理

### 1. 颗粒的上浮

斯托克斯用式(13-11)对颗粒在水中最小稳定沉降速度进行描述:

$$v_c = (\rho_s - \rho_w)\frac{gd_s^2}{18\mu} \tag{13-11}$$

该式适于紊流和层流的情况。在式中,当 $\rho_s < \rho_w$ 时,$v_c$ 为负值,则颗粒上浮,$v_c$ 为上浮的

最终速度,由式可知,$\rho_s$ 与 $\rho_w$ 的值相差越大,则上浮速度越快。$\rho_{空气} = \rho_w/775$,所以根据这一原理,固体颗粒黏附气泡后(简称带气颗粒)就能达到上浮这一目的,而且上浮速度要比下沉速度快,使得气浮法要比沉降法中固液分离时间少得多。

**2. 气浮中界面张力和界面能**

水中并非所有的固体颗粒都能与气泡黏附,而黏附后,系统出现了气、液、固三相,为了探讨颗粒同气泡黏附的条件和它们之间的内在规律,需要从表面张力、界面能和水对固体颗粒的润湿性来说明。

液体存在表面张力,它力图缩小液体的表面积。对于液体,表面层分子比内部分子具有更多的能量,称为表面能。表面能也有力图减少至最少的趋势。当两相共存时,如两种不相混合的液体(油和水)接触时,产生了界面,两种液体的不同表面分子也产生表面张力,这种表面张力称为界面张力,也同样存在界面能。

$$界面能 = 界面张力 \times 界面面积 \tag{15-26}$$

由于界面能具有减至最小的趋势,所以水中的乳化油都呈圆球形,而且都具有自然黏合聚集的趋势。因为圆球的表面积最小,而且总体积一定的物质,分成的颗粒越小,总的表面积越大,所以聚集后总的表面积更小。在气浮时,存在气、液、固三相,在各个不同的界面上,存在不同的界面张力,作用于三相界面的界面张力分别为:水固界面张力 $\sigma_{w.s}$,水气界面张力 $\sigma_{w.G}$,气固界面张力 $\sigma_{G.S}$。

废水中,颗粒尚未和气泡黏附之前,在颗粒和气泡的单位面积上的界面能分别为 $\sigma_{w.s} \times 1$ 和 $\sigma_{w.G} \times 1$,此时单位面积上的界面能之和为:

$$W_1 = \sigma_{w.s} + \sigma_{w.G} \tag{15-27}$$

颗粒和气泡黏附之后,单位面积上界面能为:

$$W_2 = \sigma_{G.S} \tag{15-28}$$

界面能的减少为:

$$\Delta W = W_1 - W_2 = \sigma_{w.s} + \sigma_{w.G} - \sigma_{G.S} \tag{15-29}$$

水中固体能否与气泡黏附,取决于该物质的润湿性,即该物质能够被水润湿的程度。易被水润湿的物质,称为亲水性物质;反之,称为疏水性物质。亲水性物质难于与气泡黏附,疏水性物质易于与气泡黏附。

物质被水润湿的程度,一般可用它们与水的接触角 $\theta$ 来表示(对着水的角)。$\theta < 90°$ 的物质为亲水性物质;$\theta > 90°$ 的物质为疏水性物质。

用图 15-20 来表示亲水性物质和疏水性物质在废水中与气泡黏附的情况。

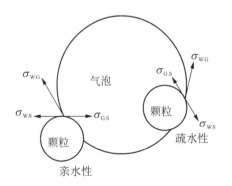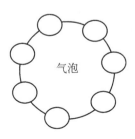

图 15-20　气浮机理

当三相界面的润湿角处于相对平衡状态时,三相界面张力为:

$$\sigma_{w.s} = \sigma_{w.G} \cdot \cos(180 - \theta) + \sigma_{G.s} \qquad (15-30)$$

代入式(15-29),得:

$$\Delta W = \sigma_{w.G}(1 - \cos\theta) \qquad (15-31)$$

由式(15-31)可见,当 $\theta \rightarrow 0°$ 时,物质完全亲水,而 $(1-\cos\theta) \rightarrow 0$,这种物质不易和气泡黏附,不能用气浮的方法去除;当 $\theta \rightarrow 180°$ 时,$(1-\cos\theta) \rightarrow 2$,这种物质易与气泡黏附,适于用气浮的方法去除。

如向含油废水中通入气泡后,油珠即黏附在气泡上,油珠的相对体积相对增大,而和空气一起时,密度也大为下降,上浮速度将大大提高。例如,直径为 $1.5~\mu m$ 的油珠,根据斯托克斯公式(13-11)计算可得,上浮速度不到 0.001 mm/s,当黏附在气泡上之后,速度可达 0.9 mm/s,即上浮速度提高 900 倍。

对于细微的亲水性颗粒(如 $d < 0.5$ mm 的煤粉、纸浆等),必须将其亲水性改变为疏水性后才能与气泡黏附,采用气浮方法去除。一般采用向废水中加入浮选剂的方法来处理。浮选剂一般为表面活性剂,极性基团选择性地被亲水性物质吸附,非极性基团则朝向水,这样亲水性物质就转化为疏水性的表面,从而黏附在气泡上。常用的浮选剂有松香油、煤油产品、脂肪酸及其盐类等。

**3. 气泡与絮体的黏附**

向废水中投加混凝剂生成絮体后再进行气浮,会强化气浮效果。气泡和絮体之间的黏附作用有以下两种情况:

1) 气泡与絮体的碰撞黏附作用

由于絮体和气泡都具有一定的疏水性,比表面积也都很大,并且都具有过剩的自由界面能,因此,它们具有相互吸引而降低各自界面能的趋势。在一定的速度梯度下,具有足够动能的微气泡和絮体相互碰撞,通过分子间范德瓦尔斯力而黏附,两者之间是软碰撞,碰撞后絮体和气泡实现多点黏附,黏附点越多,气泡和絮体结合得越牢固。因此要求絮体不能太小,疏水性要强。

2) 絮体网捕、包卷和架桥作用

由以上气浮机理可知,微气泡的多少和大小、污染物颗粒的大小及其疏水性能高低、絮体颗粒的大小及其疏水性、添加的表面活性剂种类及数量多少,都是气浮过程中重要的影响因素,会直接影响气浮的效果甚至成败。

**4. 气泡动力学**

在气浮过程中,气泡作为载体而存在,它的数量的多少和稳定性都影响了气浮过程的成败及效率。而水中空气溶解度、饱和度及产生气泡的方式和废水中杂质种类,都会影响气泡的数量、大小及稳定性。

水中的微气泡外包着一层水膜,且富有弹性,为了不让空气分子逸出,水膜内的水分子必须保持紧密和稳定,在范德瓦尔斯力和氢键的作用下,它们定向有序地排列,从而使气泡具有一定的强度。气泡越小,水膜越致密,气泡的弹性就越强。

气泡的大小与空气在水中的溶解度、水与空气间的界面张力、空气压力及释放器的孔径大小有着密切的关系。一般要求在较高的压力下,提高空气的溶解度,同时释放时间越短越好,释放器的孔径尽量地小。

**15.2.2　气浮法的分类**

1) 分散空气气浮法

分散空气气浮法包括依靠高速旋转转子的离心力造成的负压而将空气吸入,并与提升上来的废水充分混合后,在水的剪切力作用下,气体破碎成微气泡而扩散在水中;或者是当空气通过微孔材料或喷头的小孔时,被分割成小气泡而分布于水中,然后进行气浮。

分散空气法产生的气泡较大,对水体搅动强烈,一般只适用于含油脂、羊毛等废水的初级处理或含有大量表面活性剂废水的泡沫浮选处理。

2) 电凝聚气浮法

在电解槽中,利用电解产物产生的微小气泡的气体、阳极溶解产生的絮凝剂等作用,在废水中同时利用絮凝和气浮的作用,去除废水中颗粒物。

3) 生物及化学气浮法

利用微生物代谢过程中产生的气体,达到气浮的目的,或利用投加能产生气体的化学药剂,释放出气体,促使气浮过程发生。

4) 溶解空气气浮法

分为真空式气浮法和压力溶气气浮法。前者是指利用在真空的条件下,常压下废水中溶解的空气会释放出来的原理;后者是利用高压下溶解大量的空气,然后在常压下瞬时降压,微气泡释放出来,同时包括全溶气、部分溶气和部分回流溶气,以最后一种应用最为广泛。

### 15.2.3 气浮的设计

气浮用于从废水中脱除悬浮颗粒、油和油脂、混凝产生的絮体以及污泥的分离和浓缩时,其性能取决于是否有足够多的气泡来气浮所有的悬浮固体、油和油脂,气体不充分会导致固体气浮分离不完全,而过量的气体也不能进一步改善操作情况,去除的效果与空气的压缩程度、压缩量有关。

气浮中,首先将足够的空气加压到 $345 \sim 483$ kPa,当压力减小到 $101.325$ kPa 时,理论上空气从溶液中释放的量可以根据下式计算:

$$s = s_a \frac{p}{p_a} - s_a \qquad (15-32)$$

式中,$s$ 为单位体积 100% 饱和的水在常压下释放空气的量,$cm^3/L$;$s_a$ 为常压下空气的饱和溶解量,$cm^3/L$;$p$ 为绝对压力,kPa;$p_a$ 为大气压力,kPa。

空气释放的实际量取决于压力降低的那一点附近的扰动混合条件,以及在加压系统中得到的饱和度。由于空气在工业废水中的溶解度可能小于清水中的溶解度,所以需要对式(15-32)进行修正。通常溶气罐中会达到 86% ~ 90% 的饱和度,根据空气的饱和度,可以将式(15-32)修正为:

$$s = s_a \left( \frac{fp}{p_a} - 1 \right) \qquad (15-33)$$

式中,$f$ 为溶气罐的饱和度分数。

通常,用出水水质和浮渣中固体浓度表示的气浮单元的性能与气/固比有关,该比例定义为进水中的单位质量悬浮固体所占的释放空气的质量:

$$气固比 = \frac{s_a}{S_a} \frac{R}{Q} \left( \frac{fp}{p_a} - 1 \right) \qquad (15-34)$$

式中,$Q$ 为废水流量;$R$ 为加压循环水流量;$S_a$ 为进水中的油或悬浮固体浓度。

在含有 0.91% 固体的活性污泥气浮过程中,压力为 276 kPa 时,Hurwitz 和 Katz 观察到在回流比分别为 100%、200% 和 300% 时,自由上升速度为 9 cm/min、37 cm/min 和 55 cm/min。初始上升速度随着固体性质的变化而变化。

气浮设计的主要变量为压力、循环水量、进水固体浓度和停留时间。随着停留时间的增加,出水悬浮物浓度减少而浮渣的固体浓度增加。当气浮过程主要用于澄清处理时,采用停留时间为 20～30 min 可以适当地进行分离和浓缩。通常上升速度为 0.061～0.063 $m^3/(min \cdot m^2)$。当该过程用于污泥浓缩时,有必要采用更长的停留时间,以便让污泥压实。

气浮系统的主要组件有加压泵、空气注入装置、溶气罐、回压调节装置和气浮装置,如图 15-21 所示。加压泵产生的高压增加空气的溶解度,空气通常通过射流器进入泵的吸入端或直接进入溶气罐。

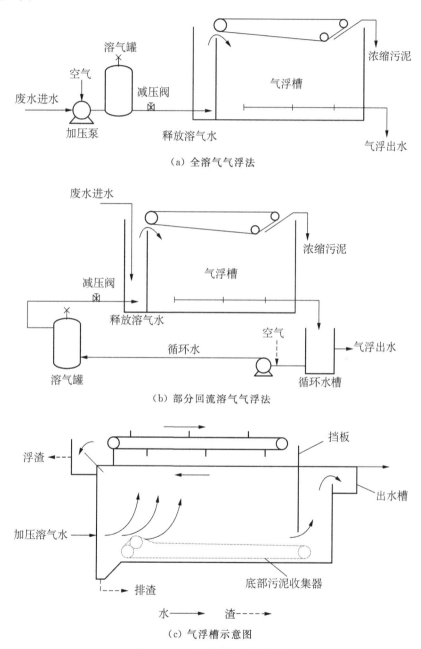

(a) 全溶气气浮法

(b) 部分回流溶气气浮法

(c) 气浮槽示意图

图 15-21　气浮系统示意简图

要达到高效澄清通常需要在进水与加压回流液混合之前,投加一定量的絮凝剂。常用的絮凝剂有明矾或高分子电解质。一些石油炼油厂的气浮处理效果如表 15-1 所示。含油废水的气浮设计如例 15-1 所示。

表 15 - 1　不同行业含油废水气浮处理效果

| 废水 | 混凝剂/(mg/L) | 油浓度/(mg/L) | | 去除率/% |
| --- | --- | --- | --- | --- |
| | | 进水 | 出水 | |
| 炼油厂 | 0 | 125 | 35 | 72 |
| | 100 明矾 | 100 | 10 | 90 |
| | 130 明矾 | 580 | 68 | 88 |
| | 0 | 170 | 52 | 70 |
| 压载水油轮 | 100 明矾＋1 高分子 | 133 | 15 | 89 |
| 颜料厂 | 150 明矾＋1 高分子 | 1 900 | 0 | 100 |
| 飞机维修厂 | 30 明矾＋1 活性硅 | 250～700 | 20～50 | ＞90 |
| 肉食包装厂 | | 3 830 | 270 | 93 |
| | | 4 360 | 170 | 96 |

【例 15 - 1】　某废水的流量为 0.57 m³/min,水温度为 39.4℃,含有大量的非乳化油和不可沉悬浮固体。油的浓度为 120 mg/L,要求降低油的浓度到小于 20 mg/L。实验室分析表明：

明矾投加量＝50 mg/L；

压力(表压)＝515 kPa(绝对压力)或 4.1 atm(相对压力)；

污泥产量＝0.64 mg/mg(明矾)；

污泥＝3%(质量分数)；

获得油和油脂浓度为 20 mg/L 的出水时,相应的气固比 $A/S$ 为 0.03 水力负荷为 0.11 m³/(min·m²)；

39.4 下℃空气的质量溶解度为 18.6 mg/L。$f$ 的值假定为 0.85。

求：(1) 循环流量；

(2) 气浮单元的表面积；

(3) 产生的污泥量。

【解】　(1) 循环流量为

$$R = \frac{(A/S)QS_a}{s_a(fp/p_a - 1)}$$
$$= \frac{0.03 \times 0.57 \times 120}{18.6 \times (0.85 \times 515/101.3 - 1)}$$
$$= 0.033\ 2\ \text{m}^3/\text{min}$$

(2) 所需的表面积 $= \dfrac{Q+R}{负荷}$

$$= \frac{0.57 + 0.033\ 2}{0.11}$$
$$= 5.48\ \text{m}^2$$

(3) 产生污泥的量

油泥 $= (120 - 20)\text{mg/L} \times 0.57\ \text{m}^3/\text{min} \times 1\ 440\ \text{min/d} \times 10^3\ \text{L/m}^3 \times 10^{-6}\ \text{kg/mg}$
$\qquad = 82\ \text{kg/d}$

明矾污泥 $= 0.64$ mg(污泥)/mg(明矾)$\times 50$ mg(明矾)/L$\times 0.57$ m³/min$\times 1\ 440$ min/d
$\qquad\qquad \times 10^3$ L/m³$\times 10^{-6}$ kg/mg
$\qquad = 26.3\ \text{kg/d}$

总污泥产量＝108.3 kg/d

总污泥体积＝108.3/3% kg/d÷(1 440 min/d)÷1 kg/L

　　　　　　＝2.5 L/min

　　　　　　＝3.61 m³/d

# 15.3　吸　　附

吸附作用(Adsorption)是一种物质的原子或分子附着在另一物质的表面上的过程,或简单地说成物质在固体表面上或微孔内积聚的现象,因此,吸附过程涉及一种物质从本相向另一物质的相表面或这两种物质的相界面处转移和浓缩的过程。

## 15.3.1　吸附机理

对于废水来说,吸附作用发生在固体表面。这种能起吸附作用的固体物质称为吸附剂。它往往是多孔性的,也就是说,这种具有吸附性的多孔固体不仅具有较大的外表面,而且还具有巨大的内表面积,吸附作用也主要是在内表面上进行的。

固体表面的分子、原子或离子同液体表面一样,所受的力是不对称、不饱和的,即存在一种固体的表面力,它能将外界的分子、原子或离子吸附到固-液界面上形成分子层。被吸附在界面上的分子层称为吸附物。

按吸附剂与吸附物之间作用力的不同,吸附分为三种类型:

1) 物理吸附

吸附剂和吸附物通过分子力(范德瓦尔斯力)产生的吸附称为物理吸附。物质表面分子力场不平衡而存在表面张力,即范德瓦尔斯力所致。

范德瓦尔斯力随分子间距离的缩小而增大,当距离缩小到一定程度后,就出现了斥力,只要在范德瓦尔斯力作用范围内,吸附在吸附剂表面的吸附可以是单分子层,也可以是多分子层。

按照热力学的观点,分子在固体表面受物理吸附后,吉布斯自由能下降$(-\Delta G)$,从而导致熵减少$(\Delta S)$,焓$(\Delta H = \Delta G + T \times \Delta S)$也减少,因此物理吸附是一个放热过程,活化能很低,可以在低温下进行。

物理吸附是可逆的,即分子吸附到吸附剂上的同时,其他分子会由于热运动而离开固体的表面。这种使分子脱离吸附剂表面的过程为解吸或脱吸。

2) 化学吸附

吸附剂和吸附物之间存在着电子转移或偏移而发生化学反应,称为化学吸附。化学吸附后,吸附物和吸附剂的活化中心基团之间形成了牢固的化学键,此时,吸附剂和吸附物丧失了各自的独立性。化学吸附的活化能较高,一般需要在较高的温度下进行,另外,化学吸附的选择性较强,吸附后只能是单分子层吸附,且吸附后较为稳定,不易解吸。

3) 交换吸附

在废水中,吸附作用不仅限于中性分子的吸附,还常发生离子的吸附。由于吸附剂活性中心上的离子和吸附物中相反电荷的离子静电吸引,吸附物的离子可以在吸附剂表面富集,并和同电荷离子进行交换,这种交换称为交换吸附或离子交换过程。

从以上吸附本质的讨论中我们可以发现,在废水中吸附过程存在以下规律。

(1) 在废水中,使固体吸附剂表面自由能降低最多的污染物,其吸附量最大,被吸附的能力也最强。一般说来,溶解度越小的物质越易被吸附。

(2) 吸附物和吸附剂之间的极性相似时易被吸附,即极性吸附剂易于吸附极性污染物,非极性吸附剂易于吸附非极性污染物。

（3）较高的吸附温度对物理吸附为主的吸附是不利的，而对化学吸附是有利的。

大多数工业废水非常复杂，所含化合物的吸附性也大不相同。分子结构、溶解性等都影响吸附性能，见表 15-2，有机物的吸附性能见表 15-3。

表 15-2　分子结构及其他因素对吸附性能的影响

- 在液态载体中，溶质溶解度增加，其吸附性能降低
- 支链比直链吸附性强；吸附性能随链长增加而下降
- 取代基影响吸附性能

　　羟基　一般降低吸附性能，降低程度取决于主分子的结构

　　氨基　与羟基类似，但影响略大些，多数氨基酸几乎没有明显的吸附

　　羰基　与主分子相关，二羟基乙酸比乙酸吸附性能强，而更高级的脂肪酸无此规律

　　双键　影响类似羰基

　　卤族　不同的影响

　　磺酸基　通常降低吸附性能

　　硝基　通常增加吸附性能

- 一般地，强离子型溶质不如弱离子型溶质易吸附；即非电解质分子优先被吸附
- 水解吸附量取决于水解产生可吸附酸或碱的能力
- 除非受炭筛孔大小的影响，否则化学性质类似的大分子比小分子可吸附性能强。因为大分子溶质与炭颗粒形成更多的化学键，使得解析较为困难
- 低极性分子比高极性分子容易被吸附

表 15-3　活性炭对有机物的吸附性能

| 化合物 | | 相对分子质量 | 水溶性/% | 浓度/(mg/L) | | 吸附量/(g/g) | 去除率/% |
| --- | --- | --- | --- | --- | --- | --- | --- |
| | | | | 起始 $c_0$ | 最终 $c_t$ | | |
| 醇类 | 甲醇 | 32.0 | $\infty$ | 1 000 | 964 | 0.007 | 3.6 |
| | 乙醇 | 46.1 | $\infty$ | 1 000 | 901 | 0.020 | 10.0 |
| | 丙醇 | 60.1 | $\infty$ | 1 000 | 811 | 0.038 | 18.9 |
| | 丁醇 | 74.1 | 7.1 | 1 000 | 466 | 0.107 | 53.4 |
| 醛类 | 甲醛 | 30.0 | $\infty$ | 1 000 | 908 | 0.018 | 9.2 |
| | 乙醛 | 44.1 | $\infty$ | 1 000 | 881 | 0.022 | 11.9 |
| | 丙醛 | 58.1 | 22 | 1 000 | 723 | 0.057 | 27.7 |
| | 丁醛 | 72.1 | 7.1 | 1 000 | 472 | 0.106 | 52.8 |
| 芳香类 | 苯 | 78.1 | 0.07 | 416 | 21 | 0.080 | 95.0 |
| | 甲苯 | 92.1 | 0.047 | 317 | 66 | 0.050 | 79.2 |
| | 乙苯 | 106.2 | 0.02 | 115 | 18 | 0.019 | 84.3 |
| | 苯酚 | 94 | 6.7 | 1 000 | 194 | 0.161 | 80.6 |

### 15.3.2　吸附平衡与吸附等温线

**1. 吸附平衡**

吸附过程是吸附物在吸附剂上吸附和解吸同时进行的一个过程，当吸附速度和解吸速度相等时，废水中吸附物的浓度和单位质量吸附剂的吸附量不再发生变化时，吸附达到平衡：

$$c_{吸附剂上} \underset{吸附}{\overset{解吸}{\rightleftharpoons}} c_{废水中} \qquad \text{反应}(15-1)$$

当达到吸附平衡时，单位质量的吸附剂所吸附的吸附质的质量称为吸附容量（Adsorption Capacity）。吸附容量可以衡量吸附剂吸附能力的大小，计算如下：

$$q_e = \frac{x}{W} = \frac{V(c_0 - c^*)}{W} \qquad (15-35)$$

式中, $q_e$ 为吸附剂(即:固体)相平衡浓度,mg 吸附物/g 吸附剂,通过静态实验测定;$x$ 为吸附平衡时吸附剂上吸附物的总量,mg;$W$ 为吸附剂的质量,g;$x/W$ 为单位质量吸附剂上吸附的吸附物质量,mg 吸附物/g 吸附剂;$V$ 为废水总体积,L;$c_0$ 为废水中吸附物的初始浓度,mg/L;$c^*$ 为吸附平衡时废水中污染物剩余浓度,mg/L。

**2. 吸附等温线和吸附等温式——平衡吸附模型**

在恒定温度下,吸附达到平衡时,吸附量与溶液中吸附物浓度之间的关系为一函数,表示这一函数关系的数学式称为吸附等温式。根据这一关系绘制的曲线,称为吸附等温线。与废水处理有关的主要有以下两种模式。

1) Freundlich 等温式及等温线

$$q_e = k_F c_e^{\frac{1}{n}} \tag{15-36}$$

式中,$k_F$ 为 Freundlich 经验常数,(mg 吸附物/g 吸附剂)(L 废水/mg 吸附物)$^{1/n}$;$c_e$ 为吸附物在溶液中最终平衡浓度,mg/L;$n$ 为大于 1 的 Freundlich 强度系数。

$k$ 和 $n$ 分别是与温度、吸附剂和吸附物有关的常数。一些优先污染物的 Freundlich 常数 $k_F$ 见表 15-4。

表 15-4　中性 pH 条件下一些常见污染物的 $k_F$

| 化合物 | $k_F$/(mg/g) | $1/n$ | 化合物 | $k_F$/(mg/g) | $1/n$ |
|---|---|---|---|---|---|
| 六氯丁二烯 | 360 | 0.63 | $p$-硝基苯胺 | 140 | 0.27 |
| 茴香脑 | 300 | 0.42 | 1-氯-2-硝基苯 | 130 | 0.46 |
| 苯基乙酸汞 | 270 | 0.44 | 苯并噻唑 | 120 | 0.27 |
| $p$-壬基酚 | 250 | 0.37 | 二苯胺 | 120 | 0.31 |
| 吖啶黄 | 230 | 0.12 | 鸟嘌呤 | 120 | 0.40 |
| 二盐酸联苯胺 | 220 | 0.37 | 苯乙烯 | 120 | 0.56 |
| 正丁基邻苯二甲酸酯 | 220 | 0.45 | 二甲基邻苯二甲酸酯 | 97 | 0.41 |
| N-亚硝基二苯胺 | 220 | 0.37 | 氯苯 | 93 | 0.98 |
| 二甲基苯甲醇 | 210 | 0.33 | 对苯二酚 | 90 | 0.25 |
| 三溴甲烷 | 200 | 0.83 | $p$-二甲苯 | 85 | 0.16 |
| $\beta$-萘酚 | 100 | 0.26 | 苯乙酮 | 74 | 0.44 |
| 吖啶橙 | 180 | 0.29 | 1,2,3,4-四氢化萘 | 74 | 0.81 |
| $a$-萘酚 | 180 | 0.31 | 腺嘌呤 | 71 | 0.38 |
| $a$-萘胺 | 160 | 0.34 | 硝基苯 | 68 | 0.43 |
| 五氯苯酚 | 150 | 0.42 | 二溴氯甲烷 | 63 | 0.93 |

对式(15-36)取对数得,$\lg q_e = \lg k_F + \dfrac{1}{n}\lg c_e$,以 $\lg q_e$ 和 $\lg c_e$ 为坐标,绘制成一条以 $1/n$ 为斜率、以 $\lg k_F$ 为截距的直线(见图 15-22)。

此式适用于中等浓度的废水,既适用于单分子层吸附,又适用于多分子层吸附,简便而准确,有很大的实用意义。

2) 朗格缪尔(Langmuir)等温式及等温线

朗格缪尔等温式是建立在固体吸附剂对吸附物质的吸附,且只在吸附剂表面的吸附活化中心进行的基础上的。吸附剂表面每个活化中心只能吸附一个物质分子,

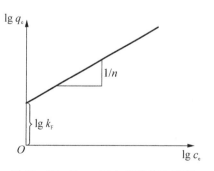

图 15-22　Freundlich 吸附等温线直线形式

当表面的活化中心全部被占满时,吸附量达到饱和值。在吸附剂表面形成单分子层吸附。由
动力学吸附和解吸速率达平衡推导而得该等温式:

$$q_e = \frac{q^0 b c_e}{1 + b c_e} \qquad (15-37)$$

式中,$q^0$ 为达到饱和时单位吸附剂上极限吸附量;$b$ 为吸附平衡常数,即吸附速度常数与解吸
速度常数之比;$c_e$ 为吸附平衡时溶液中吸附物浓度。将该式稍作转换,得:

$$\frac{c_e}{q_e} = \frac{1}{q^0 b} + \frac{1}{q^0} c_e \qquad (15-38)$$

分别以 $q_e - c_e$ 和 $c_e/q_e - c_e$ 作图,见图 15-23(a),图 15-23(b)。

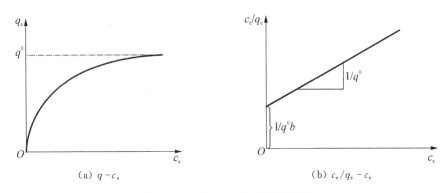

(a) $q - c_e$ 　　　　　　　　(b) $c_e/q_e - c_e$

图 15-23　Langmuir 吸附等温线

这些数学模型吸附方程的工程意义在于:①由吸附容量确定吸附剂用量;②选择最佳吸
附条件;③比较选择同种吸附剂对不同吸附物质的最佳吸附条件;④不同吸附物质的吸附特性
与混合物质的竞争吸附进行比较来指导动态吸附。

### 15.3.3　吸附动力学

吸附是一个非均相反应,在吸附过程中经历三个连续阶段:第一个阶段为吸附物质的颗
粒外部扩散,亦称为膜扩散阶段;第二阶段为吸附物质的孔扩散阶段;第三阶段为吸附反应阶
段。由于吸附反应速率一般均比第一、第二阶段的速率快,因此,吸附速率主要由膜扩散速率
和孔扩散速率来控制。

**1. 膜扩散起控制作用时的反应速率讨论**

固体吸附剂和废水之间形成一层流体边界膜,即液膜,吸附物在液膜中的扩散传递速
率为:

$$-\frac{dc}{dt} = k_f A (c - c_i) \qquad (15-39)$$

式中,$k_f$ 为液膜传质系数;$A$ 为液膜面积;$c$ 为废水中吸附物浓度;$c_i$ 为吸附剂界面吸附物
浓度。

式(15-39)实际表现为吸附物在液膜中的扩散传递速率是吸附物通过液膜传递前后浓度
差的一级反应,这一浓度差为液膜扩散起控制作用时的推动力。式中的 $k_f$ 为液膜扩散时的一
个参数:

$$k_f = D_l / \delta \qquad (15-40)$$

表明液膜传质系数受流体扩散系数 $D_1$ 和液膜厚度的影响。

因此,对于吸附过程,可以采取一些措施,来减少液膜厚度和增加扩散传递系数使传质有利,如加速液体的流动或该填充床为沸腾床等措施,使得膜扩散为控制阶段转变成孔扩散为控制阶段的吸附传质过程。

**2. 孔扩散起控制作用时的反应速率讨论**

吸附物在吸附剂内部孔中的扩散传递速率为:

$$-\frac{dq}{dt} = K_s A_i (q_i - q) \tag{15-41}$$

式中,$K_s$ 为内部孔隙中吸附物的传质系数;$A$ 为吸附剂内表面积(或孔隙总面积);$q_i$ 为与通过液膜后吸附物在液体中的浓度 $c_i$ 相平衡时的吸附量;$q$ 为某一时刻的吸附量或平均吸附量。该式同样显示出孔扩散时的扩散传递速率为吸附量差值的一级反应速率。$K_s$ 也受多种因素影响,是一特征参数:

$$K_s A = \frac{15 D' \gamma}{R^2} \tag{15-42}$$

式中,$D'$ 为吸附物在固相内的扩散系数;$\gamma$ 为填充床密度;$R$ 为吸附剂颗粒半径。

由此可见,为提高孔扩散速率,减小吸附剂颗粒的粒径是有利的,因此采用粉末活性炭比粒状活性炭有利,但粉末活性炭在填充床中会增加阻力,因此可以采用间歇式反应器。

**3. 影响吸附的因素**

从以上吸附平衡和动力学讨论中可见,影响吸附的因素主要来自三个方面:吸附剂的特性、吸附物的特性和操作条件。

(1) 吸附剂的物理化学性质。吸附剂内外表面的性质,如吸附活性的大小、吸附活性基团的特性、内外比表面积的大小及吸附剂内部孔结构及其分布是影响吸附量和吸附速度的主要因素。

(2) 吸附物的物理化学性质。吸附物的极性大小、化学活泼性和分子大小等也是影响吸附量和吸附速率的主要因素之一。

(3) 废水的 pH。废水 pH 不仅影响吸附物存在的形式和物理化学性质,而且对吸附剂的特性也有影响,如活性炭一般在酸性溶液中比在碱性溶液中有较高的吸附率等。

(4) 温度。从吸附本质上讲,即化学吸附需高温而物理吸附不需升温,而且对废水处理而言,加热废水需要大量能耗,故一般以物理吸附来处理废水。

(5) 杂质的影响。当废水中悬浮物含量较高时,会堵塞吸附剂的表面孔隙或覆盖外表面,影响吸附的正常进行。另外,吸附物之间存在竞争吸附时,必须考虑其对吸附过程的影响。

### 15.3.4　吸附反应器及其设计

**1. 吸附剂**

在水处理中吸附剂一般要满足如下要求:吸附容量大,再生容易,有一定的机械强度,耐磨、耐压、耐腐蚀性强,密度较大而在水中有较好的沉降性能,价格低廉,来源充足等。常见的吸附剂有:硅藻土、硅酸、活性氧化铝、矿渣、炉渣、活性炭、合成的大孔吸附树脂、腐殖酸等。由中等挥发性沥青煤或褐煤生产的炭粒,广泛地应用于废水处理中。一般而言,沥青煤制备的颗粒状活性炭孔径小,表面积大,容积密度最高;而褐煤制得粒状炭孔径最大,表面积最小,容积密度最小。常用活性炭性质见表 15-5。

表 15 - 5　常用活性炭性质

| | | | NORIT<br><br>（褐煤） | Calgon Filtrasorb<br>300<br>（8×30）（沥青煤） | Westvaco Nuchar<br>WV - L<br>（8×30）（沥青煤） | Witco 517<br>（12×30）<br>（沥青煤） |
|---|---|---|---|---|---|---|
| 物理<br>性质 | 比表面积/[m²/g(BET)] | | 600～650 | 950～1 050 | 1 000 | 1 050 |
| | 表观密度/(g/cm³) | | 0.43 | 0.48 | 0.48 | 0.48 |
| | 反冲洗和汲干后的密度/(kg/m³) | | 352 | 416 | 416 | 480 |
| | 真密度/(g/cm³) | | 2.0 | 2.1 | 2.1 | 2.1 |
| | 颗粒密度/(g/cm³) | | 1.4～1.5 | 1.3～1.4 | 1.4 | 0.92 |
| | 有效粒径/mm | | 0.8～0.9 | 0.8～0.9 | 0.85～1.05 | 0.89 |
| | 均匀系数 | | 1.7 | 1.9 或更小 | 1.8 或更小 | 1.44 |
| | 孔隙容积/(cm³/g) | | 0.95 | 0.85 | 0.85 | 0.60 |
| | 平均粒径/mm | | 1.6 | 1.5～1.7 | 1.5～1.7 | 1.2 |
| 规格 | 筛网大小<br>（美国标<br>准系列） | 大于 8 号（最大,%) | 8 | 8 | 8 | — |
| | | 大于 12 号（最大,%) | — | — | — | 5 |
| | | 大于 30 号（最大,%) | 5 | 5 | 5 | 5 |
| | 碘值 | | 650 | 900 | 950 | 1 000 |
| | 磨损数（最小) | | — | 70 | 70 | 85 |
| | 灰分/% | | — | 8 | 7.5 | 0.5 |
| | 出厂湿度（最大)/% | | — | 2 | 2 | 1 |

注：该表选自参考书【3】258 页。

　　活性炭表面呈非极性结构,由于在制作过程中的高温活化而使其表面存在各种不同的有机官能团,所以也呈现一定程度的弱极性。它对废水中有机物的吸附能力较大,特别适用于去除废水中微生物难以降解的或用一般氧化法难以氧化的溶解性有机物。一些方法可以用来表征活性炭吸附容量:一般用苯酚数表示活性炭去除味觉和气味化合物的能力;碘值表示吸附低相对分子质量化合物的能力(微孔有效半径小于 $2~\mu m$);而糖值表示吸附大相对分子质量化合物的能力(孔径范围 $1\sim50~\mu m$)。高碘值的活性炭处理小相对分子质量有机物为主的废水最有效,而高糖值的则处理以大相对分子质量有机物为主的废水最有效。

　　大孔吸附树脂是一种合成的吸附剂,是坚硬、不溶于水的多孔性高聚物的球状树脂。大孔吸附树脂可选择适当的单体,改变其极性,以适应不同的用途。它可以分为非极性、中等极性和强极性三种。非极性的大孔吸附树脂由苯乙烯和二乙烯苯聚合而成的,中等极性大孔吸附树脂具有甲基丙烯酸酯的结构,而强极性大孔吸附树脂主要含硫氧基、N—O 基及磺酸基的官能团。

　　一般认为腐殖酸是一组芳香结构的、性质与酸性物质相似的复合混合物。腐殖酸含有的活性基团包括羟基、羧基、氨基、磺酸基、甲氧基等,具有较强的吸附阳离子的能力。用作吸附剂的腐殖酸类物质有两大类:一类是天然的富含腐殖酸的风化煤、泥煤、褐煤等,直接或经过简单处理后用作吸附剂;第二类是把富含腐殖酸的物质用适当的黏结剂制成腐殖酸系树脂,造粒成型。

**2. 吸附工艺**

在废水处理中,吸附操作分为静态吸附和动态吸附两种。

1) 静态吸附

废水在不流动的条件下进行的吸附操作称为静态操作。静态操作是间歇操作。即将一定量的吸附剂投入待处理的废水中,不断搅拌,达到吸附平衡后,再用沉淀或过滤的方法使废水和吸附剂分开。

静态吸附反应池有两种类型：一种是搅拌池型，即在整个池内进行快速搅拌，使吸附剂与原水充分混合；另一种是泥渣接触型，其池型和操作均与循环澄清池相同。运行时池内可保持较高浓度的吸附剂，对原水浓度和流量变化的缓冲能力大，不需要频繁调整吸附剂投加量，并能得到稳定的处理效果。

2）动态吸附

废水在流动状态下进行的吸附操作称为动态吸附操作。由于进水浓度平衡时吸附容量比出水浓度平衡时更大，动态吸附操作方式在废水处理中提供了更为实际的应用。

当废水连续通过吸附剂层时，运行初期出水中吸附物浓度几乎为零。随着时间的推移，上层吸附剂达到饱和，床层中发挥吸附作用的区域下移，吸附带前面的床层尚未起作用，出水中吸附物浓度仍然很低。当吸附带前端下移至吸附剂层底端时，出水浓度开始超过规定值，此时称床层穿透（对应的浓度 $c_B$ 为穿透点），以后浓度迅速增加。当吸附带后端下移到床层底端时，整个床层接近饱和，出水浓度接近进水浓度，此时称床层耗竭（出水浓度达到进水浓度的 $90\% \sim 95\%$ 时，对应的浓度 $c_E$ 为吸附终点）。将出水浓度随时间（或出水体积）变化作图，得到的曲线称穿透曲线，如图 15-24 所示。

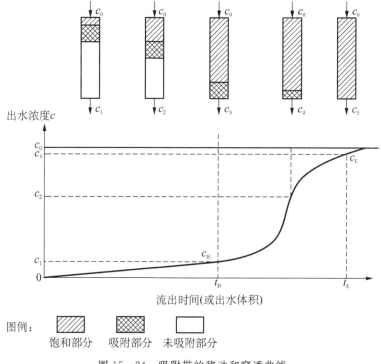

图 15-24 吸附带的移动和穿透曲线

由穿透曲线可以了解床层吸附负荷的分布、穿透点和耗竭点。穿透曲线越陡，表明吸附速度越快，吸附带越短。通常进水浓度越高、流量越小、穿透曲线越陡。

对于单床吸附系统，当床层达到穿透点时（对应的吸附量为动活性，是静活性即平衡吸附量的 $80\% \sim 85\%$），必须停止进水，进行吸附剂再生；对多床串联系统，当床层达到耗竭点时（对应的吸附量为饱和吸附量），也需进行再生。显然，在相同条件下，动活性＜饱和吸附量＜静活性（平衡吸附量）。

在处理量较小或应用粉末状吸附剂时，采用间歇式反应器；处理量较大或应用颗粒状吸附剂时，采用连续式填充床或柱式反应器，如图 15-25 所示；在沸腾床中可采用粉状吸附剂来强化过程的效率。

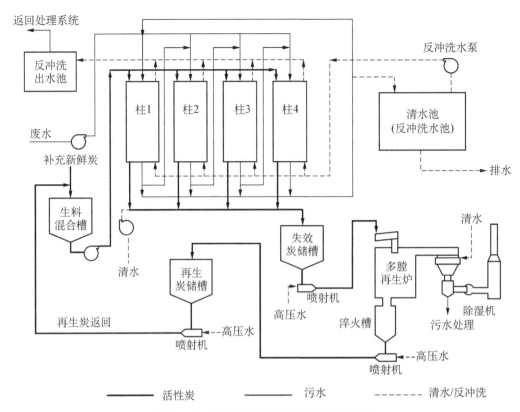

图 15-25 颗粒活性炭吸附处理流程示意图

而对于连续流式反应器的设计,必须通过动态吸附实验,得到穿透曲线,从而确定吸附柱形式、合理串联级数、吸附柱使用周期、吸附柱高度、吸附时间等。

吸附处理对象主要是废水中有毒或难降解的有机物、用一般氧化过程难以氧化的溶解性有机物以及生物氧化后的三级出水,包括木质素、氯或硝基取代的芳烃化合物、杂环化合物、洗涤剂、合成染料、除莠剂、除草剂、DDT 等。处理过程中,吸附剂不但吸附难分解有机物,还能使废水脱色、脱臭,把废水处理至可重复利用的程度。

当废水中含有可降解有机物 $BOD_5$ 时,生物降解行为可以除去活性炭上吸附的有机物,使得活性炭得以再生,因此提高了炭的表观容量。但生物行为也有其不利的一面。当进水的 $BOD_5$ 超过 50 mg/L 时,柱内厌氧活性可以产生严重的气味,而需氧活性由于好氧而产生的生物体可以导致柱内堵塞。

吸附过程不但对有机废水有很好的去除作用,而且对某些金属及其化合物具有很好的吸附效果,如表 15-6 所示。国内已应用活性炭吸附处理电镀含铬、含氰废水。活性炭处理不同工业废水效率见表 15-7。

表 15-6 活性炭去除石油炼制废水中的重金属

| 重金属 | API* 分离后/(mg/L) | 炭吸附后/(mg/L) | 重金属 | API* 分离后/(mg/L) | 炭吸附后/(mg/L) |
| --- | --- | --- | --- | --- | --- |
| Cr | 2.2 | 0.2 | Pb | 0.2 | 0.2 |
| Cu | 0.5 | 0.03 | Zn | 0.7 | 0.08 |
| Fe | 2.2 | 0.3 | | | |

* API 分离器:美国石油组织(American Petroleum Institute)的油水分离器。

表 15 - 7　不同工业废水吸附处理效果

| 工业类型 | 起始 TOC(或酚)/(mg/L) | 平均去除率/% | 炭耗损率/(kg/m³) |
|---|---|---|---|
| 食品和相关行业 | 25～5 300 | 90 | 0.1～41.4 |
| 烟草制造业 | 1 030 | 97 | 7.0 |
| 纺织工业 | 9～4 670 | 93 | 0.12～29.5 |
| | — | 97 | 0.01～10.0 |
| 服装等产品 | 390～875 | 75 | 1.44～5.2 |
| 纸制品 | 100～3 500 | 90 | 0.4～18.7 |
| | — | 94 | 0.44 |
| 印刷、出版和相关工业 | 34～170 | 98 | 0.5～0.6 |
| 化学制品和相关产品 | 19～75 500 | 85 | 0.08～348.6 |
| | 0.1～5 325 | 99 | 0.20～22.2 |
| | — | 98 | 0.14～159.4 |
| 石油炼制和相关工业 | 36～4 400 | 92 | 0.13～16.9 |
| | 7～270 | 99 | 0.7～2.9 |
| 橡胶和其他塑料工业 | 120～8 375 | 95 | 0.6～19.7 |
| 皮革和皮革制品业 | 115～9 000 | 95 | 0.36～37.8 |
| 石材、陶瓷和玻璃工业 | 12～8 300 | 87 | 0.34～36 |
| 初级金属工业 | 11～23 000 | 90 | 0.06～222.8 |
| 金属加工工业 | 73 000 | 25 | 72.72 |

# 15.4　离　子　交　换

　　离子交换过程(Ion Exchange)也就是交换吸附过程,指废水中的离子与某种离子交换剂上的离子进行交换的过程。该方法主要用于处理废水中的重金属和贵重、稀有金属。当吸附剂表面的官能团呈离子型时,在进行吸附的同时,还与废水中的离子状污染物进行交换,反应如下:

$$R—A^+ + B^+ \rightleftharpoons R—B^+ + A^+ \qquad 反应(15-2)$$

　　这种带离子型表面官能团的吸附剂也称为离子交换剂。凡是能够与溶液中的阳离子或阴离子交换的物质,都称为离子交换剂。离子交换剂的种类很多,可分为无机质类和有机质类两大类。无机质类又可分为天然的和合成的;有机质类又分为碳质和合成树脂两类,如表 15 - 8 所示。

表 15 - 8　离子交换剂的分类

| 类别 | 性质 | 名称 | 酸碱性 | 活性基团 |
|---|---|---|---|---|
| 无机 | 天然 | 海绿沙 | | 钠离子交换基团 |
| | 合成 | 合成沸石 | | 钠离子交换基团 |
| 有机 | 碳质 | 磺化煤 | | 阴离子交换基团 |
| | 合成 | 阴离子交换树脂 | 强酸性 | 磺酸基—SO₃H |
| | | | 弱酸性 | 羧酸基—COOH |
| | | 阴离子交换树脂 | 强碱性 | 季氨基Ⅰ型—N(CH₃)₃<br>季氨基Ⅱ型 |
| | | | 弱碱性 | 伯氨基—NH₂<br>仲氨基=NH<br>叔氨基≡N |

从表 15 - 8 可见,按照母体材质不同,离子交换剂可分为无机和有机两大类。

早期使用的无机硅质离子交换剂,如海绿沙和合成沸石,有许多缺点,特别是在酸性条件下无法使用。

有机离子交换剂包括磺化煤和各种离子交换树脂。磺化煤利用天然煤为原料,经发烟硫酸磺化处理后制成。磺化煤成本适中,在二十世纪五六十年代曾广泛用于软化工艺。但其交换容量低,机械强度和化学稳定性较差,已逐渐被离子交换树脂所取代。

离子交换树脂与其他交换剂一样,其结构通常分为两部分。一部分为骨架,在交换过程中骨架不参与交换反应;另一部分为连接在骨架上的活性基团,活性基团所带的可交换离子能与废水中的离子进行交换。

### 15.4.1　离子交换过程基本理论

**1. 离子交换平衡及交换选择性**

离子交换反应和吸附过程同样是非均相反应,它在两相中进行,同时服从当量定律和质量定律。

等价离子交换时,其交换平衡常数 $K$ 可表示为:

$$K = \frac{c_{A^+} q_{B^+}}{c_{B^+} q_{A^+}} \qquad (15-43)$$

式中,由于废水是一个稀溶液体系,因此,由污染物的浓度代替了活度。即 $c$ 代表污染物在液相中的浓度,g/L;$q$ 为污染物在固相中离子浓度,g/g。

如果用 $x$、$y$ 分别来表示液相和固相中污染物的质量百分含量,则

$$x_{A^+} + x_{B^+} = 1 \qquad (15-44)$$

$$y_{A^+} + y_{B^+} = 1 \qquad (15-45)$$

$K$ 可以表示为:

$$K = \frac{(1-x_{B^+}) y_{B^+}}{(1-y_{B^+}) x_{B^+}} \qquad (15-46)$$

当 $K = 1$ 时,说明两种离子在交换树脂上的数量和在水中的数量相等,交换效果不佳,而对于 $K < 1$,表明留在废水中的离子超过吸附在树脂上的数量,交换能力很差。$K$ 值越大,表示交换反应向右进行的能力越强,污染物越易从废水中去除。

因此,$K$ 值实际上表示了离子交换剂上活性基团中固定离子对可交换离子的亲和力的大小,这是进行选择吸附或离子交换的重要因素。

在废水中,选择性吸附的规律为:

(1) 离子的价数越高,所带的电荷也越多,静电吸引的影响就越强,因此越易优先吸附;

(2) 价数相同的离子,其离子亲和力随原子序数的增加而增加。由于原子序数越大,相应的离子裸半径越大,水合离子半径就越小,和 R— 的作用就越强。但对于高浓度污染物,由于水合作用不明显,水合离子半径的特性显现不出来,可以优先吸附高浓污染物。

(3) 交换离子和树脂骨架如果能发生配位键、共价键、螯合等作用力,则交换选择性就大,亦可以产生优先吸附。

(4) 交换时废水 pH 的改变,可使废水中离子形式发生改变,而改变原来的交换顺序。如低 pH 时,废水中六价铬以 $Cr_2O_7^{2-}$ 的形态存在,从交换性能来看,$Cr_2O_7^{2-}$ 大于 $CrO_4^{2-}$,而且包含两个六价铬,因此酸性条件有利于六价铬去除。

**2. 离子交换动力学及交换速度影响因素**

对于交换反应(15 - 2):

$$R—A^+ + B^+ \Longrightarrow R—B^+ + A^+$$

当 $B^+$ 离子和树脂上 $A^+$ 离子进行交换时,必须经历下列五个步骤:

第一步: $B^+$ 离子在溶液主体中向离子交换剂扩散时,透过水化膜后,扩散到交换树脂的外表面或交换树脂和液体的界面上。

第二步:部分 $B^+$ 离子和交换树脂外表面上的 $A^+$ 进行交换,部分 $B^+$ 离子继续深入到树脂内部毛细孔中进行交换。

第三步:内表面上的 $A^+$ 被 $B^+$ 交换下来。

第四步: $A^+$ 离子被交换下来,从树脂内部扩散到树脂的外表面。

第五步: $A^+$ 离子离开树脂外表面,透过水化膜扩散到溶液主体中。

这种多步骤过程的总速度,由最慢的一步来控制,由于交换反应很快,因此,内、外扩散就成了控制步骤。

当液体流动很慢,浓度很稀,树脂颗粒较细时,外扩散就成为控制步骤。

当液体流速很快或搅拌剧烈,离子浓度较高,树脂颗粒大时,内部扩散为控制步骤。

因此可以得到影响交换速率的因素有:

(1)操作条件　液体流动和搅拌速度很快时,形成的水化膜薄,离子从溶液主体穿过水化膜的扩散速度就较快;交换温度较高时,离子内外扩散速度均较快等。

(2)溶液情况　离子浓度高时,外扩散有利;离子化合价高时,内扩散速度较慢,裸离子小时,水合离子半径大,与树脂 R— 的吸引力小,扩散速度加快。

(3)树脂情况　树脂颗粒小时,内外扩散速度均加快,树脂交联度越低,和废水接触后越易膨胀,对内扩散有利。

**3. 离子交换树脂的类型**

交换正离子的树脂称为阳离子交换树脂,交换负离子的树脂称为阴离子交换树脂。阳离子交换树脂含有酸功能基团(如磺酸基团),而阴离子交换树脂含有碱功能基团(如胺)。离子交换树脂通常以功能基团的性质分类,如分为强酸性、弱酸性、强碱性、弱碱性。酸性或碱性的强弱取决于功能基团离子化的程度,如是否为可溶性酸或碱。通常多数强酸性阳离子交换树脂由苯乙烯和二乙烯基苯共聚后磺化制得。交联度受最初单体混合物二乙烯基苯的比例控制。

根据活性基团酸碱性的强弱,离子交换树脂的类型主要有以下几种。

(1)强酸性阳离子交换树脂　强酸性阳离子交换树脂是其化学行为类似于酸而命名的。对于磺酸型($R—SO_3H$)和磺酸盐型($R—SO_3Na$)树脂,在整个 pH 范围都可高度离解。

(2)弱酸性阳离子交换树脂　在弱酸性树脂中,一般以羧酸(—COOH)或羟基(—OH)等作为活性基团。这些树脂的化学行为类似于弱解离的有机酸。该树脂的电离程度小,其交换能力随 pH 增加而提高。在酸性条件下,这类树脂几乎不能发生交换反应。对于羧基树脂,溶液的 pH 应大于 7,而对于羟基树脂,溶液的 pH 则应大于 9。以甲基丙烯酸-二乙烯苯酸基阳离子交换树脂为例,其交换容量(每克干树脂能交换一价离子的物质的量的浓度)和 pH 的关系如表 15-9 所示。

表 15-9　甲基丙烯酸-二乙烯苯酸基阳离子交换树脂交换容量和 pH 的关系

| pH | 5 | 6 | 7 | 8 | 9 |
|---|---|---|---|---|---|
| 交换容量/(mmol/g) | 0.8 | 2.5 | 8.0 | 9.0 | 9.0 |

弱酸性钠型树脂 RCOONa 很容易水解,水解后呈碱性,故钠型树脂用水洗不到中性,一般只能洗到 pH 9~10 左右。弱酸性树脂与氢离子结合能力很强,较易再生成氢型。

此外,以膦酸基—PO(OH)$_2$和次膦酸基—PO(OH)作为活性基团的树脂,具有中等强度的酸性。

(3) 强碱性阴离子交换树脂　与强酸性阳离子交换树脂相似,强碱性阴离子交换树脂在整个 pH 范围内也可高度离解,使用时对 pH 没有限制。水处理中采用的强碱性阴离子树脂都是氢氧根(OH$^-$)型和季铵盐型。

(4) 弱碱性阴离子交换树脂　弱碱性树脂类似于弱酸性树脂,它们的离子化程度受 pH 影响较大,pH 越低,其交换能力越大。

弱碱性氯型树脂(如 RNH$_3$OHCl)很易水解,和 OH$^-$结合能力较强,故较易再生成氢氧根型。

(5) 重金属选择螯合树脂　螯合树脂的行为类似于弱酸性阳离子树脂,但对重金属阳离子显示出高度的选择性。螯合树脂对重金属阳离子倾向于形成稳定的配合物。实际上,应用于这些树脂的官能团是 EDTA 化合物。钠型树脂结构可表达为 R—EDTA—Na。反应的发生取决于金属离子选择性取代离子交换点离子的化学平衡,钠循环的阳离子交换反应可用下式说明:

$$2R—Na + Ca^{2+} \rightleftharpoons R_2—Ca + 2Na^+ \qquad\qquad 反应(15-3)$$

式中,R 表示交换树脂。当所有的交换点被钙取代后,可应用一定钠离子浓度的溶液(如 5%～10%的氯化钠溶液)通过树脂使其再生,此时,以钠取代钙,产生逆平衡。

在氢循环中,类似的反应发生在对钙离子的交换中

$$2R—H + Ca^{2+} \rightleftharpoons R_2—Ca + 2H^+ \qquad\qquad 反应(15-4)$$

饱和后,用 2%～10%的 H$_2$SO$_4$ 溶液通过树脂,进行再生,以氢离子取代钙离子,产生逆平衡。

类似地,阴离子交换时用氢氧根离子交换阴离子,反应如下

$$R \cdot (OH)_2 + SO_4^{2-} \rightleftharpoons R \cdot SO_4 + 2OH^- \qquad\qquad 反应(15-5)$$

饱和后,用 5%～10%的氢氧化钠溶液通过树脂,进行再生,以氢氧根离子取代钙离子,产生逆平衡。

此外,还有一些具有特殊活性基团的离子交换树脂。如氧化还原树脂,含有巯基、氢醌基;两性树脂,同时含有羧酸基和叔氨基等。

另外,根据树脂骨架的结构特征,离子交换树脂又可分为凝胶型和大孔型。两者的区别在于结构中孔隙的大小。凝胶型树脂不具有物理孔隙,只有在浸入水中时才显示其分子链间的网状孔隙,而大孔树脂无论在干态还是湿态,用电子显微镜都能看到孔隙,其孔径为 10～1 000 nm,而凝胶型孔径仅 2～4 nm。因此,大孔树脂吸附能力大,交换速度快,溶胀性小。

**4. 离子交换树脂的性能**

1) 物理性能

(1) 外观　常用凝胶型离子交换树脂为透明或半透明的球体,大孔树脂为乳白色或不透明球体。优良的树脂圆球率高,无裂纹,颜色均匀,无杂质。

(2) 粒度　树脂颗粒的大小影响交换速度、压力损失、反洗效果等。粒度大,交换速度慢,交换容量低;粒度小,水流阻力大。因此,粒度要大小适当,分布要均匀合理。否则,一方面小颗粒夹在大颗粒空隙之间,会使水流阻力增大;另一方面,反冲洗时强度过大会冲走小颗粒,强度不够,则大颗粒不能松动,达不到反冲洗的目的。

表示树脂颗粒粒度分布有如下两种指标。

① 粒度范围　树脂产品标准规定树脂的粒度为 0.315～1.25 mm 的颗粒体积应占全部

体积的 95％以上。符合上述标准的树脂有可能其粒度范围大部分在 0.315～0.6 mm,也可能大部分在 0.6～1.25 mm,可见单用这一指标来表示树脂的粒度是不够全面的。

② 有效粒径和均一系数　用标准筛对湿树脂进行筛分,有效粒径的含义为 10％树脂颗粒能够通过的筛孔孔径。例如,规定树脂的有效粒径不小于 0.45 mm,表示若用孔径为0.45 mm筛子对树脂进行筛分,则筛上颗粒体积高于 90％。均一系数的含义是筛上体积为 40％的筛孔孔径与筛上体积为 90％的筛孔孔径之比。该比值不小于 1。比值越接近于 1,说明树脂粒度越均匀。

（3）密度　树脂密度是设计交换柱、确定反冲洗强度的重要指标,也是影响树脂分层的主要因素。

① 湿真密度　指树脂在水中充分溶胀后的质量与真体积(不包括颗粒孔隙体积)之比。其值一般为 1.04～1.38 g/mL。通常阳离子交换树脂的湿真密度比阴离子交换树脂大,强型的比弱型的大。

② 湿视密度　树脂在水中溶胀后的质量与堆积体积之比,一般为 0.60～0.85 g/mL。

（4）含水量　指在水中充分溶胀的湿树脂中所含溶胀水质量(树脂的内部水分,不包括树脂表面的游离水分)占湿树脂质量的百分数。含水量主要取决于树脂的类型、结构、酸碱性、交联度、交换容量、活性基团的类型和数量等。树脂的含水量越大,表示孔隙率越大,交联度越小,一般在 50％左右。

（5）溶胀性　指干树脂浸入水中,由于活性基团的水合作用使交联网孔增大,体积膨胀的现象。溶胀程度常用溶胀率表示,即溶胀前后的体积变化/溶胀前的体积。

树脂的交联度越小、交换容量越大、活性基团越易离解、可交换离子的水合半径越大,其溶胀率越大。水中电解质浓度越高,渗透压越大,其溶胀率越小。

因离子的水合半径不同,在树脂使用和转型时常伴随体积变化。一般强酸性阳离子型树脂由 Na 型变为 H 型、强碱性阴离子型树脂由 Cl 型变为 OH 型时,其体积均增大大约 50％。

（6）机械强度　反映树脂保持颗粒完整性的能力。树脂在使用过程中,由于受到冲击、碰撞、摩擦以及胀缩作用,会发生破碎。造成树脂破碎的原因非常复杂,目前还没有一种测定树脂强度的方法与实际使用状况完全符合。已经颁发的树脂性能测定方法国家标准采用磨后圆球率来判断树脂的强度。按规定称取一定量的湿树脂,放入有瓷球的滚筒滚磨,磨后将树脂进行干燥。磨后的树脂圆球颗粒占样品总量的百分率即为树脂的磨后圆球率。树脂的机械强度主要取决于交联度和溶胀率。交联度越大,溶胀性越小,则机械强度越高。

（7）耐热性　各种树脂均有一定的工作温度范围,所能承受的温度不一样。阳离子型树脂可耐 100℃的高温,强碱性苯乙烯系Ⅰ阴离子型树脂只能耐 60℃,弱碱性苯乙烯树脂可耐80℃。操作温度过高,易使活性基团分解,从而影响交换容量和使用寿命。温度低至 0℃,树脂内水分冻结,使颗粒破裂。通常控制树脂的储藏和使用温度在 5～40℃为宜。

2）化学性能

（1）离子交换反应的可逆性　离子交换反应是在固态的树脂和溶液接触的界面间发生的可逆反应。随着交换反应的进行,树脂的交换能力变弱,直至失去交换能力。可用交换的逆反应即再生反应,恢复树脂的交换能力。这种反应的可逆性使离子交换树脂能够反复使用,这也是其在工业上应用的基础。

（2）酸碱性　H 型树脂和 OH 型树脂在水中能电离出 H$^+$ 和 OH$^-$,表现出酸碱性。根据其电离能力的大小,树脂的酸碱性也有强弱之分。强酸或强碱性树脂在水中离解度大,其交换容量基本与水的 pH 无关。而弱酸或弱碱性树脂离解度小,受 pH 值影响大,弱酸性树脂只能在碱性条件下才能得到较大的交换能力。相对应,弱碱性树脂只能在酸性条件下得到较大的交换能力。

几种典型树脂的有效 pH 范围列于表 15 - 10。

表 15 - 10    几类树脂的有效 pH 范围

| 树脂类型 | 强酸阳离子树脂 | 弱酸阳离子树脂 | 强碱性阴离子树脂 | 弱碱性阴离子树脂 |
|---|---|---|---|---|
| 有效 pH 范围 | 1～14 | 5～14 | 1～12 | 0～7 |

（3）选择性　离子交换树脂对水溶液或废水中某种离子优先交换的性能,称为树脂的交换选择性。它用于表征树脂对不同离子亲和能力的差异,是决定离子交换过程处理效率的一个重要因素。离子交换树脂的选择性大小用选择系数 $K$ 来表征。

（4）交换容量　离子交换树脂的交换容量是表示其交换能力大小的一项性能指标,有以下几种表示方法。

① 全交换容量　树脂中所有可交换的离子总量。通常用单位质量树脂的全交换容量 $E_m$（mmol/g 干树脂）表示,也可用单位体积树脂的全交换容量 $E_V$（mmol/mL 湿树脂）表示。两种表示方法之间的数量关系如下:

$$E_V = E_m \times (1 - 含水量) \times 湿视密度 \tag{15 - 47}$$

全交换容量由树脂内部组成决定,与外界溶液条件无关。

② 平衡交换容量　指在一定的外界溶液条件下,交换反应达到平衡状态时,交换树脂所能交换的离子数量,其值随外界条件变化而异。

③ 工作交换容量　指树脂在给定的工作条件下,实际所能发挥的交换能力,以 mol/m³ 湿树脂或 mmol/mL 湿树脂表示。工作交换容量与进水中离子的种类和浓度、树脂再生方式和再生程度、树脂层高度、运行水流速度、交换终点的控制指标等许多因素有关。一般工作交换容量只有总交换容量的 60%～70%。

上述三种交换容量中,全交换容量最大,平衡交换容量次之,工作交换容量最小。

### 15.4.2　离子交换操作工艺条件

#### 1. 树脂的选择

适当地选择树脂的种类是使用离子交换过程的首要前提。一般来说,对选择性强的离子,即交换选择系数 $K>1$ 的离子应该选用弱酸性或弱碱性离子交换树脂;反之,$K<1$ 的离子,则应该选用强酸性或强碱性离子交换树脂。对树脂的强酸/碱和弱酸/碱选定后,则考虑选用游离型还是盐型问题。对强酸/碱树脂而言,两者差别较小,而对弱酸/碱树脂影响较大。一般选用盐型为宜,因为游离型树脂在交换中会产生 $H^+$ 和 $OH^-$,对体系的 pH 影响十分显著。但如果目的在于去除重金属离子,则必须采用游离型。

此外,树脂交联度和粒度的选择也十分重要。如当分离有机大分子和无机小离子时,可选用交联度高的树脂,使大分子无法进入或进入速度很慢而被阻止在树脂外,无机小离子进入树脂内部而进行交换,从而达到分离的目的。大孔型树脂交联度低,外部离子的孔扩散速度快,因而吸附和洗脱的总速度均较快。粒度的大小影响使用时的填充容积、交换速率等。

离子交换过程主要用于去除水中可溶性盐类。选择树脂时应综合考虑原水水质、处理要求、交换工艺以及投资和运行费等因素。当分离无机阳离子或有机碱性物质时,宜选用阳离子树脂;分离无机阴离子或有机酸时,宜采用阴离子树脂。对于氨基酸等两性物质进行分离时,既可用阳离子交换树脂,也可用阴离子交换树脂。对某些贵金属和有毒金属离子,可选择螯合树脂交换回收。对于有机物（如酚）,宜采用低交联度的大孔树脂来处理。绝大多数脱盐系统（如水质软化）都采用强酸/碱性树脂。

在工业废水处理中,对于交换常数 $K$ 值较大的离子,宜采用弱酸/碱性树脂,其交换能力强、再生容易,运行费用低。当废水中含有多种离子时,可利用交换选择性进行多级回收,如不需要回收时,可用阴阳树脂混合床处理。

**2. 树脂的鉴别**

1) 阳离子交换树脂与阴离子交换树脂的鉴别

(1) 取树脂样品 2 mL,置于 30 mL 的试管中,用吸管吸取树脂层上部的水。

(2) 加入 1 mol/L 的 HCl 15 mL,摇动 1～2 min,吸取上清液,重复操作 2～3 次。

(3) 加入纯水清洗,摇动后吸取上清液,重复 2～3 次,洗去过剩的 HCl。

经过上述操作后,阳离子交换树脂转化为 H 型,阴离子交换树脂转化为 Cl 型。

(4) 加入 10％的 $CuSO_4$(其中含 1％的 $H_2SO_4$)5 mL,摇动 1 min,放置 5 min。如树脂呈浅绿色,说明其吸附交换了 $Cu^{2+}$,则为阳离子交换树脂。不变色,则为阴离子交换树脂。

2) 强酸性树脂与弱酸性树脂的区别

在上述区分阴阳树脂的操作后,将呈浅绿色的阳离子交换树脂用纯水清洗后,加入 5 mol/L 的氨水溶液 2 mL,摇动 1 min。然后用纯水清洗,如树脂转变为深蓝色,则为强酸性阳离子交换树脂,颜色不变的为弱酸性阳离子交换树脂。

3) 强碱性树脂与弱碱性树脂的区别

在上述区分阴阳离子交换树脂的基础上,将未变色的阴离子交换树脂用纯水清洗,加入 1 mol/L 的 NaOH 溶液 5 mL,摇动 1 min,用纯水充分清洗。再加入 5 滴酚酞指示剂,摇动 1 min,用清水充分清洗。如树脂呈红色,则为强碱性阴离子交换树脂;如不变色,则可能为弱碱性阴离子交换树脂。

要判断上述不变色的树脂是否为弱碱性离子交换树脂,则可加入 1 mol/L HCl 5 mL,摇动 1 min,用纯水充分清洗。如树脂呈桃红色,则肯定为弱碱性阴离子交换树脂;如不变色,则为无交换能力的树脂。

**3. 树脂的使用**

树脂在使用过程中,其性能会逐渐降低,尤其在工业废水处理时,主要原因有三:①物理破损和流失;②活性基团的化学分解;③无机和有机物覆盖树脂表面等。

针对不同的原因,要采用相应的对策。如定期补充新树脂;强化预处理;去除原水中的游离氯和悬浮物;利用酸、碱和有机溶剂等洗脱树脂表面的污垢和污染物。

处理后的树脂在第一次再生时,至少应使用两倍的再生剂量,以保证树脂获得充分的再生。

### 15.4.3　离子交换反应器及其工艺过程

**1. 离子交换过程**

离子交换与吸附过程类似地可分为静态交换和动态交换两种。静态交换是将树脂与所处理的污水在容器内充分混合搅拌,进行离子交换反应,然后将树脂与废水分离。这种交换过程常用于实验研究或小规模废水处理中,在实际工程中应用不多。工业生产中,广泛采用动态交换。动态交换过程是将离子交换树脂填充于一个交换柱中,溶液在由上至下或由下至上流动的过程中,废水中的离子与树脂中的活性基团进行交换,并把交换后的废水和树脂分离,使交换反应不断进行。当树脂失去交换能力即达到饱和之后,进行树脂的反冲洗和再生。因此,动态离子交换整个工艺过程包括交换、反冲洗、再生和清洗四个阶段。四个阶段依次进行,形成循环的工作周期。

1) 交换阶段

交换阶段是利用树脂的交换能力,从废水中分离、脱除需要去除的离子的操作过程。交换时树脂不动则构成固定床操作。

2）反冲洗阶段

反冲洗是在离子交换树脂失效后，逆向通入冲洗水和空气。其目的之一是松动树脂层，使再生液能均匀渗入树脂层中，与交换剂颗粒充分接触；二是把废水流过时产生的破碎树脂和树脂截留的污物冲走。冲洗水可以用自来水或废水再生液。树脂层在反冲洗时要膨胀 30％～40％。经反冲洗后，便可进行再生。

3）再生阶段

（1）再生方式　固定床交换柱的再生方式有两种：顺流再生和逆流再生。再生阶段的液流方向与交换阶段相同的，称为顺流再生；液流方向相反的，称为逆流再生。

顺流再生的优点是设备简单，操作方便；缺点是再生剂用量大，再生后的树脂交换容量低。

逆流再生时，新鲜的再生剂首先接触的是失效程度不高的树脂，有一定程度失效的再生剂接触的失效程度最高的树脂。优点是再生剂用量少，树脂再生度高，获得的工作交换容量大。缺点是再生时为了避免扰动树脂层，限制了再生液的流速，延长了再生时间，为了克服这一缺点，需要设置孔板、采用空气压顶等措施，这使得设备更复杂，操作麻烦。

（2）再生过程　再生过程有一次再生和两次再生。强酸/碱性树脂大多采用一次再生。弱酸/碱性树脂大多采用两次再生：一次洗脱再生，一次转型再生。

由于弱酸/碱性树脂的交换容量大，再生容易，再生剂用量少，所以含金属离子的废水通常用弱酸性离子交换树脂来处理。由交换顺序可知，弱酸性离子交换树脂对 $H^+$ 的结合力最强、对 $Na^+$ 最弱，弱碱性离子交换树脂对 $OH^-$ 的结合力最强，对 $Cl^-$ 最弱。因此，这两种树脂在使用前应分别转换为 Na 型和 Cl 型。而在交换阶段，树脂交换吸附了金属离子后，又要分别用强酸和强碱洗脱再生，回收这些金属。在洗脱过程中，树脂已经分别再生为 H 型和 OH 型，为了使树脂转换成正常工作的离子形式，在洗脱再生后，还要进行一次转型再生。

（3）再生剂选择　对于不同性质的原水和不同类型的树脂，应采用不同的再生剂。选择的再生剂既要有利于再生液的回收利用，又要求再生效率高，洗脱速度快，价廉易得。如用 Na 型树脂交换纺丝废水中的 $Zn^{2+}$，用芒硝（$Na_2SO_4 \cdot 10H_2O$）作再生剂。再生液的主要成分是浓缩的 $ZnSO_4$，可直接回用于纺丝的酸浴工段。再如用烟道气（$CO_2$）作为弱酸性离子交换树脂的再生剂也可以得到很好的再生效果。

一般说来，对于强酸性离子交换树脂，用 HCl 或 $H_2SO_4$ 等强酸及 NaCl、$Na_2SO_4$ 再生；对弱酸性离子交换树脂用 HCl、$H_2SO_4$ 再生；对于强碱性离子交换树脂用 NaOH 等强碱及 NaCl 再生；对于弱碱性离子交换树脂用 NaOH、$Na_2CO_3$、$NaHCO_3$ 等再生。

（4）再生剂的用量　理论上讲，树脂的交换和再生均按照等化学计量关系进行。但是实际上，为了使再生进行得更快彻底，总是使用高浓度过量的再生液。当再生程度达到要求后，又需将其排出，并用纯水将黏附在树脂上的再生剂残液清洗掉。这就造成了再生剂用量的成倍增加。由此可见，离子交换系统的运行费用中，再生费占主要部分，这是应用离子交换技术时需要考虑的主要经济因素。

当然，交换树脂的再生程度（再生率）与再生剂的用量并不呈直线关系。当再生剂用量增加到医用规格后，再生效率的增长幅度不大。因此再生剂用量过高既不经济，也无必要；当再生剂用量一定时，适当增加再生剂的浓度，可以提高再生效率，但再生剂浓度过高，会减小再生剂的体积，会缩短再生剂与树脂的接触时间，反而降低再生效率，因此存在最佳浓度值。如用 NaCl 再生 Na 型交换树脂，最佳盐浓度范围在 10％左右。一般顺流再生时，酸液浓度以 3％～4％、碱液浓度以 2％～3％为宜。顺流再生流速为 2～5 m/h，逆流再生不大于 1.5 m/h。

4）清洗阶段

清洗的目的是洗涤残留的再生液和再生时可能出现的反应产物。通常清洗的水流方向和交换时一样，所以也称正洗。清洗的水流速度应先小后大。清洗过程的后期，应特别注意掌握清洗终点的 pH(尤其是弱型树脂转型之后的清洗),避免重新消耗树脂的交换容量。一般淋洗用水的体积是树脂体积的 4~13 倍,淋洗水速度为 2~4 m/h。

**2. 离子交换反应器**

离子交换反应器主要有固定床、移动床和流动床三种。以固定床最为常用。固定床在工作时,床层固定不动。根据树脂层的组成,固定床又可分为以下几种情况:

(1) 单床离子交换器　使用一种树脂的单床结构。

(2) 多床离子交换器　使用一种树脂,由两个以上交换柱组成的离子交换器。

(3) 复床离子交换器　由几个阳离子交换柱和几个阴离子交换柱组成的离子交换器。

(4) 混合床　把阳离子交换树脂与阴离子交换树脂装在同一个交换柱内。

(5) 联合式离子交换器　把复床与混合床联合使用。

在废水处理中,以多床串联用得最多,有时也用复合床以除去多种杂质。给水处理中用混合床或联合式离子交换器。

移动床交换设备包括交换柱和再生柱两部分。工作时,定期从交换柱排出部分失效树脂,送到再生柱再生,同时补充等量的新鲜树脂参与工作。它是一种半连续式的交换设备,整个交换树脂在间断移动中完成交换和再生。移动床交换器的特点是效率高,树脂用量少。

流动床交换设备是交换树脂在连续移动中实现交换和再生。

移动床和流动床与固定床相比,具有交换速度快、生产能力大和效率高等优点。但是,由于设备复杂、操作麻烦、对水质水量变化适应性差,以及树脂磨损大等缺点,故限制了它们的应用范围。

## 15.4.4　离子交换工艺在废水处理中的应用

离子交换工艺应用于工业废水处理时,主要是回收贵稀金属和重金属,净化有毒物质。在放射性废水处理中,应用也比较多。

大网眼树脂可用于去除非极性有机化合物。这些树脂具有高度的选择性,可以去除一种化合物或一类化合物。树脂的再生剂可以选择溶剂。应用大网眼树脂选择处理有机化合物的结果如表 15 - 11 所示。

表 15 - 11　某些化合物的大网眼树脂处理结果

| 化合物 | 进水/($\mu g$/L) | 出水/($\mu g$/L) | 化合物 | 进水/($\mu g$/L) | 出水/($\mu g$/L) |
| --- | --- | --- | --- | --- | --- |
| 四氯化碳 | 20 450 | 490 | 甲苯 | 2 360 | 10 |
| 六氯乙烷 | 104 | 0.1 | 艾氏剂 | 84 | 0.3 |
| 2 -氯萘 | 18 | 3 | 狄氏剂 | 28 | 0.2 |
| 三氯甲烷 | 1 430 | 35 | 氯丹 | 217 | <0.1 |
| 六氯丁二烯 | 266 | <0.1 | 异狄氏剂 | 123 | 1.2 |
| 六氯环戊二烯 | 1 127 | 1.5 | 七氯 | 40 | 0.8 |
| 萘 | 529 | <3 | 环氧七氯 | 11 | <0.1 |
| 四氯乙烯 | 34 | 0.3 | | | |

废水中的砷(五价)用强碱性阴离子交换树脂可以去除。而以二价阴离子 $HAsO_4^{2-}$ 形式存在的砷(五价)往往比一价阴离子 $HAsO_4^-$ 更优先选择交换。

硒可以在下述条件下通过离子交换去除:将水溶性的硒氧化成硒酸根阴离子 $SeO_4^{2-}$,然后用强碱性阴离子交换柱去除硒酸根离子 $SeO_4^{2-}$,其去除量的多少,取决于废水中硫酸根和硝酸根离子的浓度。

铵离子可以应用天然无机斜发沸石去除。此沸石对铵离子有特殊的选择性,特别适用于铵离子的去除。这种特殊选择性是由于此沸石在结构上具有相关的离子筛。虽然应用斜发沸石的总交换容量比合成的有机树脂小,但它的选择性弥补了其不足之处。沸石的再生是应用

3％～6％的 NaCl 溶液来完成的。通过吹脱或折点加氯法处理再生液中的铵离子后,再生液可以重复使用。

**1. 含铬废水**

离子交换在工业废水处理中的主要应用是在电镀工业中。在电镀工业中,用离子交换工艺处理电镀含铬废水,可以实现铬酸的回收、水的回用等,产生可观的环境和经济效应。

电镀废水中常含有 $Cr_2O_7^{2-}$、$CrO_4^{2-}$、$Cr^{3+}$ 三种离子形式。为了回收电镀槽中的废铬酸,先使铬酸废液通过阳离子交换树脂,以去除阳离子杂质(如 $Fe^{3+}$、$Cr^{3+}$、$Al^{3+}$、$Zn^{2+}$ 等)。流出液再回到电镀槽或储存起来。能通过树脂而不破坏树脂的 $CrO_3$ 的最大浓度是 $105\sim120\ kg/m^3$(以 $CrO_3$ 计),槽中废铬酸需要稀释。回收液进入电镀槽之前需要补充浓铬酸。

图 15-26 是从电镀废水中回收铬酸/重铬酸的代表流程。电镀槽 11 中的镀件依次经漂洗槽 1 三次漂洗,漂洗废水中含铬和其他金属离子,进入漂洗废水池 2,废水经过滤器 3 去除悬浮物,经泵 4 提升,进入 1#阳离子交换柱 5,除去金属阳离子($Cr^{3+}$、$Fe^{3+}$、$Fe^{2+}$、$Cu^{2+}$、$Ni^{2+}$ 等),依次进入 1#和 2#阴离子交换柱 6、7,除去 $Cr_2O_7^{2-}$ 和 $CrO_4^{2-}$,此时出水中 $Cr^{6+}$ 可降低至 0.5 mg/L 以下,可以作为清水回用至漂洗槽。

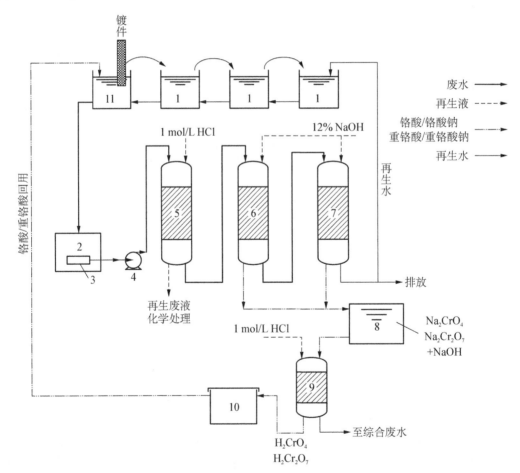

图 15-26　双阳柱全酸性全饱和法离子交换回收铬流程示意图

1—漂洗槽;2—漂洗废水池;3—微孔过滤器;4—泵;5—1#阳离子交换柱;6—1#阴离子交换柱;7—2# 阴离子交换柱;8—铬酸钠/重铬酸钠储槽;9—2#阳离子交换柱;10—蒸发浓缩器;11—电镀槽

阳离子交换树脂采用 1 mol/L 的 HCl 再生,阴离子交换树脂采用 12% 的 NaOH 再生。1♯柱经再生后,再生废液中含有大量金属离子,不能直接排放,需经过化学沉淀等处理。1♯、2♯阴离子交换柱再生废液中含有大量的重铬酸钠或铬酸钠,需经 2♯阳离子交换柱 9 酸化处理,得到铬酸或重铬酸,在蒸发器 10 中,经蒸发浓缩至适当的浓度后,返回电镀槽 11。

其化学反应过程如下所示。

对于 $Cr^{3+}$ 采用阳离子交换柱除去:

$$3R—SO_3—H + Cr^{3+} \longrightarrow (R—SO_3)_3—Cr + 3H^+ \qquad 反应(15-6)$$

经上述反应后,pH 下降。当 pH 降至 5 以下时,废水中六价铬主要以 $Cr_2O_7^{2-}$ 的形式存在。接着废水进入阴柱,去除铬酸根离子和重铬酸根离子,即对于 $Cr_2O_7^{2-}$、$CrO_4^{2-}$,采用阴离子交换柱除去:

$$2R—OH + CrO_4^{2-} \longrightarrow R_2—CrO_4^{2-} + 2OH^- \qquad 反应(15-7)$$

$$2R—OH + Cr_2O_7^{2-} \longrightarrow R_2—Cr_2O_7^{2-} + OH^- \qquad 反应(15-8)$$

通过先采用阳柱、后采用两个阴柱串联、再用阳柱的四柱串联方式,经第一阳柱除去阳离子污染包括($Cr^{3+}$),再经过双阴柱后废水中已除去了大部分的六价铬和其他阴离子,出水中六价铬含量低于 0.5 ppm,可以回用。再生所得的铬酸钠和重铬酸钠,再经一阳柱,出水中 $Na^+$ 和树脂上的 $H^+$ 交换,全部转换为重铬酸供回收。该流程称为双阳柱、全酸性、全饱和流程。

**2. 含汞废水处理**

汞法电解食盐生产烧碱的工艺中,盐水精制过程中汞全部转入污泥中,必须要处理含汞污泥。

(1) 污泥先用 HCl 溶解,Hg 转化为 $HgCl_2$ 存在,进而形成 $HgCl_4^{2-}$ 的配合离子形态存在,反应为:

$$HgCl_2 + 2NaCl \longrightarrow Na_2HgCl_4 \qquad 反应(15-9)$$

(2) 强碱阴离子交换及再生:

$$2R—Cl + Na_2HgCl_4 \longrightarrow R_2—HgCl_4 + 2NaCl \qquad 反应(15-10)$$

出水中 NaCl 得以浓缩,供回用。

$$R_2—HgCl_4 + 2HCl \longrightarrow H_2HgCl_4 + 2R—Cl \qquad 反应(15-11)$$

再生液中以 $H_2HgCl_4$ 和 HCl 混合液为主,送入电解槽中电解。$Hg^{2+}$ 经电解还原为金属 Hg 回收。

经研究,采用电解法回收汞时,要求①原废水 pH>2;②原水中 NaCl 浓度低于 50 g/L;③采用强碱性离子交换树脂。

对于有机汞废水的处理,已有文献报道。采用螯合树脂处理醋酸甲基汞废水,具有良好的效果。

**3. 含锌废水处理**

某化纤厂纺丝车间酸性废水中,含 $ZnSO_4$ 浓度为 500 mg/L,$H_2SO_4$ 浓度为 50 000 mg/L,$Na_2SO_4$ 浓度为 13 000 mg/L,处理量为 1 120 m³/d,采用强酸性钠型树脂进行离子交换。

$$R—SO_3—Na + ZnSO_4 \longrightarrow (R—SO_3)_2—Zn + Na_2SO_4 \qquad 反应(15-12)$$

交换出水中的 $H_2SO_4$ 和 $Na_2SO_4$ 混合液,可用作水软化时磺化煤的再生液。

交换后树脂的再生:

$$(R—SO_3)_2—Zn + Na_2SO_4 \longrightarrow R—SO_3—Na + ZnSO_4 \qquad 反应(15-13)$$

所得 $ZnSO_4$ 溶液,直接回用于纺丝车间生产工艺中。

**4. 镀金废水中金的回收**

在镀金废水中,金以 $Au(CN)_2^-$ 存在,采用强碱性阴离子交换树脂处理:

$$K^+ + RCH_2N^+(CH_3)_3Cl^- + Au(CN)_2^- \longrightarrow RCH_2N^+(CH_3)_3Au(CN)_2^- + KCl$$
$$反应(15-14)$$

由于 $Au(CN)_2^-$ 离子的交换选择性强,再生比较困难。考虑到黄金价格较高,树脂的代价相对只占一小部分,因此在工艺开发早期,曾用焚烧树脂的方法回收吸附交换的金。后经研究,采用丙酮-HCl-水溶液洗脱,洗脱率达 95% 以上,树脂可以循环使用。洗脱液中加入少量水是为了防止丙酮在浓盐酸作用下发生脱水缩合副反应。再生过程如下:

$$RCH_2N^+(CH_3)_3Au(CN)_2^- + 2HCl \longrightarrow RCH_2N^+(CH_3)_3Cl^- + AuCl + 2HCN$$
$$反应(15-15)$$

由于 HCN 有毒,故用丙酮与之反应:

$$(CH_3)_2CO + HCN \longrightarrow (CH_3)_2C(OH)CN \qquad 反应(15-16)$$

生成的 AuCl 可溶于丙酮而不溶于水,可用丙酮将 AuCl 从树脂上转入到有机相中,再经过简单蒸馏过程后,回收丙酮,同时 AuCl 沉淀析出,过滤后得 AuCl 滤饼。

AuCl 滤饼烘干后,在 500℃ 左右焙烧,则反应如下:

$$2AuCl \xrightarrow{500℃} 2Au + Cl_2\uparrow \qquad 反应(15-17)$$

所得金的纯度达 99.5%。如再用王水溶解,经维生素 C 或 $SO_2$ 还原提纯,则金的纯度可达 99.9%。

强碱树脂的离子交换和丙酮-HCl-水溶液洗脱再生处理工艺回收贵金属是 20 世纪 80 年代初研究成功并得以推广的技术。该技术回收率高,成本也降低很多,已被广泛应用。

离子交换过程处理其他工业废水的例子见表 15-12。

表 15-12　离子交换过程在工业废水中的应用举例

| 废水种类 | 污染物 | 树脂类型 | 处理后废水 | 再生剂 | 再生液出路 |
| --- | --- | --- | --- | --- | --- |
| 铜氨纤维废水 | $Cu^{2+}$ | 强酸性树脂 | 排放 | $H_2SO_4$ | 回用 |
| 黏胶纤维废水 | $Zn^{2+}$ | 强酸性树脂 | 中和后排放 | $H_2SO_4$ | 回用 |
| 放射性废水 | 放射性离子 | 强酸或强碱性树脂 | 排放 | $HCl/H_2SO_4$ 或 NaOH | 进一步处理 |
| 纸浆废水 | 木质素磺酸钠 | 强酸性树脂 | 进一步处理 | $H_2SO_4$ | 回用 |
| 氯苯酚废水 | 氯苯酚 | 弱碱性大孔树脂 | 排放 | 2%NaOH 甲醇 | 回收 |

【例 15-2】 某一电镀厂废水排放量为 182.4 $m^3/d$,假设阴离子交换床和阳离子交换床一个周期运行时间为 6 d,每天运行 16 h。总的废水水质特征如下:

铜 22 mg/L(以 Cu 计);锌 10 mg/L(以 Zn 计);镍 15 mg/L(以 Ni 计);铬 130 mg/L(以 $CrO_3$ 计)。

试设计一离子交换系统,去除杂质离子,回收水和铬酸($H_2CrO_4$)。相关设计参数如下表所示。

例 15 - 2　相关设计参数表

| 项目 | 交换柱 | |
|---|---|---|
| | 阳离子交换树脂 | 阴离子交换树脂 |
| 再生剂 | $H_2SO_4$ | NaOH |
| 再生剂用量(以 100%计) | 192 kg/m³ | 76.8 kg/m³ |
| 再生剂浓度 | 5% | 10% |
| 工作交换容量 | 1 510 mol($H^+$)/m³ | 60.8 kg($CrO_3$)/m³ |

【解】　1) 阴离子交换柱的设计计算

(1) 在阴离子交换柱中,每天被 $OH^-$ 交换的总铬量(以 $CrO_3$ 计)为

$$130 \text{ mg/L} \times 182.4 \text{ m}^3/\text{d} = 23\ 712 \text{ g/d} = 23.7 \text{ kg/d}$$

(2) 计算每周期阴离子树脂需要量

每周期运行 6 d,阴离子树脂工作交换容量为 60.8 kg($CrO_3$)/m³,则每周期阴离子树脂总需要量为

$$\frac{23.7}{60.8} \times 6 = 2.34 (\text{m}^3/\text{周期})$$

(3) 计算柱高

选择一个直径为 0.9 m 的交换柱,并计算出树脂床层所需深度 $h$ 为

$$h = \frac{2.34}{\dfrac{\pi}{4} \times 0.9^2} = 3.68 (\text{m})$$

考虑到反冲洗与清洗期间交换床的膨胀,附加 50% 的自由空间,则所需柱高为

$$h' = 3.68 \times 1.5 = 5.52 (\text{m})$$

所以,可用 2 个柱串联起来,每柱高为 5.52/2=2.76(m),每柱树脂床层深为 3.68/2=1.84(m)。

(4) 计算再生剂 NaOH 的需要量

阴离子交换柱再生剂用量为 76.8 kg/m³,则所需 100%NaOH 量为

$$76.8 \times 2.34 = 179.7 (\text{kg/周期})$$

(5) 计算再生剂 10%NaOH 储槽体积

10%NaOH 密度为 1 150 kg/m³,每天配制一次,则

$$10\%\text{NaOH 储槽体积} = \frac{179.7}{6} \times \frac{1}{0.1} \times \frac{1}{1\ 150} = 0.26 (\text{m}^3)$$

2) 阳离子交换柱的设计计算

(1) 计算要去除的阳离子量

$$Zn^{2+} \quad \frac{10}{65.4} = 0.153 (\text{mmol/L})$$

$$Cu^{2+} \quad \frac{22}{63.5} = 0.346 (\text{mmol/L})$$

$$Ni^{2+} \quad \frac{15}{58.7} = 0.256 (\text{mmol/L})$$

(2) 确定每天要去除的阳离子总量

$$(0.153 + 0.346 + 0.256) \times 182.4 = 137.7 (mol/d)$$

(3) 计算每周期阳离子树脂需要量

在阳离子交换柱中，$Zn^{2+}$、$Cu^{2+}$ 和 $Ni^{2+}$ 与 $H^+$ 交换。由化学计量关系可知，2 个氢离子与 1 个二价金属离子交换。阳离子树脂的工作交换容量为 $1\,510\,mol(H^+)/m^3$，则每周期（6 d）所需的阳离子树脂量为

$$\frac{137.7}{1\,510/2} \times 6 = 1.1 (m^3/周期)$$

(4) 计算阳离子交换柱高度

选择一个直径为 0.6 m 的交换柱，则树脂床层所需深度 $h$ 为

$$h = \frac{1.1}{\frac{\pi}{4} \times 0.6^2} = 3.89 (m)$$

考虑到反冲洗与清洗期间交换床的膨胀，附加 50% 的自由空间，则所需的柱高为

$$h' = 3.89 \times 1.50 = 5.8 (m)$$

用 2 个柱串联起来，每柱高为 5.8/2＝2.9(m)，每柱树脂床层深为 3.89/2＝1.94(m)。

(5) 计算再生剂 $H_2SO_4$ 的需要量

阳离子交换柱再生剂用量为 $192\,kg/m^3$，则所需 100% $H_2SO_4$ 量为

$$192 \times 1.1 = 211.2 (kg/周期)$$

(6) 计算再生剂 5% $H_2SO_4$ 储槽体积

5% $H_2SO_4$ 密度为 $1\,038\,kg/m^3$，每天配制一次，则

$$5\%H_2SO_4 \text{ 储槽体积} = \frac{211.2}{6} \times \frac{1}{0.05} \times \frac{1}{1\,038} = 0.68 (m^3)$$

3) 回收铬酸的阳离子交换柱的设计计算

为了回收有价值的铬酸 $H_2CrO_4$，可把阴离子树脂再生得到的洗脱液，通过 H 型阳离子树脂进行脱钠，即可得到铬酸。阴离子树脂的再生洗脱液中 $Na^+$ 的量等于其再生时消耗的 NaOH 溶液中的 $Na^+$ 的量。由上述计算可知，阴离子树脂再生时，消耗 100% NaOH 量为 179.7 kg/周期，即

$$\frac{179.7 \times 10^3}{40} = 4\,492.5 (mol)$$

因此，回收铬酸时需要的 H 型阳离子树脂体积为

$$V = \frac{4\,492.5}{1\,510} = 2.98 (m^3)$$

同样，选择一个 0.9 m 直径的交换柱，树脂床所需深度 $h$ 为

$$h = \frac{2.98}{\frac{\pi}{4} \times 0.9^2} = 4.7 (m)$$

考虑到树脂床的反冲洗与清洗期间的膨胀，附加 50% 的自由空间，则所需的柱高为

$$h' = 4.70 \times 1.50 = 7.05 (m)$$

拟用 2 个柱串联起来,则每柱高度为 7.05/2 = 3.53(m),每柱树脂床层深为 4.70/2 = 2.35(m)。

同样,对于本阳床的再生剂也是采用 5‰ $H_2SO_4$ 再生,则再生剂用量为

$$192 \times 2.98 = 572.2(kg/周期)$$

$$再生剂储槽体积 = \frac{572.2}{6} \times \frac{1}{0.05} \times \frac{1}{1\,038} = 1.84(m^3)$$

工程上,两套阳离子树脂的再生剂只需采用一个储槽即可,其总体积应为 0.68+1.84 = 2.52($m^3$)。

# 15.5　萃　　取

萃取(Solvent Extraction or Liquid-liquid Extraction)是利用某种溶剂对废水中污染物的选择作用,使一种或几种组分分离出来,以回收废水中高浓度污染物的处理方法。萃取过程是一个先使两相充分混合,污染物在两相中得到分配后,再使两相完全分离,最后使溶剂进行再生的过程,它包括三个步骤:

(1) 被处理的废水和加入的溶剂充分混合,密切接触,促使溶质的有效传递,用混合器完成。

(2) 两相完全分离,通过澄清分离器来达到这一目的。

(3) 从萃余相和萃取相中除去溶剂、回收溶剂,分别用后续处理和再生装置完成这一目的。

溶剂萃取如果利用混合物中各组分在溶剂中溶解度不同而达到分离的目的,称为物理萃取;若利用溶剂和废水中某些组分形成配合物或化合物而得以分离,称为化学处理。废水中常采用物理萃取过程,不改变污染物化学性质而得以回收。

溶剂萃取适用于污染物浓度高、难以生物降解、污染物具有热敏性、与水的相对挥发度接近、能与水能形成恒沸物、采用化学氧化还原难以处理等之类的污染物,同时萃取可以回收污染物,因此,成本相对较低。但由于溶剂往往是有机溶剂,或多或少会溶解在废水中一部分,使出水带来新的污染,因此萃取工艺往往要有后续处理,而不能单独使用。

## 15.5.1　废水处理中萃取理论

在废水的萃取中,至少要涉及三种组分:溶剂即萃取剂、水和污染物,从而形成一个三元物系,并且这个三元物系由两个相组成:有机相和无机相,污染物在这两个相中进行分配。从宏观上来看,它可呈物理分配和化学分配,呈物理分配时为溶质在水中和溶剂中的不同溶解度所致;呈化学分配时则为溶质和溶剂之间发生化学作用形成了配合物,而从水相中得以分离。从微观上分析,该体系存在四种不同的作用力:

(1) 污染物分子在水中和溶剂中所呈现的分子间范德瓦尔斯力。当污染物分子和溶剂分子间作用力体现在分子极性大小上时,两者极性越接近,则污染物分子越易进入溶剂相。

(2) 污染物分子和溶剂分子存在配位键作用,而形成中性配位化合物。如:

$$HgCl_2 + nS \Longrightarrow HgCl_2 \cdot nS(S:溶剂) \qquad 反应(15-18)$$

$$HCr_2O_7^- + TBP + H^+ \Longrightarrow H_2Cr_2O_7 \cdot TBP(TBP:磷酸三丁酯) \quad 反应(15-19)$$

反应的生成物都是中性配位化合物,而溶于溶剂中与水相分离。

(3) 污染物分子在水相中呈阳离子或阴离子存在,而这些离子和溶剂分子间存在配位作用而形成缔合物。如:

$$M^{n+} + n(HX) \Longrightarrow M(HX)_n \qquad 反应(15-20)$$

$$M^{n+} + n(RX) \Longrightarrow R_nM + nX^- \qquad 反应(15-21)$$

从后者来看,实际上是溶剂中阴离子被污染物离子所代替,两种阴离子进行了交换,同样,阳离子也可发生这种交换作用,这种萃取称为离子交换萃取或称液体离子交换过程,即离子交换剂呈液态。

（4）污染物分子和溶剂分子间存在螯合键力作用而形成螯合物。

### 15.5.2　萃取平衡及萃取剂的选择

污染物在四种不同的作用力的作用下在水相和有机相中的浓度不同,最后达到一个平衡:

$$(B)_{水相} \rightleftharpoons (B)_{有机相} \quad 或写作 \quad B_w \rightleftharpoons B_o \qquad 反应(15-22)$$

在达到平衡时,污染物在两相中呈一定的比例关系,其数学表达式为:

$$K = \frac{c_o}{c_w} \qquad (15-48)$$

式中,$K$ 为分配系数;$c_o$ 为污染物在有机相中的平衡浓度;$c_w$ 为污染物在废水中的平衡浓度。其中污染物、溶剂和废水之间的关系可以表示为三角形坐标或直角坐标,如图15-27所示。

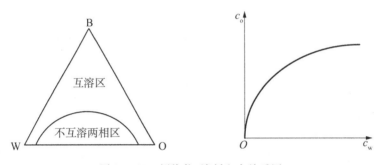

图 15-27　污染物、溶剂和水关系图

在实际废水中,往往是多种污染物的混合,因此,用一些宏观指标 $COD_{Cr}$、$BOD_5$、$TOC$ 等来表征。

对于分配系数 $K$ 来说,数值越大,萃取的效果越好;反之亦然,因此它是衡量萃取分离过程好坏的一个重要参数。

当萃取进行时,尤其在废水治理中,所用溶剂量不可能与水相相当,否则用量太大,成本太高,则往往要求用很少量的溶剂进行萃取,由于两相的体积不同,因此,又引入另一个参数——萃取因素或分配比 $E$:

$$E = \frac{c_o V_o}{c_w V_w} = K \frac{V_o}{V_w} = \frac{K}{m} \qquad (15-49)$$

$$m = \frac{V_w}{V_o} = \frac{废水体积}{溶剂体积} \qquad (15-50)$$

式中,$m$ 为浓缩比;萃取因素 $E$ 也就是溶质在萃取相和萃余相中总量的比。

在萃取分离中还有一个重要的参数 $\beta$,称为分离因素,主要用于产品与杂质的分离程度上。$\beta$ 可用下式求得:

$$\beta = \frac{K_{产品}}{K_{杂质}} \qquad (15-51)$$

$\beta$ 越大,产品越纯。该工艺用于废水中某一污染物浓度特别高时,如焦化废水中苯酚的萃取法处理,可以首先将其萃取回收,其他杂质留在后续处理中去除。

通过萃取平衡的讨论可知,达到平衡的两个要素是废水污染物特性和萃取剂的特性,因此,对于某一特定的废水来说,萃取剂选择成为关键因素,它影响过程的经济性、实用性和先进性。对于萃取剂选择主要从以下几个方面进行考虑。

(1) 对污染物的选择性　希望选择对废水中污染物参数值(如 $K$,$m$,$\beta$ 等)较高的萃取剂,这些数值越高的溶剂,越有利于污染物从废水中分离出来。具体来说,选择与污染物分子化合物介电常数接近的溶剂,如污染物极性接近的溶剂;污染物在其中溶解度较大的溶剂;与污染物能形成较为牢固的化学键的溶剂。

(2) 溶剂的物理和化学性质　对于溶剂本身来说,密度与水相差越大越好;溶剂和水互溶度越小越好;化学稳定性强,具有足够的热稳定性和抗氧化稳定性、腐蚀性小,易于回收和再生。

### 15.5.3　萃取动力学和主要影响因素

萃取过程同样发生在非均相体系中,因此溶质在两相中进行质量传递时,质量传递的速率决定了萃取速度的快慢。

当溶剂和废水接触时,在相界面上存在两个滞留膜,一个是水相的液膜,一个是溶剂相的液膜。其传质过程如图 15-28 所示。

$$\frac{1}{K_s} + \frac{K}{K_w} = \frac{1}{K_{ws}} \qquad (15-52)$$

式中,$K_w$ 为水膜传质系数;$K_s$ 为溶剂膜传质系数;$K_{ws}$ 为总传质系数。推导得到总传质方程为:

$$N = K_{ws}A(c_s' - c_s) \qquad (15-53)$$

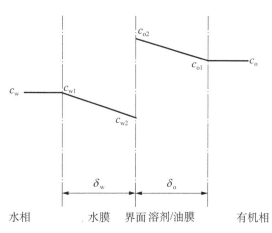

图 15-28　双膜传质示意图

由上式可见,萃取传质也是一个浓差驱动,并与两相的接触面积成正比,与总的传质系数也有关。因此,影响萃取过程传质速率的主要因素有:传质界面大小、传质推动力和总传质系数。通过增大传质推动力、增大两相接触面积和增大传质系数来提高传质速率。具体来说从以下三个方面考虑。

(1) 增大两相接触界面面积　通常使萃取剂以小液滴的形式分散到废水中去。分散相液滴越小,传质面积越大。但要防止萃取剂分散过度而出现乳化现象,给后续分离萃取剂带来困难。对于界面张力不大的物系,仅依靠密度差推动萃取剂通过筛板或填料,即可获得适当的分散度;但对于界面张力较大的物质,需通过搅拌或脉冲装置来达到适当分散度的目的。

(2) 增大传质系数　在萃取设备中,通过分散相的液滴反复破碎和聚集,或强化液相的湍动程度,使传质系数增大。系统中如有表面活性物质和某些固体杂质的存在,则会增加在相界面上的传质阻力,显著降低传质系数。因此,在萃取前应当进行预处理,尽可能地去除悬浮物和表面活性物质。

(3) 增大传质推动力　采用逆流操作,整个萃取系统可维持较大的推动力,既能提供萃取相中溶质浓度,又可降低萃余相中的溶质浓度。逆流萃取时过程的推动力是一个变值,其平均推动力为废水进、出口处推动力的对数平均值。

### 15.5.4　萃取操作流程

在废水处理中,萃取操作包括混合、分离和回收三个主要步骤。混合过程是使废水与萃取剂充分接触,污染物从废水中转移到萃取剂中;分离是使萃取剂和废水分层后分开;回收是将萃取剂再生的过程。

根据萃取剂与废水接触方式的不同,萃取操作可以分为级式接触和连续式接触两大类,分别用间歇式反应器和连续完全混合反应器来实现。

根据两相接触次数的不同,萃取流程又可以分为单级萃取和多级萃取。多级萃取又可分为"错流"和"逆流"两种操作方式。其中最常用的是多级逆流萃取流程。

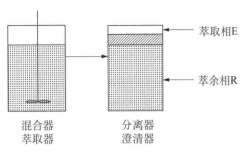

图 15 - 29　单级接触萃取系统

**1. 级式接触**

由混合-澄清器或称为箱式萃取器来完成级式接触。

1) 单级接触萃取

只用一个混合器和一个分离器或用一级混合-澄清器进行萃取的过程称为单级萃取,如图 15 - 29 所示。

由萃取因素 $E$,可求得未被萃取分率(或称为萃取余率):

$$\varphi = \frac{1}{1+E} \qquad (15-54)$$

理论得率为 $1-\varphi$:

$$1-\varphi = \frac{E}{1+E} \qquad (15-55)$$

还可以从三角形坐标和直角标准法中求取萃取过程中最小萃取剂用量。这些已在化工原理中进行过详细讨论,在此不再赘述。

单级萃取比较简单,设备也少,但萃取效率不高。为提高萃取效率,可采用多级接触工艺。

2) 多级错流萃取

多级错流萃取是利用多个串联的萃取器进行萃取的过程,过程中前一级萃取操作所得的萃余相进入后一级做原料液,见图 15 - 30。

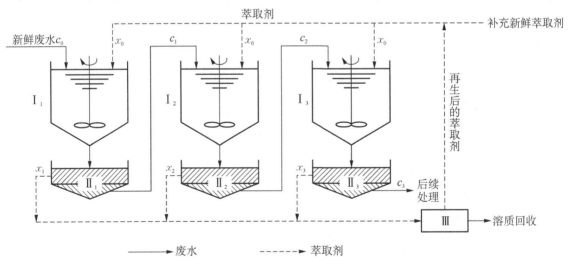

Ⅰ:混合器/萃取器;Ⅱ:分离器/澄清器;Ⅲ:萃取剂再生/溶质回收

图 15 - 30　多级错流萃取过程

在此操作中,由于新鲜溶剂分别加入各级的混合器中,故萃取推动力很大,萃取效果比单级好,且随着级数的增加而提高。但溶剂需要量大,操作费用高,多用于化工生产中,在废水处理上一般不采用。

3）多级逆流萃取

此流程的特点是料液与萃取剂分别由两端加入，如图 15 - 31 所示。

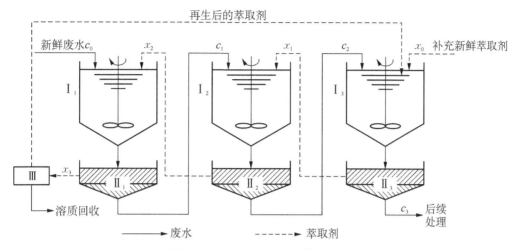

图 15 - 31　多级逆流间歇萃取流程

废水首先与接近饱和的萃取剂接触，新鲜的萃取剂与经过几级萃取后的低浓度废水接触，这样可增大传质过程的推动力，节省萃取剂用量。一般在萃取器内设有搅拌器来增加两相的接触面积和传质系数。废水和萃取剂在萃取器内搅拌一定时间后，把它们排入分离器内进行静置、分离。一般萃取器内搅拌器搅拌转速为 300 r/min，搅拌 15 min。废水在分离器静置 30 min 左右，根据物料平衡关系式可得 $n$ 级萃取后溶质的残留浓度为

$$c_n = \frac{c_0}{(1 + Kb)^n} \tag{15-56}$$

式中，$c_n$ 为经 $n$ 段萃取后污水中溶质的浓度；$c_0$ 为污水中溶质的原始浓度；$K$ 为分配系数；$n$ 为萃取级数，工程上一般取 2～4 级；$b$ 为浓缩比的倒数，即 $b = \frac{1}{E}$＝萃取剂量 $q$/废水量 $Q$，例如醋酸丁酯采用 $b$＝10%～15%，重苯采用 $b$＝1。

由于级式接触萃取操作麻烦，设备笨重，一般用于废水为间歇排放且水量较少的情况。

**2. 连续式萃取**

连续式萃取多采用塔式逆流操作。塔式逆流方式是将废水和萃取剂同时通入一个塔中，密度大的从塔顶流入，连续向下流动，充满全塔并由塔底排出；密度小的从塔底流入，从塔顶流出，萃取剂与废水在塔内逆流相对流动，完成萃取过程。由于逆流操作，萃取剂进入塔后，首先遇到低浓度的废水，离塔前遇到高浓度的废水，这样可以提高传质推动力，使萃取剂溶解更多的溶质。这种操作方式效率高，目前工业废水处理中多采用此工艺。

连续式萃取采用的萃取器有填料塔、筛板塔、喷淋塔、脉冲筛板塔、脉冲填料塔、转盘塔及离心萃取机。下面介绍几种主要的萃取设备。

1）填料塔

填料萃取塔结构简单，塔中装有填料。内部的填料可以是瓷环、塑料、钢质球或木栅板等，其作用是使萃取剂的液滴能不断地分散和合并，不断产生新的液面，从而增加传质速率。同时也可以避免萃取剂形成大的液滴和液流，影响两相物质交换界面。

这种塔的优点是设备简单、造价低、操作容易，可以处理腐蚀性废水。其缺点是处理能力

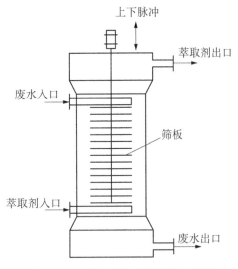

图 15-32　往复式脉冲筛板塔示意图

往复式叶片脉冲塔设备简单,传质效率高,流动阻力较小,生产能力比其他类型的搅拌塔大,近年来国内应用较为广泛。

3）转盘萃取塔

转盘萃取塔也是分为三部分:上下两个扩大部分为轻、重液分离室,中间部分是萃取段,见图 15-33。

萃取段的塔壁上水平装设一组等距离的固定环板,塔的中心轴上连接一组水平圆形转盘,每一个转盘的高度恰好位于两侧固定环板的中间。萃取时,废水由萃取段的上部流入,萃取剂由萃取段的下部流入,两相逆向流动于环板间隙中。当转盘随中心轴旋转时,产生的剪应力作用于液体,致使分散相破裂成小液滴,从而增加了分散相的持留量,并加大了两相的接触面积。在溶质较易萃取、萃取要求不太高而处理量又较大的情况下,采用转盘塔是有利的。

低,效率不高,填料易堵塞等。

2）往复式叶片脉冲筛板塔

往复式叶片脉冲筛板塔基本构造如图 15-32 所示。塔分为三部分,上、下两个扩大部分是轻、重液分离区,中间段是萃取段。

工作区内装有一根纵向轴,轴上装有若干筛板,筛板上筛孔孔径约为 7～16 mm,在中心轴的带动下做垂直的上下往复运动,形成湍流流动,强化萃取过程。在塔分离区,轻、重两液相靠密度差进行分离。

筛板的脉冲频率与脉冲振幅由实验确定。频率过高、振幅过大时,搅拌过于剧烈,萃取剂被打得过碎,不能很好地与废水分离;反之,脉冲频率过低、振幅过小时,则两相混合不够充分,也影响传质效率。

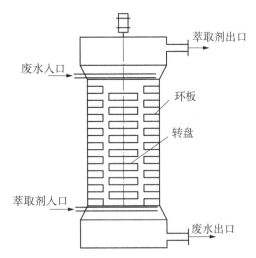

图 15-33　转盘萃取塔示意图

### 15.5.5　萃取剂

**1.　萃取剂的基本要求**

根据前述内容发现,在液液萃取中,萃取剂从工程上应当满足下列基本要求:

（1）选择性好,即分配系数大。

（2）具有适宜的物理性质。如与废水的密度差大、不易挥发、黏度小、凝固点低、表面张力适中,分离性能好,萃取过程中不乳化、不随废水流失。

（3）化学稳定性好。不与废水中的杂质发生化学反应,这样可以减少萃取剂的损失,对设备的腐蚀性小,无毒,不易燃易爆。

（4）来源广泛,价格低廉。

（5）容易再生。与萃取物的沸点差要大,两者不能形成恒沸物。

**2.　常用萃取剂**

在国内,萃取过程广泛用于含酚废水的预处理及酚回收。根据以上要求,常用的脱酚萃取剂有煤油、洗涤油、重苯、N-503(N,N-二甲基庚基乙酰胺)、粗苯、N-503＋煤油混合液等。国外有乙酰苯、醋酸丁酯、磷酸三甲酯、异丙基醚等。

N-503 为淡黄色油状液体,属于取代酰胺类化合物。其热稳定性好,经反复蒸馏较少分解,对酸、碱也较稳定。利用 N-503 萃取三硝基酚,硝基酚的脱除率在 99.5％以上,相比若提高到 1:1,一次萃取脱酚率可达 99.98％,分配系数达 1 527,溶剂再生后萃取能力衰减不大。含硝基甲酚的废水还可以用 5％～95％的 N503＋煤油系统来萃取,回收 75％～90％的酚,萃取剂与水之比为 0.2:1,经过一次萃取,每吨废水可回收 1.02 kg 的酚。

该萃取剂除了对酚有较高的萃取效率外,还对苯乙酮、苯甲醛、苯甲醇有显著的萃取效果,还可以用于冶金工业萃取铀、锆、铌和钌等金属。

烷基叔胺的液体交换树脂是一种阴离子交换剂,在稀有金属的分离纯化上占有重要地位,常用于选择性提取钴、钼、钨、钯、铀、钍等贵重金属。

**3. 萃取剂的再生**

萃取后的萃取相需经过再生,将萃取物分离后,萃取剂继续使用。再生的过程主要有两种。

1)物理再生过程

物理再生过程主要采用蒸馏或蒸发的方法。当萃取相中各组分的沸点相差较大时,最宜采用蒸馏过程分离。例如,用乙酸丁酯萃取废水中的单酚时,溶剂沸点为 116℃,而单酚的沸点为 181～202.5℃,相差较大,可以用蒸馏过程来分离。根据分离的要求,可以采用简单蒸馏或精馏。

2)化学再生过程

投加某种化学药剂使其与溶质形成不溶于溶剂的盐类,这种再生过程是化学再生过程。例如,用碱液对萃取相中的酚进行反复萃取,形成酚钠盐结晶析出,从而达到回收酚和再生萃取剂的目的。

## 15.5.6　萃取过程在废水处理中的应用

萃取过程已经成为从有机废水或重金属废水回收及去除酚、铜、镉、汞等的一种有效处理过程,在国内外都得到了广泛应用。

1)含酚废水

某焦化厂采用萃取过程回收含酚废水的工艺流程如图 15-34 所示。废水先经过沉淀、焦

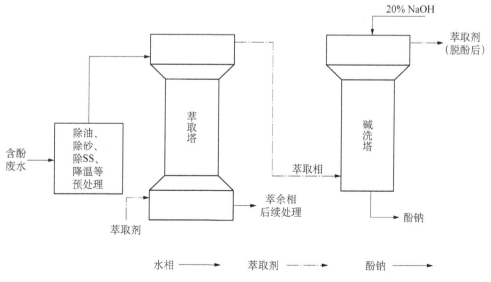

图 15-34　萃取法脱酚-再生工艺流程示意图

炭过滤器除油、澄清和降温预处理后进行萃取,萃取器采用脉冲筛板塔。该厂的处理水量为16.3 m³/h,含酚平均浓度为1 400 mg/L,采用二甲苯为萃取剂。二甲苯与废水量之比为1∶1。萃取后出水含酚浓度为100～150 mg/L,脱酚效率为90%～93%。萃取相(含酚的二甲苯)自萃取塔顶送到碱洗塔进行脱酚再生。碱洗塔中装有浓度为20%的氢氧化钠溶液。脱酚后的二甲苯供循环使用,从碱洗塔底放出的酚盐含酚30%左右,含游离碱2%～2.5%左右。

2) 采矿废水

某铜矿采选废水含铜浓度为230～1 500 mg/L,含铁浓度为4 500～5 400 mg/L,含砷浓度为10.3～300 mg/L,pH为0.1～3。采用萃取过程从该废水回收金属铜和铁,其流程如图15-35所示。该废水用N-510作为螯合萃取剂,以磺化煤油作稀释剂。煤油中N-510浓度为162.5 mg/L。在涡流搅拌池中进行六级逆流萃取,总萃取率在90%以上。含铜的萃取相用浓度为1.5 mol/L的$H_2SO_4$进行反萃取,当$H_2SO_4$的浓度超过130 mg/L时,铜的三级反萃取率在90%以上。再生后的萃取剂重复使用,反萃取所得的$CuSO_4$溶液送去电解沉积,得到高纯电解铜,硫酸在电解工序中得到回收。萃余相用氨水除铁,在90～95℃下反应2 h,除铁率达90%。若通气氧化,并加晶种,除铁率更高。生成的固体黄铵铁矾,在800℃下煅烧2 h,得到品位为95.8%的铁红($Fe_2O_3$),可以作为涂料使用。除铁后的废水酸度较大,可以投加石灰、石灰石中和处理达到标准后,即可排放和回用。

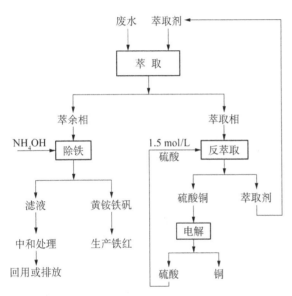

图 15-35　含铜废水萃取工艺流程图

3) 低浓度含汞废水

汞电解法制取氯碱的含汞废水中,汞以$HgCl_2$形式存在。采用二级逆流萃取,萃取剂为三异辛基胺。在pH较低的条件下,分配系数可达2 000左右。萃取速度很快,15 min即可达萃取率99%。进水浓度为10 mg/L的含汞废水,经处理后,含汞浓度可降低至0.001 mg/L以下。反萃取剂为乙烯二胺,反萃取剂中汞浓度可达25 g/L。

# 15.6　吹脱与汽提

吹脱过程(Blow-off Method)是将空气通入废水中,使空气与废水充分接触,废水中溶解的气体或挥发性溶质通过气液界面,向气相转移,从而达到脱除污染物的目的。而汽提过程则是将废水与水蒸气直接接触,使废水中的挥发性物质扩散到气相中,实现从废水中分离污染物的目的。吹脱和汽提均属于由液相向气相传质的过程,实际上是吸收的逆过程——解吸,习惯上将以空气、氮气、二氧化碳等气体作为解吸剂来推动水中污染物向气相传递的过程,称吹脱;将采用水蒸气作为解吸剂的过程,称为汽提。这两种过程特别适合污染物浓度高、沸点较低,冷凝后又易与气相介质分离的废水,如用水蒸气作为解吸剂,则蒸汽冷凝后,冷凝水可以与污染物分层而得以分离。

表 15 - 13　吹脱与汽提过程比较

| 过程 | 脱除对象 | 手段 | 操作条件 |
|------|----------|------|----------|
| 吹脱 | 溶解性气体与易挥发性物质 | 空气吹脱 | 在常温下的吹脱池或塔内进行 |
| 汽提 | 挥发性污染物 | 蒸汽蒸馏或蒸汽直接加热 | 在较高温度下的密闭塔内进行 |

　　采用吹脱或汽提工艺去除废水中溶解性气体和挥发性有机物,设备简单,操作方便,但容易产生二次污染,这一点在设计和运行管理中必须重视。

### 15.6.1　吹脱与汽提传质基本原理

　　吹脱过程的基本原理是气液相平衡和传质速率理论,这在物理化学和化工原理中均有深入研究。在气液两相系统中,溶质气体在气相中的分压与该气体在液相中的浓度成正比。当该组分的气相分压低于其溶液中该组分浓度对应的气相平衡分压时,就会发生溶质组分从液相向气相的传质。传质速度取决于组分平衡分压和气相分压的差值。吹脱过程用于去除废水中的 $CO_2$、$H_2S$、$HCN$、$CS_2$ 等溶解性气体。

　　汽提过程的原理与吹脱过程基本一致。根据挥发性污染物性质的不同,汽提分离污染物的原理一般可以分为以下两种:①简单蒸馏。对于与水互溶的挥发性物质,利用其在气液平衡条件下,气相中的浓度大于液相中的浓度的特点,通过蒸汽直接加热,使其在共沸点下按一定比例富集于气相;②蒸汽蒸馏。对于与水不互溶或几乎不溶的挥发性污染物,利用混合液的沸点低于任一组分的沸点的特性,可以把高沸点挥发物在较低温度下挥发溢出,得以从废水中分离除去。例如,废水中的酚、硝基苯、苯胺等物质,在低于 $100℃$ 的条件下,应用蒸汽蒸馏过程可以把它们从废水中有效脱除。

　　汽提主要利用废水中污染物的沸点与水沸点的差异,由此带来两者挥发度不同,从而达到从废水中回收或去除有害物质的目的。

$$\alpha = \frac{V_c}{V_w} \tag{15 - 57}$$

代入道尔顿分压定律,则

$$\alpha = \frac{y_c / y_w}{x_c / x_w} \tag{15 - 58}$$

式中,$\alpha$ 为废水和污染物相对挥发度,等于污染物和水在气相中的摩尔分数比与污染物和水在水相中的摩尔分数比的比值;$V_c$、$V_w$ 分别为污染物和废水的挥发度;$y$ 和 $x$ 分别表示气相和水相中的摩尔分数;下标 c、w 分别表示污染物和废水。

　　$\alpha$ 表示了污染物从废水中分离出来的难易程度,$\alpha > 1$,意味着污染物易于用汽提的方法分离;$\alpha = 1$,表示污染物和水分子在气液两相中摩尔比一样,没有分离效果;$\alpha < 1$ 表示污染物比水更难挥发,汽提意味着将水从废水中带入气相,而不是将污染物带入气相,故不适合用汽提去除污染物。

### 15.6.2　吹脱设备

　　吹脱设备一般包括吹脱池(也称曝气池)和吹脱塔(填料塔或筛板塔)。

　　1) 吹脱池

　　依靠池面液体与空气自然接触而脱除溶解气体的吹脱池称为自然吹脱池。向池内鼓入空气或在池面上安装喷水管可以增强吹脱效果。吹脱池适用于溶解气体极易挥发、水温较高、风速较大、有开阔地段和吹脱的气体不产生二次污染的情况,如 $CO_2$ 气体的吹脱等。吹脱池常

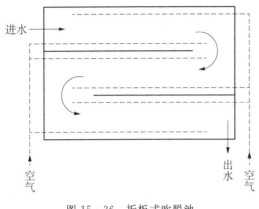

图 15-36　折板式吹脱池

见结构如图 15-36 所示。

吹脱池的吹脱效果可以用经验公式计算：

$$0.43\lg\frac{c_1}{c_2} = D\left(\frac{\pi}{2h}\right)^2 t - 0.207$$

$$(15-59)$$

式中，$t$ 为废水的停留时间，即吹脱时间，min；$c_1$，$c_2$ 为废水中气体的初始浓度和经过 $t$ 时间后的剩余浓度，mg/L；$h$ 为水深，m；$D$ 为气体在废水中的扩散系数，$cm^2/min$。

式(15-59)所得的常见气体的扩散系数如表 15-14 所示。

表 15-14　常见气体的吹脱扩散系数

| 气体 | $O_2$ | $H_2S$ | $CO_2$ |
|---|---|---|---|
| 扩散系数/($cm^2/min$) | $1.1\times10^{-3}$ | $8.6\times10^{-4}$ | $9.2\times10^{-4}$ |

由式(15-59)可知，获取较好的吹脱效果的条件是较长的停留时间、较低的水深或较大的表面积。

强化的吹脱效果可用下式表示：

$$\lg\frac{c_1}{c_2} = 0.43\beta t\frac{S}{V}$$

$$(15-60)$$

式中，$S$ 为气体接触面积，$m^2$；$V$ 为废水体积，$m^3$；$\beta$ 为吹脱系数，其值与温度有关。常见气体的强化吹脱系数如表 15-15 所示。

表 15-15　常见气体的吹脱系数

| 气体 | $H_2S$ | $SO_2$ | $NH_3$ | $CO_2$ | $O_2$ | $H_2$ |
|---|---|---|---|---|---|---|
| $\beta$ | 0.07 | 0.055 | 0.015 | 0.17 | 1 | 1 |

喷水管安装高度距水面 1.2~1.5 m 为宜。为防止风吹损失，四周应加挡水板或百叶窗。喷水强度可选用 12 $m^3/(m^2 \cdot h)$。

2) 吹脱塔

对于有毒或有回收价值的溶解性气体，常采用填料塔、板式塔等高效气液分离设备。

填料塔主要特征是在塔内装填一定高度的填料层，废水从塔顶喷下，沿填料表面呈薄膜状向下流动。空气由鼓风机从塔底送入，呈连续相由下而上与废水逆流接触。废水吹脱后从塔底经水封管排出。自塔顶排出的气体可进行回收或进一步处理，工艺流程如图 15-37 所示。

填料塔的缺点是塔体较大，传质效率不如筛板塔高。当废水中悬浮物较多时，易发生堵塞现象。

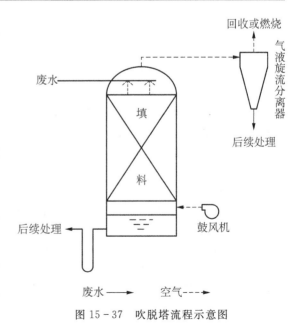

图 15-37　吹脱塔流程示意图

板式塔的主要特征是在塔内装置一定数量的塔板。废水水平流过塔板,经降液管流入下一层塔板。空气以鼓泡或喷射方式穿过板上水层,相互接触进行传质。塔内水相和气相组成沿塔高呈阶梯变化。

从废水中吹脱出来的气体,经过吸收或吸附回收利用或处理。例如,用 NaOH 溶液吸收吹脱的 HCN,生成 NaCN;吸收 $H_2S$,生成 $Na_2S$ 后,将饱和溶液蒸发结晶;用活性炭吸附 $H_2S$,饱和后用亚氨基硫化物的溶液浸洗,进行解吸,反复清洗几次后,再向活性炭中通入水蒸气清洗,饱和溶液经蒸发可回收 S。

3) 影响吹脱效果的操作因素

(1) 温度　在一定压力下,气体在水中的溶解度随温度升高而降低。升高温度,有利于溶解性性气体或挥发性有机污染物从液相中转移到气相中。

(2) 气液比　空气量过小,气液两相接触不够;空气量过大,易造成液泛,无法进行正常操作。工程上常采用液泛时极限气液比的 80% 作为设计气液比。

(3) pH　如果溶解性气体在不同 pH 下的存在形态不同,则 pH 将影响该气体的去除效果,甚至影响其去除的可能性。如酸性气体只有在一定 pH 下才以分子形态存在,而只有分子形态的物质才能进入气相,因此,只有在相应的 pH 下,才能被吹脱;反之,碱性气体只能在碱性条件下才能从废水中吹脱出来。前者如苯酚、$H_2S$、HCN 等,后者如 $NH_3$ 等。

(4) 油类物质和悬浮物　废水中的油类物质会阻碍水中挥发性物质向气相扩散,悬浮物会堵塞填料,影响吹脱,应当在预处理中去除。

(5) 表面活性剂　当废水中含有表面活性物质时,在吹脱的过程中,会产生大量泡沫,给操作带来不良影响,降低吹脱效率。

### 15.6.3　汽提设备

1) 设备类型

汽提操作一般在封闭的塔内进行,采用的汽提塔可以分为填料塔和板式塔两大类。

(1) 填料塔

填料塔是在塔内部装有填料,废水从塔顶喷淋而下,流经填料后由塔底部的集水槽收集后排出。蒸汽从塔底部送入,从塔顶排出。由下而上与废水逆流接触进行传质。填料可以采用瓷环、木栅、金属螺丝圈、塑料板、蚌壳等。由于采用蒸汽,塔内温度较高,所以在选择塔体材质和填料时,除了考虑经济、技术因素等一般原则外,还应特别注意耐腐蚀的问题。

与板式塔相比,填料塔的构造简单,便于采用耐腐蚀材料,动力损失小。但是传质效率低,且塔体积庞大。

(2) 板式塔

板式塔是一种传质效率较高的设备。这种塔的关键部件是塔板。按照塔板结构的不同,可以分为泡罩塔、浮阀塔和筛板塔等。

2) 汽提过程分析和汽提塔设计

汽提(或吹脱)操作一般都在塔内逆流接触进行,废水从塔顶送入,空气或水蒸气从塔底部通入,解吸出来的组分混合在空气(惰性气体)或蒸气中,从塔顶送出,经过冷凝得以回收。解吸后的废水从塔底排出,如图 15 - 38 所示。

当汽提操作在塔内呈稳态后,其物料衡算为:

$$V(Y_A - Y_0) = L(X_{A1} - X_{A2}) \qquad (15-61)$$

式中,$V$ 为蒸汽量(或流量);$L$ 为废水量(或流量);$X_{A1}$ 为废水中挥发物的浓度;$X_{A2}$ 为汽提后出水中挥发物的浓度;$Y_0$ 为通入塔底的水蒸气中

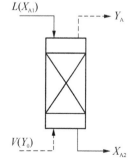

图 15 - 38　汽提塔物料衡算

挥发物浓度，$Y_0 = 0$；$Y_A$ 为汽提后塔顶水蒸气或冷凝液中挥发物浓度。

(1) 汽提操作最小蒸汽量的计算

在上面的讨论中可知，当 $L/V$ 值最小，且冷凝液中的 $Y_A$ 最高时的 $V$ 值称为最小蒸汽量。

$$V_{最小} = \frac{L(X_{A1} - X_{A2})}{Y_{A最高}} \qquad (15-62)$$

(2) 填料塔的设计

填料塔塔径和塔高的设计计算均可参照填料吸收塔的设计。

① 塔径 $D$ 的计算

$$D = \sqrt{\frac{4V_{max}}{\pi v}} \qquad (15-63)$$

式中，$V_{max}$ 为通过汽提塔的最大蒸汽量；$v$ 为蒸汽通过汽提塔时的空塔速度。

② 塔高 $H$ 的计算

填料塔塔高 $H$ 由填料层高度 $h_{填料}$ 和空塔高度 $h_{空}$ 两部分组成，即

$$H = h_{填料} + h_{空} \qquad (15-64)$$

填料层高度为

$$h_{填料} = N_{MTZ} \cdot H_{MTZ} \qquad (15-65)$$

式中，$N_{MTZ}$ 为传质单元数；$H_{MTZ}$ 为传质单元高度。

在气液平衡关系和操作线方程均为直线时，$N_{MTZ}$ 可按下式计算：

$$N_{MTZ} = \frac{1}{1-\theta} \ln\left[ (1-\theta)\frac{(X_{A1} - Y_A)/K}{(X_{A2} - Y_A)/K} + \theta \right] \qquad (15-66)$$

式中，$K$ 为平衡常数；$\theta$ 为处理因子，为单位蒸汽量处理的水量。

$$\theta = \frac{1}{K} \cdot \frac{L}{V} \qquad (15-67)$$

在气液平衡关系不呈直线时，可用图解积分求得。

传质单元高度 $H_{MTZ}$ 以液相为代表时，计算如下：

$$H_{MTZ} = \frac{L}{K_X \alpha A} = \frac{V}{K_Y \alpha A} \qquad (15-68)$$

式中，$L$ 为废水流量；$K_X$ 为以液相比分子分数差为推动力的传质总系数；$V$ 为蒸汽流量；$K_Y$ 为以气相比分子分数差为推动力的传质总系数；$\alpha$ 为单位填料体积的有效表面积；$A$ 为填料塔横截面积。

③ 液体分布

液体的分布在填料塔操作中起非常重要的作用。即使填料选择合适，如果液体分布不均，也会使填料的有效润湿表面积减少，导致沟流和死角的存在。因此，必须在塔顶安装液体（废水）喷淋装置，以保证液体能均匀地分布在填料上。常用的喷淋装置有：管式喷淋器、多孔管式喷淋器、莲蓬式喷淋器、盘式筛孔喷淋器、锥形液体再分布器和槽形液体分布器等。

④ 最小润湿率

汽提时最小蒸汽量除考虑气相和液相中污染物浓度外,还必须考虑液体流量。液体流量大小必须达到一定的喷淋密度,从而满足润湿填料的表面,取得最佳处理效果。因此,液体喷淋密度的大小对填料效能能否充分发挥,起着决定性的作用。对于最小喷淋密度,目前以润湿率来表示。润湿率是单位填料周边长度的液体体积流量,而填料周边长度在数值上等于单位体积填料层表面积,即填料的比表面积。最小润湿率的计算如下:

$$L_w = \frac{L'}{a_t} \tag{15-69}$$

式中,$L_w$ 为最小润湿率;$L'$ 为废水的最小喷淋密度;$a_t$ 为干填料的比表面积。

一般取 $L_w \geqslant 0.8$。如果为 $\phi 76$ mm 以上的环形填料,则取 $L_w \geqslant 0.12$。

3) 汽提分离过程的影响因素

(1) 进水温度

温度的升高加速了传质过程的溶质渗透速度和界面的不断更新,对汽提过程是有利的。进水温度低,传质效率下降,影响废水中污染物转入气相;如果进水温度达到废水的沸点时,则无须提供汽提用的蒸汽,实际上称为废水的蒸馏作用,气液两相的自由表面比汽提时小得多,非定态扩散和界面更新的基础减少,因此,冷凝液中是大量的水,而挥发性污染物的浓度降低,因此,进水温度也不能过高。

(2) 汽水比或凝水比

塔底供蒸汽量对塔身的汽提温度有很大的影响,蒸汽量大,塔身温度高。塔底蒸汽用量的大小可用它与废水的比值(简称汽水比)或冷凝液与废水的比值(简称凝水比)来描述。蒸汽量过大,则加热塔底废水时产生的冷凝量增大,稀释了废水中污染物浓度,减少了传质推动力;同时蒸汽流量较大时,在塔内蒸汽的停留时间减少,挥发物没有足够的时间向气相扩散,降低传质效率。但如果蒸汽量过小,没有足够的热量来保证挥发物从液相中转入气相,则冷凝液中挥发物的浓度也必然会降低。因此,必须通过实验和物料衡算制得汽提操作曲线图,得到最佳的汽水比,既可以使蒸汽用量最经济,又可以达到冷凝液中挥发性污染物浓度较高、废水中残留挥发性污染物浓度较低的目的。

### 15.6.4　吹脱与汽提在工业废水处理中的应用

**1. 吹脱 $CO_2$**

某厂的酸性废水经过石灰石过滤中和后,废水中含有大量的 $CO_2$ 气体,pH 为 4.2~4.5。为使废水的 pH 达到排放标准,需要把废水中的 $CO_2$ 解吸。该厂采用了吹脱池来脱除 $CO_2$。

吹脱池采用三廊道。每廊道宽为 1 m,长为 6 m,有效水深为 1.5 m。在每廊道一侧的底部安装穿孔曝气管,孔眼直径为 10 mm,间距为 50 mm,曝气强度为 25~30 $m^3/(m^2 \cdot h)$,汽水比为 5∶1,吹脱时间为 30~40 min。经过处理,废水中 $CO_2$ 浓度由 700 mg/L 降低到 120~140 mg/L, pH 由 4.2~4.5 升高到 6~6.5,满足排放标准。

该厂运行过程中遇到的问题是穿孔管容易被中和产物 $CaSO_4$ 堵塞,当废水中含有表面活性物质时,易产生泡沫,影响处理效果。可以采用高压水喷淋或投加消泡剂(如机油)等消泡措施。

**2. 吹脱 $H_2S$**

某厂废水中含有 $H_2S$,采用吹脱塔处理。废水首先经过除油、加热、酸化至 pH<5,使得游离 $H_2S$ 质量分数达到 100%,再进入吹脱塔吹脱。吹脱后的 $H_2S$ 循环使用。吹脱塔的填料为拉西环,淋水强度为 50 $m^3/(m^2 \cdot h)$,空气用量为 6~12 $m^3/t$(水)。

### 3. 吹脱 NaCN

某黄金选矿废水中含氰化钠($NaCN$)。氰化钠是一种强碱弱酸盐,易水解为氰化氢,可采用吹脱塔吹脱。氰化钠首先酸化为氰化氢,经吹脱后再用 $NaOH$ 溶液吸收,回收氰化钠,回用于生产。氰化氢的输送采用真空闭路循环系统,防止泄漏中毒。

吹脱塔的淋水密度为 $7.5\sim10\ m^3/(m^2\cdot h)$,水温为 $50\sim55℃$,汽水比为 $25\sim35:1$,pH 为 $2\sim3$。

汽提主要适用于废水中高浓度、低沸点挥发性污染物的回收处理,这些挥发性污染物的沸点低于 $100℃$,沸点越低越易于和水直接分离,或者要求这些污染物的密度与水相差越多越好,在水中溶解度越小越好,汽提后在冷凝液中污染物与水分层而得以回收。

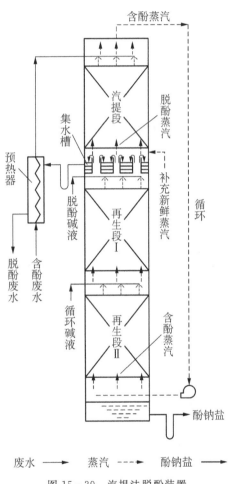

图 15-39　汽提法脱酚装置

### 4. 含酚废水

汽提过程用于从含酚废水中回收挥发性酚,典型流程如图 15-39 所示。

废水首先在换热器($105℃$蒸汽为热介质)中加热至 $100℃$ 后送入汽提塔,在汽提阶段与 $105℃$ 的循环蒸汽相遇,经汽提后,酚和蒸汽一起排出塔外,经鼓风机送到再生段Ⅰ,在此与 $10\%$ 的 $NaOH$ 溶液在 $102℃$ 下逆流接触,反应生成酚钠盐回收,脱酚后的蒸汽重新进入汽提阶段循环使用,新鲜蒸汽用于补充设备的热损失。为进一步提高酚钠浓度,吸收酚后的碱液经回流至再生段Ⅱ,循环碱液使酚钠达到饱和后,排出塔底。汽提后的废水经过一个间接热交换器,将含酚废水预热,充分利用其余热。

某焦化厂采用上述脱酚流程,对其预处理后的废水进行脱酚处理。该厂采用的是填料塔,汽提段的填料采用木栅,再生段的填料采用金属螺旋圈。塔径为 $4.5\ m$,塔高为 $37\ m$。

该厂废水流量为 $30\ m^3/h$,含酚为 $2\ 500\ mg/L$;废水入塔温度为 $100℃$ 左右;循环蒸汽温度为 $102\sim103℃$;处理每吨废水的循环蒸汽量为 $2\ 000\ m^3$;蒸汽耗量为 $50\sim80\ kg/t$(废水);电耗为 $4\ kW\cdot h/t$(废水)。

这种方法简单、经济,对于高浓度($1\ g/L$ 以上)含酚废水处理效果较好。汽提后的脱酚废水中仍含约 $400\ mg/L$ 的残余酚,需进一步处理。

### 5. 含硫含氨废水处理流程

石油炼厂的含硫废水(又称酸性水)中含有大量 $H_2S$(高达 $10\ g/L$)、$NH_3$(高达 $5\ g/L$),还含有酚类、氰化物、氯化铵等。一般先采用汽提过程回收处理,出水再进行后处理。

含硫废水经隔油、预热(与汽提后的出水进行热交换)到 $95℃$ 左右,从顶部进入 $H_2S$ 汽提塔。蒸汽则从底部送入,与废水逆流接触。在蒸汽上升过程中,不断带走 $H_2S$ 气体,富含硫化氢的蒸汽经冷凝后进入硫化氢产品精制工艺,一般制备成金属硫化物回收;而脱除硫化氢后的废水,用碱调节废水 pH 高于 11.5,呈碱性,则废水中的 N 主要以 $NH_3$ 分子的形态存在,进入 $NH_3$ 汽提塔除氨,出水达标后,利用余热来预热进水,然后排放或循环利用,而富含氨的蒸汽经冷凝后回收氨,一般采用硫酸吸收,制备硫酸铵。

其流程如图 15 - 40 所示。

# 15.7　充气膜分离技术

尽管传统的填料塔、填充柱等液液、气液接触器,在化学工业已运作数十年,但其存在最大的缺陷,就是两流动相必须直接接触,常常导致液泛、乳化、雾沫夹带、沟流、鼓泡等现象发生。充气膜接触器不但能够克服这些缺陷,同时还可以提供更大的界面面积,而且两相又互不分散。

在水处理新技术中会对固态膜的形式和应用有详细的讲解,所以我们在这里主要讨论一下充气膜的原理和应用。

1976 年,Watanabe 和 Miyauchi 在研究用充气膜分离碘和氨时,第一次提出了"充气膜"的概念,同时对过程的传质机理作了初步的研究。由于气相中扩散系数远远高于液相和固相,因此这个概念具有巨大的吸引力。

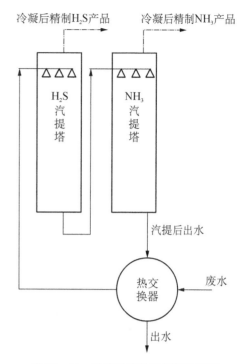

图 15 - 40　双塔脱硫脱氨流程示意图

充气膜(Gas Filled Membrane,GFM)是一种由疏水性高分子材料制成的微孔膜,它实际上是以疏水性高分子聚合物膜为支撑体,由膜孔中气体构成的一种非连续状态的膜。膜孔直径在 $0.01\sim1.0~\mu m$ 左右,因为微孔中充满着气体,故称充气膜。

充气膜分离的基本特征是,溶液中挥发性物质在膜的一侧表面汽化,以膜两侧挥发物蒸气压差为推动力,通过膜孔,扩散到膜的另一侧,然后用物理或化学的方法把挥发物从膜的另一侧解吸。由于膜材料的疏水性,液态的水和其他非挥发性物质均不能透过膜。

充气膜分离又可分为三类:

(1) 充气膜蒸馏(Gas Filled Membrane Distillation)或膜蒸馏(Membrane Distillation),是用疏水性微孔膜将两种不同温度的溶液隔离开,较高温度溶液中可挥发性物质以蒸气形式,利用饱和蒸气压差,透过疏水性充气膜孔,在饱和蒸气压较低的膜的另一侧冷凝下来。

(2) 渗透蒸馏(Osmotic Distillation),是用疏水性微孔膜将两种不同化学位的水的盐溶液隔离开,水在高化学位的溶液中蒸发,蒸汽透过疏水性充气膜孔,在低化学位的溶液中冷凝下来。

(3) 充气膜吸收(Gas Filled Membrane Absorption)或膜吸收(Membrane Absorption),是用疏水性微孔膜将含挥发性物质的溶液和化学吸收液隔离开,挥发性物质以蒸气形态通过疏水性充气膜孔,在膜的另一侧迅速与吸收液发生化学反应而被吸收。

## 15.7.1　膜吸收

膜吸收也被称为气态膜法或充气膜吸收,是使用疏水性微孔膜将两流动相分开,利用充气的膜孔来实现两相间传质的膜分离技术。它具有传质速度快、操作简便、占地少、无二次污染、能耗较低等优点。膜吸收法可用于脱除空气中的挥发性有机组分(VOCs)、环境烟气(Environmental Tobacco Smoke)和工业尾气中 $NO_X$、$CO_2$、$SO_2$、$HCl$ 等的脱除或分离,也可以用于水中挥发性物质 $H_2S$、$NH_3$、$O_2$ 等的去除。对于去除和回收水溶液中高浓度的挥发性污染物,如叠氮化物、氰化物、苯酚和氯气等,膜吸收法的优势尤为突出。

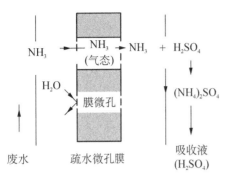

图 15-41　膜吸收传质过程示意图

以氨的传质为例,传质过程如图 15-41 所示。

(1) 铵离子($NH_4^+$)与水中碱($OH^-$)发生化学反应,生成氨分子($NH_3$)。

(2) 氨分子和水分子从料液主体,经料液边界层,向料液/膜界面扩散。

(3) 氨分子和水分子在料液/膜界面上蒸发,进入气相。

(4) 气相中的氨分子和水分子以气体分子形态,通过膜孔内空气滞留层,扩散到膜/吸收液界面上。

(5) 氨分子在膜/吸收液界面上,与硫酸发生瞬时化学反应,生成铵离子进入液相;同时,水蒸气在膜/吸收液界面上冷凝成液态的水,进入液相。

(6) 铵离子和水通过吸收液边界层,扩散到吸收液主体。

其中,步骤(3)和步骤(5)中氨与硫酸的反应可以认为是瞬时完成的;步骤(6)在化学反应速率较低的膜吸收过程中表现得十分明显;在适当的操作体系中,过程中的传质阻力主要来自步骤(2)和(4),而步骤(1)的影响有待进一步研究。

膜吸收处理含氨废水的原理如图 15-41 所示:氨在料液里以分子态的氨($NH_3$)存在,而在吸收液里以离子态的铵($NH_4^+$)存在。疏水性微孔膜把含氨料液和 $H_2SO_4$ 吸收液分隔于膜的两侧,料液中的氨在料液/膜界面上汽化进入气相,在 $NH_3$ 的蒸气压差下,通过膜孔中空气滞留层,不断扩散到膜/吸收液界面上,并迅速与吸收液中的硫酸发生反应,生成硫酸铵,这样料液中的氨氮转入吸收液中得以去除。

### 15.7.2　膜蒸馏

#### 1. 膜蒸馏概述

膜蒸馏是一种用疏水性微孔膜将两种不同温度的溶液分开,利用膜孔两侧气相中的组分的分压差作为传质驱动力,从而完成传质的一种膜分离技术。20 世纪 60 年代,M. E. Findley 首先在其专利中描述了这种分离技术,但由于没有合适的膜材料,70 年代陷入低潮。80 年代之后,随着膜材料工业的发展,膜的开孔率达到 80%,厚度仅为 50 μm,通量提高了 100 倍,膜蒸馏又开始引起人们的重视。随后科研人员在膜材料的制作、膜组件的优化、传质传热的机理及数学模型的建立等方面进行了详细深入的研究,取得了较大的进展。

与传统的膜分离或蒸发过程相比,膜蒸馏具有如下优势:①膜蒸馏在常压下操作,比其他压力驱动的膜分离过程相比对设备和膜的机械性能要求低;②操作温度远低于溶液的正常沸点,相对于常规的蒸馏过程,可以采用非金属设备,既节约能耗,又降低了设备成本,减小了腐蚀;③所采用的疏水性微孔膜一般为聚丙烯(PP)、聚四氟乙烯(PTFE)和聚偏氟乙烯(PVDF)等,具有极好的化学稳定性,耐酸碱、抗氧化,很难溶胀或溶解;④疏水性微孔膜的完好的疏水性可以很好地抵抗亲水性物质的污染,而且易于清洗;⑤能够完全截留溶液中非挥发性物质,理论上可以达到 100% 的截留率。

#### 2. 膜蒸馏传质机理

膜蒸馏是以充气膜为气液界面支撑层的蒸发过程。当两种温度不同的水溶液被疏水性微孔膜分隔开时,两侧的水溶液都不能透过膜孔,但是在由温差产生的膜孔两侧水蒸气压差的驱动下,水蒸气分压高的一侧的水蒸气通过膜孔进入分压低的一侧,然后冷凝下来,这个过程同常规蒸馏中的蒸发→传送→冷凝过程一样,因此称为膜蒸馏。

膜蒸馏过程是质量和热量同时传递的过程,通过图 15-42 对传热过程和传热传质方程更进一步地描述。

膜蒸馏的质量传递分五步完成：(1)水从热溶液主体，通过热侧边界层，扩散到热侧液/膜界面；(2)水在热侧液/膜界面处蒸发成为水蒸气；(3)水蒸气以气体分子形式从热侧膜界面，通过膜孔内空气滞留层，扩散到冷侧膜面；(4)水蒸气在冷侧膜面重新冷凝成水；(5)水从冷侧膜/液界面，通过冷侧边界层，扩散到冷溶液主体。上述传质过程中，步骤(2)(4)及(5)很快，可近似认为气、液处于平衡状态。步骤(3)是整个传质过程的控制步骤。

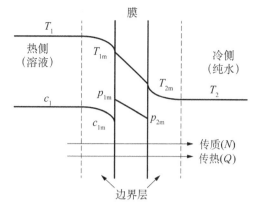

图 15-42　膜蒸馏的传热与传质过程

(注：图中 $c$ 代表溶液中水的浓度，$p$ 为蒸汽压)

膜蒸馏过程在温和的操作条件下，不受渗透压的影响，完成溶质和溶剂的回收或回用，可以实现零排放，全密封操作，不仅可以用于化工工艺中物质的浓缩或结晶，而且是一种环境友好的水处理工艺。对于处理含有毒、有害的重金属或放射性物质的废水尤其有意义，具有很好的应用前景。膜蒸馏能够利用低位热能处理极高浓度的废水，且拥有巨大的比表面积，具有其他膜分离工艺和传统结晶过程无可比拟的优势。

膜蒸馏相对于其他膜过程的主要优势之一是受溶液浓度的影响很小。它可以处理极高浓度的水溶液。如果溶质是容易结晶的物质，可以把溶液浓缩到过饱和状态而析出结晶，是目前能从溶液中分离出结晶产物的膜过程之一。

# 15.8　反　渗　透

## 15.8.1　反渗透原理

反渗透(Reverse Osmosis)是一种以压力作为推动力，通过半透膜，将溶液中的溶质和溶剂分离的技术。

用一张半透膜将纯水和某溶液分开，如图 15-43(a)所示。该膜只让水分子通过，而不让溶质通过，则水分子将从纯水一侧通过膜向溶液一侧透过，结果使溶液一侧的液面上升，直至达到某一高度，此即所谓的渗透过程。

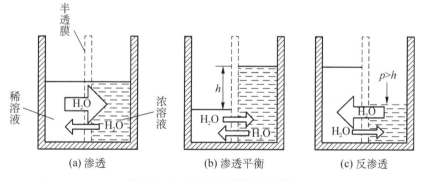

图 15-43　渗透和反渗透示意图

渗透现象是一种自发过程。根据热力学原理：

$$\mu = \mu^0 + RT \ln x \tag{15-70}$$

式中，$\mu$ 为在指定的温度、压力下溶液的化学位；$\mu^0$ 为在指定的温度、压力下纯水的化学位；$x$

为溶液中水的摩尔分数;$R$ 为气体常数,8.134 J/(mol·K);$T$ 为热力学温度,K。

由于 $x < 1$,$\ln x < 0$,故 $\mu^0 > \mu$,即纯水中水的化学位高于溶液中水的化学位,所以水分子通过半透膜从纯水一侧向溶液一侧渗透。水的化学位的高低,决定了水分子的传递方向。

当渗透压达到动态平衡时,半透膜两侧存在着一定的水位差,如图 15-43(b) 所示,此即为在该指定温度和大气压下溶液的渗透压 $\pi$,并可由下式进行计算:

$$\pi = \Phi RT \sum c_i \tag{15-71}$$

式中,$\pi$ 为溶液渗透压,Pa;$c_i$ 为溶液中溶质 $i$ 的摩尔浓度,mol/m³;$\Phi$ 为范特霍夫常数(渗透系数),它表示溶质的缔合程度,对于非缔合式的电解质溶液,$\Phi$ 等于离解的阴、阳离子的总数,对于非电解质溶液,$\Phi$ 等于1。

由式(15-71)可知,溶液的渗透压由溶液中溶质的分子数目而定,与溶液的浓度和绝对温度成正比,而与溶液的化学性质无关。

如图 15-43(c) 所示,当溶液一侧施加的压力 $p$ 大于该溶液的渗透压 $\pi$ 时,可迫使水分子的渗透反方向进行,实现反渗透。此时,在高于渗透压的压力作用下,溶液中的水分子的化学位升高,并超过纯水中水分子的化学位,水分子从溶液一侧通过半透膜,向纯水一侧渗透。

### 15.8.2　操作特点

实现反渗透过程必须具备两个条件:一是必须有一种高选择性和高透水性的半透膜;二是操作压力必须高于溶液的渗透压。

在反渗透过程中,膜的高压侧为溶液。由于水不断透过膜,引起膜表面附近的水分子迅速减少,而溶液主体中的水分子来不及向膜表面补充,使得膜表面附近溶液浓度升高,这样,在膜表面到溶液主体之间就产生了一个浓度梯度,这一现象即为反渗透的浓差极化。由于浓差极化,膜表面溶液的渗透压增大,则反渗透过程的有效推动力减小,透过水量下降,且膜的衰退加快,寿命缩短。当膜表面溶液浓度达到某一数值后,不仅引起严重的浓差极化,还可能在膜表面析出一种或几种盐分,形成垢层,以致影响正常操作。

### 15.8.3　反渗透膜

反渗透的透过机理目前尚未见一致公认的解释,目前较为盛行的有氢键理论、溶解-扩散理论和优先吸附-毛细管流理论。其中优先吸附-毛细管流理论常被引用。其理论模型如图 15-44 所示。该理论以吉布斯吸附式为依据,认为膜表面由于亲水性原因,能选择吸附水分子而排斥盐分,因而在固-液界面上形成厚度为两个水分子(1 nm)的纯水层。在施加压力作用下,纯水层中的水分子便不断通过毛细管流过反渗透膜。膜表皮层具有大小不同的极细孔隙,当其中的孔隙为纯水层厚度的一倍(2 nm)时,称为膜的临界孔径,可达到理想的脱盐效果。当孔隙大于临界孔径,透水性增大,但盐分容易从孔隙中透过,导致脱盐率下降。反之,若孔隙小于临界孔径,脱盐率增大,但透水性下降,膜的水通量减小。

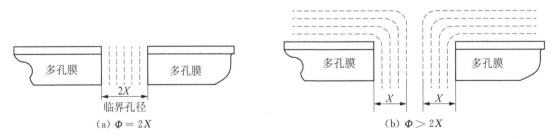

（a）$\Phi = 2X$　　　　　　　　　（b）$\Phi > 2X$

图 15-44　优先吸附-毛细管流理论模型示意图

由此理论推出,反渗透膜必须具有亲水性,膜中必须有尽可能多的大小适当的孔隙,这为反渗透膜的制备提供了理论基础。

反渗透膜是一类具有不带电荷的亲水性基团的膜。按照膜的形状可分为平板膜、管状膜、中空纤维膜;按照膜的结构可分为多孔性和致密性膜,或对称性(均匀性)和不对称性(各向异性)结构膜;按照应用对象可分为海水淡化用的海水膜、咸水淡化用的咸水膜、用于废水处理和化工分离提纯的膜等。

进行反渗透分离过程的主要关键之一是要求反渗透膜具有较高的透水率和脱盐率。一般说来,反渗透膜应具备以下各种性能:选择性好,单位膜面积上透水量大,脱盐率高;机械强度好,能抗压、抗拉、耐磨;热和化学稳定性好,能耐酸、碱腐蚀和微生物降解,耐水解、辐射和氧化;结构均匀一致,尽可能薄,使用寿命长,制膜原料充沛,价格便宜,制膜方法简单。

目前常用的反渗透膜主要有醋酸纤维素膜(CA)和芳香族聚酰胺膜两大类。

CA 膜是没有强烈氢键的无定形链状高分子化合物,将其溶解在丙酮中,并加入甲酰胺($HCONH_2$)或高氯酸镁$[Mg(ClO_4)_2]$,经混合调制、过滤、铸造成型,然后经过蒸发、冷水浸渍、热处理,即可得到醋酸纤维素膜。CA 膜具有不对称结构。其表皮层结构致密,孔径为 $0.8\sim1.0$ nm,厚度约为 $0.25~\mu m$,在反渗透过程中起到关键作用,必须与溶液侧接触,切不可倒置。表皮层下面为结构疏松、孔径为 $100\sim400$ nm 的多孔支撑层。在其间还夹有一层孔径约 20 nm 的过渡层。CA 膜总厚度约 $100\sim250~\mu m$。

CA 膜是被水充分溶胀了的凝胶体。由于铸膜液中的所有添加剂及溶剂在制膜过程中先后被去除,膜中仅含水分而已,因此在相对湿度为 100% 时,膜的含水率占高达 60% 左右。其中表皮层中只含 $10\%\sim20\%$,且主要是以氢键形式结合的所谓一级结合水和少量的二级结合水。多孔层中除上述两种结合水外,较大的孔隙中还充满着毛细管水,富含水分。正由于膜中存在着这几种不同性质的水,决定了 CA 膜具有良好的脱盐性能和适宜的透水性能,同时也说明了膜必须保存在水中的原因。

影响 CA 膜工作性能的因素有温度、pH、工作压力、进液流速和工作时间等。如进水温度增高会使透水率增加,在 $15\sim30℃$ 时,水温每升高 1℃,透水量约增加 3.5%。但是,温度越高,CA 膜的水解速度就越快。CA 膜的水解速度还与 pH 有关,在 pH 为 $3.5\sim4.5$ 时水解速度最慢,所以,供水温度一般为 $20\sim30℃$,pH 为 $3\sim7$,且以酸性条件下工作为宜。

同时,CA 膜可以作为微生物的营养基质,因而某些微生物能在膜体上生长,破坏膜的致密层,使膜性能变差。因此,必须对原液或废水进行灭菌预处理。在膜的储存中,也应采取措施防止微生物污染,以延长膜的使用寿命。

芳香族聚酰胺膜的主要材料为芳香聚酰胺,以二甲基乙酰胺为溶剂,硝酸锂或氯化锂为添加剂制成,是一种非对称膜。这类膜具有良好的透水性能和较高的脱盐率,工作压力低,机械强度好,化学稳定性好,耐压实,pH 的适用范围广,可达 $2\sim11$,寿命较长。但对水中的游离氯很敏感。

聚苯并咪唑膜(PBI)的特点是在高温时透水性能好。在 $21\sim90℃$ 内,膜的透水量随温度的上升而提高;而当温度升高到 90℃ 以上时,膜的透水量将降到零。

### 15.8.4　反渗透膜性能指标

RO 膜性能指标通常分为三个:脱盐率、产水量、回收率。

#### 1. RO 膜的脱盐率和透盐率

RO 膜元件的脱盐率在其制造成型时就已确定,脱盐率的高低取决于 RO 膜元件表面超薄脱盐层的致密度,脱盐层越致密脱盐率越高,同时产水量越低。反渗透膜对不同物质的脱盐率主要由物质的结构和分子量决定,对高价离子及复杂单价离子的脱盐率可以超过 99%,对单价离子如:钠离子、钾离子、氯离子的脱盐率稍低,但也可超过 98%(反渗透膜使用时间越长,化学清洗次数越多,反渗透膜脱盐率越低),对相对分子质量大于100的有机物脱除率也可过到98%,但对相对分子质量小于100的有机物脱除率较低。

反渗透膜的脱盐率和透盐率计算方法:

$$RO 膜的盐透过率 = (RO 膜产水浓度 / 进水浓度) \times 100\% \qquad (15-72)$$

$$RO 膜的脱盐率 = (1 - RO 膜的产水含盐量 / 进水含盐量) \times 100\% \qquad (15-73)$$

$$RO 膜的透盐率 = 100\% - 脱盐率 \qquad (15-74)$$

**2. RO 膜的产水量和渗透流率**

RO 膜的产水量指反渗透系统的产水能力,即单位时间内透过 RO 膜的水量,通常用吨/时或加仑/天来表示。

RO 膜的渗透流率也是表示反渗透膜元件产水量的重要指标。指单位膜面积上透过液的流率,通常用加仑/(平方英尺·天)(GFD)表示。过高的渗透流率将导致垂直于 RO 膜表面的水流速加快,加剧膜污染。

**3. RO 膜的回收率**

RO 膜的回收率指反渗透膜系统中给水转化成为产水或透过液的百分比,是由反渗透系统中预处理的进水水质及用水要求决定的。RO 膜系统的回收率在设计时就已经确定。

$$RO 膜的回收率 = (RO 膜的产水流量 / 进水流量) \times 100\% \qquad (15-75)$$

反渗透(纳滤)膜组件的回收率、盐透过率、脱盐率计算公式如下:

$$反渗透膜组件的回收率 = RO 膜组件产水量 / 进水量 \times 100\% \qquad (15-76)$$

$$反渗透膜组件的盐分透过率 = RO 膜组件产水浓度 / 进水浓度 \times 100\% \qquad (15-77)$$

### 15.8.5 反渗透工艺流程

反渗透流程包括预处理和膜分离两部分。预处理过程有物理过程(如沉淀、过滤、吸附、热处理等)、化学过程(如氧化、还原、pH 调节等)和光化学过程。究竟选用哪一种过程进行预处理,不仅取决于原水的物理、化学和生物特性,而且还要根据膜和装置结构来作出判断。即使经过上述预处理后,在进行反渗透前,仍然要对废水中 SS 和钙、镁、锶等阳离子进一步预处理,以保护反渗透膜,其工艺如图 15-45 所示。

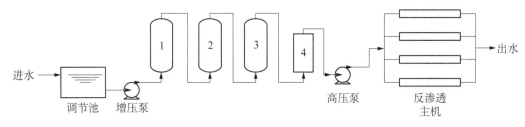

图 15-45 预处理-反渗透工艺示意图

1—石英砂过滤器;2—活性炭吸附柱;3—阳离子交换柱;4—精密过滤器/微滤机

反渗透是一种分离、浓缩和提纯过程,常见流程有一级、一级多段、多级、循环等几种形式,如图 15-46 所示。

一级处理流程即一次通过反渗透装置。该流程最为简单,能耗最少,但分离效率不很高。当一级处理达不到净化要求时,可采用一级多段或二级处理流程。在多段流程中,将第一段的浓缩液作为第二段的进水,将第二段的浓缩液又作为第三段的进水,依次类推。随着段数增加,浓缩液体积减小,浓度提高,水的回收率上升。在多级流程中,将第一级的净化水作为第二

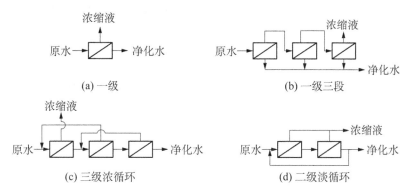

图 15 - 46　反渗透工艺流程

级的进水,依次类推。各级浓缩液可以单独排出,也可以循环至前面各级作为进水,随着级数增加,净化水水质提高。由于经过一级流程处理,水压力损失较多,所以实际应用中,在级或段间常设增压泵。

反渗透的费用由三部分组成:基建投资的折旧费,膜的更新费,动力、人工、预处理等运行费。这三项费用大致各占总成本的三分之一。一般认为,延长膜的使用时间和提高膜的透水量是降低处理成本最有希望的两个途径。

### 15.8.6　反渗透在废水处理中的应用

**1. 电镀废水的处理及回收重金属**

采用 RO 过程处理电镀废水可以实现闭路循环;逆流漂洗槽的浓液用高压泵打入反渗透器,浓缩液返回电镀槽重新使用,处理水则补充入最后的漂洗槽。对不加温的电镀槽,为实现水量平衡,反渗透浓缩液还需要蒸发后才能返回电镀槽。

**2. 胶片废水的处理**

电影制片厂和照相洗印厂排出的胶片处理废水中,可以回收多种有用物质。底片冲洗水中含有硫代硫酸钠约 5 g/L,采用 CA 膜经反渗透处理后,淡水中其含量仅为 24 mg/L,浓缩液中达到 33.2 g/L。操作压力为 2.8 MPa,水回收率为 90%,总盐去除率为 94%。

**3. 纸浆及造纸废水处理**

采用 RO 工艺处理纸浆及造纸废水,$BOD_5$ 去除率为 70%～80%,色度去除率为 96%～98%,钙去除率为 96%～97%,水的回用率为 80%。

# 15.9　电　渗　析

将电化学和膜过程结合起来的除盐工艺有电渗析和电除盐。其中电除盐主要用于工业给水中,而电渗析则用于工业废水处理中。

电除盐系统又被称为 EDI(Electro-de-ionization)系统,是利用混合离子交换树脂吸附给水中的阴阳离子,同时这些被吸附的离子又在直流电压的作用下,分别透过阴阳离子交换膜而被去除的过程。这一过程中离子交换树脂是被电连续再生的,因此不需要用酸和碱再生。这一新技术可以代替传统的离子交换装置,生产出电阻率高达 18 MΩ·cm 的超纯水。由于其主要用于工业给水,在此不作详细介绍。本节主要讨论一下工业废水处理中用于回收酸、碱、重金属和水的电渗析工艺。

### 15.9.1　电渗析原理与过程

电渗析过程是电化学过程和渗析扩散过程的结合。电渗析(Electrodialysis,ED)是指在外加直流电场的驱动下,利用离子交换膜的选择透过性(即阳离子可以透过阳离子交换膜,阴离子可以透过阴离子交换膜),阴、阳离子分别向阳极和阴极移动的一种膜分离过程。在离子迁移过程中,若膜的固定电荷与离子的电荷相反,则离子可以通过;如果它们的电荷相同,则离子被排斥。结果使一些小室的离子浓度降低而成为淡水室,与淡水室相邻的小室则因富集了大量离子而成为浓水室。由淡水室和浓水室分别得到淡水和浓水,原水中的离子得到了分离和浓缩,水得到了净化,从而实现溶液淡化、浓缩、精制或纯化等目的,如图 15 - 47 所示。

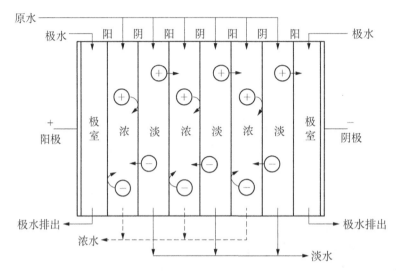

图 15 - 47　电渗析分离原理

在电渗析过程中,除了上述例子的定向迁移和电极反应两个主要过程以外,同时还发生一系列次要过程,如反离子的迁移、电解质浓差扩散、水的渗透、水的电渗透、水的压渗、水的电离等不利过程。例如,反离子迁移和电解质浓差扩散将降低除盐效果;水的渗透、电渗和压渗会降低淡水产量和浓缩效果;水的电离会增加耗电量、浓水室结垢等。因此,在电渗析器的设计和操作中,必须设法消除或改善这些次要过程的不利影响。

### 15.9.2　电渗析的操作控制

电渗析操作控制中,最重要的是控制电耗和工作电流密度。

#### 1. 能耗分析(电流效率)

电渗析过程中,主要消耗电能。因此,耗电量的多少,不但直接影响到处理成本,也在一定程度上反映了操作技术水平。

单位体积成品水的能耗按下式计算:

$$W = \frac{VI \times 10^{-3}}{Q_d} \tag{15 - 78}$$

式中,$W$ 为电能消耗量,$kW \cdot h/m^3$;$V$ 为工作电压,$V$;$I$ 为工作电流,$A$;$Q_d$ 为淡水产量,$m^3/h$。

由此可知,电渗析需要的电压越高,电耗就越大。降低电渗析能耗,提高电能效率,就必须从电压和电流两方面考虑。

电渗析的工作电压 $V$ 可分解为几个部分:

$$V = E_d + E_m + IR_j + IR_m + IR_s \tag{15 - 79}$$

式中,$E_d$ 为电极反应所需的电势,$V$;$E_m$ 为克服膜电位所需的电压,$V$;$R_j$ 为接触电阻,$\Omega$;$R_m$ 为膜电阻,$\Omega$;$R_s$ 为溶液电阻,$\Omega$,它包括浓水、淡水和极水电阻。

在式(15-79)几部分电压消耗中,电极反应消耗电压有限而且是不可避免的;膜电位消耗电压数量也不大,而且不宜降低。只有克服电阻消耗电压最大,约占总压降的 $60\% \sim 70\%$,而且大部分消耗在淡水的滞流层。因此,设法降低滞流层电阻,对降低电能消耗将起很大作用。

电渗析的电流效率一般随水净化程度的提高而降低。净水程度越高,淡水和浓水的浓差越大,浓差扩散增大,离子返回淡水层的速率增加,被浪费的电能增多,则电流效率降低。

生产上经常用电能效率作为耗电量的指标。电能效率是理论电能消耗量与实际电能消耗量的比值。目前,电渗析用于水处理的电能效率一般在 $10\%$ 以下。

**2. 电流密度控制**

电流密度即每单位面积膜通过的电流。

(1) 浓差极化　在电渗析操作中,如果采用的电流密度过大,会产生浓差极化现象,如图 15-48 所示。

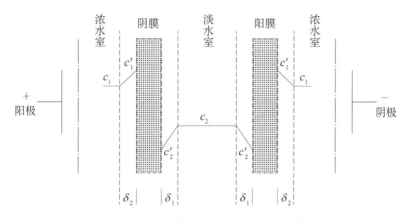

图 15-48　电渗析过程的浓差极化现象

电渗析中,电流的传导是靠阴、阳离子的定向迁移来完成的。由于离子在膜中的迁移数大于在溶液中的迁移数,使得在膜的淡水侧,溶液主体的离子浓度 $c_2$ 大于相界面处的离子浓度 $c_2'$,而在膜的浓水侧,相界面处的离子浓度 $c_1'$ 大于溶液主体离子浓度 $c_1$。这样,在膜两侧都产生了浓度差值。显然,通入的电流强度越大,离子迁移的速度越快,浓度差值也越大。如果电流提高到相当大的程度,就会出现 $c_2'$ 趋于零的情况。此时,在淡水侧的边界层中,就会发生水分子的电离,产生 $H^+$ 和 $OH^-$,参与传导电流,以弥补离子不足。这种情况称为浓差极化现象,此时的电流密度称为极限电流密度。

浓差极化现象发生后,在阴膜浓水一侧,由于 $OH^-$ 富集,浓水的 pH 增高,与浓水中的金属离子生成沉淀,造成膜面附近结垢;同样,在阳膜的浓水一侧,由于膜表面处的离子浓度 $c_1'$ 比 $c_1$ 大得多,所以也容易造成膜面附近结垢。结垢将导致膜电阻增大,电流效率降低,膜的有效面积减小,寿命缩短,从而影响电渗析过程的正常进行。

防止浓差极化最有效的方法是控制电渗析器在极限电流密度以下运行。另外,定期更换电极和酸洗,可将膜上积聚垢层溶解下来。

(2) 极限电流密度

使膜界面层中产生极化现象时的电流密度称为极限电流密度。

依物料衡算,在临界极化状态下,离子在膜中的迁移量等于离子在溶液中的电迁移量与浓差扩散迁移量之和,即

$$\bar{t}\frac{i_{\lim}}{F} = t\frac{i_{\lim}}{F} + D\frac{c}{\delta} \qquad (15-80)$$

由此可得：

$$i_{lim} = \frac{FDc}{(\bar{t}-t) \cdot \delta} \quad\quad (15-81)$$

式中，$i_{lim}$ 为极限电流密度，$A/cm^2$；$c$ 为淡水室溶液主体对数平均浓度，$mmol/L$；$D$ 为离子扩散系数，$cm^2/s$；$F$ 为法拉第常数，$F = 96\ 485\ C/mol$；$\bar{t}$ 为离子在交换膜的迁移数；$t$ 为离子在溶液中的迁移数；$\delta$ 为扩散边界层厚度，$cm$。

对于扩散边界层厚度 $\delta$，威尔逊提出如下公式：

$$\delta = \frac{K'}{vd} \quad\quad (15-82)$$

式中，$v$ 为淡水室中水流线速度，$cm/s$；$K'$ 为试验常数；$d$ 为淡水室隔板厚度，$cm$。

将式(15-82)代入式(15-81)中，并令

$$K = \frac{FDd}{(\bar{t}-t)K'} \quad\quad (15-83)$$

得

$$i_{lim} = Kvc \quad\quad (15-84)$$

式(15-84)常被称为威尔逊公式。更一般的威尔逊公式为：

$$i_{lim} = Kv^m c \quad\quad (15-85)$$

威尔逊公式表示了极限电流密度与流速、浓度之间的关系。由此可见，①当水质条件不变时，即 $c$ 值不变时，如果淡水室流速改变，极限电流密度应随之作正向变化；②当处理水量不变时，即 $v$ 不变时，如果净化水质变化，工作电流密度也应随之调整。对一台多级串联电渗析器，当处理水量一定时，各级净水的浓度依次降低，各级的极限电流密度也是依次降低的；③当其他条件不变时，不能提高工作电流密度或降低水流速度来提高水质，否则，必然使工作电流密度超过极限电流密度，电渗析出现极化。

极限电流密度是电渗析器工作电流密度的上限。在实际操作中，工作电流密度还有一个下限。因为实际使用的膜，不能完全防止浓水中的离子向淡水中反电渗析方向扩散，离子的这种扩散量，随浓水及淡水浓差极化的增大而增加。因此，电渗析所消耗的电能，实际有一部分是消耗于补偿这种扩散造成的损失。假如实际工作电流密度小到仅能补偿这种损失，电渗析过程就停止了。这个电流密度就是最小电流密度，其值随浓、淡水的浓差增大而增大。电渗析的工作电流密度只能在极限电流密度和最小电流密度之间选择，取电流效率最高的电流密度作为工作电流密度。一般为极限电流密度的 $70\% \sim 90\%$。

**3. 流速与压力确定**

电渗析器都有自身的额定流量。流量过大，进水压力过高，设备容易产生漏水和变形；流量过小，达不到正常流速，水流不均匀，容易极化结垢。两种情况都会影响电渗析器的正常运行。目前，一般水流流速控制在 $5 \sim 25\ cm/s$，进水压力一般不超过 $0.3\ MPa$。

此外，原水进入电渗析器之前，需要进行必要的预处理。一般进行过滤，去除水中的悬浮物，以保证电渗析水处理过程能稳定运行。

### 15.9.3　电渗析设计计算

电渗析系统的计算包括由已知原水和出水中污染物的含量、处理水量来确定电渗析器的组装形式、膜对数、水头损失、电流、电压等。

**1. 设计计算步骤**

(1) 确定(或计算出)电渗析在临界极化状态下所需的极限流程长度 $L_{min}$。以此为依据,确定电渗析器的工作状况。

(2) 选择隔板形式,确定隔板构造数值。

(3) 计算水流速度、电流密度、污染物含量等。可根据对水头损失 $\Delta p$ 的要求,计算出允许的最大流速,再计算出电流密度,也可先求出最佳电流密度,然后再计算出水流速度。

(4) 各段(或各级)污染物含量均按临界极化状况的去除规律来分配。

(5) 计算水头损失 $\Delta p$ 数值,以校核所选取的水流速度是否可行。

(6) 根据电流密度计算电流,根据水的电阻率计算电压,以选择直流电源。

**2. 计算公式**

(1) 电流密度　通过一张隔板的电流,就是隔板上平均电流密度与隔板有效面积的乘积。将通过一张隔板的电流除以法拉第常数 $F$,就得到水流经过一张隔板时每秒的理论脱盐量。

设隔板厚度为 $d(\text{cm})$,流水道宽度为 $B(\text{cm})$,流水道长度为 $L(\text{cm})$,膜的有效面积则为 $BL(\text{cm}^2)$,得平均电流密度:

$$i = \frac{1\,000I}{BL} \qquad (15-86)$$

式中,$i$ 为平均电流密度,$\text{mA/cm}^2$;$I$ 为电流,$\text{A}$。

一个淡水室的流量可表示为:

$$q = dBv \qquad (15-87)$$

式中,$q$ 为淡水室流量,$\text{cm}^3/\text{s}$;$v$ 为隔板流水道中水流线速度,$\text{cm/s}$。

在电渗析时,一个淡水室实际去除的盐量与按法拉第定律计算的理论脱盐量之比,称为电流效率或电流利用率 $\eta$,即

$$\eta = \frac{q(c_i-c_o)F}{I} = \frac{q(c_i-c_o)F}{Ai} = \frac{vBd(c_i-c_o)F}{LBi} = \frac{vd(c_i-c_o)F}{Li} \qquad (15-88)$$

式中,$c_i$ 为进水含盐量,$\text{mmol/L}$;$c_o$ 为出水含盐量,$\text{mmol/L}$;$A$ 为膜面积,$\text{cm}^2$。

(2) 膜面积及流程长度的计算　由式(15-88)可得,计算所需膜面积及流程长度的公式为:

$$A = \frac{q(c_i-c_o)F}{i\eta} \qquad (15-89)$$

$$L = \frac{Fvd(c_i-c_o)}{i\eta} \qquad (15-90)$$

在极限电流密度下运行时,根据威尔逊公式,有

$$L_{min} = \frac{Fvd(c_i-c_o)}{\eta Kv^m \dfrac{c_i-c_o}{2.3\lg\dfrac{c_i}{c_o}}} = 2.3\frac{Fv^{(1-m)}d}{K\eta}\lg\frac{c_i}{c_o} \qquad (15-91)$$

(3) 段数和每段膜对数　求出流程总长度 $L_总$ 后,根据每张隔板实际流程长度 $L$,即可求出所需串联的段数 $N$,即

$$N = L_总/L \qquad (15-92)$$

每段膜对数 $n$ 可按下式求出：

$$n = 278 \frac{Q}{vBd} \qquad (15-93)$$

式中，278 为单位换算系数；$Q$ 为电渗析器总淡水产量，$m^3/h$。

(4) 水头损失为沿程长度上的综合水头损失（沿程损失与局部损失），可按下式估算：

$$\Delta p = aLv^e \times 10^{-5} (\text{kg/cm}^2) \qquad (15-94)$$

式中，经验系数 $a$、$e$ 与隔板构造有关。

(5) 进口与出口含盐量　在多段串联等水流速组装方式下，前一级出口浓度即为后一级的进口浓度。设第一级进出口浓度分别为 $c_i$、$c_1$，则第二级进出口浓度分别为 $c_1$、$c_2$，依此类推，第 $N$ 级进出口浓度分别为 $c_{N-1}$、$c_N$。

在临界极化状态下，各级入口和出口的淡水浓度，近似地存在如下关系：

$$\frac{c_i}{c_1} = \frac{c_1}{c_2} = \frac{c_2}{c_3} = \cdots = \frac{c_{N-1}}{c_N} = \left(\frac{c_i}{c_N}\right)^{\frac{1}{N}} \qquad (15-95)$$

令

$$\alpha = \left(\frac{c_i}{c_N}\right)^{\frac{1}{N}} \qquad (15-96)$$

当已知原水含盐浓度 $c_i$ 和要求的淡水浓度 $c_N$，在级数 $N$ 确定后，每级（或每段）出口浓度可按下式求出：

$$c_N = \alpha c_{N-1} = \alpha^N c_i \qquad (15-97)$$

(6) 电流、电压及电耗　电渗析工作电流为有效膜面积与平均电流密度的乘积，即

$$I = iA \qquad (15-98)$$

电渗析除盐费用包括设备投资及运行费用两部分。最经济的工艺应当是两部分费用之和最小。为使总费用最低而采用的电流密度称为最佳电流密度或经济电流密度，其计算公式为：

$$i_{佳} = \left(\frac{22.9 P_m f}{y \beta \rho_m P_e}\right)^{\frac{1}{2}} \qquad (15-99)$$

式中，$i_{佳}$ 为最佳电流密度，$\text{mA/cm}^2$；$P_m$ 为电渗析膜平均价格，元$/m^2$；$f$ 为整流器效率，约为 $95\% \sim 98\%$；$y$ 为膜使用年限，$a$；$\beta$ 为膜面积有效利用率，$\%$；$P_e$ 为电价，元$/(\text{kW} \cdot \text{h})$；$\rho_m$ 为膜对面电阻，$\Omega \cdot \text{cm}^2$。

$$\rho_m = k_m k_s d(\rho_d + \rho_n) \qquad (15-100)$$

式中，$k_m$ 为膜电阻系数；$k_s$ 为水层电阻系数；$\rho_n$、$\rho_d$ 分别为浓、淡水平均电阻，$\Omega \cdot \text{cm}$。

两个电极间的电压可按下式计算：

$$U = U_a + \sum U_b \qquad (15-101)$$

式中，$U_a$ 为极区电压，通常为 $15 \sim 20$ V；$U_b$ 为段电压，即一段内隔板水层电压与膜电压之和。

$$U_b = k_m k_s d(\rho_d + \rho_n) in \times 10^{-3} \qquad (15-102)$$

当几级并联供电时，总电压应选取最大的计算极间电压值。

单位体积成品水的直流电消耗量($kW \cdot h/m^3$)为：

$$W_本 = \frac{UI}{Q} \times 10^{-3} \qquad (15-103)$$

考虑到整流器的效率 $m$（约等于 $0.95 \sim 0.98$），可知其实际耗电量为：

$$W_本 = \frac{UI}{Qm} \times 10^{-3} \qquad (15-104)$$

动力耗电主要是电渗析系统供水泵所耗的电量，其计算公式为：

$$W_动 = \frac{W_泵}{Q} \qquad (15-105)$$

总耗电量为：

$$W_总 = W_本 + W_动 \qquad (15-106)$$

**【例 15-3】**　某原水含盐量为 $5.0\ mmol/L$，淡水产量为 $8\ m^3/h$，要求经过电渗析处理后淡水含盐量为 $0.95\ mmol/L$。试确定电渗析组装方式，并求出隔板平面尺寸、流程长度、膜对数、工作电压、操作电流及耗电量。

**【解】**　① 计算总流程长度 $L$　在临界极化状态下，$L$ 按式（15-91）计算。取隔板厚度 $2\ mm$，$K=0.03$，电流效率 $0.8$，$m=1$，得

$$L = \frac{2.3 F v^{(1-m)} d}{K \eta} \lg \frac{c_i}{c_o} = \frac{2.3 \times 96.5 \times 0.2}{0.03 \times 0.8} \times \lg \frac{5.0}{0.95} = 1\,334\,(cm)$$

② 选择组装方式　因淡水产量较大，而需流程长度较短，故选用全部膜并联组装方式。

③ 计算膜对数　水在隔板流水道中的流速 $v$ 取 $10\ cm/s$，流水道宽度取 $B=6.7\ cm$，由式（15-93）计算膜对数

$$n = 278 \frac{Q}{vBd} = \frac{278 \times 8}{6.7 \times 0.2 \times 10} = 166\,（对）$$

用塑料隔板 166 对，阴膜 166 张，阳膜 167 张。

④ 计算隔板尺寸　隔板或膜的有效面积利用系数按 $0.7$ 计，隔板或膜面积 $A'$ 为

$$A' = \frac{BL}{0.7} = \frac{6.7 \times 1\,334}{0.7} = 12\,768\,(cm^2)$$

采用 $800\ mm \times 1\,600\ mm$ 的隔板，其面积为 $12\,800\ cm^2$，有效面积为 $12\,800 \times 0.7 = 8\,960\,(cm^2)$

⑤ 计算极限电流密度　按式（15-85）计算，得

$$i_{lim} = Kv^m c = 0.03 \times 10 \times \frac{5.0 - 0.95}{2.3 \times \lg \frac{5.0}{0.95}} = 0.732\,(mA/cm^2)$$

⑥ 确定工作电压　由于膜对数较多，选择二级一组组装方式，中间设共电极，每膜对电压为 $3.5\ V$，则膜对电压约为 $166/2 \times 3.5 = 290.5\,(V)$，采用铅电极，每对电极极区电压取 $15\ V$，则工作电压约为

$$U = 290.5 + 15 = 305.5\,(V)$$

⑦ 计算操作电流　由于有共电极，操作电流应为二级电流之和，则

$$I = 2A'i \times 10^{-3} = 2 \times 8\,960 \times 0.732 \times 10^{-3} = 13.12(\text{A})$$

根据电流、电压选择整流器。

⑧ 计算耗电量　整流器的效率取 0.97,则电渗析器实际耗电量为

$$W_{\text{本}} = \frac{UI}{Qm} \times 10^{-3} = \frac{305.5 \times 13.12}{8 \times 0.97} \times 10^{-3} = 0.52(\text{W} \cdot \text{h/m}^3)$$

### 15.9.4　电渗析膜

电渗析分离过程的关键之一就是选择离子交换膜。离子交换膜是一种具有离子交换基团的高分子薄膜。

**1. 离子交换膜的分类**

离子交换膜品种繁多,通常按其结构、活性基团和成膜材料来分类。

(1) 按膜体结构分类

① 异相膜　由粉末状的离子交换树脂和黏合剂混合制成。树脂分散在黏合剂中,因而其化学结构不均匀。由于黏合剂是绝缘材料,它的膜电阻要大一些,选择透过性也差一些。这类膜的优点在于制造容易,机械强度较高,价格较便宜;缺点是选择性较差,膜电阻较大,在使用中也容易受污染。

② 均相膜　由具有离子交换基团的高分子材料直接制成的膜,或者在高分子膜基上直接接上活性基团而制成的膜。这类膜中活性基团与膜材料发生化学结合,组成完全均匀、孔隙小、膜电阻小、不易渗漏,具有优良的电化学性能和物理性能,是近年来离子交换膜的主要发展方向。

③ 半均相膜　这类膜的成膜材料与活性基团混合得十分均匀,但两者不形成化学结合。其性能介于均相膜和异相膜之间。

(2) 按膜中所含活性基团分类

① 阳离子交换膜(简称阳膜)　与阳离子交换树脂一样,带有酸性活性基团,能选择性透过阳离子而阻止阴离子透过。按交换基团离解度的强弱,分为强酸性阳膜(如磺酸型离子交换膜)、中酸性阳膜(如磷酸基型离子交换膜)和弱酸性阳膜(如羧酸型和酚型离子交换膜)。

② 阴离子交换膜(简称阴膜)　膜体中含有带正电荷的碱性活性基团,选择性透过阴离子而阻止阳离子透过。按其交换基团离解度的强弱,分为强碱性阴膜(如季铵型离子交换膜)和弱碱性阴膜(如伯胺型、仲胺型、叔胺型等离子交换膜)。

③ 特殊离子交换膜　这类膜包括两极膜、两性膜、表面涂层膜等具有特种性能的离子交换膜。

两极膜是由阳膜和阴膜粘贴在一起复合而成的。电渗析时,阴膜面对阴极,阳膜面对阳极,相对离子不能通过,而发生水分子的电离,由 $H^+$、$OH^-$ 输送电荷。利用这一特性,可以进行盐的水解反应。

两性膜是膜中间同时存在阴、阳离子活性基团,而且均匀分布,这种膜对某些离子具有很高的选择性,可以用作分离膜。

表面涂层膜是在阳膜或阴膜表面上再涂一层阳离子或阴离子交换膜。如在苯乙烯磺酸型阳离子交换膜的表面上再涂一层酚醛磺酸树脂膜,得到的膜对一价阳离子有较好的选择性,而阻止二价阳离子透过。

**2. 离子交换膜的性能**

离子交换膜是电渗析器的关键部件,其性能是否符合使用要求至关重要。各种电渗析膜必须符合以下性能要求。

(1) 具有较高的选择透过性。一般阴、阳膜的选择透过率应在 90% 以上才能使电渗析除

盐时具有较高的电流效率。

（2）具有一定的交换容量。膜的交换容量是一定量的膜中所含活性基团数,通常以单位干重膜所含的可交换离子的摩尔数来表示。膜的选择透过性和电阻都受交换容量的影响。一般阴膜的交换容量不低于 1.8 mol/(kg 干膜),阳膜的交换容量不低于 2.0 mol/(kg 干膜)。

（3）导电性能好。完全干燥的膜几乎是不导电的,含水的膜才能导电。这说明膜是依靠（或主要依靠）含在其中的电解质溶液而导电的。一般要求电渗析膜的导电能力大于溶液的导电能力。

（4）膜的溶胀或收缩变化小,含水率适量。离子交换膜的含水量一般为 30％～50％。

（5）膜的化学性能稳定。要求膜不易氧化,抗污染能力强,耐酸碱。

（6）膜的机械强度高。在电渗析过程中,膜两侧所受的流体压力不可能相等,故膜必须有足够的机械强度,以免因膜的破裂而使浓室和淡室连通。

上述要求有一些是相互制约的。例如,膜选择透过性高,必须具有较多的活性基团,交换容量高。但活性基团多了,亲水性增加,膜就容易膨胀,机械强度也会减弱。

### 15.9.5　电渗析在工业废水处理中的应用

在废水处理中,根据工艺特点,电渗析有两种类型:一种是由阳膜和阴膜交替排列而成的普通电渗析工艺,主要用于从废水中单纯分离污染物离子,或者把废水中污染物离子和非电解质污染物分开,再用后续工艺进一步处理;另一种是由复合膜与阳膜构成的特殊电渗析工艺,利用复合膜中的极化反应和极室中电极反应以产生 $H^+$ 和 $OH^-$,从废水中制取酸和碱。

目前,用于废水处理的典型案例列举如下。

（1）放射性废液　某一浓度为 $10^{-3} \mu g(Ci)/mL$ 的放射性废液,经二级电渗析器的处理,出水浓度为 $10^{-6} \mu g(Ci)/mL$,再经离子交换树脂混合床处理,最终出水浓度为 $10^{-8} \mu g(Ci)/mL$,达到排放标准。

（2）碱法纸浆黑液中回收碱　用复合膜电渗析过程能回收 70％的碱,回收每吨碱的耗电量约 2 900 kW·h。同时也可回收木质素,如图 15－49。

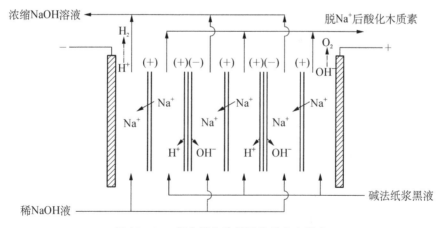

图 15－49　复合膜电渗析回收碱和木质素

（3）电镀废水中回收重金属　如高浓度含 $Ni^{2+}$ 废水产生于光亮镀镍和半光亮镀镍槽中,水洗槽产生低浓度含 $Ni^{2+}$ 废水。用电渗析处理这种高浓度和低浓度废水,高浓度含 $Ni^{2+}$ 废水中 $Ni^{2+}$ 由 1.0 g/L 浓缩到 15～35 g/L,pH 约 6,浓缩液可以返回电镀槽重复使用。低浓度含 $Ni^{2+}$ 废水,经处理后,淡水可返回水洗槽,作为清洗水补充水。

（4）其他工业废水　可从低浓度的酸、碱废水中电渗析回收酸或碱。如某厂生产硝化棉过程中排出的酸性废水,含有 0.3％的硝酸和 1％的硫酸,经电渗析处理后,将酸浓缩至 10％

以上,可返回生产系统中重新使用。而淡室出水中酸浓度达 0.05％以下,可直接排放。电渗析从酸洗废水回收硫酸和硫酸亚铁也是经典应用。又如某试剂厂生产 $Cu(CN)_2$ 和 $Zn(CN)_2$ 过程中,每天排出含氰废水 72 吨,其中 36 吨的废水中含 $CN^-$ 400～500 mg/L,洗涤水中含 $CN^-$ 10～15 mg/L,另 36 吨废水中含 $CN^-$ 约 2 000 mg/L,洗涤水中含 $CN^-$ 为 16～20 mg/L。采用八级四段的电渗析器处理后,淡水室出水去除率达到 97％,并达到排放标准,回收淡水 24 t/d,含氰浓缩液 6 t/d,回用于生产工艺。

# 15.10 蒸 发

## 15.10.1 蒸发基本原理

蒸发(Evaporation) 通过加热废水,使水分大量汽化,得到浓缩的废液以便进一步回收利用废水中不挥发性的污染物;水蒸气冷凝后又可以获得纯水。除反渗透工艺外,蒸馏也可以用于控制盐类在一些关键回用系统中的积累问题。因为蒸发工艺处理费用较高,一般只限于以下场合使用:①要求处理程度很高的系统;②采用其他方法不能去除废水中污染物的系统;③有价格低廉的废热可供使用的系统。

蒸发主要用于以下几种目的:

(1) 获得浓缩的溶液产品,如放射性废水的浓缩(减量)。

(2) 将溶液蒸发增浓后,冷却结晶,用以获得固体产品,如洗钢废水中硫酸亚铁的回收等。

(3) 脱除杂质,获得纯净的溶剂或半成品,如海水淡化等。

进行蒸发操作的设备叫做蒸发器。蒸发器内要有足够的加热面积,使溶液受热沸腾。溶液在蒸发器内因各处密度的差异而形成某种循环流动,被浓缩到规定浓度后排出蒸发器外。蒸发器内备有足够的分离空间,以除去汽化的蒸汽夹带的雾沫和液滴,或装有适当形式的除沫器以除去液沫,排出的蒸汽如不再利用,应将其在冷凝器中加以冷凝。

蒸发过程中经常采用饱和蒸汽间接加热的方法,通常把作为热源使用的蒸汽称作一次蒸汽,废水在蒸发器内沸腾蒸发,逸出的蒸汽叫作二次蒸汽。

## 15.10.2 蒸发操作的特点

从上述对蒸发过程的简单介绍可知,常见的蒸发是间壁两侧分别为蒸气冷凝和液体沸腾的传热过程,蒸发器也就是一种换热器。但和一般的传热过程相比,蒸发操作又有如下特点:

(1) 沸点升高 蒸发的溶液中含有不挥发性的溶质,在相同压力下溶液的蒸气压较同温度下纯溶剂的蒸气压低,使溶液的沸点高于纯溶液的沸点,这种现象称为溶液沸点的升高。在加热蒸汽温度一定的情况下,蒸发溶液时的传热温差必定小于加热纯溶剂的纯热温差,而且溶液的浓度越高,这种影响也越显著。

(2) 物料的工艺特性 蒸发的溶液本身具有某些特性,例如有些物料在浓缩时可能析出晶体,或易于结垢;有些则具有较大的黏度或较强的腐蚀性等。如何根据物料的特性和工艺要求,选择适宜的蒸发流程和设备是蒸发操作必须考虑的问题。

(3) 节约能源 蒸发时汽化的溶剂量较大,需要消耗较大的加热蒸气。如何充分利用热量,提高加热蒸气的利用率是蒸发操作要考虑的另一个问题。

## 15.10.3 蒸发设备类型

沸腾蒸发的设备称为蒸发器。工业废水处理中,采用的蒸发器主要有以下几种。

### 1. 列管式蒸发器

列管式蒸发器由加热室与蒸发室构成。在加热室内有一组加热管,管内为废水,管外为加热蒸汽。经过加热沸腾的汽水混合液,上升到蒸发室后,进行汽水分离。蒸汽经过分液器后从蒸发室顶部引出。废水在循环流动的过程中,不断沸腾蒸发,当溶质浓度达到要求后,从蒸发室底部排出。

根据废水循环流动时作用水头的不同,分为自然循环竖管式蒸发器和强制循环横管式蒸发器。前者在加热室有一根很粗的循环管实现自然循环流动,结构简单,清理维修简便,适用于处理黏度较大易结垢的废水。

为了加大循环速度,提高传热系数,可以将蒸发室的液体再用泵送入加热室,构成强制循环蒸发器。图 15 - 50 是强制循环横管式蒸发器。管内流速较大,对水垢有一定的冲刷作用。该蒸发器适用于蒸发结垢性废水,但能耗较高。

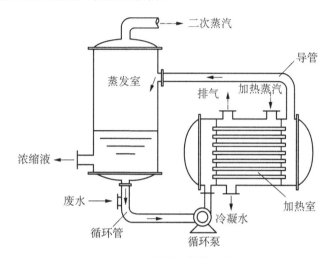

图 15 - 50　强制循环横管式蒸发器

### 2. 薄膜式蒸发器

薄膜蒸发(Thin Membrane Evaporation),废水在蒸发器的管壁上形成薄膜,使水汽化的蒸发过程。

薄膜式蒸发器有三种类型,长管式、旋流式和旋片式。它们的基本特点是在蒸发过程中,加热管壁面或蒸发器的表面形成很薄的水膜,在蒸汽加热下,水膜吸收热量,迅速沸腾汽化。

图 15 - 51 为单程长管式薄膜蒸发器。加热室内设有一组 3~8 cm 长的加热管。废水预热到沸点后,由加热室底部送入,在加热管底部受热而沸腾汽化。在液体内形成的蒸汽泡,汇集成大气泡后,冲破液层,以很高的速度向管顶升腾。在此过程中抽吸和卷带废水,使其在加热管的中上段内表面上形成一层很薄的水膜,并立即沸腾挥发掉。

薄膜蒸发器的特点是:传热系数和蒸发面积都很大,所以蒸发速度快、蒸发量大;废水在管内高度很小,由液柱高度造成的沸点升高值较小;稠液在下,稀液在上,两者不相混合,那么由于溶质造成的沸点升高值也比较小。这种蒸发器适合黏度中等的料液,但不适合蒸发有结晶析出的浓稠液。

旋流式薄膜蒸发器的结构简单,传热效率高,蒸发速度快,适合蒸发结晶;缺点是传热面积小,设备容量小。

旋片式薄膜蒸发器可以用于蒸发黏度大且容易结垢的

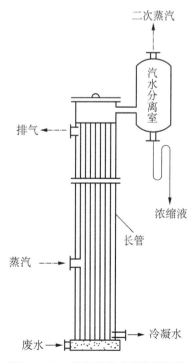

图 15 - 51　单程长管式薄膜蒸发器

废水,其缺点是传动机构容易损坏。

**3. 浸没燃烧式蒸发器**

这种蒸发器属于直接接触式蒸发器。热源为高温(1 200℃)烟气,从浸没于废水中的喷嘴排出。由于气液两相的温差很大,加之气液翻腾鼓泡,接触充分,因此传热效率极高。蒸汽和燃烧尾气由废气口排出,蒸发浓缩液由底部的空气喷射泵抽出,如图 15 - 52 所示。

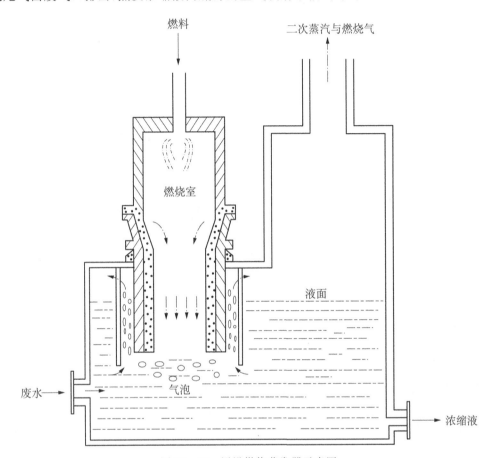

图 15 - 52　浸没燃烧蒸发器示意图

这种蒸发器的特点是传热效率高,设备紧凑,受腐蚀部件少,适于蒸发酸性废液。其缺点是烟气与废水直接接触,残液会受到一定程度的污染,排出的废烟气会污染大气。

## 15.10.4　蒸发操作的分类

蒸发按操作的方式可以分为间歇式和连续式,工业上大多数蒸发过程为连续稳定操作过程。

**1. 按二次蒸汽的利用情况可以分为单效蒸发和多效蒸发**

若产生的二次蒸汽不加利用,直接经冷凝器冷凝后排出,这种操作称为单效蒸发。若把二次蒸汽引至另一操作压力较低的蒸发器作为加热蒸气,并把若干个蒸发器串联组合使用,这种操作称为多效蒸发。多效蒸发中,二次蒸汽的潜热得到了较为充分的利用,提高了加热蒸汽的利用率。

**2. 按操作压力可以分为常压、加压或真空/减压蒸发**

其中真空蒸发(Vacuum Evaporation)又称减压蒸发,是在低于大气压下进行蒸发操作的处理方法。减压/真空蒸发有许多优点:

（1）在低压下操作，溶液沸点较低，有利于提高蒸发的传热温度差，减小蒸发器的传热面积。

（2）可以利用低压蒸汽作为加热剂。

（3）有利于对热敏性物料的蒸发。

（4）操作温度低，热损失较小。

在加压蒸发中，所得到的二次蒸汽温度较高，可作为下一效的加热蒸汽加以利用。因此，单效蒸发多为真空蒸发；多效蒸发的前效为加压或常压操作，而后效则在真空下操作。

### 15.10.5  蒸发工艺技术

废水处理中多采用多效蒸发、多级闪蒸、汽压式蒸馏等工艺技术。

#### 1. 多效蒸发

多效蒸发是将几个蒸发器串联运行的蒸发操作，使蒸汽热能得到多次利用，从而提高热能的利用率。在三效蒸发操作的流程中，第一个蒸发器（称为第一效）以生蒸汽作为加热蒸汽，其余两个（称为第二效、第三效）均以其前一效的二次蒸汽作为加热蒸汽，从而可大幅度减少生蒸汽的用量。每一效的二次蒸汽温度总是低于其加热蒸汽，故多效蒸发时各效的操作压力及溶液沸腾温度沿蒸汽流动方向依次降低。

在多效蒸发系统中，将多个蒸发器（锅炉）串联布置，每一级蒸发器的操作压力均低于前一级蒸发器。如图 15-53 所示，在一个三级立管式蒸发器中，废水经过预热，进入下一级换热器，废水经过下一级换热器时被逐渐加热。当废水通过换热器时，多效蒸发器中分离出来的水蒸气逐渐冷凝下来。当逐渐升温的废水到达第一级蒸发器时，则以薄膜的形式沿着立管的周边向下流动而被蒸汽加热，废水从第一效蒸发器底部排出供给第二效蒸发器。

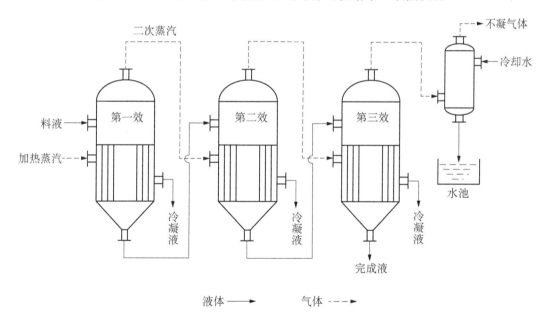

图 15-53  并流多效蒸发流程示意图

在生蒸汽温度与末效冷凝器温度相同（即总温差相同）的条件下，将单效蒸发改为多效蒸发时，蒸发器效数增加，生蒸汽用量减少，但总蒸发量不仅不增加，反而因温差损失增加而有所下降。多效蒸发节省能耗，但降低设备的生产强度，因而增加设备投资。在实际生产中，应综合考虑能耗和设备投资，选定最佳效数。烧碱等电解质溶液的蒸发，因温差损失大，通常只用 2～3 效；食糖等非电解质溶液，温差损失小，可用到 4～6 效；海水淡化蒸发的水量大，在采取多种减少温差损失的措施后,可采用 20～30 效。

如果将雾沫控制在较低水平,所有挥发性污染物基本可以在一个蒸发器内去除。挥发性污染物如氨气、相对分子质量较低的有机酸、挥发性和放射性物质等,可以在初级蒸发阶段去除,但如果其浓度很低时,这类污染物可能仍会存留在最终产物中。随着级数的增加,处理成本增加至不可接受的程度时,该级被取消。

**2. 多级闪蒸**

多年来,多级闪蒸一直用于制取工业脱盐水。

在多级闪蒸工艺中,首先经预处理去除废水中悬浮固体和氧气,再经泵加压后进入多级蒸发系统的传热单元,将原料加热到一定温度后引入闪蒸室。每一级均应控制在较低压力下操作。由于减压引起水的汽化,所以称该工艺为闪蒸。当废水通过减压喷嘴进入每一级时,一部分水由于压力降低成为过热溶液而急速地部分汽化,蒸汽在冷凝管外侧冷凝并进入集水盘内。当蒸汽冷凝时,可利用其潜热将返回主加热器的废水预热,预热后的废水在主加热器内被进一步加热后进入第一级闪蒸器。当浓缩后的废水压力降至最低时,则被加压后排出。从热力学的观点分析,多级闪蒸效率低于常规蒸发,但是,若将多级蒸发器组合在一个反应器内,则可以省去外部连接管线,降低建设投资。

**3. 汽压式蒸馏**

在汽压式蒸馏工艺中,利用水蒸气压力增加产生的温差传递热量。汽压式蒸馏单元的基本流程如图 15-54 所示。废水经过初步加热后,启动汽泵,在较高压力下使水蒸气在冷凝管内冷凝,同时使等量的水蒸气从浓缩液中释放出来。换热器可使冷凝液和浓缩液两部分中的热量保持平衡,在操作过程中唯一需要的能量输入是汽泵的机械能耗。为防止锅炉内盐浓度过高的情况发生,必须定时排放高浓度浓缩废水。

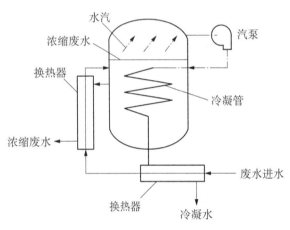

图 15-54　汽压式蒸馏单元流程图

### 15.10.6　蒸发工艺性能预期

用于提高废水温度和提供蒸发潜热所需要的理论最小能量约为 2 280 kJ/kg,遗憾的是,在实际蒸发过程中存在很多不可避免的因素,所以,在进行各种蒸发工艺的评价时,热能最低需要量与实际消耗量的关联度很低,通常需要的热量为蒸发潜热的 1.25～1.35 倍。

蒸馏工艺在废水回收应用中存在的主要问题是冷凝液中挥发性组分的存在,故为提高蒸馏水水质可能需要后续冷却及处理。

### 15.10.7　蒸馏工艺操作中存在的问题

在实际操作中,经常遇到结垢和腐蚀问题。由于温度升高后无机盐类会从溶液中析出并沉积在管道和设备的壁上,因此,在蒸馏脱盐过程中,控制碳酸钙、硫酸钙和氢氧化镁的结垢是设计和操作中最重要的问题之一。有效的 pH 控制可使碳酸盐及氢氧化物结垢减至最低。大多数无机盐溶液均具有腐蚀性,这也是在设备选择上需重点考虑的因素。任何蒸馏工艺均会排出部分废液,因此,蒸馏工艺均存在浓缩废液处置问题。废液中污染物最高允许浓度取决于盐的种类、溶解度、废水的腐蚀性及蒸汽压等因素,因此,在工艺优化过程中必须考虑废物浓度这一重要因素。

### 15.10.8　蒸发法在废水处理中的应用

在工业废水处理中,蒸发法主要用来浓缩和回收污染物质。

#### 1. 浓缩高浓度有机废水

造纸黑液、酒精废液等高浓度有机废水可以用蒸发法浓缩回收溶质。例如,在酸法纸浆厂,将亚硫酸盐纤维素废液蒸发浓缩后,可以用作道路黏结剂、砂模减水剂及生产杀虫剂等,也可将浓缩液进一步焚烧,用来回收热量。

#### 2. 浓缩回收废酸、废碱

采用浸没燃烧法处理酸洗废液已经被广泛工业化应用,且取得很好的环境经济效益。纺织、化工、造纸等工厂的高浓度碱液,可以采用蒸发法浓缩后回用于生产。例如,印染厂的丝光机废碱液,通常采用蒸发法浓缩回用。

#### 3. 浓缩放射性废水

废水中大多数放射性污染物是不挥发的,可以用蒸发法浓缩,然后将浓缩液封闭,让其自然衰减。一般经过二效蒸发,即可浓缩到原来的 200～500 倍。这样大大减小了储罐体积,降低了处理费用。

# 15.11　结　晶

### 15.11.1　基本原理

废水的结晶法处理是指蒸发浓缩或降温后,废水中具有结晶性能的溶质达到过饱和状态,先是形成许多微小的晶核,然后再围绕晶核长大,从而将过饱和的溶质结晶出来,达到回收溶质的目的。

结晶的必要条件是溶液达到过饱和。水溶液中溶质的溶解度往往与温度密切相关。大多数物质的溶解度随温度升高而增大;有些物质的溶解度随温度升高而减少,有些物质的溶解度受温度的影响很小。

因此,通过改变溶液温度或移除部分溶剂来破坏现有的溶解平衡,从而使溶液呈过饱和状态,即可析出晶体。

结晶法处理废水的目的主要是分离和回收有用的物质。晶粒的大小和晶体的纯度是回收物质品味的重要指标。其主要影响因素有以下几点。

(1) 溶质的浓度

溶液的过饱和度越高,越容易形成众多的晶核,晶粒就比较小。

(2) 溶质的冷却速度

冷却速度越快,达到过饱和的时间就越短,也就越容易形成晶核,晶体颗粒就小而多。

(3) 溶液的搅拌速度

缓慢搅拌过饱和溶液,有助于晶核快速形成,并使晶粒悬浮于水中,促使溶质附着成长,晶粒较大;反之,如果搅拌速度过快,形成的晶粒就小而多。

(4) 悬浮杂质的含量

悬浮杂质很多时,晶核较多,晶粒就比较小。而且一些悬浮杂质可能黏附在晶体上,降低晶体纯度和质量。因此,在结晶操作前,需要滤除悬浮物。

(5) 水合物的形式

晶体往往以水合物的形式出现。在不同的条件下,可以生成不同的水合物,它们具有不同的晶格、颜色和用途。

实际操作中需根据需要来调节以上几个因素,从而得到大小、数量、纯度、形态适当的晶体。

### 15.11.2　结晶设备

结晶设备可以根据结晶过程中是否移除溶剂来划分。

移除溶剂的结晶方法中,溶液的过饱和状态可以通过溶剂在沸点时的蒸发或在沸点时的汽化而获得。这种结晶器有蒸发式、真空蒸发式和汽化式等,主要用于溶解度随着温度变化不大的物质的结晶。

在不移除溶剂的结晶方法中,溶液的过饱和状态是用冷却的方法来获得的。结晶器有水冷却式和冰冻盐水冷却式。这种方法主要适用于溶解度随温度降低而显著减小的物质的结晶。

废水处理中常见的结晶设备有以下几种。

(1) 结晶槽

结晶槽属于汽化式结晶器,是一个敞口槽。槽中的结晶完全靠溶剂的汽化来实现,所以结晶时间较长,晶体较大,且产品纯度不高。

(2) 蒸发结晶槽

有时把溶液浓缩至结晶的蒸发器作为结晶器,有时先在蒸发器中进行浓缩,再将浓缩液移入另一个结晶器中,完成结晶。

(3) 真空结晶器

真空结晶器中真空的产生和维持是利用蒸汽喷射泵来实现的,这样可以使溶剂在低于沸点的条件下汽化。这种结晶器可以连续操作,也可以间歇操作,还可以采用多级操作,其操作原理与多效蒸发相同。

这种结晶器结构简单,制造时采用耐腐蚀材料,可以处理腐蚀性废水,生产能力大,操作简单,但费用和能耗较高。

(4) 连续式敞口搅拌结晶器

这种结晶器是一种敞开的长槽,底部呈半圆形,槽外有水夹套,槽内装有低速带式搅拌器。热而浓的溶液由结晶器的一端进入槽内,沿槽流动。同时夹套内的冷却水逆向流动。由于冷却作用,若控制得当,溶质在进口处附近就开始形成晶核。这些晶核随着溶液的流动而长大为晶体,最后由槽的另一端流出。这种结晶器的生产能力大,而且由于搅拌,晶体粒度细小、大小均匀而且完整。

(5) 循环式结晶器

循环式结晶器的工作原理如图 15-55 所示。饱和溶液由进料管 1 进入后,经循环管 2 到冷却器 3 达到过饱和状态。此溶液继续沿循环管 4 流动,进入结晶器 5 的底部,由此向上流动,并与众多的悬浮晶粒接触,进行结晶。所得晶体与溶液一同循环,直至其沉速大于循环液的上升速度为止,降落至结晶器的底部,并由排出口 8 取出。在此过程中,可以通过改变溶液的循环速度和在冷却器 3 中交换热量的速度来调解晶体的大小。浮在液面上的细微晶体,可以由分离器 7 排出,这样可以增大产品的粒度。

### 15.11.3　结晶法在工业废水处理中的应用

**1. 从酸洗废水中回收硫酸亚铁**

钢材进行热加工时,表面会形成一层氧化铁皮。在金属加工前需要用硫酸、盐酸或硝酸等对金属进行清洗,产生酸洗废水。一般采用浓缩结晶法回收废酸和硫酸亚铁。例如采用蒸汽喷射真空结晶法,可以生产出 $FeSO_4 \cdot 7H_2O$ 晶体,含硫酸等的母液可回用于钢材的酸洗。

**2. 从化工废液中回收硫代硫酸钠**

当废水中存在几种都有结晶性质的溶质时,则按照它们不同的溶解度以及温度控制,使先后达到过饱和的溶质分别析出与分离。

如某化工厂的废液中含有氯化钠、硫酸钠和硫代硫酸钠。这三种物质的溶解度随温度的变化规律不同。利用这一特性,可以把废液蒸发浓缩,使 NaCl 和 $Na_2SO_4$ 首先达到过饱和而结晶,并把它们分离出来。然后冷却废液,降低硫代硫酸钠的溶解度,在缓慢搅拌下,使其结

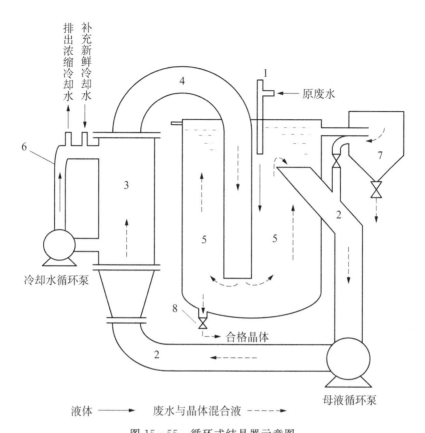

图 15-55　循环式结晶器示意图

1—进料管；2—循环管；3—冷却器；4—循环管；5—结晶器；6—冷却水循环管；
7—悬浮晶体分离器；8—晶体排出口

晶,进一步回收硫代硫酸钠。

**3. 从含氰废液中回收黄血盐**

焦化厂、煤气厂的含氰废水中,含氰浓度高达 150~300 mg/L,用蒸发结晶法处理,每天可以回收含黄血盐 350~400 g/L 的溶液 500 L,可以制得黄血盐结晶产品 150 kg。

# 第16章  生物处理过程

在工业生产中,经常排放一些不同于城市污水水质的有机废水,其往往分别具有有机物浓度高、难生物降解、富含磷(氮)等一种或多种特征,如酿造废水、屠宰废水、化纤废水、制药废水、农药废水等。对于此类废水,针对其具体特征,一般通过生物处理的方法,达到降解有机物、提高可生化性、脱氮、除磷等目的。

## 16.1  生物除磷原理

### 16.1.1  聚磷菌好氧吸磷过程

聚磷菌的除磷过程是厌氧释磷和好氧吸磷的结合。前者是指在厌氧条件下,聚磷菌利用ATP水解释放的能量,将废水中的简单有机底物合成为细胞内的聚合物质聚 $\beta$-羟基丁酸盐(PHB)——碳源储存物,并释放磷酸盐;后者是指在好氧条件下,聚磷菌通过氧化自身碳源储存聚 $\beta$-羟基丁酸盐(PHB)或废水中的简单有机物(如乙酸等)而获得能量,聚磷菌利用该反应产生的能量,过量地从废水中摄取磷酸盐,并以电中性或电阳性的形式输送到细胞内合成高能物质ATP和核酸,剩余的磷酸根作为细胞储存物—多聚磷酸盐。聚磷菌细胞内的磷含量可高达12%(以细胞干重计),而普通细菌细胞内磷含量仅为1%~3%。可见,通过生物聚磷后细菌分离的手段,可有效将废水中的磷酸盐脱除。

聚磷菌在好氧条件下的吸磷过程如图16-1所示。

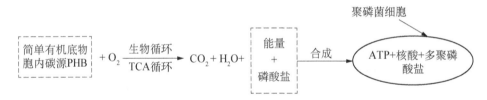

图16-1  聚磷菌在好氧条件下吸磷过程示意图

### 16.1.2  聚磷菌厌氧释磷过程

在除磷菌释放磷的厌氧反应器内,应保持绝对的厌氧条件,即使是 $NO_3^-$ 等化合态氧也不允许存在。产酸菌在厌氧条件下分解蛋白质、脂肪、碳水化合物等大分子有机碳为三类可快速降解的简单有机底物:①甲酸、乙酸、丙酸等低级脂肪酸;②葡萄糖、甲醇、乙醇等;③丁酸、乳酸、琥珀酸等。聚磷菌在厌氧条件下,分解体内的多聚磷酸盐产生ATP,利用ATP分解产生的能量,将上述三类简单有机底物吸收进细胞并合成聚 $\beta$-羟基丁酸盐(PHB),并释放磷酸盐于环境中(图16-2)。

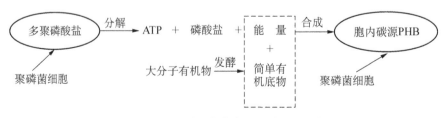

图16-2  聚磷菌厌氧条件下释磷过程示意图

### 16.1.3 PHOSTRIP 生物化学除磷组合工艺

1965 年 Levin 首先提出 PHOSTRIP 组合工艺(Phosphorus Strip),即在传统活性污泥过程的污泥回流管线上增设厌氧释磷池和混合反应沉淀池,采用生物和化学相结合的方法提高除磷效率,如图 16-3 所示,其中虚线部分为化学除磷部分。

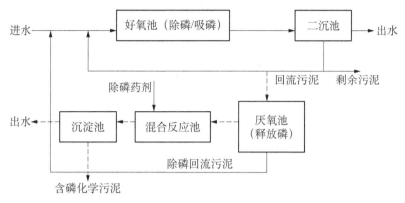

图 16-3 PHOSTRIP 除磷组合工艺图

PHOSTRIP 除磷组合工艺的特点是使回流污泥(部分或全部)处于厌氧状态,完成释磷过程,达到磷从固相向液相的转移。最终厌氧池上清液磷含量可达 20～50 mg/L。释磷后的污泥回流到好氧池,继续完成吸磷过程;而厌氧池的上清液则进入混合反应池,通过投加除磷药剂进行化学除磷。

PHOSTRIP 除磷组合工艺受外界条件(温度)的影响较小,工艺操作较灵活,对碳、磷的去除效果好而且稳定。因而,在低温、低有机质浓度以及以除磷为主的情况下,采用此工艺是比较合适的。该工艺主要有以下特点:

(1) 该工艺是生物除磷和化学除磷的结合,除磷效果良好,出水含磷量一般都低于 1 mg/L。

(2) 该工艺生产的污泥中,含磷量约为 1%～2%,是比较高的,污泥回流应经过除磷池。

(3) 可根据 $BOD_5/TP$ 比值来灵活调节回流污泥与剩余污泥量的比例。

(4) 除磷管线上的沉淀池底部可能形成缺氧状态而释磷,因此,应及时排泥和回流。

(5) PHOSTRIP 除磷组合工艺对废水水质、水量适应性强,适用于对现有工艺的改造。

## 16.2 硝化作用和反硝化作用

工业废水往往不同于城市污水,废水中污染物的碳氮磷之比经常不符合 100:5:1。遇到此类废水,无法采用常规的好氧活性污泥法简单去除废水中过量的氮,需要采用强化的硝化和反硝化工艺来处理。

### 16.2.1 硝化作用

图 16-4 显示了生物处理过程中氮的转化,硝化作用是氨氮转化为亚硝酸盐氮(中间产物)和硝酸盐氮(最终产物)的生物氧化过程。

硝化作用是由两类自养型微生物完成的:亚硝化细菌和硝化细菌,反应分为两步:

$$2NH_4^+ + 3O_2 \xrightarrow{\text{亚硝化菌}} 2NO_2^- + 4H^+ + 2H_2O \qquad \text{反应(16-1)}$$

$$2NO_2^- + O_2 \xrightarrow{\text{硝化菌}} 2NO_3^- \qquad \text{反应(16-2)}$$

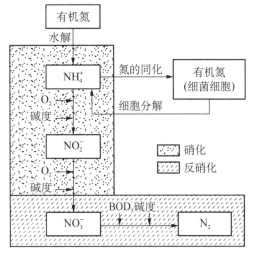

图 16-4　氮的转化示意图

报道中，亚硝化菌的细胞产率为 $0.05\sim$ $0.29\,\mathrm{mg(VSS)/mg(NH_4^+-N)}$，硝化菌产率为 $0.02\sim0.08\,\mathrm{mg(VSS)/mg(NH_4^+-N)}$，设计中常用 $0.15\,\mathrm{mg(VSS)/mg(NH_4^+-N)}$。一般认为硝化菌的生化反应速率比亚硝化菌的反应速率快，因此，反应过程中不会积累亚硝酸盐。亚硝酸菌的反应速率将决定总的反应速率。

**1. 硝化动力学**

为了在混合培养的活性污泥中保持一定的硝化菌数量，好氧污泥的最小污泥龄 $(\theta_c)_{\min}$ 必须超过硝化菌净比生长率的倒数

$$(\theta_c)_{\min} \geqslant \frac{1}{\mu_{\mathrm{N}(T)} - b_{\mathrm{N}(T)}} \qquad (16-1)$$

式中，$\mu_{\mathrm{N}(T)}$ 为硝化菌的比生长速率，$\mathrm{d}^{-1}$；$b_{\mathrm{N}(T)}$ 为硝化菌的内源呼吸衰减速率，$\mathrm{g}(\Delta\mathrm{VSS_N})/[\mathrm{g}(\mathrm{VSS_N}) \cdot \mathrm{d}]$。

硝化菌的比生长速率与比硝化速率有关

$$\mu_{\mathrm{N}(T)} = \alpha_{\mathrm{N}} q_{\mathrm{N}} \qquad (16-2)$$

式中，$q_{\mathrm{N}}$ 为比硝化速率，$\mathrm{d}^{-1}$；$\alpha_{\mathrm{N}}$ 为硝化菌的污泥产率系数。

活性污泥系统中比硝化速率取决于出水氨氮浓度 $(\mathrm{NH_3-N})_e$、溶解氧浓度（DO）以及 pH。出水氨氮浓度 $(\mathrm{NH_3-N})_e$ 和 DO 的影响反映在下式中：

$$q_{\mathrm{N}} = q_{\mathrm{N_M}} \frac{(\mathrm{NH_3-N})_e}{K_{\mathrm{N}} + (\mathrm{NH_3-N})_e} \cdot \frac{\mathrm{DO}}{K_{\mathrm{O}} + \mathrm{DO}} \qquad (16-3)$$

式中，$K_{\mathrm{N}}$ 和 $K_{\mathrm{O}}$ 分别是氮和氧的半饱和系数，$K_{\mathrm{N}}$ 的经验值为 0.4，$K_{\mathrm{O}}$ 在 $0\sim1.0$ 内变化。

混合液的 DO 对硝化速率的影响尚有争议，部分原因在于总液相浓度和絮体中的浓度不同，而氧的消耗即硝化反应是在絮体中进行的。提高总液相溶解氧浓度，将增强氧向絮体的扩散，因而提高硝化速率。在低污泥龄（SRT）条件下，氧利用率将因为碳氧化增加及氧扩散能力下降而降低；相反，在高 SRT 条件下，低的氧利用率将允许絮体中溶解氧水平较高，并随之出现较高的硝化速率。因此，为保持最大硝化速率，随着 SRT 降低，必须提高混合液主体的溶解氧浓度，这反映在系数 $K_{\mathrm{O}}$ 中。

在处理可能抑制硝化作用的工业废水时，最大比硝化速率必须通过试验确定。下式反映了温度对比硝化速率的影响：

$$q_{\mathrm{N}(T)} = q_{\mathrm{N}(20)} \times 1.09^{T-20} \qquad (16-4)$$

内源呼吸衰减系数 $b_{\mathrm{N}}$ 的温度系数为 1.04，则

$$b_{\mathrm{N}(T)} = b_{\mathrm{N}(20)} \times 1.04^{T-20} \qquad (16-5)$$

被氧化的氮可由下式计算出：

$$N_{\mathrm{OX}} = \mathrm{TKN} - \mathrm{SON} - N_{\mathrm{syn}} - (\mathrm{NH_3-N})_e \qquad (16-6)$$

式中，SON 为不可降解的有机氮；$N_{\mathrm{syn}}$ 为 $0.08\alpha S_r$。

硝化菌所占比例计算如下：

$$f_N = \frac{0.15 N_{OX}}{\alpha S_r + 0.15 N_{OX}} \tag{16-7}$$

式中，$S_r$ 为生物降解过程中，$BOD_5$ 去除的数量。

总硝化速率为

$$R_N = q_N f_N X_{vb} \tag{16-8}$$

式中，$R_N$ 为总硝化速率，$mg/(L \cdot d)$。

硝化所需水力停留时间（HRT）为：

$$t_N = \frac{N_{OX}}{R_N} \tag{16-9}$$

为了确定 SRT，必须计算剩余活性污泥量（WAS）

$$\Delta X_{vb} = (\alpha S_r + 0.15 N_{OX}) - b X_d X_{vb} t_N \tag{16-10}$$

则 SRT 为

$$\theta_c = \frac{X_{vb} t_N}{\Delta X_{vb}} \tag{16-11}$$

所需氧气量为

$$O_2 = 4.33 N_{OX} \tag{16-12}$$

所需碱度（以 $CaCO_3$ 计）为

$$ALK = 7.15 N_{OX} \tag{16-13}$$

**2. 硝化作用的抑制**

处理工业废水时，由于水中存在有毒有机物或无机物，所以硝化反应常常受到抑制，有时甚至不能进行。如一些有机化工废水处理中，只有在最短的好氧 SRT 不低于 25 d 的情况下，才能在 22～24℃时实现完全硝化。而对于城市污水，同样温度条件下，完全硝化所需要的最短 SRT 大约为 4 d；在 10℃时，该工业废水完全硝化需要 55～60 d，而城市污水大约需要 12 d；当混合液温度为 10℃时，与完成 $BOD_5$ 去除和进行反硝化的异养菌相比，自养的硝化菌对进水成分和温度的变化更不适应。对一焦化厂废水的处理也得到相似结果，其硝化速率大约比城市污水低一个数量级。

Blum 和 Speece 将大量有机化合物对硝化作用的毒性进行了归纳总结，见表 16-1。

表 16-1　某些有机化合物生物降解性和生物毒性数据

| 化合物 | 生物降解性 | 生物降解率 /[mg(COD$_{Cr}$)/(g(VSS)·h)] | EC$_{50}$/(mg/L) | |
|---|---|---|---|---|
| | | | 亚硝化细菌 | 异养菌 |
| 环己烷 | A | — | 97 | 29 |
| 辛烷 | A | — | 45 | — |
| 癸烷 | C | — | — | — |
| 十二烷 | D | — | — | — |
| 二氯甲烷 | D | — | 1.2 | 320 |
| 三氯甲烷 | D | — | 0.48 | 640 |
| 四氯化碳 | — | — | 51 | 130 |
| 1,1-二氯乙烷 | — | — | 0.91 | 620 |

| 化合物 | 生物降解性 | 生物降解率 /[mg(COD_{Cr})/(g(VSS)·h)] | EC_{50}/(mg/L) | |
|---|---|---|---|---|
| | | | 亚硝化细菌 | 异养菌 |
| 1,2-二氯乙烷 | — | — | 29 | 470 |
| 1,1,1-三氯乙烷 | — | — | 8.5 | 450 |
| 1,1,2-三氯乙烷 | — | — | 1.9 | 240 |
| 1,1,1,2-四氯乙烷 | — | — | 8.7 | 230 |
| 1,1,2,2-四氯乙烷 | — | — | 1.4 | 130 |
| 五氯乙烷 | | | 7.9 | 150 |
| 六氯乙烷 | — | — | 32 | — |
| 1-氯丙烷 | D | — | 120 | 700 |
| 2-氯丙烷 | — | — | 110 | 440 |
| 1,2-二氯丙烷 | — | — | 43 | — |
| 1,3-二氯丙烷 | C | — | 4.8 | 210 |
| 1,2,3-三氯丙烷 | — | — | 30 | 290 |
| 1-氯丁烷 | D | — | 120 | 230 |
| 1-氯戊烷 | D | — | 99 | 68 |
| 1,5-二氯戊烷 | — | — | 13 | — |
| 1-氯己烷 | D | — | 85 | 83 |
| 1-氯辛烷 | — | — | 420 | 52 |
| 1-氯癸烷 | D | — | — | 40 |
| 1,2-二氯乙烯 | D | — | — | — |
| 反-1,2-二氯乙烯 | — | — | 80 | 1 700 |
| 三氯乙烯 | A | — | 0.81 | 130 |
| 四氯乙烯 | — | — | 110 | 1 900 |
| 1,3-二氯丙烯 | — | — | 0.67 | 120 |
| 5-氯-1-戊炔 | — | — | 0.59 | 86 |
| 甲醇 | A | 26 | 880 | 20 000 |
| 乙醇 | A | 32 | 3 900 | 24 000 |
| 1-丙醇 | A | 71 | 980 | 9 600 |
| 1-丁醇 | A | 84 | — | 3 900 |
| 1-戊醇 | A | — | 520 | — |
| 1-己醇 | A | — | — | — |
| 1-辛醇 | A | — | 67 | 200 |
| 1-癸醇 | B | — | — | — |
| 1-十二醇 | B | — | 140 | 210 |
| 2,2,2-三氯乙醇 | — | — | 2.0 | — |
| 3-氯-1,2-丙二醇 | D | — | — | — |
| 乙醚 | C | — | — | 17 000 |
| 异丙醚 | D | — | 610 | — |
| 丙酮 | B | — | 1 200 | 16 000 |
| 2-丁酮 | — | — | 790 | 11 000 |
| 4-甲基-2-戊酮 | — | — | 1 100 | — |
| 丙烯酸乙酯 | — | — | 47 | — |
| 丙烯酸丁酯 | — | — | 38 | 470 |
| 2-氯丙酸 | A | 24 | 0.04 | 0.18 |
| 三氯乙酸 | D | 0 | — | — |
| 二乙醇胺 | A | 16 | — | — |
| 乙腈 | A | — | 73 | 7 500 |
| 丙烯腈 | A | — | 6.0 | 52 |
| 苯 | A | — | 13 | 520 |

续表

| 化合物 | 生物降解性 | 生物降解率 /[mg(COD$_{Cr}$)/(g(VSS)·h)] | EC$_{50}$/(mg/L) | |
|---|---|---|---|---|
| | | | 亚硝化细菌 | 异养菌 |
| 甲苯 | A | — | 84 | 110 |
| 二甲苯 | A | — | 100 | 1 000 |
| 乙苯 | B | — | 96 | 130 |
| 氯苯 | D | — | 0.71 | 310 |
| 1,2-二氯苯 | — | — | 47 | 910 |
| 1,3-二氯苯 | D | — | 93 | 720 |
| 1,4-二氯苯 | D | — | 86 | 330 |
| 1,2,3-三氯苯 | — | — | 96 | — |
| 1,2,4-三氯苯 | D | — | 210 | 7 700 |
| 1,3,5-三氯苯 | — | — | 96 | — |
| 1,2,3,4-四氯苯 | — | — | 20 | — |
| 1,2,4,5-四氯苯 | D | — | 9 | — |
| 五氯苯 | D | — | 4 | 350 |
| 苯甲醇 | A | — | 390 | 2 100 |
| 4-氯苯甲醚 | — | — | — | 902 |
| 2-糠醛 | B | 37 | — | — |
| 氰苯 | B | — | 32 | 470 |
| 间氰甲苯 | — | — | 0.88 | 290 |
| 硝基苯 | A | 14 | 0.92 | 370 |
| 2,6-二硝基甲基苯 | — | — | 183 | — |
| 1-硝基萘 | — | — | — | 380 |
| 萘 | A | — | 29 | 670 |
| 菲 | C | — | — | — |
| 对二氨基联苯 | D | — | — | — |
| 嘧啶 | A | — | — | — |
| 喹啉 | A | 8.5 | — | — |
| 苯酚 | A | 80 | 21 | 1 100 |
| 间甲酚 | A | — | 0.78 | 440 |
| 对甲酚 | A | — | 27 | 260 |
| 2,4-二甲酚 | — | 28.2 | — | — |
| 3-乙酚 | — | — | — | 144 |
| 4-乙酚 | — | — | 14 | — |
| 2-氯酚 | — | — | 2.7 | 360 |
| 3-氯酚 | — | — | 0.20 | 160 |
| 4-氯酚 | A | 39.8 | 0.73 | 98 |
| 2,3-二氯苯酚 | — | — | 0.42 | 210 |
| 2,4-二氯苯酚 | — | 10.5 | 0.79 | — |
| 2,5-二氯苯酚 | — | — | 0.61 | 180 |
| 2,6-二氯苯酚 | — | — | 8.1 | 410 |
| 3,5-二氯苯酚 | — | — | 3.0 | — |
| 2,3,4-三氯苯酚 | — | — | 52 | 7.8 |
| 2,3,5-三氯苯酚 | — | — | 3.9 | — |
| 2,3,6-三氯苯酚 | — | — | 0.42 | 14 |
| 2,4,5-三氯苯酚 | — | — | 3.9 | 23 |
| 2,4,6-三氯苯酚 | — | — | 7.9 | — |
| 2,3,5,6-四氯苯酚 | — | — | 1.3 | 1.5 |
| 五氯苯酚 | — | — | 6.0 | — |

| 化合物 | 生物降解性 | 生物降解率 /[mg(COD$_{Cr}$)/(g(VSS)·h)] | EC$_{50}$/(mg/L) | |
| --- | --- | --- | --- | --- |
| | | | 亚硝化细菌 | 异养菌 |
| 2-溴苯酚 | — | — | 0.35 | — |
| 4-溴苯酚 | B | — | 0.83 | 120 |
| 2,4,6-三溴苯酚 | — | — | 7.7 | |
| 五溴苯酚 | — | — | 0.27 | |
| 间苯二酚 | A | 57.5 | 7.8 | |
| 对苯二酚 | B | 54.2 | — | |
| 2-氨基苯酚 | — | 21.1 | 0.27 | 0.04 |
| 4-氨基苯酚 | — | 16.7 | 0.07 | — |
| 2-硝基苯酚 | — | 14.0 | 11 | 11 |
| 3-硝基苯酚 | — | 17.5 | — | |
| 4-硝基苯酚 | A | 16.0 | 2.6 | 160 |
| 2,4-二硝基苯酚 | — | 6.0 | — | |

注：(1) EC$_{50}$：半数有效浓度，引起 50％试验生物产生某一特定反应，或是某反应指标被抑制一半时的浓度。

(2) 所有亚硝化菌和好氧异养菌的数据，均以 p$K_a$(离子化)和气液比进行了修正。

(3) A：$\dfrac{BOD_5}{TOD}>50％$容易生物降解；B：$50％>\dfrac{BOD_5}{TOD}>25％$可生物降解；

C：$25％>\dfrac{BOD_5}{TOD}>10％$难生物降解；D：$\dfrac{BOD_5}{TOD}<10％$不能生物降解。

盐浓度对硝化作用的影响已被研究。结果表明，100 mg/L 的氟化物可使硝化速率降低 80％，硫酸盐浓度达到 50 g/L 时却毫无影响，而氯化物对硝化速率表现出明显抑制作用，从 5 g/L 至 70 g/L 升高氯化物浓度，硝化速率从 23 g(NH$_3$-N)/[kg(MLVSS)·d]呈线性降低 到 13 g(NH$_3$-N)/[kg(MLVSS)·d]，其中 MLVSS 为挥发性悬浮固体。同时还发现，在 pH 为 8.0、亚硝酸盐浓度达到每升几百毫克时，硝化速率下降到 60％。

在硝化反应明显减弱或总体受到抑制的情况下，投加粉末活性炭(PAC)吸附水中有毒物质，可能会增强硝化反应。在有些情况下，第一级生物处理中去除了含碳物质和降低毒性后，第二级的硝化阶段就可获得成功。

研究发现重金属对亚硝化菌有毒。一些重金属在达到以下浓度时，将会完全抑制亚硝酸菌的生长：Ni，0.25 mg/L；Cr，0.25 mg/L；Cu，0.1～0.5 mg/L。

氰化物浓度从 0 提高到 400 mg/L，硝化速率下降至 5％；高于 400 mg/L 后，影响不再加强。

非离子态的氨(NH$_3$)对亚硝化菌和硝化菌均有抑制作用。由于非离子态的氨的比例随着废水 pH 的升高而增大，因此，高 pH 和高氨氮浓度将严重抑制或完全阻止生物硝化反应的进行。和硝化菌相比，亚硝化菌对氨毒性的敏感性较低，因此，硝化反应可能部分完成，导致亚硝酸根离子的积累，而亚硝酸根离子对许多水生生物有剧毒。在处理城市污水时，氨氮浓度低，且混合液 pH 在中性范围，很少遇到氨对活性污泥中的生物体产生毒性的问题。但在工业废水中，氨氮浓度很高、pH 偏移较大的可能性很大，此时会出现生物中毒并终止硝化反应。在这些情况下，必须控制混合液的 pH，避免微生物因大量氨泄漏或冲击负荷而中毒，在极端情况下，可能需要在不同 pH 条件下分两级运行，使亚硝化菌和硝化菌分开，以实现完全硝化。

遗憾的是，许多工业废水除了有上述不利条件外，还含有其他化合物，单独或联合地对硝化反应产生更大但不确定的抑制作用。因此，在实际工艺设计中，应当结合实际条件，通过试验，确定实现完全硝化所需的比硝化速率 $q_N$ 和 $\theta_{min}$。

### 16.2.2　反硝化作用

有些工业废水,如化肥、炸药或推进剂、合成纤维等,生产排放的废水中含有高浓度的硝酸盐。由于生物反硝化作用产生一个羟基离子,而硝化作用产生两个氢离子,因此把硝化作用和反硝化作用耦合在一起,可能在提供内部缓冲容量方面具有优势。许多有机物抑制生物硝化反应,而对反硝化反应一般没有抑制作用。反硝化作用以 $BOD_5$ 作为细胞合成和能量产生的碳源,以硝酸盐为氧源。

$$NO_3^- + BOD_5 \longrightarrow N_2 + CO_2 + H_2O + OH^- + 新细胞 \qquad 反应(16-3)$$

反硝化过程中,每去除 1 g 硝酸氮 $NO_3^- - N$,消耗大约 3.7 g($BOD_5$),产生 0.45 g(VSS)和 3.57 g(碱度),所产生的碱度量大约是硝化反应所消耗的一半。但是,部分碱度因与微生物呼吸产生的 $CO_2$ 发生反应而被消耗掉。

反硝化速率 $q_{DN}$ 相对于 $NO_3^- - N$ 浓度约 1.0 mg/L 时,呈零级反应:

$$q_{DN} = \frac{(NO_3^- - N)_0 - (NO_3^- - N)_e}{X_{vb}t} \qquad (16-14)$$

式中,$q_{DN}$ 为反硝化速率,$g(NO_3^- - N)/[g(VSS) \cdot d]$;$X_{vb}$ 为曝气条件下的反硝化菌的生物量,mg(VSS)/L。

反硝化速率受混合液温度和总溶解氧浓度(DO)影响,按下式对其进行修正:

$$q_{DN(T)} = q_{DN(20)}C \cdot \theta_{DN}^{T-20}(1-DO) \qquad (16-15)$$

温度系数 $\theta_{DN}$ 在 1.07~1.20 变化。

根据污水厂运行条件,氧会抑制反硝化兼容性细菌。但是,混合液的絮体中存在缺氧区,即使混合液中存在溶解氧,反硝化作用仍可在絮体的缺氧区中进行。

OH 和 Silverstein 指出,式(16-16)更适合用于高溶解氧的情况:

$$q_{DN} = q_{DN(max)} \left( \frac{1}{1+DO/k} \right) \qquad (16-16)$$

建议 $k$ 值取 0.38 mg/L,假定 $k$ 是絮体大小的函数,因而也就是曝气池动力水平的函数。实践表明:曝气池在曝气条件下,依然可以出现 10%~25% 的反硝化作用。

反硝化速率取决于废水中有机物的生物降解性和活性生物量浓度,而这又与 SRT 或 F/M 以及活性污泥中惰性固体比例有关。提高 F/M,活性生物量浓度和反硝化速率均随之提高。虽然在内源呼吸阶段(低 F/M),利用生物体内部储备物质也会出现反硝化现象,但反硝化进程很慢,并需要很长的水力停留时间。

当废水中没有可利用的碳源时,常使用甲醇作为碳源,各种工业废水如废糖蜜也可以作为碳源。一些工业废水作为碳源的效果如表 16-2 所示。

**表 16-2　部分工业废物或废弃副产品的反硝化速率**

| 废物来源 | | $BOD_5$/(mg/L) | $COD_{Cr}$/(mg/L) | 反硝化速率 /mg($NO_3^- - N$)/[g(MLSS)·h] |
|---|---|---|---|---|
| 化学工业 | 防冻剂(飞机场) | 65 000 | 118 000 | 1.98~3.06 |
| | 黏合剂生产 I | 148 500 | 282 400 | 0.96~1.26 |
| | 黏合剂生产 II | 1 080 000 | 1 340 000 | 1.14~2.12 |
| | 制药业 I | 136 000 | 188 100 | 4.08 |
| | 制药业 II | 163 000 | 320 000 | 1.14~1.53 |
| | 照相业 | 126 000 | 686 000 | 1.59~1.70 |

| 废物来源 | | BOD$_5$/(mg/L) | COD$_{Cr}$/(mg/L) | 反硝化速率/mg(NO$_3^-$-N)/[g(MLSS)·h] |
|---|---|---|---|---|
| 食品加工业 | 酒精生产 | 3 780 | 7 300 | |
| | 杂醇油 | 1 320 000 | 1 780 000 | 2.79~3.18 |
| | 牛奶加工业 | 4 880 | 7 440 | |
| | 种植与蔬菜加工 | 20 650 | 26 050 | 4.29 |
| | 屠宰场 | 183 000 | 246 000 | 1.44 |
| | 葡萄酒工业 | 173 100 | 211 100 | 5.40 |
| | 发酵工业 | 26 900 | 28 770 | 2.79~3.18 |
| 普通基质 | 乙酸 | | 1 056 000 | 3.35 |
| 内源基质 | | | | 0.26~0.65 |

注：温度为 13~16℃，MLSS 为混合液中的悬浮固体。

二沉池中的反硝化现象会引起污泥上浮，增加出水的悬浮固体 SS。氮气生成速率取决于反硝化作用可利用的碳源、SRT、温度和污泥浓度。Henze 等估算，在 10℃ 和 20℃ 时，污泥层中至少要有 6~8 mg/L 和 8~10 mg/L 的 NO$_3^-$-N 被反硝化才能引起污泥上浮。大多数反硝化现象是由内源呼吸和对已吸附的降解速度较慢的有机物的利用引起的。因此，这种现象与活性生物量有关，而活性生物量又是 SRT 的函数，所以，建议二沉池的浓缩时间不能太长，一般为 1.0~1.5。

### 16.2.3　硝化与反硝化系统

目前已经有多种可供选择的处理系统实现硝化和反硝化，其中一些系统为顺序排列的好氧-缺氧形式。这些系统的区别在于：过程是利用一种污泥，还是利用两种污泥分别置于硝化反应器和反硝化反应器中。

单级污泥系统只需要一个反应池和沉淀池，原水或内源储备物质作为反硝化的碳源和能源。两级污泥系统需要两个反应池，各自有沉淀池，使得两种污泥完全被隔离。第二级反硝化池需要补充甲醇等物质作为碳源和能源。

结构最简单的单级污泥系统中，布置好回流污泥和曝气设备的位置，可在池中不同区域保持明确的好氧-缺氧区，使碳的氧化、硝化和反硝化反应在一个池子中发生。另外一种单级污泥系统，只用一个池子来完成曝气和沉淀操作。通过交替曝气和不曝气，形成好氧和缺氧阶段，使硝酸盐的还原有充足的时间。图 16-5 示意了单级污泥硝化-反硝化系统的两个工艺流程。在广泛采用的氧化沟工艺中，曝气机附近存在一个好氧区，随着混合液从曝气机的位置流走，溶解氧不断被消耗，逐渐形成了缺氧区，即可发生反硝化反应。这种好氧-缺氧的顺序反复出现在氧化沟的曝气机安装位置周围。

在内循环单级污泥工艺中，硝化作用出现在第二池的好氧条件下，第二池可能是一个单独池子（没有中间沉淀池），或者是一个带内部挡板的单独池子，挡板将好氧区和缺氧区分隔，消除短流现象。每个区可以是推流式，也可以是完全混合式。内循环流量 $Q_{R,in}$ 从好氧池的末端引出，回流到进行反硝化反应的缺氧池的起始端，总回流率可由下式计算

$$R = \frac{1}{1-f} - 1 \qquad\qquad (16-17)$$

式中，$R$ 为污泥总回流率，$R = (Q_R + Q_{R,in})/Q_0$，%，其中 $Q_R$ 为污泥回流量，$Q_0$ 为废水总量；$f$ 为总反硝化率。

硝化和反硝化的设计参见例题。

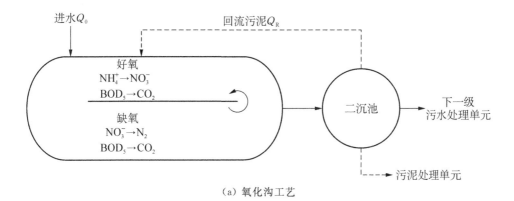

（a）氧化沟工艺

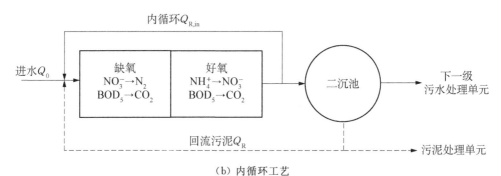

（b）内循环工艺

图 16-5　选择性单级污泥硝化-反硝化系统示意图

【例 16-1】　（1）已知进水 TKN 为 40 mg/L，BOD$_5$ 为 210 mg/L，水温为 20℃，试设计一个硝化系统，使出水浓度（NH$_3$-N）$_e$ 为 1 mg/L。

（2）如果温度为 15℃，请问 HRT 和 SRT 必须提高到多少？

（3）温度为 20℃，如果进水 NH$_3$-N 浓度提高到 60 mg/L，那么出水最高浓度（NH$_3$-N）$_e$ 是多少？

其他已知条件：DO = 2.0 mg/L，$q_{N(max)}$ = 1.3 mg(NH$_3$-N)/[mg(VSS$_N$)·d]，$\alpha_N$ = 0.15，$\alpha_H$ = 0.6，SON = 1 mg/L，SBOD$_{5e}$ = 10 mg/L，$X_{Vb}$ = 3 000 mg/L，$b_N$ = 0.05d$^{-1}$，$b_H$ = 0.1d$^{-1}$。

【解】　（1）$q_N = q_{N(max)} \dfrac{(NH_3-N)_e}{0.4 + (NH_3-N)_e} \cdot \dfrac{DO}{0.2 + DO}$

$$= 1.3 \times \frac{1}{0.4 + 1} \times \frac{2}{0.2 + 2} = 0.84(d^{-1})$$

$$N_{OX} = TKN - (NH_3-N)_e - 0.08 \cdot \alpha_H S_r - SON$$
$$= 40 - 1 - 0.08 \times 0.6 \times 200 - 1 = 28.4(mg/L)$$

硝化菌的比例为

$$f_N = \frac{0.15 N_{OX}}{\alpha S_r + 0.15 N_{OX}} = \frac{0.15 \times 28.4}{0.6 \times 200 + 0.15 \times 28.4} = 0.034$$

硝化速率为

$$R_N = q_N f_N X_{vb} = 0.84 \times 0.034 \times 3\,000 = 86\,[mg/(L \cdot d)]$$

所需水力停留时间 HRT 为

$$t_N = \frac{N_{OX}}{R_N} = \frac{28.4}{86} = 0.33(d)$$

污泥产量为

$$\begin{aligned}
\Delta X_{vb} &= (\alpha_H S_r + 0.15 N_{OX}) - [b_H(1-f_N) + b_N f_N] X_d X_{vb} t_N \\
&= (0.6 \times 200 + 0.15 \times 28.4) \\
&\quad - [0.1 \times (1-0.034) + 0.05 \times 0.034] \times 0.62 \times 3\,000 \times 0.33 \\
&= 124.26 - 60.34 = 64(mg/L)
\end{aligned}$$

$$\theta_c = \frac{X_{vb} t_N}{\Delta X_{vb}} = \frac{3\,000 \times 0.33}{64} = 15(d)$$

（2）15℃时比硝化速率为

$$q_{N(15)} = q_{N(20)} 1.09^{15-20} = 0.84 \times 1.09^{-5} = 0.55(d^{-1})$$

$$R_N = 0.55 \times 3\,000 \times 0.034 = 56[mg/(L \cdot d)]$$

$$t_N = \frac{N_{OX}}{R_N} = \frac{28.4}{56} = 0.51(d)$$

15℃时污泥产量为

$$\begin{aligned}
\Delta X_{vb} &= (\alpha_H S_r + 0.15 N_{OX}) - [b_H(1-f_N) + b_N f_N] X_d X_{vb} t_N \\
&= 124.26 - [0.082 \times (1-0.034) + 0.041 \times 0.034] \times 0.56 \times 3\,000 \times 0.51 \\
&= 124.26 - 69.06 = 55[mg/(L \cdot d)]
\end{aligned}$$

$$\theta_c = \frac{X_{vb} t_N}{\Delta X_{vb}} = \frac{3\,000 \times 0.51}{55} = 28(d)$$

（3）假定 $q_N$ 提高至 $q_{Nmax}$，则

$$R_N = 1.3 \times 0.034 \times 3\,000 = 133[mg/(L \cdot d)]$$
$$N_{OX} = R_N t_N = 133 \times 0.33 = 44(mg/L)$$
$$(NH_3 - N)_e = 60 - 1 - 9.6 - 44 = 5.4(mg/L)$$

**【例 16 - 2】** 利用上题的结果，且已知反硝化速率为 $0.1\ mg(NO_3^- - N)/[mg(VSS) \cdot d]$，假定缺氧区可实现完全反硝化，试设计一个总反硝化率达到 $75\%$（$f = 0.75$）的系统。

**【解】**
$$\begin{aligned}
\frac{t_{DN}}{t_N} &= \frac{q_N f_N f}{q_{DN}(1-f_N)} = \frac{0.84 \times 0.034 \times 0.75}{0.1 \times (1-0.034)} \\
&= 0.222
\end{aligned}$$

$$t_{DN} = 0.222 \times t_N = 0.33 \times 0.222 = 0.073(d)$$

总停留时间为

$$t = t_N + t_{DN} = 0.33 + 0.073 = 0.40(d)$$

被反硝化的氮量

$$N_{DN} = t_{DN} q_{DN} X_{vb}(1-f_N) = 0.073 \times 0.1 \times 3\,000 \times (1-0.034) = 21(mg/L)$$

假定 $3mg(BOD_5)/mg(N)$，则反硝化作用消耗的 $BOD_5$ 的量（$S_{r, DN}$）为

$$S_{r, DN} = 21 \times 3 = 63 (mg/L)$$

好氧去除的 $BOD_5$ 量为

$$S_r = 210 - 10 - 63 = 137 (mg/L)$$

污泥生成量

$$\Delta X_{vb} = \alpha_D S_{r, DN} + \alpha_H S_r + \alpha_N N_{OX} - [b_H(1 - f_N)t_N + b_{H_D}(1 - f_N)t_{DN} + b_N f_N t_N]X_d X_{vb}$$

假定 $\alpha_D$ 和 $b_D$ 分别为 $\alpha_H$ 和 $b_H$ 的 $75\%$，则

$$\alpha_D = 0.75 \times 0.6 = 0.45$$
$$b_D = 0.75 \times 0.1 = 0.075 \ d^{-1}$$

$$\Delta X_{vb} = 0.45 \times 63 + 0.6 \times 137 + 0.15 \times 28.4 - [0.1 \times 0.966 \times 0.33 +$$
$$0.075 \times 0.966 \times 0.073 + 0.05 \times 0.034 \times 0.33] \times 0.55 \times 3\ 000$$
$$= 115 - 0.037\ 7 \times 3\ 000 \times 0.55 = 53 (mg/L)$$

$$\theta_c = \frac{3\ 000 \times 0.4}{53} = 23 (d)$$

所需总回流率为

$$R = \frac{1}{1 - f} - 1 = \frac{1}{1 - 0.75} - 1 = 3 \ 或 \ 300\%$$

如果 $Q_R = 50\% \ Q_0$，则 $Q_{R, in} = 250\% \ Q_0$。

# 16.3  序批式活性污泥处理过程

在 1914 年，Arden 和 Lecket 首次提出活性污泥过程的概念，当时所采用的操作方式就是序批式的，故序批式活性污泥处理过程（Sequencing Batch Reactor，SBR）可称为废水活性污泥生化处理系统的先驱。但由于当时的自控技术水平较低，间歇处理的控制阀门十分烦琐，操作复杂且工作量大，特别是后来由于城市污水和工业废水处理的规模趋于大型化，使得间歇式活性污泥过程逐渐被连续式活性污泥过程取代。近年来，随着工业和自动化控制技术的飞速发展，特别是监控技术的自动化程度以及废水厂自动化管理要求的日益提高，出现了电动阀、气动阀、定时器及微机控制处理等先进的监控技术产品，为间歇式活性污泥过程得到再度的深入研究和应用，提供了有利条件。

### 16.3.1  SBR 过程的控制操作

典型的 SBR 过程分为五个阶段：进水期、反应期、沉淀期、排水期和闲置期。五个工序都在一个设有曝气和搅拌装置的活性污泥反应池内依次进行，周而复始，以实现废水的处理目的。SBR 过程如图 16-6 和图 16-7 所示。

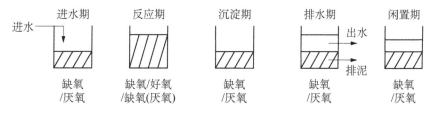

图 16-6  SBR 典型五段式运行过程示意图

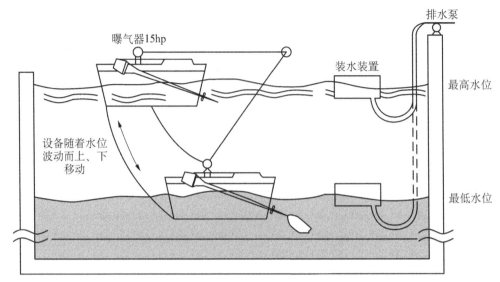

图 16-7　分批处理活性污泥系统工作示意图

（注：1hp＝0.745 6 kW）

进水期：在向反应器注入废水之前，反应器处于五道工序中最后的闲置期，此时废水处理后已经排放，反应期内残存着高浓度的活性污泥混合液。废水注入，注满后再进行反应，从这个意义上来讲，反应器起到调节池的作用。废水注入、水位上升，可以根据其他工艺上的要求，配合相应的操作过程，如曝气，即可得预曝气的效果，又可使得污泥再生恢复活性；也可以根据脱氮、释磷等要求，进行缓慢搅拌；又如根据限制曝气的要求，不进行其他技术措施，而单纯注水等。

反应期：废水注入预定高度后，即开始反应操作，根据废水处理的目的，如 $BOD_5$ 去除、硝化、磷的吸收和反硝化等，进行曝气或缓慢搅拌，并根据需要达到的程度决定反应的延长时间。如 $BOD_5$ 去除、硝化反应，需要曝气，而反硝化应停止曝气、进行缓慢搅拌，并根据需要补充甲醛、乙醇或注入少量有机废水作为电子受体。在反应期后期，进入下一步沉淀过程之前，还要进行短暂的微量曝气，以吹脱污泥附近的气泡或氮，保证沉淀效果。

沉淀期：沉淀期相当于活性污泥连续系统的二沉池泥、水分离阶段。此时停止曝气和搅拌，使混合液处于静止状态，活性污泥与水分离。由于本工序是静止沉淀，沉淀效果较好。沉淀期的时间基本同二次沉淀池，一般为 1.5～2.0 h。

排水期：经过沉淀后产生的上清液，作为处理水排放，一直到最低水位。此时也排出一部分剩余污泥，在反应器内残留一部分活性污泥，作为泥种。

闲置期：在处理水排放后，反应器处于停滞状态，等待下一个操作周期开始的阶段。此期间的长短，应根据现场情况而定。如时间过长，为了避免污泥完全失去活性，应进行轻微的曝气或间断的曝气。在新的操作周期开始之前，也可考虑对污泥进行一定时间的曝气，使污泥再生，恢复、提高其活性。对此，也可作为一个新的"再生"工序考虑。

### 16.3.2　SBR 过程的特点

SBR 过程的特点主要包括以下五个方面。

**1. 工艺流程简单，造价低**

与传统活性污泥过程相比，SBR 处理工艺不需要二沉池、污泥回流设备，一般情况下也不需要调节池和初沉池。所以，SBR 工艺大大减少了构筑物的数量，节约了基建费用，而且往往布置紧凑，节省占地。特别适合处理用地紧张、水质单一的工业有机废水。

**2. 适应水质、水量变化，抗冲击能力强**

由于 SBR 系统运行过程中，有一定的进水期，废水进入 SBR 反应器后，与上一个过程周期残存的污泥混合，整个进水期中，进入反应器的废水集中在一个池内进行充分混合，对废水冲击负荷起到了缓冲调节的作用。如果不考虑进水期的生化反应，仅考虑稀释作用，进水后反应池中底物浓度一般为原水底物浓度的 50%～70%。而且可以根据进水水质冲击负荷，调整进水期长短，即使进水期内出现底物浓度的急剧波动，仍可保障最终 SBR 内容纳的废水浓度处于进水期水质的平均水平，对后续的反应过程影响不大；而遇到进水流量的冲击负荷时，废水流量短期内的突然增加，仅仅缩短了进水期，而对反应过程没有影响。

因此，基于其对水质和水量冲击负荷的耐受性，特别适合处理工业生产过程中排放的水质水量变化较大的有机废水。

**3. 处理效果好**

在连续流完全混合反应器 CMR 中，池内底物浓度等于出水底物浓度，反应推动力小，则反应速率慢。而理想的推流式反应器 PFR 中，底物浓度从进水端的进水底物浓度，沿反应器长度逐渐减少至出水端的出水浓度，因此生化反应推动力大，推流式反应器单位容积处理能力高于完全混合反应器。但在推流式曝气池中，返混现象的存在，导致其反应推动力的优点难以充分发挥。SBR 系统中，呈现间歇式完全混合反应器 CMBR 的特征，即虽然底物浓度在反应器中空间变化是完全混合型的，但在时间序列上却是理想的推流状态。有研究表明，完全混合反应器 CMR 所需的水力停留时间或有效容积一般比 SBR 反应器的水力停留时间和有效容积大三倍。因此，SBR 工艺非常适合应用于用地紧张而出水要求严格的工业废水处理。

从微生物角度分析，SBR 反应器中存在的微生物种类繁多且呈现复杂的生物相，在过程周期内，对氧要求不同的微生物类群交替呈现优势，交替发挥作用，使多种底物得以有效去除，对于种类复杂的化工合成有机废水有着独特的处理效果。

**4. 脱氮除磷效果好**

SBR 在操作周期中，厌氧、缺氧、好氧状态交替出现，可以最大限度地提供生物脱氮除磷的环境条件。在进水期后段和反应期的好氧状态下，可以根据需要提高曝气量、延长好氧时间与污泥龄，来强化硝化反应，并保证聚磷菌过量吸磷；在停止曝气的沉淀期和排水期，系统处于缺氧或厌氧状态，可发生反硝化脱氮和厌氧释磷过程。为了延长周期内缺氧或厌氧时段，增强脱氮除磷效能，也可以在进水期和反应后期采用限制曝气或半限制曝气，或进水搅拌，以促使聚磷菌充分释磷。在以除磷为主要目的的 SBR 工艺中，后续工艺中增加化学除磷，即可将释放到出水中的磷从废水中去除。

**5. 污泥沉降性能好**

相对于传统活性污泥过程，SBR 反应器中的底物浓度梯度大，厌氧、缺氧、好氧状态并存。这些特点都有助于改善污泥沉降性能，控制丝状菌的过度繁殖，减少污泥膨胀。在 SBR 系统中，SVI 值一般不超过 100，污泥具有良好的凝聚沉降性能。

### 16.3.3　SBR 过程的影响因素及工艺设计

**1. SBR 过程的影响因素**

(1) 有机底物负荷率 $N_s$　工程中确定 SBR 工艺的有机底物污泥负荷率 $N_s$ 为 $0.05～0.2\ kg(BOD_5)/[kg(MLSS) \cdot d]$。

(2) 污泥浓度 $X$　SBR 工艺污泥浓度与传统活性污泥过程相似，挥发性悬浮固体 (MLVSS) 浓度一般为 $1\ 500～3\ 000\ mg/L$，相应 MLSS 为 $2\ 300～5\ 000\ mg/L$，低水位 MLSS 约为 $5\ 000\ mg/L$。

(3) 污泥龄 $\theta_c$　由于 SBR 具有脱氮效能，而自养硝化菌时代时间较长，因此，为达到理想的硝化效果，进而保证良好的脱氮效能，SBR 工艺的污泥龄也应以满足硝化污泥为准。工程中

SBR 工艺污泥龄取值为 90～100 d。

（4）污泥指数 SVI 由于 SBR 工艺厌氧、缺氧、好氧状态并存，有助于改善污泥沉降性能，SVI 值一般低于 100。工程中 SVI 值常为 90～100。

（5）水力停留时间 HRT 在 SBR 工艺中，由于存在时间上理想的推流状态，各阶段的除污染任务各有侧重，除碳异养菌、硝化自养菌、硝酸盐还原菌相互间的干扰很小，则可在较短的 HRT 内完成良好的除碳、脱氮过程。一般来讲，SBR 工艺的一个操作周期为 6～8 h，其中，进水期 1～3 h、沉淀期 0.7～1 h、排水期 0.5～1.5 h。其周期时间分配可设计成：进水期 2 h、曝气反应期 4 h、沉淀期 1 h、排水与闲置期 1 h。或者设计为：进水期 2 h（后 0.5 h 即开始边进水、边曝气）、曝气反应期 3.5 h（含进水时曝气 0.5 h）、沉淀期 1 h、排水与闲置期 1 h。

**2. 设计计算方法**

1）确定设计参数

（1）确定 $N_v$、MLSS、SVI。

（2）确定工作周期 $T$ 及其一日内的周期数 $n$，确定工作周期内各工作程序的时间分配。

（3）确定周期进水量 $Q_0$：

$$Q_0 = \frac{QT}{24N}(\text{m}^3) \qquad (16-18)$$

式中，$Q$ 为平均日废水流量，$\text{m}^3/\text{d}$；$T$ 为工作周期，h；$N$ 为反应池数，应不少于 2。

2）反应池有效容积 $V$

可计算为：

$$V = \frac{nQ_0 \overline{S_0}}{N_v \times 100}(\text{m}^3) \qquad (16-19)$$

式中，$n$ 为每日的周期数；$\overline{S_0}$ 为进入反应池废水 $\text{BOD}_5$ 平均浓度，$\text{g}(\text{BOD}_5)/\text{m}^3$。

反应池有效容积 $V$ 应等于周期进水量 $Q_0$ 和池内最小水量 $V_{\min}$ 之和，即：

$$V = Q_0 + V_{\min}(\text{m}^3) \qquad (16-20)$$

而最小水量 $V_{\min}$ 是指沉淀与排水工序之后，池内污泥界面所对应的反应池的容积。同时污泥界面的高度应低于排水口的高度。

3）反应池最小水量 $V_{\min}$ 的计算

$$V_{\min} = \frac{\text{SVI} \cdot \text{MLSS}}{10^6} \times V(\text{m}^3) \qquad (16-21)$$

式中，SVI 为污泥指数，mL/g；$10^6$ 为 mL 与 $\text{m}^3$ 的单位换算系数。

4）校核周期进水量和有效容积

$$Q_0 < \left(1 - \frac{\text{SVI} \cdot \text{MLSS}}{10^6}\right) \cdot V \qquad (16-22)$$

5）确定单池工艺尺寸

一般池内水深为 3.5～4.5 m，确定面积后再设计 $L \times B$ 的矩形池或直径为 $D$ 的圆形池，超高为 0.5 m。

6）总需氧量 $Q_{O_2}$ 和需氧速率 $R'$

只考虑有机底物降解时，则：

$$Q_{O_2} = a'QS_r + b'VX[\text{kg}(O_2)/\text{d}] \qquad (16-23)$$

式中,$S_r$ 为进出水 $BOD_5$ 浓度差,$S_r = S_0 - S_e$,mg/L;$V$ 为反应池有效容积,$m^3$;$X$ 为反应池内 MLVSS,约为 0.75MLSS,$g/m^3$。

$a'$、$b'$ 取值可参照同行业废水或通过实验求得。如某高浓度化学制品废水 $a'$、$b'$ 分别为 0.55、0.1 $d^{-1}$。

当总需氧量需考虑有机物氧化和硝化时,应按照氧化沟脱氮时需氧量公式计算。

$$Q_{O_2} = Q\left(\frac{S_0 - S_e}{1 - 10^{-Kt}}\right) - 1.42Q_w'\left(\frac{VSS}{SS}\right) + Q[4.6(N_0 - N_e)] - 0.56Q_w'\left(\frac{VSS}{SS}\right) - 2.6Q\Delta NO_3^-$$

$$(16-24)$$

式中,$Q_{O_2}$ 为同时去除 $BOD_5$ 和脱氮的生物系统所需氧量,$m^3$;$K$ 为 $BOD_5$ 降解速率常数,1/d;$t$ 为 $BOD_5$ 实验天数,$t = 5$ d;$Q_w'$ 为剩余污泥排放量,kg(SS)/d;$N_0$ 为进水氨氮浓度,mg/L;$N_e$ 为出水氨氮浓度,mg/L;$\Delta NO_3^-$ 为还原的 $NO_3^-$ - N 浓度,mg($NO_3^-$ - N)/L。

式(16-24)中,第一项为待降解废水中有机物需氧量;第二项为排放的剩余污泥中所含 $BOD_5$ 降解时的需氧量,假设细菌细胞($C_5H_{10}NO_2$)相对分子质量为 113,则含碳量为 53.1%,而 1 g 碳相当于 2.67 g $BOD_5$,故有 53.1% × 2.67 = 1.42;第三项为硝化反应需氧量,硝化每克氨氮需氧 4.57 g,可按 4.6 g 考虑;第四项为排放的剩余污泥中含氮物质需氧量,由细菌细胞分子式和分子式可知,细菌细胞含氮量为 12.4%,则排放的剩余污泥中含氮物质需氧量为 $0.56Q_w'$;第五项为硝态氮还原放出的氧量,1 g 硝态氮还原放出 2.6 g 氧。

其需氧速率 $R'$ 为:

$$R' = \frac{Q_{O_2}}{\text{一日内曝气时间(h)}}(\text{kg/h})$$

$$(16-25)$$

根据需氧量求出标准状态下曝气设备的供氧量和供气量,其计算与普通活性污泥过程相同。

7)排水口距反应池底高度 $h$ 的计算

$$h = \left(H - \frac{Q_0}{L \times B}\right) \geqslant \frac{V}{N \times L \times B}(\text{m})$$

$$(16-26)$$

式中,$H$ 为反应池有效水深,m;$Q_0$ 为周期内进水量,$m^3$/周期;$V$ 为反应池有效容积,$m^3$;$L$、$B$ 为单座反应池的长和宽,m。

SBR 反应器经过演变和改进,主要发展出周期循环延时曝气过程(Intermittent Cyclic Extended Activated Sludge, ICEAS)、循环式活性污泥系统(Cyclic Activated Sludge System, CASS 或 Cyclic Activated Sludge Technology, CAST)、改良型间歇活性污泥过程(Modified Sequencing Batch Reactor, MSBR)和一体化活性污泥系统(United Tank, UNITANK)四种形式,在此不再赘述。

# 16.4　膜生物反应器

## 16.4.1　膜生物反应器的类型

膜生物反应器(Membrane Bioreactor,MBR)的类型可根据膜组件类型和膜组件与生物反应器的组合类型进行划分。

### 1. 膜组件类型

(1)膜的特性　根据膜分离物质的特性可将膜组件分为致密膜和有孔膜两类。致密膜可以从水中去除离子,主要有反渗透、电渗析和纳滤膜;有孔膜是通过筛分作用实现物质分离的,其概念上接近于过滤过程,主要有超滤膜(孔径为 2 nm～0.1 $\mu$m)和微滤膜(孔径为 0.1～10 $\mu$m)。在用于废水处理过程的膜生物反应器中,有孔膜较为常用,MBR 中的多孔膜截留了悬浮固体物质(主要是微生物),实现泥、水分离,保证处理水澄清。超滤可以去除胶体和溶解性大分子物质;微滤只能除悬浮物质,最小颗粒尺寸在 0.05 $\mu$m 左右。

(2) 膜组件材料　根据膜组件的材料组成可分为有机膜(聚合物)和无机膜(陶瓷和金属)两类,其中聚合物膜又包括聚砜(PS)、聚醚砜(PES)、醋酸纤维(CA)、聚乙烯(PE)、聚丙烯腈纤维(PAN)等,工程中往往根据废水处理工艺的要求选择膜组件的材料及其物理结构。

(3) 膜组件构型　膜组件从构型上又可分为管式、板框式、卷式、中空纤维式和毛细管式。而膜生物反应器用于处理污水时多用管式、板框式和中空纤维式,膜组件置于活性污泥反应池中时,多用中空纤维式;膜组件置于活性污泥反应池之外时,多用管式和板框式。

(4) 膜的作用类型　膜生物反应器中膜的作用类型,可分为三大类:用于固体分离与截留(相当于生物处理过程中的沉淀池)、用于反应器中无泡曝气和从工业废水中萃取优先污染物。

膜是一种能够让某种物质比其他物质更容易通过的材料,膜的这种性质奠定了膜分离的基础。因此选择或者设计膜分离系统时,不仅要求膜具有足够的机械强度,能够维持高的膜通量,还要有高的选择度。相对应的膜材料物理结构应该为:膜厚度要薄,孔径尺寸分布要窄,表面孔隙率要高。

**2. 膜组件与生物反应器组合类型**

在废水处理中,膜生物反应器主要用于固-液分离系统。而此类微生物分离膜生物反应器中的组合又分为分置式和一体式两种类型。

图 16-8 即为分置式膜生物反应器。分置式膜生物反应器中,膜组件完全独立于生物反应器。进水进入含有微生物的生物反应器之中,活性污泥和废水的混合液被泵送入环路中的膜单元中,透过液被排走,截留液又回到生物反应器中。限制膜操作的膜驱动压力和错流速率均由泵产生。分置式膜生物反应器的优点是:系统改造时,膜及相应设备便于调整;便于膜的清洗。

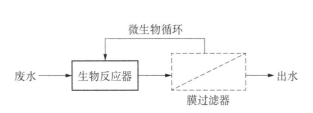

图 16-8　分置式膜生物反应器工艺流程图

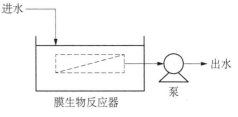

图 16-9　一体式膜生物反应器工艺流程示意图

图 16-9 即为一体式膜生物反应器。一体式膜生物反应器中,膜组件浸没在生物反应器的活性污泥和废水混合液中。其与分置式反应器不同之处是膜组件对固、液的分离是在生物反应器中进行的,该过程不需要环路。这时膜过滤的驱动压力由高于膜组件的水头提供。有些系统中还增加一台抽吸泵来提高膜驱动压力。

**16.4.2　膜生物反应器的特点**

**1. 膜生物反应器的特性**

(1) 分离效率高　超滤或微滤膜组件在一定的操作压力下,可以让水和低分子溶解物质通过,实现泥、水分离,不用体积庞大的二沉池,污水处理构筑物结构紧凑,占地面积小。由于这种膜分离是一种强制的机械拦截作用,优于传统方法中二沉池的自由重力沉降作用,其出水水质相对稳定、波动小。

（2）活性污泥浓度高 膜组件对混合液的高效分离使得活性污泥几乎无流失,故活性污泥反应池中的污泥浓度大大提高,可达 $10\sim20$ g/L(好氧型),比传统的 MLSS 浓度高出近 10 倍左右。因此,膜生物反应器容积负荷率高,$COD_{cr}$ 负荷一般为 $4\sim5$ kg/$(m^3 \cdot d)$,从而减小池容、节省占地;污泥负荷率低,营养和微生物比率比较低,污泥内源消耗量增加,剩余污泥量少。

（3）污泥龄长 同时污泥龄的增加有利于增殖缓慢的微生物,利于硝化细菌的存活和增殖,使膜生物反应器具有较好的脱氮能力,同时提高了难降解大分子有机物的处理效率并促使其彻底地分解。

（4）造价高 膜生物反应器在工程上广泛应用的限制因素就是基建投资和运行费用较高,其中最主要的是膜的费用,膜组件的投资大约和处理规模成正比。随着膜制造业的发展,膜的实际费用,尤其是膜的更换费用在总投资中所占的比例正在下降。

（5）容易产生膜污染 虽然膜生物反应器具有分离效率高、污泥浓度高的优势,但膜污染也是一个不容忽视的问题。膜污染主要来源于三个方面:其一是凝胶层,即滤饼,主要是水透过膜后被截留下来的部分活性污泥和胶体物质没来得及送走就在滤压差和透过水流的作用下堆积在膜表面而形成膜面污染,此为可逆污染,可通过水力清洗清除;其二是溶解性的有机物质,可以透过凝胶层,却会被膜内的微孔表面所吸附或结晶,堵塞孔道,使膜通量减少;其三是微生物污染,膜面和膜内的微孔中有大量微生物滋生,有研究表明,膜内微孔中可以产生大量的丝状菌、球状菌和短杆状菌。

**2. 减少膜污染的措施**

（1）向混合液中添加混凝剂,如 $FeCl_3$、粉末活性炭等,以改善污泥的滤饼性能,易于过滤。

（2）改善水力学特性。分置式结构中,选用错流膜组件,在较低压差($<0.1$ MPa)下,采用高膜面流速(一般为 4 m/s),可提高膜面剪切力。

（3）消除浓差极化带来的影响。在一体式中空纤维膜反应器中,把膜组件放在曝气管正上方,加大曝气量,也可减轻膜面污染。

（4）对膜进行定期清洗。包括物理清洗和化学清洗。物理清洗指人工清洗和清水清洗,反冲洗要求在低压下操作;化学清洗可采用 NaOH、柠檬酸和 NaClO 的稀溶液进行浸泡和清洗。

（5）改造为复合式膜生物反应器。有研究表明,膜面污染物质主要为固体污染和溶解性有机物,分别与混合液中悬浮物浓度和上清液中有机物浓度有关,因而通过向膜生物反应器中投加填料,构成生物膜和悬浮污泥的复合系统,可减轻膜污染。

## 16.4.3 膜生物反应器的工艺过程与理论

**1. 工艺过程的定义**

膜生物反应器分为分置式和一体式,对于分置式膜生物反应器而言,膜组件主要起到类似二沉池、水分离的沉降和过滤作用;对于一体式膜生物反应器而言,膜组件中存在生物净化、沉降和过滤等各种过程,这是膜生物反应器区别于其他普通膜滤过程的特点。此处主要讨论一体式膜生物反应器的工艺过程。

（1）膜通量 膜通量是指单位时间单位膜面积通过的物质体积,单位为 $m^3/(m^2 \cdot s)$,或者 m/s,因此膜通量也称为渗透速度。膜通量由驱动力和总阻力两方面决定,总阻力由膜本身和膜临近区域产生。未污染的膜本身阻力是固定的,膜临近区域产生的阻力是进水组分和渗透通量的函数。

（2）错流 大多数膜滤过程有三种液流:进料液、截留液和透过液。截留液是未经渗透的产物,若流程中无截留液,则该流程为死端过滤或者全程过滤,此时进水垂直通过膜表面,在进水侧膜表面逐步产生滤饼层,透过液从另一侧膜表面流出。另一种可以替代死端过滤的工艺是错流过滤,在错流过滤中,进水流与膜表面平行,污染物质从膜和液体之间的界面上被去除,错流产生截留液。膜的选择透过性越强,水力阻力越大,故实际操作中,倾向于采用错流过滤而非死端过滤;微滤和超滤可以采用死端过滤,而纳滤和反渗透则不能采用死端过滤。

**2. 工艺过程分析**

由于一体式膜生物反应器中膜组件的作用过程更能区别于单独的膜滤过程,故此处对膜生物反应器工艺过程的分析主要针对一体式膜生物反应器。

1)驱动力及其影响因素

与萃取膜和气体传质膜组件的驱动力为浓度梯度不同,废水处理中的膜组件驱动力主要为压力梯度——驱动力为静液压差、泵的抽吸压力或出水压力;浓度梯度的驱动作用也或多或少的存在。

这种膜组件驱动力的影响因素主要由浓度极化及凝胶极化引起压力差的改变,如:①膜表面区域截留溶液的浓度或者透过离子的浓度;②膜表面区域离子浓度的递减;③膜表面大分子类物质的沉积进而形成凝胶层,以及固体物质的积累;④膜表面或膜内部污染物质的积累。

①、②两种影响为浓差极化;③、④两种影响为凝胶极化。

2)质量传递及其控制

在膜组件处理废水的流程中,有两种最重要的物质传递机制:对流与扩散。混合液流动引起对流,其中也包含扩散传递,流速高时为紊流,物质传递效率高;单个离子、原子或者分子的热运动产生布朗扩散,扩散速度取决于浓度梯度和组分的布朗扩散系数,扩散速度随着颗粒尺寸的减小而增大。

描述膜组件的传质机理时,可以把膜本身引起的水力阻力与泥饼层或者污染层引起的水力阻力简单相加,在给定压力下,求取通过两层介质的膜通量——膜的质量传递和饼层的质量传递。

(1)膜的质量传递控制　在最简单的运行条件下,流体阻力完全来自于膜组件。对于孔隙介质,膜通量为:

$$J = \frac{\Delta p}{\mu R_m} \tag{16-27}$$

式中,$J$ 为膜通量,m/s;$\Delta p$ 为膜操作压力;$\mu$ 为流体黏度;$R_m$ 为膜阻力。

对于微孔膜,特别是微滤膜,式(16-27)的适用条件是流态为层流,膜孔为圆柱状,此时阻力为:

$$R_m = \frac{K(1-\varepsilon_m)^2 S_m^2 l_m}{\varepsilon_m^3} \tag{16-28}$$

式中,$\varepsilon_m$ 为孔隙率;$S_m$ 为孔表面积与孔体积之比;$l_m$ 为膜的厚度;$K$ 为常数,在理想圆柱孔时,$K=2$,并随几何形状的不同而不同。

(2)饼层的质量传递控制　计算界面附近区域污染物质的积累引起的附加阻力可以简单地把污染层阻力 $R_c$ 加到膜阻力上。式(16-27)则成为:

$$J = \frac{\Delta p}{\mu(R_m + R_c)} \tag{16-29}$$

在死端过滤条件下:①所有引起 $R_c$ 的悬浮固体均由膜截留;②泥饼层的水力阻力不随时间变化而变化,$R_c$ 与滤液体积呈线性关系。在这种条件下,$R_c$ 计算式与式(16-28)相似,为:

$$R_c = \frac{K'(1-\varepsilon_c)^2 S_c^2 l_c}{\varepsilon_c^3} \tag{16-30}$$

式中,$K'$ 对于形状为圆柱形的值为 5。

另一方面,在错流操作中,一旦泥饼层或者污染层保持在膜表面的黏滞力与作用于水动力学边界层及其附近的剪切力达到平衡时,阻力就达到一个稳定的常量值。这样看来,如果有足够的数据,并采用试验测量或者根据式(16-30)推导,计算出泥饼层或者污染层的水力阻力的话,那么从式(16-29)就可以计算出稳态下的流量。但是在实际错流过滤系统中,因为泥饼层性质和膜本身性质都在改变,所以膜通量都是不可避免地随时间而减少的。

### 16.4.4　膜生物反应器的设计计算

在废水处理过程中,膜生物反应器区别于其他生物反应器的设计计算主要包括有效膜表面积的计算、鼓风机供气量的计算等,现以日本 Mitsublishi Rayon 公司开发的 Stera-por-L 为例进行介绍。

#### 1. 有效表面积的计算

中空纤维膜的过滤率随原水水质和 MLSS 浓度及黏度而变化,设计时,一般可取过滤率为 $0.20\sim0.60\ m^3/(m^2 \cdot d)$ 来计算所需膜的表面积。而实际数量是由所采用的膜材料的性质决定的。为了便于维护,建议设计时采用大于计算值 $10\%\sim20\%$ 的膜表面积。另一方面,假如能经常清洗膜组件,或多用化学药剂清洗,也可采用较小的膜表面积,但是会增加运行费用。

#### 2. 鼓风机的供气量

用于膜生物反应器的鼓风机供气量包括微生物呼吸需要的生化需氧量和清洗膜所需的空气量,两者中以较大的数值作为鼓风机的设计依据。

(1) 生化需氧量　生化需氧量为原水中 $BOD_5$ 降解消耗氧量和活性污泥自身降解消耗氧量之和,计算方法同传统好氧生物处理过程,在此不再赘述。

(2) 清洗空气量

$$清洗空气量 = 平面投影面积 \times 单位面积清洗空气量 \times 安全因子 \qquad (16-31)$$

用于单位投影面积上膜的清洗空气量应不低于 $50\ m^3/(m^2 \cdot d)$。考虑到将来操作条件的改变,这个数值通常达到标准状态下 $75\sim100\ m^3/(m^2 \cdot h)$。

如果膜的平面投影表面积不会因为膜重叠为两层或三层而改变,那么空气量也不会变化。安全因子通常取 1.2。

一般而言,在 $BOD_5$ 浓度为 $1\ 000\ mg/L$ 左右时,$BOD_5$ 降解和污泥内源呼吸耗氧量大于冲洗空气量。

### 16.4.5　膜生物反应器的应用

膜生物反应器效率高、占地面积少的优势使其广泛用于多种废水的处理过程中,如处理城市污水含油废水、羊毛洗涤废水、合成废水、制药废水、纤维素废水等。

# 16.5　厌氧活性污泥处理过程

厌氧分解指在无氧的条件下有机物分解为气体(甲烷和二氧化碳)的过程。

有机酸转化为甲烷气体产生热量很少(如 1 mol 乙酸好氧消化时产生 848.8 kJ 能量,厌氧消化时产生 29.3 kJ 能量),因此厌氧微生物生长速度慢,并且合成的生物质产量低。相应污泥产生和有机物去除的速度都比好氧活性污泥法慢很多。消化过程中,只有 $80\%\sim90\%$ 的有机物转化成气体;厌氧过程中合成细胞较少,则养料需求量也少于需氧体系。因此,欲取得较高的操作效率,需要较高的反应速度。在水处理过程中,至少保障产生的甲烷足以满足反应器加热的需要。因此,低浓度 $COD_{Cr}$ 和 $BOD_5$ 的有机废水不能产生足够的甲烷来提供热量,尚需补充热量,在废水处理中不具有经济可行性。

厌氧活性污泥处理系统中,为了促进活性污泥与废水的接触、混合,需要进行机械搅拌或水力搅拌。可通过严格控制工艺条件以实现不同的厌氧生化过程,以形成不同的厌氧活性污泥处理工艺。

根据微生物的分段厌氧发酵过程理论,可将厌氧活性污泥处理过程分为厌氧水解酸化处理过程和厌氧发酵产甲烷处理过程,前者是将厌氧发酵过程控制在水解酸化阶段,后者是全程厌氧发酵过程。

### 16.5.1 厌氧水解酸化处理过程

厌氧水解酸化一般用作有机污染物的预处理工艺,通过厌氧水解酸化可使废水中一些难分解的大分子有机物转化为易于生物降解的小分子物质,如低分子有机酸、醇等,从而使废污水的可生物降解性得到提高,以利于后续的好氧生物处理。其中生物水解是指复杂的非溶解性有机底物被微生物转化为溶解性单体或二聚体的过程,虽然在好氧、厌氧和缺氧条件下,均可发生有机底物的生物水解反应,但作为废水的预处理措施,通常指厌氧条件下的水解;生物酸化是指溶解性有机底物被厌氧、兼性菌转化为低分子有机酸的生化反应。

#### 1. 水解酸化的过程控制

在有机底物的水解酸化过程中,大分子、难降解的有机底物被转化为挥发性脂肪酸 VFA,过程中附带一系列的变化,如 pH 的降低、VFA 浓度提高、溶解性 $BOD_5/COD_{Cr}$ 升高等,而这些转变又取决于适宜的控制条件。

在影响水解酸化过程形成的因子中,最重要的为有机底物的污泥负荷。由于污泥负荷受进水底物浓度和水力停留时间的双重调节,并与反应器中的污泥浓度有关,因而最能说明微生物的底物承受程度。在水化分解的初期,污泥负荷的大小与出水的 pH 直接相关,进而决定不同的发酵酸化类型。研究表明,有机底物的污泥负荷小于 1.8 kg($COD_{Cr}$)/[kg(MLVSS)·d]时,出水 pH>5.0,这时发酵过程末端产物主要为丁酸;有机底物的污泥负荷为 1.83～3 kg($COD_{Cr}$)/[kg(MLVSS)·d]时,出水 pH 为 4.0～4.8,这时出现混合酸发酵类型向乙醇发酵的动态转变;当污泥负荷大于 3 kg($COD_{Cr}$)/[kg(MLVSS)·d]时,pH 降到 4.0 以下,甚至3.5左右,由于 pH4.0 是所有产酸发酵细菌所能忍受的下限值,故实际工程中,应控制初期运行中有机底物的污泥负荷不超过 3 kg($COD_{Cr}$)/[kg(MLVSS)·d],以保证发酵酸化过程的顺利形成。

#### 2. 水解酸化池的设计

水解酸化池的设计包括池型选择、池子容积及尺寸计算、布水和出水系统设计等。

水解酸化池的池型可根据废污水处理厂场地的具体条件而定,可分为矩形或圆形。比较而言,矩形池较圆形池更利于平面布置和节约用地。为了便于检修,池子个数一般为两个以上,采用矩形池时,池子的长宽比宜为 2∶1 左右,单池宽度宜小于 10 m,以利于均匀布水和维修管理。

为了促进废污水与池内厌氧活性污泥均匀充分的接触、混合,可从两方面采取措施。

其一是在池内设机械搅拌装置,可在圆形水解酸化池中部布置或沿矩形水解酸化池的池长布置,如图 16‐10 所示。在高速消化池内均设有搅拌装置,可以分为机械搅拌和沼气搅拌两种形式。其中的机械搅拌又分为:①泵搅拌,从池底抽出消化污泥,用泵加压后送至浮渣层表面或其他部位,进行循环搅拌,一般与进料和池外加热合并一起进行;②螺旋桨搅拌,在一个竖向导流管中安装螺旋桨;③水射器搅拌,利用污泥泵从消化池中抽取污泥后通过水射器喷射进入消化池,可以起到

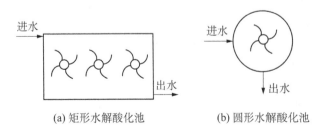

(a) 矩形水解酸化池　　　　(b) 圆形水解酸化池

图 16‐10　水解酸化池示意图

循环搅拌的作用。而沼气搅拌又可以分为：①汽提式搅拌；②竖管式搅拌；③气体扩散式搅拌。

其二是均匀布水，布水管可设置在池子上部或底部，有一管一孔布水（池子上部）、一管多孔布水（池子底部）和分支式布水（池子底部）等形式，如图 16-11 所示。其中一管多孔布水方式的布水管管径宜大于 100 mm，管中心距池底 20～25 cm，空口流速不小于 2.0 m/s；分支式布水的出水口向下设置，距池底 20 cm。以上两种方式可结合使用。

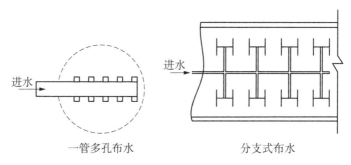

一管多孔布水　　　　　　　　分支式布水

图 16-11　水解酸化池的几种布水方式

水解酸化池出水系统与好氧活性污泥反应池的出水系统相似，可从池上部直接由出水管出水或溢流堰出水，圆形水解酸化池为周边式溢流堰出水，而矩形水解酸化池为单侧式溢流堰出水。

水解酸化池的容积 $V$ 常用水力停留时间 HRT 进行计算，该值可通过试验取得，或参考同类废污水的经验值确定：

$$V = Qt \tag{16-32}$$

式中，$V$ 为水解酸化池的容积，$m^3$；$Q$ 为设计废水的流量，$m^3/h$；$t$ 为废水在水解酸化池中的停留时间，h。

利用水力停留时间 HRT 作为池容的设计标准时，应兼顾污泥浓度、有机底物的污泥负荷等参数的适宜范围，与传统厌氧发酵过程的取值类似。

池子的截面积 $A$ 可根据设定的上升流速进行计算：

$$A = \frac{Q}{v_{升}} \tag{16-33}$$

式中，$A$ 为水解酸化池横截面积，$m^2$；$v_{升}$ 为废水在水解酸化池中的最大上升流速，m/h，$v_{升}$ 取 0.5～0.8 m/h。

也可在设定池深后计算 $A$：

$$A = \frac{V}{H} \tag{16-34}$$

式中，$H$ 为水深，m，一般为 3～5 m。

### 16.5.2　完全厌氧工艺

厌氧方法有多种流程，下面分别介绍。

1）厌氧滤池

厌氧滤池是使厌氧微生物在填料介质上生长。滤池可以是升流式（图 16-12）或降流式。附着生物的填料还能够用来分离消化过程中产生的固体和气体。

采用厌氧滤池处理合成有机化学品废水实验结果表明，当负荷为 0.56 kg(COD$_{Cr}$)/(m$^3$·d)、

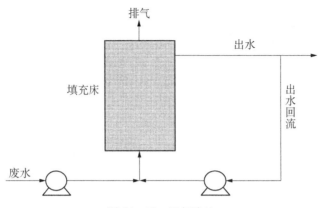

图 16-12　厌氧滤池

HRT 为 36 h,温度为 35℃时,COD<sub>Cr</sub>的去除率可达 80%。采用厌氧滤池处理炼油废水的实验结果表明,当负荷为 2 kg(COD<sub>Cr</sub>)/(m³·d)时,COD<sub>Cr</sub>的去除率可达 70%。根据基质和 OLR 的不同,反应器的启动时间为 3~9 个月。

2) 厌氧接触反应器

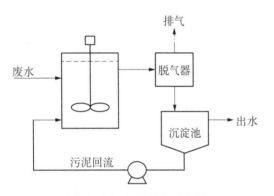

图 16-13　厌氧接触反应器

厌氧接触反应器(图 16-13)可使接种微生物进行固液分离并回流,因此允许操作过程的停留时间缩短到 6~12 h。在固液分离步骤中,通常需要脱气装置来减少分离室固体上浮现象的发生。在进行废水深度处理中,32℃,固体停留时间需要 10 d;操作温度每降低 11℃,停留时间增加 1 倍。据报道在处理肉类加工废水的生产装置中,负荷为 2.5 kg(COD<sub>Cr</sub>)/(m³·d),HRT 为 13.3 h,温度为 30~35℃时,COD<sub>Cr</sub>的去除率可达 90%,其中 SRT 约为 13.3 d。报道指出,在 6% 的微生物增长速度下,增加 2 倍和 10 倍的微生物量,所需 SRT 时间分别为 12 d 和 40 d。

3) 流化床反应器(FBR)

在流化床反应器(图 16-14)中,用泵加压,使废水向上流过长有厌氧生物膜的砂床,出水回流与进水混合,回流量由废水浓度和流化速度决定。据报道,FBR 中生物质浓度可超过 30 000 mg/L。当负荷为 4 kg(COD<sub>Cr</sub>)/(m³·d)时,COD<sub>Cr</sub>的去除率可达 80%。

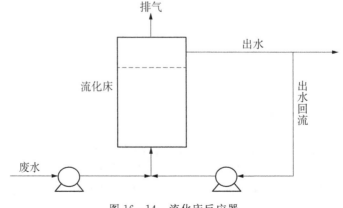

图 16-14　流化床反应器

#### 4）升流式厌氧污泥床反应器（UASB）

在 UASB（图 16-15）处理方法中，废水直接泵入反应器底部，且必须在反应器底部均匀分布。废水向上流动，经过可以分解有机物的微生物组成的颗粒污泥层得以降解。产生的甲烷和二氧化碳气泡溢出并被收集到集气室中。液相进入反应器的沉降区，并进行固液分离，固体重新回流到污泥层，而液体从出水堰中流出。

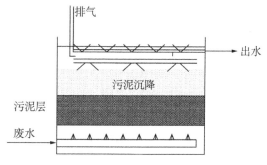

图 16-15　升流式厌氧污泥床反应器（UASB）

在 UASB 的运转过程中，颗粒污泥的形成和保持至关重要。曾有人提出假设，认为形成良好的颗粒化污泥需要以下条件：推流式反应器结构，pH 呈中性，足够的 $NH_3$-N 源，有限的半胱氨酸源，能够产生氢气的基质。对于以碳水化合物为主的废水，进水中需要保持 1.2～1.6 g 碱度（以 $CaCO_3$ 计）/g（$COD_{Cr}$）才能保持 pH 大于 6.6。

#### 5）ADI-BVF 反应器

ADI-BVF 法运用了一种有间断搅拌和污泥回流的低速厌氧反应器。反应器有两个区：入口端的反应区和出口端的澄清区。反应器可以是地面上的容器，也可以是水塘，水池上要有一个浮动的绝缘膜盖子用于气体回收、保温和防止臭气逸出。由于反应器体积很大，所以废水水质均衡性要求不高。图 16-16 是典型的设备示意图。

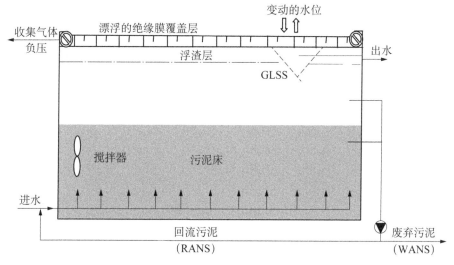

图 16-16　ADI-BVF 反应器（ADI 系统公司提供）

各种厌氧方法的性能数据见表 16-3。ADI-BVF 法处理各种工业废水的性能见表 16-4。

**表 16-3　厌氧法处理有机污水案例性能及参数**

| 工艺 | 案例 | 负荷/[kg/(m³·d)] | HRT/d | 温度/℃ | 去除率/% |
|---|---|---|---|---|---|
| 厌氧接触法 | 肉类加工 | 2.5(BOD) | 13.3 | 35 | 95 |
| | 漂染 | 0.085(BOD) | 62.4 | 30 | 59 |
| | 屠宰场 | 3.5(BOD) | 12.7 | 35 | 95.7 |
| | 柑橘 | 3.4(BOD) | 32 | 34 | 87 |

续表

| 工艺 | 案例 | 负荷/[kg/(m³·d)] | HRT/d | 温度/℃ | 去除率/% |
|---|---|---|---|---|---|
| 升流过滤法 | 合成 | 1.0(COD) | — | 25 | 90 |
| | 制药 | 0.56(COD) | 36 | 35 | 80 |
| | 胍尔豆胶 | 7.4(COD) | 24 | 37 | 60 |
| | 炼油 | 2.0(COD) | 36 | 35 | 70 |
| | 垃圾渗滤液 | 7.0(COD) | — | 25 | 89 |
| | 造纸污冷凝物 | 10~15(COD) | 24 | 35 | 77 |
| 流化床反应器 | 合成 | 0.8~4.0(COD) | 0.33~6 | 10~3 | 80 |
| | 造纸污冷凝物 | 35~48(COD) | 8.4 | 35 | 88 |
| 升流式厌氧污泥床 | 脱脂牛奶 | 71(COD) | 5.3 | 30 | 90 |
| | 泡菜 | 8~9(COD) | — | — | 90 |
| | 土豆 | 25~45(COD) | 4 | 35 | 93 |
| | 糖 | 22.5(COD) | 6 | 30 | 94 |
| | 香槟 | 15(COD) | 6.8 | 30 | 91 |
| | 甜菜糖厂 | 10(COD) | 4 | 35 | 80 |
| | 酿酒 | 95(COD) | — | — | 83 |
| | 造纸污冷凝物 | 4~5(COD) | 70 | 35 | 87 |
| ADI-BVF法 | 土豆 | 0.2(COD) | 360 | 25 | 90 |
| | 玉米淀粉 | 0.45(COD) | 168 | 35 | 85 |
| | 奶制品 | 0.32(COD) | 240 | 30 | 85 |
| | 糖果 | 0.51(COD) | 336 | 37 | 85 |

表 16-4  ADI-BVF 法处理不同工业废水的性能

| 废水种类 | 厌氧进水水质 | | | | 厌氧出水水质 | | | |
|---|---|---|---|---|---|---|---|---|
| | COD /(mg/L) | BOD /(mg/L) | BOD /COD | SS /(mg/L) | COD /(mg/L) | BOD /(mg/L) | BOD /COD | SS /(mg/L) |
| 土豆加工 | 4 263 | 2 664 | 0.62 | 1 888 | 144 | 32 | 0.22 | 70 |
| 酵母,甘蔗废糖蜜 | 13 260 | 6 630 | 0.50 | 1 086 | 4 420 | 600 | 0.14 | 883 |
| 酿酒和城市污水 | 9 750 | 2 790 | 0.29 | 4 146 | 332 | 179 | 0.54 | 168 |
| 蛤加工 | 3 813 | 1 895 | 0.50 | 856 | 594 | 337 | 0.57 | 130 |
| 谷物加工和城市污水 | 5 780 | — | — | — | 1 210 | — | — | 136 |
| 硬纸板加工 | 12 930 | 5 990 | 0.46 | 486 | 2 590 | 740 | 0.29 | 507 |
| 奶厂 | 13 076 | 7 204 | 0.55 | 1 919 | 596 | 173 | 0.29 | 260 |
| 半化学纸浆厂 | 6 826 | 2 221 | 0.32 | 851 | 3 822 | 524 | 0.14 | 881 |
| 酿酒 | 2 692 | 1 407 | 0.52 | 778 | 295 | 122 | 0.41 | 201 |
| 乙醇釜馏物-1 | 120 000 | 40 000 | 0.33 | — | 57 000 | 4 700 | 0.08 | — |
| 乙醇釜馏物-2 | 98 000 | 31 000 | 0.32 | — | 54 000 | 6 000 | 0.11 | — |
| 乙醇釜馏物-3 | 80 000 | 24 000 | 0.30 | — | 36 000 | 4 100 | 0.11 | — |
| 奶制品 | 3 250 | 1 970 | 0.61 | 252 | 372 | 111 | 0.30 | 55 |
| 土豆加工 | 1 890 | 1 090 | 0.58 | 341 | 165 | 98 | 0.59 | 50 |
| 牛皮纸污冷凝物 | 13 960 | 6 710 | 0.48 | 10 | 1 076 | 660 | 0.61 | 190 |
| 蜜糖釜馏物 | 65 000 | 25 000 | 0.38 | 5 000 | 15 000 | 1 250 | 0.08 | 500 |
| 谷物湿磨法 | 3 510 | 1 700 | 0.48 | 1 080 | 410 | 133 | 0.32 | 64 |
| 纸浆造纸 | 5 349 | 2 287 | 0.43 | 3 792 | 965 | 308 | 0.32 | 199 |
| 奶制品 | 25 541 | 20 575 | 0.81 | 974 | 737 | 190 | 0.26 | 337 |
| 奶制品 | 19 200 | 10 400 | 0.54 | 3 400 | 770 | 130 | 0.17 | 500 |

续表

| 废水种类 | 厌氧进水水质 | | | | 厌氧出水水质 | | | |
| --- | --- | --- | --- | --- | --- | --- | --- | --- |
| | COD /(mg/L) | BOD /(mg/L) | BOD /COD | SS /(mg/L) | COD /(mg/L) | BOD /(mg/L) | BOD /COD | SS /(mg/L) |
| 酿酒 | 4 011 | 2 786 | 0.69 | 139 | 510 | 306 | 0.60 | 105 |
| 工业和家庭污水 | 3 000 | 1 620 | 0.54 | 550 | 300 | 105 | 0.35 | 120 |
| 奶制品 | 8 830 | 7 890 | 0.89 | 1 670 | 150 | 86 | 0.57 | 53 |
| 土豆加工 | 8 356 | 5 300 | 0.63 | 5 250 | 1 113 | 486 | 0.44 | 708 |
| 苹果加工 | 3 994 | 2 441 | 0.61 | 2 573 | 174 | 87 | 0.50 | 54 |
| 橄榄加工 | 13 395 | 5 550 | 0.41 | 289 | 2 332 | 786 | 0.34 | 212 |
| 豆类和糊剂加工 | 2 604 | 1 200 | 0.46 | — | 1 285 | 528 | 0.41 | — |
| 制药 | 9 200 | 4 000 | 0.43 | 2 400 | 3 300 | 850 | 0.26 | 350 |
| 制药 | 7 100 | 3 300 | 0.46 | 1 000 | 1 490 | 460 | 0.31 | 170 |
| 糖果 | 10 560 | 6 550 | 0.62 | 1 050 | 320 | 70 | 0.22 | 180 |
| 土豆加工 | 12 489 | 5 978 | 0.48 | 9 993 | 4 692 | 1 573 | 0.34 | 2 200 |
| 玉米酒精厂 | 1 155 | 743 | 0.64 | 20 | 397 | 204 | 0.51 | 162 |

**1. 厌氧发酵机理**

厌氧发酵过程中,微生物按顺序降解有机物。首先,水解微生物把大分子物质如多糖和蛋白质降解成小分子物质,其中,大分子物质的减少不会引起 $COD_{Cr}$ 的降低。然后,小分子物质转化为脂肪酸(VFA)和少量 $H_2$ ,VFA 主要是乙酸、丙酸、丁酸和少量戊酸,在此酸化阶段,$COD_{Cr}$ 有少量减少,某些 $COD_{Cr}$ 还原时还会产生大量 $H_2$ ,但很少超过 $10\%$ 。比乙酸更高级的酸都会被乙酸菌转化为乙酸盐和氢气。譬如,丙酸的转化为

$$C_3H_6O_2 + 2H_2O \longrightarrow C_2H_4O_2 + CO_2 + H_2 \qquad \text{反应(16-3)}$$

这个反应中,$COD_{Cr}$ 的还原以形成 $H_2$ 的形式表现出来。只有 $H_2$ 的浓度很低时,上述反应才会发生。

最后,乙酸和氢气被甲烷菌转化为甲烷。

(1) 乙酸转化为甲烷

$$CH_3COO^- + H_2O \longrightarrow HCO_3^- + CH_4 \qquad \text{反应(16-4)}$$

$$C_2H_4O_2 \longrightarrow CO_2 + CH_4 \qquad \text{反应(16-5)}$$

(2) 氢气转化为甲烷

$$HCO_3^- + 4H_2 \longrightarrow CH_4 + OH^- + 2H_2O \qquad \text{反应(16-6)}$$

图 16-17 描述了有机物被分解为甲烷和二氧化碳的过程。

典型厌氧过程处理可溶性工业废水的污泥负荷一般为 $1\ kg(COD_{Cr})/[kg(MLVSS) \cdot d]$ 。甲烷丝菌属的污泥负荷低,所以它在低乙酸盐浓度系统中占支配地位。在高负荷系统中,如果存在微量元素如铁、钴、镍、钼、硒、钙、镁和浓度为 $\mu g/L$ 数量级的维生素 B,污泥负荷比较高的甲烷八叠球菌属(为甲烷丝菌属的 $3\sim5$ 倍)在系统中起支配作用。

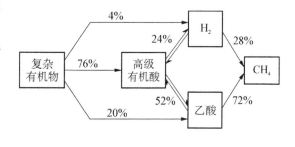

图 16-17　有机物厌氧分解模式示意图

厌氧降解一般遵循 Monod 动力学方程

$$\frac{dS}{dt} = \frac{k_{max}SX}{K_s + S} \qquad (16-35)$$

式中，$dS/dt$ 为基质利用率，$mg/(L \cdot d)$；$k_{max}$ 为最大比基质利用率，$g(COD)/[g(MLVSS) \cdot d]$；$S$ 为出水浓度，$mg/L$；$X$ 为生物浓度，$mg/L$；$K_s$ 为半饱和浓度，$mg/L$。

Lawrence 和 McCarty 实验发现，式（16-35）中常数在不同温度下的标准值如表 16-5 所示。

表 16-5　厌氧降解不同温度下的 Monod 方程常数标准值

| 温度/℃ | $K_{max}/d^{-1}$ | $K_s/(mg/L)$ |
|---|---|---|
| 35 | 6.67 | 164 |
| 25 | 4.65 | 930 |
| 20 | 3.85 | 2 130 |

沼气发酵中产生的微生物数量取决于废水的浓度、废水的性质以及生物固体停留时间，进入需氧系统后，产生的细胞部分会被内源代谢破坏掉。

微生物细胞产率可以利用下式求得：

$$\Delta X_V = aS_r - bX_dX_Vt \qquad (16-36)$$

式中，$\Delta X_V$ 为溶解性有机物（基质）生物降解所生成的微生物量，$kg(MLVSS)/d$；$S_r$ 为被去除的溶解性有机物，即生物处理系统进出水 BOD 或 COD 之差，$mg/L$；$X_V$ 为 MLVSS 浓度，$mg/L$；$X_d$ 为微生物可降解分数；$t$ 为 $V/Q$，水力停留时间，$d$；$a$ 为降解单位质量有机物合成为微生物的分数，即污泥产率；$b$ 为内源呼吸速率常数，$d^{-1}$。

结合 McCarty 和 Vath 实验结果，可求得不同有机物降解时，微生物生成量：

$$氨基酸和脂肪酸：A = 0.054F - 0.038M \qquad (16-37)$$

$$碳水化合物：A = 0.46F - 0.088M \qquad (16-38)$$

$$肉汤培养：A = 0.076F - 0.014M \qquad (16-39)$$

式中，$A$ 为积累的生物固体量，$mg/L$；$M$ 为混合液 MLVSS 浓度，$mg/L$；$F$ 为微生物降解的 COD，$mg/L$。

**2. 有机物在厌氧条件下的生物降解**

食品加工和酿酒废水易进行厌氧降解，BOD 的去除率可达 $85\% \sim 95\%$。但厌氧处理酿酒废水时，仍需采取特殊的预处理措施，如通过稀释或调解负荷来降低废水中硫对厌氧过程的抑制作用。牲畜废物也可进行厌氧分解，但在处理含有大量尿液的新鲜废水时，氨的毒性将是一个值得注意的问题。线性阴离子和非离子型乙氧基表面活性剂降解后，就失去了表面活性剂的性质。许多杀虫剂，如林丹和六氯苯的异构体，也可以在厌氧条件下分解。许多组成油的高相对分子质量碳水化合物都可被厌氧细菌分解，油的厌氧分解在底部沉积层中自然发生。表 16-6 列出了在厌氧条件下能被矿化的有机物。

厌氧法可降解多种芳香族化合物。苯环厌氧分解有两个途径：光解和甲烷菌发酵。安息香酸盐、苯乙酸盐和丙酸苯酯等都可被完全降解为二氧化碳和甲烷，中间产物中可检出低级脂肪酸。一般情况下，需要长时间的驯化才能产气。如果在细菌适应目标化合物之前，先让它适应乙酸，则可以减少驯化时间。

酚、对甲酚和间苯二酚都可以完全转化为甲烷和二氧化碳。难降解有机物被微生物降解

表 16 - 6　厌氧条件下能被矿化的有机物

| | | | |
|---|---|---|---|
| 乙酰水杨酸 | 间苯三酚 | 二甲基肽酸盐 | 4 -羟基乙酰苯胺 |
| 丙烯酸 | 邻苯二甲酸 | 乙酸乙酯 | $p$ -羟基苯甲基醇 |
| $p$ -茴香酸 | 聚乙烯乙二醇 | 2 -己酮 | 2 -辛醇 |
| 安息香酸 | 邻苯三酚 | $o$ -羟基丁酸 | 丙酰苯胺 |
| 苯甲基醇 | $p$ -氨基苯酸 | $p$ -羟基丁酸 | 丁基苯邻苯二甲酸盐 |
| 2,3 -丁二醇 | 丁基苯邻苯二甲酸盐 | 3 -羟基丁酮 | $m$ -甲氧基苯酚 |
| 儿茶酚 | 4 -乙酰氯苯胺 | 1 -辛醇 | $o$ -硝基酚 |
| $m$ -甲酚 | $m$ -氯安息香酸 | 苯酚 | $p$ -硝基酚 |
| $p$ -甲酚 | 二乙基邻苯二甲酸盐 | 2 -$n$ -丁基肽酸盐 | 香叶醇 |

(即不规则代谢)过程中,微生物不从中获取能量。如果将共基质加入到难降解有机物(如三氯甲烷)中,生长的微生物数量就可以代谢难降解有机物。常见的共基质有糖、甲醇和乳酸盐。

即使在好氧生物降解过程中,溶解性微生物产物(SMP)也都是在厌氧条件下生成的。Kuo 等发现,对乙酸盐来说,SMP 的产量为 0.2%～1.0%;对葡萄糖来说,为 0.6%～2.5%。

**3. 影响厌氧过程的操作因素**

1) 温度

根据甲烷菌对温度的适应性可知,厌氧法可以在两个温度范围内进行:中温消化 29～38℃,高温消化 49～57℃。尽管高温消化时反应速度大得多,但一般来讲,要维持高温是不经济的。中温或高温消化的温度波动范围是 ±(1.5～2.0)℃,当有 ±3.0℃ 的温度变化时,就会抑制消化速率;有 ±5.0℃ 的急剧变化时,就会突然停止产气,导致有机酸 VFA 大量积累而破坏厌氧消化过程。故运行中要保持厌氧反应器中温度的稳定。

2) pH 或碱度

甲烷菌在 pH 6.6～7.6 时(较适宜为 6.8～7.2)发挥作用,最适宜的 pH 接近 7.0。当水解产酸阶段的速率超过产甲烷阶段的速率时,会造成系统内酸的积累,从而导致 pH 降低,抑制甲烷菌的生长,产气量下降,气体中二氧化碳含量增加。

因此,确保甲烷高产率和高比例的关键因素是 pH 的控制。在消化系统中,由于消化液的缓冲作用,可在一定范围内避免 pH 的剧烈波动。消化液的缓冲剂是有机物分解过程中产生的 $CO_2$ 和 $NH_3/NH_4^+$,一般以 $NH_4HCO_3$ 存在。故重碳酸盐($HCO_3^-$)和碳酸($H_2CO_3$)可组成缓冲溶液。

为了维持缓冲溶液中重碳酸盐($HCO_3^-$)和碳酸($H_2CO_3$)的平衡,须保持废水的碱度在 2 000 mg/L 以上。

3) VFA

由于脂肪酸是甲烷发酵的底物,为了维持甲烷产量,在操作良好的完全混合反应器中,VFA 的浓度为 20～200 mg/L。而对于推流式系统,入口处较高的 VFA 可以减少补充的碱量。

4) 进水水质

研究和生产实践表明,厌氧过程适宜处理 COD 在 2 000～100 000 mg/L、悬浮固体浓度 SS 在 10 000～20 000 mg/L 的废水。如果进水有机底物多为溶解态,SS 含量低于 10 000 mg/L,则大量厌氧微生物菌群处于分散状态而易随出水流出二沉池,系统固体停留时间 SRT 较短,造成厌氧池内微生物量不足,影响处理效率;如果进水 SS 含量超过 20 000 mg/L,虽然高浓度的 SS 有利于微生物菌群的附着和聚集,但大量的 SS 积累会影响污泥的分离,且使污泥中细胞物质比例下降,降低系统底物的污泥负荷率而影响处理效率。故原废水 SS 含量过高时,需经过固液分离预处理再进入厌氧反应器。

5）无机盐

低浓度无机盐对厌氧过程可以起到促进作用,而高浓度无机盐可能会产生毒性。微生物对环境的适应可以提高其对无机盐的耐受力。表 16-7 列出了常见阳离子毒性最大时的离子浓度。

**表 16-7　厌氧分解的阳离子毒性最大时离子浓度**　　　　　　　（单位：mol/L）

| 离子 | 其他离子<10 mg/L | | 拮抗离子存在 | |
| --- | --- | --- | --- | --- |
| | 惰性 | 驯化的 | 惰性 | 驯化的 |
| $Na^+$ | 0.2 | 0.3 | 0.25～0.3 | >0.35 |
| $NH_4^+$ | 0.1 | 0.15～0.18 | | 0.15～0.18 |
| $K^+$ | 0.09 | 0.15 | 0.15～0.2 | >0.35 |
| $Ca^{2+}$ | 0.07 | >0.2 | 0.13 | >0.2 |
| $Mg^{2+}$ | 0.05 | 0.075 | 0.1 | >0.14 |

拮抗离子的存在将会大大降低特定阳离子的抑制作用。Kugelman 和 McCarty 指出,300 mg/L 的钾离子可以降低 7 000 mg/L 的钠离子的 80% 的抑制作用,再加入 150 mg/L 钙离子,可以完全消除抑制作用。但如果没有钾离子的存在,钙离子将不能发挥有益的作用。

氨氮浓度在 50～1 500 mg/L 时,对厌氧微生物有刺激作用;浓度达到 1 500～3 000 mg/L 时,将产生明显的抑制作用。且氨氮浓度超过 3 000 mg/L 时,其抑制作用比浓度为 1 500 mg/L 时高得多,因此,一般宜将其控制在 1 000 mg/L 以下。另外,氨分子的毒性比铵离子的毒性强得多,因此,在高 pH 下,氨的抑制作用更强。

厌氧系统中硫酸盐含量较高时,一方面硫酸盐还原菌与产甲烷菌竞争氢离子而抑制产甲烷过程,另一方面硫酸根还原产生未离解态的硫化氢对微生物毒性很大。研究表明,COD/$SO_4^{2-}$ 小于 10 时,或硫化物浓度超过 100 mg/L 时,便可产生抑制作用。厌氧系统可溶性硫化物的最大无毒浓度为 200 mg/L。由于硫化物在一定 pH 下,能够以 $H_2S$ 的形式从水中逸出,因此可以允许进水中有较高浓度的硫化物或硫酸盐。

**4. 厌氧接触池的设计**

厌氧接触池的设计部分主要包括池容的计算,浮渣清除系统的设置,以及沼气收集和储存系统的设计三部分。

1）厌氧接触池池容的计算

厌氧接触池容积的计算可采用有机底物容积负荷率、有机底物污泥负荷率和污泥龄等方法。

（1）按有机底物容积负荷率计算池容

厌氧接触池单位容积每日承受的有机物量为其有机底物的容积负荷率,则按有机底物容积负荷率计算池容的公式为:

$$V = \frac{QS_0}{N_V}(\mathrm{m}^3) \qquad (16-40)$$

式中,$V$ 为厌氧接触池容积,$\mathrm{m}^3$；$Q$ 为进水流量,$\mathrm{m}^3/\mathrm{d}$；$S_0$ 为进水有机底物浓度（以 $COD_{Cr}$ 或 $BOD_5$ 表示）,$\mathrm{kg(COD_{Cr})/m}^3$ 或 $\mathrm{kg(BOD_5)/m}^3$；$N_V$ 为有机底物的容积负荷率,$\mathrm{kg(COD_{Cr})/(m^3 \cdot d)}$ 或 $\mathrm{kg(BOD_5)/(m^3 \cdot d)}$。

由于工业废水中污染物种类变化很大,相应有机底物容积负荷率 $N_V$ 取值要依据同种废水或实验室实测来取得。范围如表 16-3 所示,波动非常大,可在 0.32～95 $\mathrm{kg(COD_{Cr})/(m^3 \cdot d)}$ 之间变动。

（2）按照污泥龄计算池容

按照污泥龄计算厌氧接触池池容时,采用下式计算:

$$V = \frac{\theta_c YQ(S_0 - S_e)}{X(1 + K_d\theta_c)} \tag{16-41}$$

对于不同类型的废水,需要通过经验或实验确定恰当的污泥产率系数 $Y$、衰减系数 $K_d$、污泥龄 $\theta_c$ 和合适的厌氧污泥浓度 $X$。$Y$ 和 $K_d$ 的确定可参见厌氧发酵机理内容和水污染控制工程相关章节。而 $\theta_c$ 可参考 McCarty 推荐的最小污泥龄$(\theta_c)_{min}$（表 16-8）,然后再乘以安全系数 5~6 来选取。污泥浓度 $X$(MLVSS)可取 3~6 g(VSS)/L,较高时可达到 5~10 g(VSS)/L。

**表 16-8　不同消化温度时最小固体停留时间**

| 消化温度/℃ | 18 | 24 | 30 | 35 | 40 |
|---|---|---|---|---|---|
| 最小污泥龄$(\theta_c)_{min}$/d | 11 | 8 | 6 | 4 | 4 |

2）浮渣清除系统的设置

在处理含蛋白质或脂肪较高的工业有机废水时,蛋白质或脂肪的存在会促进泡沫的产生和污泥的漂浮,在集气室和反应器的液面可能形成一层很厚的浮渣层,对正常运行造成干扰。

在浮渣层不能避免时,应采取以下措施由集气室排除浮渣层:①通过搅拌使浮渣层中的固体物质下沉;②采用弯曲的吸管通入集气室液面下方,并沿液面下方慢慢移动来吸出浮渣;③通过同一根弯管定期进行循环水冲洗或产气回流搅拌浮渣层,使其固体沉降,此时必须设置冲洗管或循环水泵(气泵)。

为了防止浮渣引起出水管堵塞或使气体进入沉降室,除上述措施外,还可以通过设计水封装置,来控制气液界面的稳定高度。水封高度计算如下:

$$H = H_1 - H_m = (h_1 - h_2) - H_m \tag{16-42}$$

式中,$H_1$ 为集气室气液界面至沉降区上液面的高度;$H_m$ 为反应器至储气罐全部管路管件阻力引起的压力损失和储气罐内压头和;$h_1$ 为集气室顶部至沉降区上液面的高度;$h_2$ 为集气室气液界面至集气室顶部高度。

3）沼气的收集和储存

高浓度有机废水厌氧消化时均会产生大量沼气,故在设计时必须同时考虑相应沼气的收集、储存等配套设施。

糖类、脂类和蛋白质等有机物经过厌氧消化转化为甲烷和二氧化碳等气体,统称为沼气。产生沼气的数量和成分,取决于被消化的有机物的化学组成。可用下式进行估算:

$$C_n H_a O_b N_d + \left(n - \frac{a}{4} - \frac{b}{2} + \frac{3d}{4}\right) H_2O \longrightarrow$$

$$\left(\frac{n}{2} + \frac{a}{8} - \frac{b}{4} - \frac{3d}{8}\right) CH_4 + \left(\frac{n}{2} - \frac{a}{8} + \frac{b}{4} + \frac{3d}{8}\right) CO_2 + dNH_3 \quad \text{反应(16-7)}$$

上式计算结果代表有机底物完全厌氧消化可得的沼气量。一般 1 g BOD$_5$ 理论上在厌氧条件下完全降解,可以生成 0.25 g CH$_4$,相当于在标准状态下体积 0.35 L。由于部分有机底物要用于合成微生物,一部分沼气会溶于水中,故实际沼气产量要比理论值小。一般来说,糖类物质厌氧消化的沼气产量较少,沼气中甲烷含量也较低。脂类物质沼气产量较高,甲烷比例也较高。正常运行的反应器产生的沼气中甲烷约占 50%~70%,二氧化碳约占 20%~30%,其余是氢、氮和硫化氢等气体。同时还含有饱和水蒸气,其含量可通过不同温度下水蒸气分压计算。详细设计参见相关设计手册。

# 16.6 污 泥

### 16.6.1 污泥来源与特性

废水处理过程中,产生的污泥,都要进行收集并处理、处置。在污泥处理中,涉及污泥量、污泥体积的计算。

在废水处理过程中,可能产生的污泥如图16-18所示。

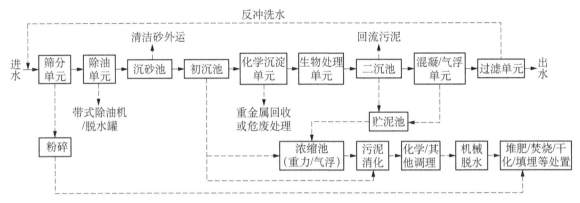

图16-18 废水处理产生污泥单元示意图

废水处理工程中,各种固体的来源随着水质和操作单元而变化。产生的各种污泥的主要来源和类型如表16-9所示。

表16-9 废水处理装置的污泥来源

| 单元操作或过程 | 污泥类型 | 说 明 |
|---|---|---|
| 筛分 | 粗大的固体 | 用机械和人工清理格栅所去除的粗大固体,在小处理厂,筛余物通常经粉碎后在后续的处理单元内去除 |
| 隔油池 | 浮油 | 来自采油、石油加工、屠宰、毛纺、皮革等企业 |
| 沉砂 | 砂粒 | 清洁砂进入固废处置单元,分离出来的有机物混入废水,直接进入后续处理单元 |
| 初次沉淀 | 初次污泥和浮渣 | 有机质含量高,相对密度高于生物污泥,一般直接进入污泥消化单元 |
| 化学沉淀 | 含有重金属的污泥 | 直接回收或交由具有危废处置资质的单位处理 |
| 二沉池 | 生物剩余污泥 | 包括生物膜或活性污泥 |
| 混凝单元 | 絮体 | 通过沉淀、气浮或过滤收集 |
| 过滤 | 生物或化学污泥 | 与反冲洗水混合在一起 |

要有效处理和处置污泥,首先需要了解待处理污泥的特性。

(1)筛余物 包括足以用筛网去除的各种有机物和无机物。有机物的含量随水质的性质而变化。

(2)砂粒 一般是由各种较重的无机固体形成的。这些固体沉降速度较快。一般经过砂和有机物分离工艺,有机物返回废水,进入下一步处理单元。

(3)浮渣或油脂 浮渣或油脂由隔油池、初沉池、二沉池、气浮池、混凝反应池等分离由相对密度小于1的物质组成。

(4)初沉污泥 由初沉池排出的污泥通常为灰色糊状物,有机质含量高,大多数直接进入消化池,能很快被消化。

（5）化学污泥　从化学沉淀池排出的污泥,一般为重金属的硫化物、氢氧化物、磷酸盐、碳酸盐等,一般相对密度较大。如果成分单一,可以简单回收;如果成分复杂且含有第一类污染物,需交由有危废处置资质的单位处理。

（6）剩余活性污泥　活性污泥的外观通常为褐色的絮状物。如果颜色很深,则污泥近于腐化。活性污泥可以单独或和初沉污泥混在一起迅速消化。但其含水率高,相对密度较小,一般需经过浓缩池减小含水率。

（7）生物膜　生物膜单元产生的生物膜,为褐色絮状物,相对密度比剩余活性污泥略高,可以迅速消化。

（8）好氧消化污泥　好氧消化后的污泥为褐色至深褐色,外观为絮状物。好氧消化污泥的气味令人讨厌,常常有陈腐的气味。消化得很好的好氧消化污泥在干化场容易脱水。

（9）厌氧消化污泥　厌氧消化后的污泥为深褐色至黑色,并含有特别多的气体。当彻底消化时,污泥的气味较轻。厌氧消化过程中,初沉污泥比剩余活性污泥产生的甲烷气多一倍。当在多孔的污泥干化场上排上薄薄一层厌氧消化污泥时,固体即被夹带的气体带到表面,留下薄薄一层较清的水。水迅速排走,固体慢慢地落在污泥干化场上。随着污泥的干化,气体逸出,留下一层龟裂的表面,气味类似果园的沃土。

（10）堆肥固体　堆肥固体通常是深褐色至黑色。但在堆肥过程中如果使用了膨胀剂,如回用的堆肥或木屑,颜色可能会发生变化。良好的堆肥固体类似园艺土壤调节剂。

依据经验,各种操作过程或单元产生的污泥的浓度如表 16-10 所示。

**表 16-10　各种操作过程或单元污泥浓度**　　　　（单位：%）

| 操作单元 | 污泥组成 | 固体浓度/干固体 | |
| --- | --- | --- | --- |
| | | 范围 | 典型值 |
| 初沉池 | 初沉污泥 | 5~9 | 6 |
| | 经旋流除砂器后的初沉污泥 | 0.5~3 | 1.5 |
| | 初沉污泥和剩余活性污泥 | 3~8 | 4 |
| | 初沉污泥和生物膜污泥 | 4~10 | 5 |
| | 初沉污泥和加铁除磷的污泥 | 0.5~3 | 2 |
| | 初沉污泥和除磷的高浓度氧化钙 | 4~16 | 10 |
| 气浮 | 浮渣 | 3~10 | 5 |
| 隔油池 | 浮油 | 40~50(含油率) | 45 |
| 化学沉淀 | 金属离子盐 | 1.5~3 | 2 |
| 二沉池 | 剩余污泥 | 0.8~2.5 | 1.3 |
| | 带有初沉污泥的剩余活性污泥 | 0.5~1.5 | 0.8 |
| | 纯氧活性污泥 | 1.4~4 | 2.5 |
| | 带有初沉污泥的纯氧活性污泥 | 1.3~3 | 2 |
| | 生物膜污泥 | 1~3 | 1.5 |
| 重力浓缩池 | 初沉污泥 | 5~10 | 8 |
| | 带有初沉污泥的活性污泥 | 2~8 | 4 |
| | 带有初沉污泥的生物膜污泥 | 4~9 | 5 |
| 气浮浓缩池 | 剩余活性污泥 | 3~5 | 4 |
| | 加混凝剂的剩余活性污泥 | 4~6 | 5 |
| 离心浓缩机 | 剩余活性污泥 | 4~8 | 5 |
| 重力带式浓缩机 | 加混凝剂的剩余活性污泥 | 4~8 | 5 |

续表

| 操作单元 | 污泥组成 | 固体浓度/干固体 | |
|---|---|---|---|
| | | 范围 | 典型值 |
| 厌氧消化池 | 初沉污泥 | 2～5 | 4 |
| | 初沉污泥和剩余活性污泥 | 1.5～4 | 2.5 |
| | 初沉污泥和生物膜污泥 | 2～4 | 3 |
| 好氧消化池 | 初沉污泥 | 2.5～7 | 3.5 |
| | 初沉污泥和剩余活性污泥 | 1.5～4 | 2.5 |
| | 初沉污泥和生物膜污泥 | 0.8～2.5 | 1.3 |
| 混凝 | 絮体 | 1.5～8 | 2.5 |

### 16.6.2 污泥体积-质量关系

污泥的体积主要取决于含水率,与固体物质的特性关系较小。

如果固体物质是由不挥发性固体(无机物)和挥发性固体(有机物)组成,全部固体物质的相对密度可用式(16-43)计算:

$$\frac{W_s}{S_s \rho_w} = \frac{W_f}{S_f \rho_w} + \frac{W_v}{S_v \rho_w} \tag{16-43}$$

式中,$W_s$ 为固体质量;$S_s$ 为固体相对密度;$\rho_w$ 为水的密度;$W_f$ 为不挥发性固体(无机物)质量;$S_f$ 为不挥发性固体(无机物)相对密度;$W_v$ 为挥发性固体(有机物)质量;$S_v$ 为挥发性固体(有机物)相对密度。

【例16-3】 含水率为90%的污泥中1/3的固体物质由相对密度为2.5的无机物组成,2/3由相对密度为1.0的有机物组成,求全部固体物质的相对密度和污泥的相对密度。

【解】 全部固体物的相对密度 $S_s$ 可按式(16-43)计算:

$$\frac{1}{S_s} = \frac{0.33}{2.5} + \frac{0.67}{1} = 0.802$$

$$S_s = \frac{1}{0.802} = 1.25$$

如果取水的相对密度为1,按式(16-43)计算,得污泥的相对密度 $S_{sl}$ 为1.02。

$$\frac{1}{S_{sl}} = \frac{0.1}{1.25} + \frac{0.9}{1.0} = 0.98$$

$$S_{sl} = \frac{1}{0.98} = 1.02$$

污泥的体积可以按照下式计算:

$$V = \frac{W_{ds}}{\rho_w S_{sl} P_s} \tag{16-44}$$

式中,$V$ 为体积,$m^3$;$W_{ds}$ 为干固体质量,kg;$\rho_w$ 为水的密度,$10^3$ kg/m$^3$;$S_{sl}$ 为污泥相对密度;$P_s$ 为以小数表示的固体百分含量。

对于已给定固体含量的近似计算,只要简单地记住体积与污泥中的固体物质百分含量成反比即可,表示如下:

$$\frac{V_1}{V_2} = \frac{P_2}{P_1} \text{(近似式)} \tag{16-45}$$

式中,$V_1$、$V_2$ 为污泥体积;$P_1$、$P_2$ 为固体质量百分含量。

体积与质量的关系式的应用,如例 16-4 所示。

**【例 16-4】** 求解未处理的初沉污泥和消化污泥的体积。确定 500 kg(干质量)初沉污泥在消化前后的污泥体积减小的百分率。初次污泥特性如下表所示:

|  | 初沉污泥 | 消化污泥 |
| --- | --- | --- |
| 固体/% | 5 | 10 |
| 挥发性固体/% | 60 | 60(破坏的) |
| 不挥发性固体的相对密度 | 2.5 | 2.5 |
| 挥发性固体的相对密度 | $\approx 1.0$ | $\approx 1.0$ |

**【解】** (1)依式(16-43)计算初沉污泥中全部固体的平均相对密度。

$$\frac{1}{S_s} = \frac{0.4}{2.5} + \frac{0.6}{1.0} = 0.76$$

$$S_s = \frac{1}{0.76} = 1.32(\text{初沉污泥中固体相对密度})$$

(2)计算初沉污泥的相对密度。

$$\frac{1}{S_{sl}} = \frac{0.05}{1.32} + \frac{0.95}{1} = 0.99$$

$$S_{sl} = \frac{1}{0.99} = 1.01$$

(3)依式(16-44)计算初沉污泥的体积。

$$V = \frac{500 \text{ kg}}{(1\,000 \text{ kg/m}^3) \times 1.01 \times 0.05}$$
$$= 9.9 \text{ m}^3$$

(4)计算消化后污泥中固体的挥发性有机物百分率。

$$500 \text{ kg 污泥中挥发性固体质量} = 0.6 \times 500 \text{ kg} = 300 \text{ kg}$$
$$500 \text{ kg 污泥中不挥发性固体质量} = (1-0.6) \times 500 \text{ kg} = 200 \text{ kg}$$

消化前后污泥中不挥发性质量不变

$$\text{消化后污泥中挥发性固体质量} = 0.4 \times (0.6 \times 500 \text{ kg})$$

则

$$挥发性物质百分率 = \frac{\text{消化后污泥中挥发性固体质量}}{\text{消化后污泥的总质量}} \times 100\%$$
$$= \frac{0.4 \times (0.6 \times 500)}{200 + 0.4 \times (0.6 \times 500)} \times 100\%$$
$$= 37.5\%$$

(5)依式(16-43)计算消化后污泥中全部固体的平均相对密度。

$$\frac{1}{S_s} = \frac{1-0.375}{2.5} + \frac{0.375}{1} = 0.625$$

$$S_s = \frac{1}{0.625} = 1.6$$

（6）计算消化污泥（$S_{ds}$）的相对密度。

$$\frac{1}{S_{ds}} = \frac{0.1}{1.6} + \frac{1-0.1}{1} = 0.96$$

$$S_{ds} = \frac{1}{0.96} = 1.04$$

（7）依式（16-44）计算消化污泥的体积。

$$V = \frac{200 + 0.4 \times (0.6 \times 500)}{1\,000 \times 1.04 \times 0.1} = 3.1 \text{ m}^3$$

（8）计算消化后污泥体积减小百分率。

$$\text{体积减小百分率} = \frac{9.9 - 3.1}{9.9} \times 100\% = 68.7\%$$

常见操作单元产生污泥的相对密度和其中所含固体的相对密度如表 16-11 所示。

表 16-11　常见操作单元产生污泥典型数据

| 操作单元 | 污泥种类 | 固体相对密度 | 污泥相对密度 | 干固体/(kg/10³ m³) | |
| --- | --- | --- | --- | --- | --- |
| | | | | 范围 | 典型值 |
| 初沉池 | 初沉污泥 | 1.4 | 1.02 | 110～170 | 150 |
| 活性污泥法 | 剩余活性污泥 | 1.25 | 1.005 | 70～100 | 80 |
| 生物滤池 | 生物膜 | 1.45 | 1.025 | 60～100 | 70 |
| 延时曝气法 | 剩余活性污泥 | 1.30 | 1.015 | 80～120 | 100① |
| 曝气塘 | 剩余活性污泥 | 1.30 | 1.01 | 80～120 | 100① |
| 过滤 | 反冲洗水 | 1.20 | 1.005 | 12～24 | 20 |
| 初沉池除磷 | 高浓度氧化钙 | 1.9 | 1.04 | 240～400 | 300 |
| | 低浓度氧化钙 | 2.2 | 1.05 | 600～1 300 | 800 |
| 反硝化 | 反硝化污泥 | 1.20 | 1.005 | 12～30 | 18 |
| 粗滤 | 反冲洗水 | 1.28 | 1.02 | — | — |

① 假设不设初沉池。

# 第17章 工业废水处理方案设计

工业废水种类繁多,水量与水质变化很大。即使是同类型的企业,由于生产所选用的原材料及生产工艺不同,也会造成工业废水排放的水量与水质不同。所以,工业废水处理方案的选择应有针对性,只有针对实际工业废水的水质水量与主要污染物组分,通过现场调研与技术路线可行性实验,才能提出科学、合理的废水处理工艺和方案。

## 17.1 废水处理工艺选择

### 17.1.1 工业废水综合处理流程

工厂排放的废水往往需要进行综合处理,一般以初级预处理和二级处理为中心,但同时也包括三级处理过程和某些工艺废水的单独处理过程,如图 17-1 所示。

初级处理和二级处理大多处理无毒废水,其他有毒有害废水在流入前必须进行预处理。

初级处理为废水生物处理做准备。大量的固体通过格栅或筛网去除,如果存在相对密度较大的颗粒物,可通过沉砂池去除;调节池的均化作用可均衡水量和水质的随时变化;系统中应建一个溢流池,以截留高浓废水溢流下来的废浆,以免破坏后续处理;酸碱废水在调节池中发生中和,并补充适量的酸碱试剂;油、油脂和悬浮固体通过气浮、沉淀或过滤去除。

二级处理对废水中 $BOD_5$ 水平为 $50 \sim 1\,000$ mg/L(甚至更高浓度)的可溶性有机物进行生物降解,使 $BOD_5$ 降低到 15 mg/L 以下。通常采用好氧处理,但对于一些难降解有机废水或高浓度易降解有机废水,可首先采用水解酸化或厌氧处理。

三级处理一般置于生物处理之后,其目的是为了去除特殊类型的残留污染物。过滤可去除悬浮物或胶状固体;颗粒活性炭(GAC)可吸附除去难降解的有机物;化学氧化也可以通过氧化破坏一些难降解有机物。但由于废水处理的三级系统往往面对的是某些污染物的极稀溶液,为满足反应条件,成本较高。另外,此过程并非专门针对目标污染物,不具有特效性。例如,二氯酚可以用臭氧氧化作用或 GAC 吸附来去除,但此过程同时也去除了大量非目标有机物。这样,为了去除二氯酚,需要投加远远超过二氯酚氧化或吸附所需要的臭氧或 GAC,大大提高了处理成本。

对于含有较高浓度的重金属、农药和其他废物等一级处理不能去除、对生物处理有抑制作用物质的废水,在排入综合废水前,有必要进行单独处理。对于此类流量较小、浓度高的废水进行单独处理时,回收或破坏容易,成本较低。常用的处理过程包括:化学沉淀、活性炭吸附、氧化还原、吹脱或汽提、离子交换、萃取、反渗透、电渗析、电吸附和湿式空气氧化等。

另外,也可以对企业现有的废水处理系统进行改造,以扩大处理量和提高处理效率。如在原有的生物处理过程中,投加粉末活性炭(PAC),以吸附微生物不易降解或难以降解的有机物。改造 PACT 工艺;在生物处理的出水中,投加混凝剂,以达到化学除磷和进一步去除残余悬浮固体的目的。

### 17.1.2 工艺选择

在整个废水处理流程中,所有处理单元都有它们自己的位置,废水处理单元的选择或过程的结合,取决于以下几点。

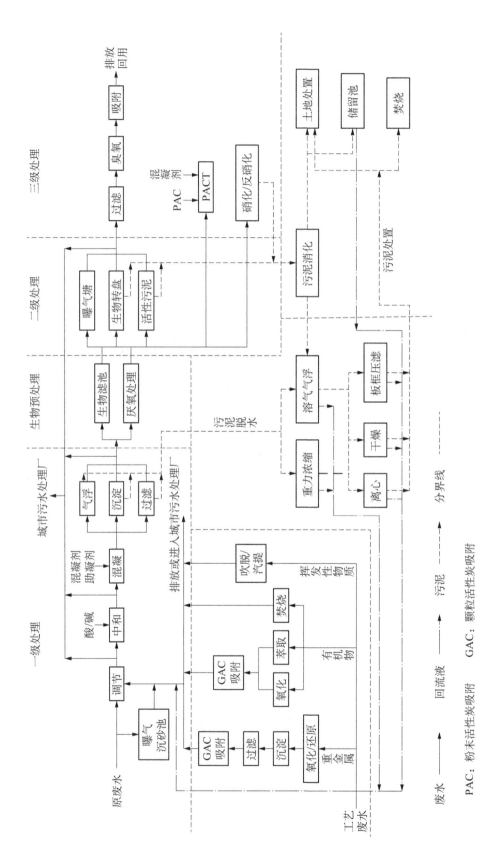

图 17 - 1　各类工业废水处理系统

PAC：粉末活性炭吸附　　　GAC：颗粒活性炭吸附

废水 ——→　　　回流液 ——→　　　污泥 ----→　　　分界线 ------

（1）废水的特征　需要考虑污染物形态，即悬浮的、胶体的或溶解性的；生物可降解性；有机和无机化合物的毒性。

（2）要求的出水水质　根据国家或地方对污染物规定的排放标准，来确定处理程度，同时还要考虑随着社会发展对污染物标准的提高。

（3）废水处理的成本和土地资源的利用　一个或多个处理方法的结合，能够获得所要求的出水水质。然而，这些方法中必有一个是费用-效益分析最优的。因此，在最终工艺设计选择前，必须进行详细的费用-效益分析。

为了明确废水处理中的问题，应当进行初步的分析，如图 17-2 所示。

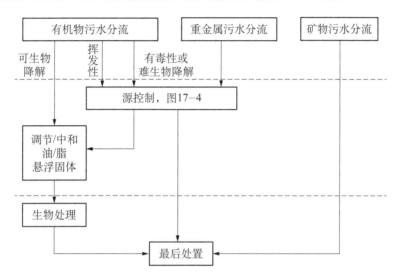

图 17-2　高浓度有机物和有毒工业废水处理和管理概念图

无毒有机废水处理过程的设计参数，可以通过实验室或同行业类比获得，如纸浆造纸废水或食品加工废水。对于含有有毒或难生物降解的复杂废水，就有必要对已有的工艺进行筛选，以得到可行的处理工艺。图 17-3 是为此设计的筛选方法。如含有重金属的废水，可通过化学沉淀来去除；含有挥发性有机物的废水，可用吹脱或汽提来去除。

图 17-3 是对一个平衡样品进行预处理分析的过程图。首先对工厂里所有有影响的化合物的废水流进行评估，然后明确废水是可生物降解还是在一定浓度下对生物具有毒性的，间歇反应器（FBR）方法是专门为此目的而应用的。如果废水是难以生物降解或有生物毒性的，应当考虑进行源处理或改造厂内生产工艺。源处理技术如图 17-4 所示。

如果废水是可生物降解的，为了去除所有可降解的有机物，需要进行长时间的生物降解，通常用 48 h。然后，对出水中有毒物质和优先污染物进行评估。如果需要硝化，要引入硝化速率分析。经评估后，如果废水中有毒物质或优先污染物未被去除，需要考虑对源进行处理或应用 GAC/PAC 吸附等三级处理。

当考虑采用生物处理工艺时，可用图 17-5 所示程序进行筛选，以确定最经济有效的处理工艺。

当采用物理、物化和化学处理工艺时，工艺筛选和鉴定模式如表 17-1 所示。表 17-1 提供了指导解决特殊问题的应用技术的选择方法。

物理、物化、化学处理技术的应用综合见表 17-2。

对于常规工业废水处理后能达到的最高水质指标如表 17-3 所示。

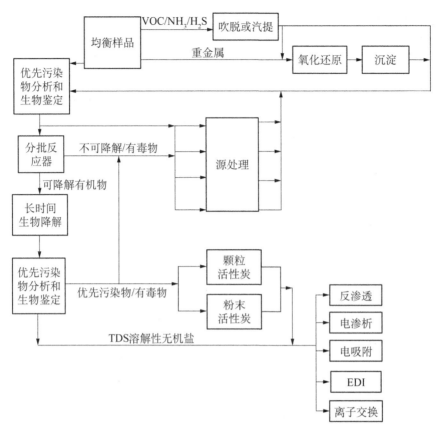

图 17-3　筛选实验步骤

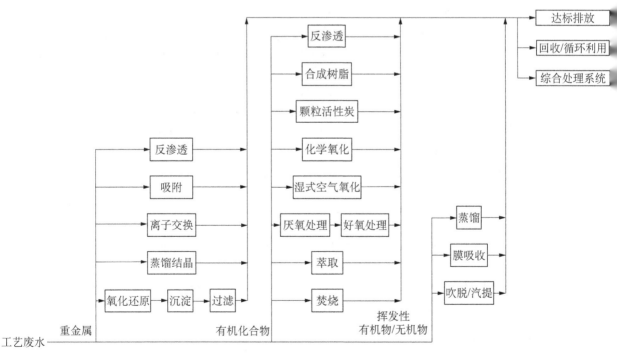

图 17-4　处理毒性废水的应用技术

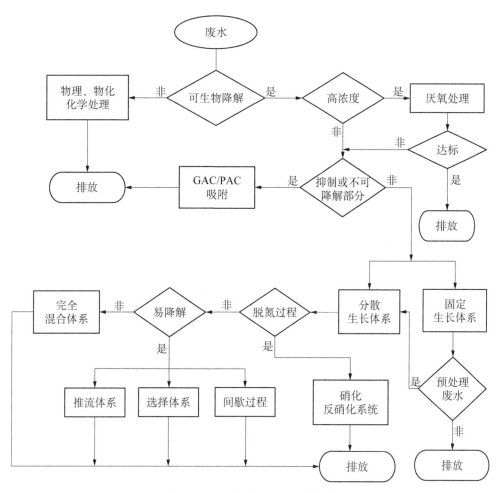

图 17 - 5　生物处理工艺选择流程

**表 17-1　工业废水物理、物化、化学处理方法筛选和鉴定模式一览表**

**吹脱/汽提**

| 过程 | 有机化合物 | 不可凝结 | 温度 | 压力 | pH | O&G(mg/L) | SS/(mg/L) | TDS(mg/L) | Fe、Mn | Sol | 备注 |
|---|---|---|---|---|---|---|---|---|---|---|---|
| | | | | | 参 | 数 | | | | | |
| 吹脱 | <100 mg/L | A | DP | DP | R | R | | DP | R | L | 推荐 $H_c$ 大于 0.005 |
| 汽提 | <100 mg/L ~10% | R | DP | DP | R | R | | DP | NI | M | 推荐对水的相对挥发度高于 1.05 |

**氧化过程**

| 过程 | 有机化合物 | 温度/℃ | 压力/kPa | pH | OD(g/L) | O&G(mg/L) | SS(mg/L) | TDS(mg/L) | Fe、Mn | MW | 备注 |
|---|---|---|---|---|---|---|---|---|---|---|---|
| | | | | 参 | 数 | | | | | | |
| 湿式氧化 | A | 177~343 | 2 060~20 600 | NI | 20~200 | NI | NI | DP | NI | NI | 不推荐芳香烃和卤代有机物,推荐高 $COD_{cr}/BOD_5$ |
| 超临界水氧化 | A | 399~649 | 25 235 | NI | <10 | NI | NI | L | NI | NI | |
| 化学氧化 | A | DP | NI | DP | DP | R | R | DP | A | NI | 催化剂和附加能源(如紫外线)是重要因素 |

**吸附与沉淀**

| 过程 | 有机化合物 | 无机离子 | 化学氧化剂 | 温度 | pH | O&G(mg/L) | SS(mg/L) | TDS(mg/L) | Fe、Mn | Sol | 备注 |
|---|---|---|---|---|---|---|---|---|---|---|---|
| | | | | | 参 | 数 | | | | | |
| 活性炭吸附 | <10 000 mg/L | NA | NA | DP | DP | <10 | <50 | <10 | NI | L | 推荐 $K$ 大于 5 mg/g,高 $K_{ow}$,无机物浓度低于 1 000 mg/L,重金属可能使炭中毒 |
| 树脂吸附 | A | NA | R | DP(L) | DP | <10 | <10 | DP | DP | M | 推荐 $K_{ow}$ 和 $C_0$ 低于 0.1(树脂容量/3BV),$K$ 是设计参数 |

续表

**吸附与沉淀**

| 过程 | 有机化合物 | 无机离子 | 化学氧化剂 | 温度 | pH | O&G(mg/L) | SS(mg/L) | TDS(mg/L) | Fe, Mn | MW | Sol | |
|---|---|---|---|---|---|---|---|---|---|---|---|---|
| | 参数 | | | | | | | | | | | |
| 化学沉淀 | NA | A | NI | DP | DP | R | NI | DP | A | NI | DP | 可能发生螯合和配合物的干扰 |

**膜过程和离子交换**

| 过程 | 有机化合物 | | 无机离子 | 化学氧化 | 温度 | 压力/kPa | pH | O&G/(mg/L) | SS/(mg/L) | TDS/(mg/L) | Fe, Mn | MW amu | |
|---|---|---|---|---|---|---|---|---|---|---|---|---|---|
| | 挥发 | 半挥发 | 参数 | | | | | | | | | | |
| 反渗透 | R | R | A | R | DP | <10341 | DP | R | R | <10000 mg/L | R | >150 | 推荐渗透压低于 2 758 kPa，LSI 小于 0，SDI 小于 5，浊度小于 1NTU |
| 超低压反渗透 | NA | NA | NI | NI | DP | DP | DP | R | R | NI | NI | 100~500 | 分子尺寸、形状和柔性是重要因素 |
| 超滤 | NA | NA | NI | NI | DP | 68.9~689 | DP | R | R | NI | NI | 500~1 000 000 | 分子尺寸、形状和柔性是重要因素 |
| 电渗析/反电渗析 | R | R | A | R | DP | 176~414 | DP | R | R | <5 000 | <0.3 | NI | 电压是参数，推荐 Ca 含量低于 900 mg/L |
| 离子交换树脂 | R | R | A | R | DP | NI | DP | R | <50(<35) | <20 000 | NI | NI | 选择系数是关键，离子电荷和体积是重要影响因素 |

注：O&G=油和脂；SS=悬浮固体；TDS=总溶解固体；Sol=溶解度；MW=相对分子质量；

A=可应用；NA=不可应用；R=必须应用；NI=非重要参数；DP=有一定影响；L=低；M=中等；H=高；

$H_c$＝亨利常数；K＝Freundlich 等温吸附常数；SDI＝污泥密度指数；$K_{ow}$＝辛醇/水的分配系数；BV＝床容积。

表 17-2　物理、物化、化学方法处理废水应用综合表

| 处理方法 | 废水类型 | 操作模式 | 处理程度 | 备注 |
|---|---|---|---|---|
| 离子交换 | 电镀、核 | 连续接触和树脂再生 | 去离子水回收，产物回收 | 可能需中和并由废再生液中除去固体 |
| 还原和沉淀 | 电镀、重金属 | 分批或连续处理 | 完全除去铬和重金属 | 分批处理需一天的容量；连续处理停留 3 h；需污泥处置或脱水 |
| 混凝 | 纸板、精炼油厂、橡胶、油漆、纺织 | 分批或连续处理 | 完全除去悬浮固体和胶体 | 絮凝和沉淀池或污泥床需控制 pH |
| 吸附 | 有毒污染物或有机物、难降解有机物 | 粉末活性炭或颗粒活性炭炭柱 | 完全除去多数有机物 | 活性污泥中投加粉末活性炭 |
| 化学氧化 | 有毒污染物和难降解有机物 | 分批或连续臭氧或过氧化氢催化 | 部分或完全氧化 | 部分氧化成易降解有机物 |

表 17-3　废水处理过程预期能达到的最好水质指标

| 过程 | $BOD_5$ | $COD_{Cr}$ | SS | N | P | TDS |
|---|---|---|---|---|---|---|
| 沉淀去除率/% | 10～30 | — | 59～90 | — | — | — |
| 气浮① 去除率/% | 10～50 | — | 70～95 | — | — | — |
| 活性污泥/(mg/L) | <25 | ② | <20 | ③ | ③ | — |
| 曝气塘/(mg/L) | <50 | — | >50 | — | — | — |
| 厌氧塘/(mg/L) | >100 | — | <100 | — | — | — |
| 炭吸附/(mg/L) | <2 | <10 | <1 | — | — | — |
| 脱氮和硝化/(mg/L) | <10 | — | — | <5 | — | — |
| 化学沉淀/(mg/L) | — | — | <10 | — | <1 | — |
| 离子交换/(mg/L) | — | — | <1 | ④ | ④ | ④ |

① 当投加混凝剂时，可获得高去除率。

② $COD_{Cr进水} - [BOD_{5最终}(去除率/0.9)]$。

③ $[N_{进水} - 0.12(剩余的生物污泥)] \times 0.45$, kg；$[P_{进水} - 0.026(剩余的生物污泥)] \times 0.45$, kg；$N_{进水}$ 为氮的进水浓度，$P_{进水}$ 为磷的进水浓度。

④ 取决于所用的树脂、分子状态和期望的效率。

# 17.2　工业废水处理方案的优化与设计原则

## 17.2.1　工业废水处理方案优化

### 1. 技术路线可行性实验

许多工业废水，特别是化工类型的废水，污染物种类和浓度差异很大。即使是单一的工业废水，如印染废水、电镀废水、造纸废水、制革废水等，工业废水中污染物的组成与类别也未必相似，绝不能完全套用同一种技术路线。

技术路线可行性实验，其目的在于通过小型工艺路线实验，验证所设计技术路线的可行性，提供工艺设计必需的参数，预见工程实施时的处理效果与技术难点，优化工业废水处理的初步方案。

### 2. 最佳工艺条件的确定

通过技术路线可行性实验研究选定的技术路线还需进行最佳工艺条件的实验研究。一般可以采用单因素法与正交试验法确定最佳工艺参数。所得的最佳工艺参数必须经重现性实验，才能最后确定为最佳工艺条件。如果影响因素复杂，难以立即着手正交试验，则可以通过单因素法试验，找出最佳工艺条件。

### 3. 药剂选择

工业废水处理中,通常要使用药剂,如混凝剂、吸附剂、氧化剂、还原剂、沉淀剂等。针对不同的处理对象,要选择经济、有效的药剂。

### 4. 设备的选用

不同种类、浓度的废水选择同类设备(如气浮、吹脱、萃取等)时,设备参数也大不相同。如对于低浓度大粒度 SS 的废水,选择气浮设备时,可选择设备简单、操作简便的射流气浮装置。对于亲水性染料、农药、表面活性剂物质、脂肪类、植物油等废水,则选择电解气浮装置的效果较好。

### 5. 多方案的技术、经济比较

工业废水处理要进行多方案的技术、经济比较,力求处理方案在技术上先进、可行,经济上合理。近几十年,废水处理技术得到了突飞猛进的发展,新技术、新工艺、新材料、新设备不断问世,工业废水处理工艺不断创新。既降低了治理成本,又实现了资源回收,取得了较好的社会效益、经济效益和环境效益。

### 17.2.2　工业废水处理方案的设计

工业废水处理方案的设计取决于废水来水特征和最终处理程度。废水的最终处理程度主要取决于废水中污染物特征(如环境容量大小和特点),处理后水的排放途径(如再生回用、进入城市污水管网、进入不同环境功能的水域等)。各种受纳水体对处理后排水的要求不尽相同(如不同水源地、不同地表水现状等)。因此,工业废水处理方案设计的原则是实现处理后的排水达到规定标准,同时还应注意以下几个问题。

### 1. 自然条件

当地的地形、地质、气候等自然条件,对废水处理方案设计有影响。如地下水位高,地质条件差的地方,不宜选用深度大、施工难度高的处理构筑物。如当地气候寒冷,为在低温季节能正常运行,可考虑选用地下或半地下的处理构筑物,适当增加保温与加热措施,确保设计方案的可行性。

### 2. 社会条件

当地的社会条件如原材料、水资源与电力供应等也是方案设计考虑的因素。尤其在工业园区,应尽量利用当地的资源,最好"以废治废",形成环境治理链。在经济发达、科技先进的地区,尽量采用自动化程度较高的工程技术;反之,在经济和科技较落后地区,尽量采用易于维修、管理的工艺,方便工人操作。

### 3. 废水水量水质波动

对于水量水质变化较大的废水,要求考虑选用耐冲击负荷能力强的工艺流程,或设立调节池等缓冲设备以减少不利影响。

### 4. 工程建设及运行费用

在工业废水处理达标的前提下,处理方案应考虑工程建设及运行费用较低的工艺流程。此外,减少占地面积也是降低费用的一项重要措施。

### 5. 设施操作方便

所有的废水处理设施都离不开人的操作管理,操作不当,会直接影响处理效果。因此,方案设计时应尽可能选择易于操作、管理和维护的工艺路线与设备。

# 17.3　工业废水处理方案的评审

### 17.3.1　工业废水处理方案的评审原则

#### 1. 排污企业污染现状和治理目标是否明确

企业污水排放量、污染物种类及浓度、污水排放途径、接纳水体功能类别,将直接影响废水处理的程度及工艺流程的优化。污染现状和治理目标是工业废水处理方案的基石。

**2. 先进技术是否成熟**

根据各行业废水处理及污染防治技术政策,指导废水处理工艺及相关技术的选择,积极审慎地采用高效经济的新工艺。对在国内首次应用的新工艺,必须经过中试和生产性试验,提供可靠的设计参数后再进行应用。

**3. 总体方案是否科学**

判定总体方案是否科学的原则,归纳起来主要有三个方面。一是要体现"清污分流"的原则。重污染的工艺废水集中预处理后,再与轻污染的废水混合处理。二是高浓度废水单独预处理原则。高浓度废水往往浓度高、水量小,单独预处理效率高、设备体积小,节省处理成本。三是重视污染物的回收利用的原则。工艺废水中某种污染物浓度高、又易于回收的话,要尽量考虑资源化。只有符合上述三个方面的原则处理方案,才是科学的方案。

**4. 技术路线是否可行**

工业废水具有种类繁多、水质千差万别、水质水量波动大等特点。它们不像城市污水那样可以根据地域特点选择一种典型的工艺流程,而应根据具体企业的水质、水量及波动情况等特点,选择合适的技术路线进行处理。其工艺设计的重点应放在工艺废水的预处理和综合废水的达标处理上。

**5. 经济核算是否合理**

在达标排放的前提下,工程建设及运行费用相对低廉的方案应当得到重视。如在考虑水重复利用的经济性时,应当考虑以下三个因素。

(1) 厂内用水的原水价格。

(2) 达到工艺用水水质要求的废水处理费用与排污费用。

(3) 排入受纳水体所需的废水处理费用与排污费用。

通过综合比较后得出是否采用回用措施。另外,对于企业来说,减少污水处理设施用地,意味着生产用地的增加。因此,较少占地面积也是重要的经济核算因素之一。

**6. 处理方案是否产生二次污染**

在许多工业废水处理过程中,常常会产生废渣、废气,如焚烧、蒸发、汽提、混凝、化学沉淀、过滤、生物处理等。对其处置不当,会造成二次污染。因此,在废水处理方案中,必须对废渣、废气有明确的处理方案和设施。

**17.3.2　工业废水处理方案评审的示例**

某啤酒厂位于广东省肇庆市西江河畔。1993 年年产啤酒 6 万吨,扩建后产量为 20 万吨。正常情况下,8:00—16:00 废水排放量较大,其余时间排水量则较小,水质随废水量大小而变化。废水水质:$COD_{Cr}$ 为 3 000 mg/L, $BOD_5$ 为 800 mg/L, SS 为 300 mg/L,色度 100 倍,pH 为 6~9。废水经处理后,达到的水质标准为:$COD_{Cr} \leqslant 110$ mg/L, $BOD_5 \leqslant 50$ mg/L, SS$\leqslant$ 100 mg/L,色度$\leqslant$80 倍。

某工程设计研究总院环保中心提供的废水处理的工艺流程如图 17 - 6 所示。

对该废水处理方案的评价如下:

(1) 处理标准要求较高。废水进水 $COD_{Cr}$ 为 3 000 mg/L,要求出水达到小于 110 mg/L,去除率为 96.3%。一段生物处理难以实现,故应考虑多级处理。

(2) 供废水厂建造的面积小,因此应选择具有占地面积小、电力消耗低等特点的塔式生物滤池。

(3) 升流式厌氧污泥床(UASB)具有容积负荷高、运行成本低等优点,是高浓度有机废水处理的有效装置,被列为国家重点推广应用技术。若用好氧法(深井曝气、纯氧曝气除外)处理,废水中的 $COD_{Cr}$ 需稀释到 1 500~2 000 mg/L 以下,将使处理水量增加近一倍,投资和能耗较大。另外,UASB 剩余污泥量少,且性质稳定,易脱水,可以节省污泥处理费用。

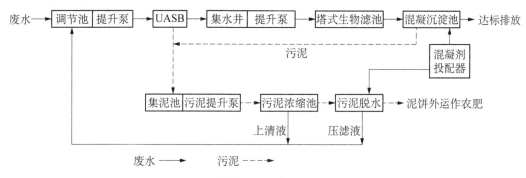

图 17-6　某啤酒厂废水处理工艺流程图

（4）最后采用混凝沉淀处理可以防止生物膜脱落导致的 SS 与 $COD_{Cr}$ 超标，进一步降低好氧处理出水中的 SS 与 $COD_{Cr}$，确保出水达到标准。

# 第三篇　典型行业污染分析及处理综合技术

# 第18章　造　纸　废　水

造纸术是我国四大发明之一,但直至蔡伦发明造纸术1800年后,也就是在1891年,清政府才在上海创建了伦章造纸厂,开始有了机器造纸工业。

造纸工业在发达国家占有相当重要的地位,列于各种制造工业的第10位,但同时也是污染最为严重的制造工业之一,如美国就将其与钢铁、炼油、电力和有色金属等一起列为6大污染严重的工业部门。造纸工业的废水占工业废水总量的15%。

我国森林资源贫乏,因此主要以草纤维,如稻、麦秆和竹子为原料造纸,是世界上采用非木纤维造纸原料最多的国家;同时生产规模小,不利于废水处理设施的实施,数千个年产量在万吨以下的造纸厂,均未配备碱回收装置,未采取治理污染措施,对环境的危害相当严重;而且,目前我国人均年用纸量仅为10 kg,低于世界平均数40 kg/(年·人),而美国达到285 kg/(年·人),也就是说,随着社会的发展、进步,我国对纸的需求量还会大幅提高。

## 18.1　造　纸　技　术

造纸是由制浆、配浆、纸页成型、脱水压榨、干燥等过程完成的,其中制浆是造纸工业最重要的一道工序,也是污染最严重的工序。从纸浆到制成纸或纸板,需经过打浆、加填料、施胶、显白、净化、筛选等一系列加工程序,然后再在造纸机或纸板机上通过纸页成型、脱水、压榨、干燥、压充和卷取,抄成纸卷,纸卷再经分切,裁成一定规格的平板纸,或通过复卷,分卷为一定规格的卷筒纸。

## 18.2　废　水　来　源

制浆造纸工艺过程中,用水量大,耗硫、碱、氯等化学品。其所产生的废水分为制浆蒸煮废液、洗涤废水、漂白废水与纸机白水等。

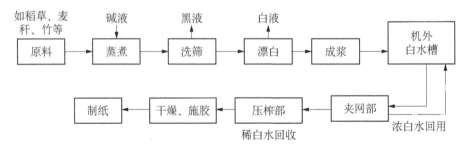

图18-1　造纸工艺污水产生示意图

在制浆蒸煮工序,废水量少而浓度高,约占总污染负荷的80%,主要有可生物降解的有机物,如纤维分解生成的糖类、醇类、有机酸等;木质素及其衍生物,蒸煮废液中含有粗硫酸盐如树脂酸钠、脂肪酸钠。

漂白废水即白液中含有的木质素降解产物与含氯漂白剂反应产生的酚类及其有机氯化物,主要是氯代酚类化合物,如二氯苯酚,氯化苯酚,氯化邻苯二酚,还有微量的汞和酚等。其中氯代酚等对水体生物具有致毒、致畸、致突变的三致效应。

来自原水水道和剥皮机的水、液体回收工段的蒸发冷凝液、漂白车间洗浆机的滤出液、造纸机的白水、筛选净化过程的清水是可以收集处理和回用的五种工艺水,其中最大量的可回用水是白水和筛选净化水。纸机白水一般采用气浮法或**多圆盘式白水回收机**,回收纤维,澄清白水可以回用。

# 18.3 工艺废水处理

### 18.3.1 碱法草浆黑液的碱回收技术

碱回收系统主要是指采用高效率的洗浆机,使化学浆的黑液提取率达到 95%~98%,然后将黑液蒸发浓缩、燃烧,在消除污染的同时,回收热能和化学药品。在造纸工业发达的国家,碱回收率已经达到 90%~95%,回收的热能可以满足造纸厂所需能源的 45%~55%。

常见的碱回收工艺如图 18-2 所示。

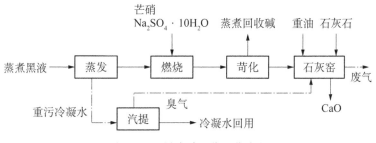

图 18-2 黑液碱回收工艺流程

在碱法草浆黑液的碱回收技术中存在的主要问题是:①草浆黑液黏度大,黑液提取和蒸发比木浆黑液困难;②草浆黑液中含硅量高,使碱回收系统的蒸发燃烧和苛化都受到"硅干扰"。

由于黑液的浓度达到 16%~18%,因此适于采用湿式氧化法处理。澳大利亚制浆造纸有限公司 Bermie 造纸厂采用湿式空气氧化法,在高温、高压条件下通入空气,黑液中有机物得到彻底的氧化分解,同时回收了热能和碱。其中碱回收可达 95% 以上。

中南工业大学对黑液的循环利用提出了以下工艺流程。首先黑液在酸化沉淀木质素后,上清液继续苛化。经处理后,通过补充少量药剂 NaOH 和 $H_2S$,即可进入蒸煮工艺重新使用,见图 18-3。

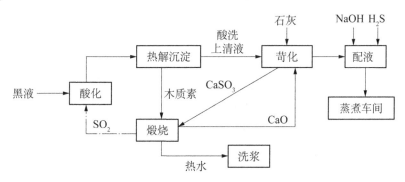

图 18-3 黑液循环利用工艺流程

### 18.3.2　白水处理与回收

在纸浆制作成品纸过程中,在浆板机的网部和压榨部分别产生浓白水和稀白水。为了减少废水排放和纤维流失,白水回收是最主要的措施。网部产生的浓白水一部分供机外白水槽和冲浆泵稀释浆料用,其余排至白水池,送白水处理装置过滤后供用户,如超清白水可用于各种湿端喷淋水或部分化学品稀释水;清白水可用于碎浆稀释水、纸浆浓度控制稀释水;浊白水可用于各散浆冲落水及稀释水、浆料短循环稀释水、各筛选机清洗水等。

对于白水,国内大部分厂家采用混凝气浮法加以回收利用,如苏州华盛纸厂采用射流气浮回收白水,SS 去除率达 90% 以上。广州造纸厂研制的多盘式白水真空过滤机纤维回收率可达 80%～92%。

其白水回收系统流程如图 18-4 所示。

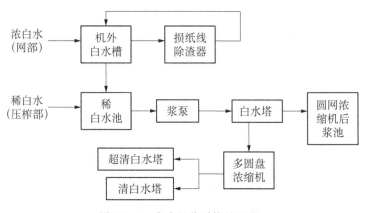

图 18-4　白水回收系统处理流

## 18.4　全厂废水综合处理厂

常熟的芬欧汇传纸业有限公司采用的是外购漂白长纤浆及漂白短纤浆板生产卷筒纸和复印纸,车间主要包括制浆、造纸、损纸系统和白水回收系统。经过白水回收后,最终全部废水进入废水处理车间,其处理流程如图 18-5 所示。

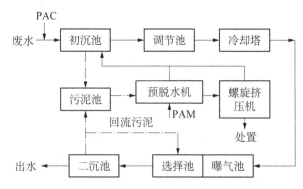

图 18-5　成浆造纸废水处理工艺流程图

经过对高浓度的白水和黑液的分别回收处理后,全厂的生产污水、生产废水和生活污水最终排入废水处理车间综合处理。对于制浆造纸厂,常见的废水处理工艺流程如图18-6所示。

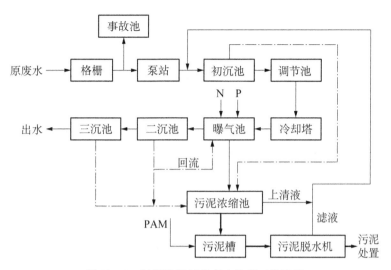

图 18 - 6 制浆造纸厂总废水处理工艺流程

# 第19章 电镀废水

金属腐蚀是自然界中的一种自然现象,它是金属与环境化学、电化学相互作用的自发破坏过程,是金属要恢复到它们自然条件下存在的形式如氧化物、硫化物、碳酸盐及其他化合物。这些金属单质处于热力学不稳定状态,金属腐蚀过程伴随着自由能的减少,因此是自发进行的过程。据统计,世界上每年因腐蚀而不能使用的金属大约占金属年产量的 1/4～1/3,1998 年,我国因腐蚀造成的经济损失超过 2 500 亿元,是洪水、火灾、飓风、地震等自然灾害综合损失的 6 倍。因此各国都不得不投入大量的人力和物力来解决金属腐蚀的问题,解决的主要办法就是电镀。

在工农业生产中最常用的金属材料是钢铁。而铁是一种热力学性质不太稳定的金属,$Fe^{2+}/Fe$ 的标准电极电位为 $-0.440$ V。锌的标准电极电位为 $-0.76$ V,地球上锌资源丰富,价格较为低廉,镀锌后再经过铬酸盐处理后,非但外观漂亮,而且大大提高其抗腐蚀性能,在电镀总量中,镀锌占据 60% 以上,已经广泛应用作为钢铁表面的防护层。因此,我们主要讨论在钢铁表层镀锌的电镀工艺和废水的产生及处理。

# 19.1 电镀工艺

## 19.1.1 镀前处理

### 1. 除油

除油又称脱脂,电镀厂常用的化学除油,即利用热碱溶液对油脂的皂化和乳化作用,以除去皂化性油脂;利用表面活性剂的乳化作用,除去非皂化性油脂。

化学除油最广泛的是碱液除油、酸性除油、乳化液除油等。

碱液除油是利用碱与动植物油在较高的温度(80～100℃)下起皂化反应的原理把油脂除掉,反应如下:

$$(C_{17}H_{35}COO)_3C_3H_5 + 3NaOH \Rightarrow 3C_{17}H_{35}COONa + C_3H_5(OH)_3$$

硬脂酸酯　　　　　碱　　　肥皂(硬脂酸钠)　　　甘油

由于现在常用的钢铁润滑油和防锈油常为矿物油,不能皂化,只能乳化,因此常需加入非离子型和阴离子型表面活性剂,如十二烷基苯磺酸钠等。

### 2. 酸洗(浸蚀)

酸洗是指利用无机或有机酸加表面活性剂、缓蚀剂等将金属上的氧化膜、锈斑和油污及较厚的氧化皮等除去,露出金属晶格。

酸洗常用的酸有盐酸和硫酸。下面分别简单介绍。

1) 盐酸

在常温下,盐酸对金属氧化物有较强的化学溶解作用,而对钢铁基体的溶解却比较缓慢,因此,使用盐酸酸洗或浸蚀过的钢铁零件不易发生过腐蚀和氢脆现象,表面残渣也较少,质量较高。但为了减少氯化氢的逸出,一般采用1∶1的盐酸酸洗,同时加入六次甲基四胺、丙炔醇、丁炔二醇等缓蚀剂,能同时起到脱脂、抑雾、防渗透氢、增大酸洗液中铁的容量和降低酸洗用酸的浓度。

2) 硫酸

浓度超过 40% 的硫酸对钢铁的氧化皮几乎不溶解,而浓度太低时对钢铁基体就有腐蚀作用了,因此常用的酸洗液浓度控制在 20%～30%,常用浓度是 25%。提高温度,可以大大提高硫酸的浸蚀能力,而且由于其不易挥发,因此常加热到 50～60℃ 使用,但也不宜高于 75℃,否则将加速对基体的腐蚀,需加入缓蚀剂,如若丁。

硫酸酸洗成本较低,逸出气体较少,对设备的腐蚀也较轻。

**3. 抛光**

抛光分为电解抛光和化学抛光。

1) 电解抛光

电解抛光是金属零件在特定条件下的阳极浸蚀,这一过程能改善金属表面的微观几何形状,降低金属表面的显微粗糙度,从而达到使零件表面光亮的目的。电解抛光常用于某些工具的精加工,或用于制取高度反光的表面等。在电解抛光过程中,阳极表面形成了具有高电阻率的黏膜,这层黏膜在表面的微观凸出部分厚度较小,电流密度较高,溶解较快;而在微观凹入处则厚度较大,电流密度较低,溶解较慢,从而达到平整和光亮的目的。

碳素钢和低合金钢的电镀抛光溶液广泛采用的是磷酸-铬酐型溶液,即在水中溶解铬酐、EDTA 和草酸后,再分别加入磷酸和硫酸。阴极采用铅材。

在电解抛光过程中,由于阳极溶解而导致铁离子的积累,抛光后亮度下降,因此,一般 $Fe_2O_3$ 的含量超过 7%～8% 时,必须更换抛光液。

2) 化学抛光

化学抛光就是金属零件在特定条件下的化学浸蚀,在浸蚀过程中,金属表面被溶液浸蚀和整平,从而获得比较光亮的表面。

对于低碳钢零件,可以在含有双氧水的弱酸性溶液中进行化学抛光。在 15～25℃ 下,将零件放在 pH 约 1.7～2.1、含过氧化氢约 40 g/L 或 70～80 g/L 的溶液中。当溶液中 HF 含量达到 10～20 g/L 时,抛光时间将大为缩短,从 30 min 以上缩短到 0.5～2 min;当溶液中铁离子浓度超过 35 g/L 时,抛光速度和质量都将下降,必须更换抛光液。

## 19.1.2　电镀

镀锌也就是在待镀组件的阴极上发生如下反应:

$$Zn^{2+} + 2e \longrightarrow Zn$$
$$2H_2O + 2e \longrightarrow H_2 \uparrow + 2OH^-$$

阳极发生如下反应:

$$Zn - 2e \longrightarrow Zn^{2+}$$

从而达到阳极溶解,阴极镀锌的目的。

电镀锌的镀液经过多年的发展,主要分为低氰镀锌、锌酸盐镀锌、铵盐镀锌、氯化物镀锌和硫酸盐镀锌。

**1. 低氰镀锌**

自 1855 年氰化镀锌的第一个专利发表以来,它已经延续了 152 年的历史了。氰化镀锌有着镀层结晶细致、镀液分散能力和深镀能力好、镀液活化能力强、抗杂质能力强以及镀液稳定性能好和对镀前处理要求不高等优点。在过去半个世纪中,高浓度氰化镀锌一直被广泛使用,严重污染了环境(如 20 世纪 70 年代,中国港台商家在沿海地区的电镀厂均是氰化镀锌),现已改进为低氰镀锌工艺,其主要原理就是通过提高氢氧化钠的浓度,使 OH⁻ 代替 CN⁻ 成为主配合物来控制锌离子浓度。

低氰镀锌的镀液中含有氧化锌 14～16 g/L,提供被沉积的金属离子;氰化钠 15～26 g/L(高氰镀锌为 100 g/L),对改善镀液和镀层性能起重要作用,同时配合杂质重金属离子,防止其干扰,另外也是阴阳极的活化剂;氢氧化钠 95～105 g/L,提高电导和电流效率,同时是主配合物,锌以 $Zn(OH)_4^{2-}$ 存在;还可以加入一些金属和稀土元素来形成锌合金镀层,提高其抗蚀性能;某些有机物也可作为光亮剂。采用高纯度的锌作为阳极,在常温下就可以进行电镀工作了。

**2. 锌酸盐镀锌**

锌酸盐镀锌的开发以及成功应用是人类环保的一大进步,也是电镀锌历史上的一次成功革命。锌酸盐镀锌以高含量的氢氧化钠完全取代了氰化钠,使镀液变得无毒。该技术是 20 世纪 60 年代发展起来的,而我国是在 70 年代采用并趋于成熟的。目前无氰镀锌的比重已经超过了氰化镀锌工艺。

锌酸盐镀锌的镀液中仅仅包含氧化锌和氢氧化钠及添加剂。氢氧化钠成为唯一的配合物,但由于羟基对锌的配合能力比氰的要小一个数量级,因此,要通过提高氢氧化钠的浓度来弥补。一般来说,提供锌离子的主盐氧化锌浓度为 8～12 g/L,配合物氢氧化钠的浓度要达到 100～120 g/L,即是锌浓度的十倍。它同时也是提高电导的物质,同时是阳极的去极化剂,兼有除油的作用。锌酸盐镀锌过程中需添加添加剂,目前主要的添加剂是二甲氨基丙胺和二甲胺,一般是多聚型表面活性剂。

**3. 铵盐镀锌**

氯化铵-氨羧配合物镀锌电解液中沉积的锌层,结晶细致,镀层光泽美观,分散能力和深镀能力好,适合于复杂零件的电镀。电流效率高,氢脆性较小。

镀液中一般氯化锌含量为 30～45 g/L,氯化铵的含量为 230～280 g/L,一旦高于 300 g/L,就会有结晶析出,而低于 200 g/L 时,镀层粗糙。柠檬酸 $C_6H_8O_7$ 或氨三乙酸 $N(CH_2COO)_3$ 是常用的该工艺中主要的配合物,影响镀液的分散能力和深镀能力,一般应当分别为 40～50 g/L 和 20～30 g/L。

在生产中发现该类镀锌中存在钝化膜易变色,镀液腐蚀性大,废水中重金属难以处理,氨对水体中鱼类的毒性较大等问题,逐渐在被锌酸盐镀锌或氯化物镀锌所取代。

**4. 氯化物镀锌**

氯化物镀锌是 20 世纪 80 年代初发展起来的一种光亮镀锌工艺。近年来分散能力和深镀能力已与锌酸盐镀锌相当,故发展速度明显加快。

氯化锌是镀液主盐。当浓度较低时,分散能力和深度能力好,但允许的电流密度下降;当浓度较高时,结果相反,而且易于出现浑浊,浓度一般在 65～75 g/L。

氯化钾或氯化钠是导电盐即支持电解质,同时也是弱配位体。浓度高于 220 g/L 时,低温下易于结晶析出;浓度太低时,镀液的分散能力和深镀能力下降,电流范围变窄,浓度一般在 180～220 g/L。

硼酸是 pH 缓冲剂,可使镀液的 pH 保持在 5～6,因为 pH 升高时,容易导致氢氧化锌在镀层中夹杂而质量低劣。其一般用量在 25～40 g/L。

该工艺的优点是采用不含配合物的单盐,废水易于处理,同时镀层的平整和光亮性优于其他镀液体系,电流效率高,沉积快。其缺点是含氯离子的弱酸性镀液对设备有一定的腐蚀性。

**5. 硫酸盐镀锌**

硫酸盐的分散能力与前述几种镀液相比要差些,且结晶较粗。但镀液成本低,电流效率高,沉积速度快,适合电镀线材、板材和管材的内壁。

镀液中主盐是硫酸锌,浓度低时结晶较细。可以在 200～500 g/L 的浓度范围内变化。硫酸钠是导电盐,能提高电导率。硫酸铝或明矾 $[KAl(SO_4)_2 \cdot 12H_2O]$ 是 pH 缓冲剂,在 pH 为 3～4 时缓冲效果较好。另外还可以添加促进分散的糊精,光亮剂硫锌-30 等,以改善镀层效果。

**19.1.3　除氢**

在镀锌过程中,氢离子被还原后变成氢原子,可以渗入镀层和基体的金属晶格的点阵中使晶格歪扭,零件内应力增加,镀层和基体变脆,即氢脆。一般采用加热处理来除氢,在 190～230℃下,保温 2～3 h。

### 19.1.4　低铬彩色钝化

锌的化学性质活泼,在空气中易于氧化变暗。镀锌后经过铬酸处理,在镀层上覆盖一层化学转化膜,使活泼的金属处于钝态,称为锌层铬酸盐钝化处理。这层厚度只有 0.5 μm 以下的铬酸盐薄膜,能使锌的耐蚀能力提高 6～8 倍,并赋予美观外饰和抗污能力。

铬酸盐钝化液由主盐铬酸(3～400 g/L)、活化剂(硫酸、盐酸、氯化钠等)和无机酸(保持钝化液的 pH 在 1～1.5)组成。锌与钝化液之间发生锌溶解、六价铬还原为三价铬的反应。在反应中消耗氢离子,当锌/溶液界面上 pH 上升到 3 以上时,产生一系列的成膜反应,凝胶状钝化膜就在锌界面上形成。其中三价铬是钝化膜的骨架,六价铬依靠吸附、夹杂和化学键力填充于三价铬的骨架之中,六价铬的含量直接影响着钝化膜的耐蚀性。当钝化膜受到划伤、碰伤时,在潮湿空气中六价铬可溶于水膜中,在破损处成膜,自动修复钝化膜,这是铬酸盐钝化的重要优点之一。

彩色钝化流程:镀锌→清洗→清洗→2%～3%硝酸出光→清洗→低铬彩色钝化→清洗→热水洗→甩干→烘烤老化→入库。

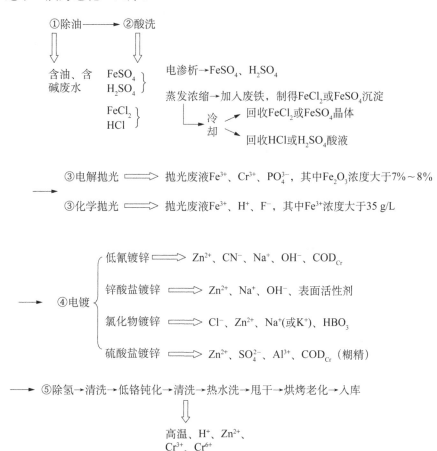

## 19.2　电镀废水的处理

**1. 镀前处理污水的处理**

由上述可知,在电镀前,都要经过镀前处理,镀前处理主要产生油污和酸、碱废水。因此,处理工艺一般如下：

污水→除油槽或油水分离器→酸碱集水池→中和处理→污水处理厂

**2. 含氰废水的处理**

含氰废水处理方法有两种,槽边法和集水池法。

槽边法的流程示意图如下所示。

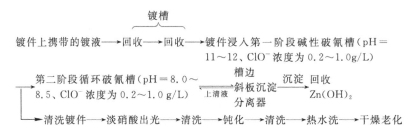

集水池法即采用次氯酸钠在碱性和酸性条件下依次氧化破氰。

**3. 含铬废水的处理**

含铬废水主要来源于铬酸盐钝化后的清洗废水和泄漏的钝化液,对于彩色钝化工艺来说,可以做到无须清洗,因此,将泄漏的钝化液收集起来,简单过滤一下,即可回用到钝化工序中。

但实际生产的厂家很少能做到低铬钝化,因此,还是要处理含铬废水的,一般采用氧化还原-沉淀法来处理。需要回收氢氧化铬时,采用氢氧化钠作为沉淀剂即可。出水进入污水处理厂处理。

**4. 含锌废水的处理**

氯化钾镀锌和锌酸盐镀锌的镀液中锌以简单的锌离子存在,调整 pH 至 8.5～9.0,锌以氢氧化锌沉淀的方式除去并回用到镀槽中,出水中锌离子含量低于 $0.4 \times 10^{-6}$,而国家排放标准为 $5 \times 10^{-6}$,完全可以达标排放。

采用槽边循环法,可以极大程度地降低含锌废水排放量。含锌废水主要来源于后续的清洗中,锌含量极低。

# 19.3　综合污水的处理

综合污水是指经过单独处理的各路废水,包括生活污水和地面滴落的污水等,集中做进一步终端处理。一般是先调整 pH 至国家排放标准,即 6～9,然后加入絮凝剂,进一步去除废水中胶态重金属离子的氢氧化物沉淀和高分子有机物,然后送入高效斜板沉淀池中,沉淀进入污泥脱水装置,出水可以返回车间作为冲洗水或排放(图 19-1)。

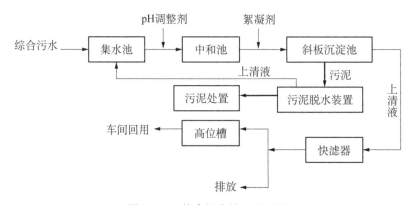

图 19-1　综合污水处理流程图

# 第20章 纺织染整废水

纺织业是我国传统的支柱产业之一,多年来在保障人民衣着需要、为国家积累资金、增加出口创汇方面发挥了重要的作用。新中国成立六十多年来,我国纺织业获得了迅速的发展。

目前,除了从国外引进一些先进设备和工艺技术外,棉纺织、毛纺织、麻纺织、丝纺织行业的机织、针织、染色设备和化学纤维行业的成套纺丝设备均能自己制造,还有相当数量的设备出口。据2006年统计,我国纤维加工总量在$3 \times 10^7$ t以上,约占世界纤维加工总量的1/3。2006年,纺织品服装出口总额达1 470.85亿美元,为提高GDP和积累外汇做出了贡献。

纺织工业是用水量较大的工业部门之一,同时也是排污大户,其中各种产品生产过程中排放的印染废水造成的污染最为严重。纺织行业排放的需要治理的废水中80%为印染废水。

在我国,纺织行业废水处理工作开展得较早。1963年筹建北京尼纶厂时,在国内做了酸性甲醛废水处理实验,1965年生产设备与废水处理同时投产,1966年第一套活性污泥印染废水处理设施在安徽印染厂成功运行。1973年已有20多个工厂处理废水,日废水处理量为$5 \times 10^4$ t,1985年处理量达到$2.4 \times 10^8$ t,而2007年废水处理量为$2.6 \times 10^9$ t。

纺织业是我国出口最具竞争优势的产业,净创汇额一直居各行业之首。但是纺织印染行业技术落后,一直是废水排放大户,因此对于印染废水的治理关系到整个工业污染的改善。

# 20.1 纺织工业废水概述

## 20.1.1 废水来源

纺织工业包括棉、毛、丝、针织,印染,服装等多种工种。纺织工业废水就是纺织工业各行业生产过程中排放的废水。其中量大且污染严重的主要是印染废水和化纤(尤其是黏胶纤维和涤纶仿真丝/涤纶海岛纤维)废水。纺织工业废水的主要来源及污染物如表20-1所示。

表20-1 纺织工业废水的主要来源及污染物

| 行业名称 | 废水主要来源 | 主要污染物 |
|---|---|---|
| 棉纺织厂 | 空调①、上浆、喷水织机 | 棉尘、纤维、浆料 |
| 毛纺织厂 | 染色、缩绒、洗毛等 | 羊毛脂、浆料、助剂、纤维 |
| 棉和化纤布混纺布印染厂 | 退浆、煮炼、漂白、丝光、染色、印花、整理 | 浆料、染料、助剂、纤维中蜡质、果胶等杂质 |
| 苎麻纺织印染厂 | 脱胶、染色、整理 | 木质素、果胶等苎麻胶质、染料、助剂 |
| 丝绸纺织厂 | 制丝、精炼(脱胶)、染色、整理 | 丝胶、染料、助剂 |
| 针织厂 | 碱缩、煮炼、染色、后处理 | 纤维中杂质、染料、助剂 |
| 黏胶纤维厂 | 蒸煮、漂炼、原液、纺丝、后处理 | 黑液中的碱及木质素等有机物、锌离子、半纤维素 |
| 涤纶厂 | 后处理(油剂废水) | 对苯二甲酸、乙二醇、油剂 |
| 锦纶厂 | 萃洗、后处理 | 己内酰胺、油剂 |
| 氨纶厂 | 纺丝、溶剂精炼 | 二甲基乙酰胺(DMAC)、油剂 |
| 腈纶厂 | 原液、纺丝、后处理 | 硫氰酸钠、丙烯腈 |
| 维纶厂 | 原液、纺丝、后处理 | 甲醛、硫酸、油剂 |

① 棉纺厂在纺纱和织布过程中为保证产品质量,必须控制车间的洁净度、温度和相对湿度,并控制换气次数,因此必须采暖通风,产生了空调水,空调水经除尘后循环回用。

纺织工业用水量很大。棉印染业每百米布用水约3~4 t,毛纺业洗毛每吨用水30~40 t,

毛粗纺每米用水 20～25 t。黏胶纤维生产中(包括浆粕生产在内),1 t 长丝耗水约 2 000 t,单纺丝也要 800～1 000 t。这些水绝大部分均成为废水排出。

表 20-2 和表 20-3 分别列出了主要纤维品种的常用染料和织物染料相应的化学药剂。不同的染料着色率不同。酸性染料、酸性媒染染料及酸性含媒染料着色率较高,可达 90%～100%,硫化染料着色率较低,约 40%～60%。其余常用染料着色率在两者之间。

**20-2 主要纤维品种的常用染料**

| 纤维品种 | 常用染料 |
| --- | --- |
| 纤维素纤维(棉、黏胶、麻及混纺纤维) | 直接染料、活性染料、暂溶性还原染料、还原染料、硫化染料、不溶性偶氮染料 |
| 毛 | 酸性染料、酸性媒染染料、酸洗含媒染料 |
| 丝 | 直接染料、酸性染料、酸性含媒染料和活性染料 |
| 涤纶 | 分散染料、不溶性偶氮染料 |
| 涤棉混纺 | 分散/还原染料、分散/不溶性偶氮染料 |
| 腈纶 | 阳离子染料(如碱性染料)、分散染料 |
| 腈纶-羊毛混纺 | 阳离子染料与酸性染料先后分浴染色 |
| 维纶 | 还原染料、硫化染料、直接染料、酸性含媒染料 |
| 锦纶 | 酸性染料、分散染料、酸性含媒染料、活性染料 |

**表 20-3 织物染料相应的化学药剂**

| 染料品种 | 化学药剂 |
| --- | --- |
| 直接染料 | 硫酸钠、碳酸钠、食盐、硫酸铜、表面活性剂 |
| 硫化染料 | 硫化碱、食盐、硫酸钠、重铬酸钾、双氧水 |
| 分散染料 | 保险粉、载体、水杨酸酯、苯甲酸、邻苯基苯酚、一氯化苯、表面活性剂 |
| 酸性染料 | 硫酸钠、醋酸钠、丹宁酸、吐酒石、苯酚、间二苯酚、醋酸 |
| 不溶性偶氮染料 | 烧碱、太古油、纯碱、亚硫酸钠、盐酸、醋酸钠 |
| 阳离子染料 | 醋酸、醋酸钠、尿素、表面活性剂 |
| 还原染料 | 烧碱、保险粉、重铬酸钾、双氧水、醋酸 |
| 活性染料 | 尿素、纯碱、碳酸氢钠、硫酸铵、表面活性剂 |
| 酸性染料 | 醋酸、元明粉、重铬酸钾、表面活性剂 |

在织造过程中,经纱必须上浆,在染整过程中又需要退浆,因此废水中带入了大量的浆料。退浆废水是染整废水中浆料的主要来源,带入了大量的 $BOD_5$ 及 $COD_{Cr}$,同时,除了天然的可溶性淀粉和合成龙胶外,其他浆料的 $BOD_5/COD_{Cr}$ 非常低,可生化性很差(表 20-4)。

**20-4 常用浆料及其 $BOD_5$ 及 $COD_{Cr}$**

| 浆料名称 | $BOD_5$/(mg/L) | $COD_{Cr}$/(mg/L) | $BOD_5/COD_{Cr}$ |
| --- | --- | --- | --- |
| 可溶性淀粉 | 55 | 81 | 0.68 |
| 合成龙胶 | 14 | 61 | 0.22 |
| 聚乙烯醇(PVA) | <5 | 149 | <0.09 |
| 甲基纤维素(CMC) | <5 | 79 | <0.06 |
| 丙烯酸酯 | <5 | 100 | <0.04 |
| 海藻酸钠 | <5 | 55 | <0.03 |

注:浆料浓度为 100 mg/L。

废水处理的终极目标为零排放,即全部回用,因此印染生产用水的水质标准(表 20-5)也是印染废水处理的最高标准。

表 20 - 5　印染生产用水水质标准

| 水质项目 | 指标 |
|---|---|
| 透明度/cm | ＞30 |
| 色度/倍 | ≤10 |
| pH | 6.5～8.5 |
| 铁/(mg/L) | ≤0.1 |
| 锰/(mg/L) | ≤0.1 |
| 悬浮物/(mg/L) | ＜10 |
| 硬度/(mg/L)(以 CaCO₃ 计) | ① 原水硬度小于 150 mg/L 的可直接用于生产;<br>② 原水硬度在 150～325 mg/L 的,大部分可用于生产,但溶解性染料应使用硬度小于或等于 17.5 mg/L 的软水,皂洗和碱洗用水硬度最高为 150 mg/L;<br>③ 喷射冷凝器冷却水一般采用总硬度小于或等于 17.5 mg/L 的软水 |

## 20.1.2　废水分类

纺织工业废水按行业分成表 20 - 1 所列的十二种,又可依据成分分为四大类。

1) 棉纺织厂废水

对于上浆和空调用水主要考虑回用工艺。喷水织机废水 $COD_{Cr}$ 一般在 200～300 mg/L。

2) 染整废水

染整废水包括前处理、染色、印花、整理废水。

3) 化纤工业废水

涤纶、锦纶、氨纶、腈纶和维纶等废水统称为化学纤维工业废水。

4) 洗毛废水和苎麻及丝绢脱胶废水

毛纺厂或毛条厂的洗毛废水、丝绢纺织厂和苎麻纺织厂的脱胶废水,都是高浓度有机废水,在处理时,首先要考虑资源回收和清洁生产,减轻废水处理的负担。

## 20.1.3　废水危害

纺织工业废水的污染主要以有机污染为主,大量有机污染物排入天然水体将消耗水体中溶解氧,破坏生态平衡。

纺织工业废水的色度,使受纳水体外观严重恶化。造成色度的主要因素是染料。目前,全世界染料总产量达 $64×10^4$ t,其中 56% 用于纺织品染色,而在染色过程中 10%～20% 的染料作为废物排出。

染料的色度会引起恶劣的观感,而染料的毒性更是不容忽视。一些染料具有"三致"危害,一些助剂也是毒性很大,采用化学方法去除色度时,虽然发色基团被破坏,但不排除残余物的毒性依然存在甚至可能增强,$COD_{Cr}$ 并不降低,排放废水容易泛黄。其环境危害须进一步研究。

纺织废水一般均呈碱性,且含盐量很高,如若用于灌溉,则会造成土地盐碱化,一些重金属离子也会积累,染色废水的硫酸盐在土壤中,遇到还原条件还可以转化为硫化物,产生硫化氢。

化纤废水中黏胶纤维生产废水量最大,除有机物外,目前大部分工厂废水中锌离子含量均约每升十几毫克。锌离子对鱼类的致死浓度为 0.01 mg/L,且影响水体自净。

另外,在腈纶生产过程中的丙烯腈、维纶生产过程中的甲醛、氨纶生产过程中的 DMAC、锦纶生产过程中的己内酰胺、黏胶纤维生产中的二硫化碳和锌离子等均有毒,在废水处理中均须采用相应的工艺进行处理。

纺织业按照使用的原料可分为棉纺、毛纺、丝绸行业,下文将分别对其废水的处理进行讨论。

# 20.2　棉纺织染整废水

### 20.2.1　棉纺织染整废水概述

棉纺织物占天然织物的85％。棉纺印染行业使用染料品种和数量最多。由于棉纤维含93％～95％的纤维素,在约6％的杂质中,蜡状物质为0.3％～1.5％,果胶物质为1.0％～1.5％,含氮物质为1.0％～2.5％,灰分约为1％等。其中蜡状物质、果胶、含氮物质必须在煮炼时除去。天然纤维素纤维与染料的结合力主要是范德瓦尔斯力和氢键。其使用的染料主要包括活性染料、土林染料、直接染料、硫化染料等,这些染料相对价格较为便宜,但上染率不高,尤其硫化染料,只有40％～60％,导致废水中污染物浓度较高,处理较为困难。棉混纺织物中化纤成分主要是涤纶,主要采用适于涤纶染色的分散染料,它的上染率较高,但染料中添加剂较多,也给废水治理带来了一定的困难。

染整是对纺织材料(纤维、纱线和织物)进行以化学处理为主的工艺过程。包括预处理、染色、印花和整理。预处理亦称炼漂,主要是除去纺织材料上的杂质,使后续的染色、印花、整理加工得以顺利进行。染色是通过染料和纤维发生物理的或化学的结合而使纺织材料具有一定的颜色。印花是用色浆在织物上获得彩色花纹图案。整理是通过物理作用或使用化学药剂改进织物的光泽、形态等外观。

### 20.2.2　染整及其废水来源与性质

虽然棉纺制品的纺纱和织造工艺在棉纺厂完成,印染在印染厂完成,但坯布上的浆料却是在印染过程中洗脱下来,并进入废水中的。这部分污染物对印染废水处理影响较大,部分浆料还是难生物降解的有机物。上浆是将整理过的经纱经过浆纱机,使经纱表面形成一层均匀的浆膜。棉纤一般用变性淀粉,涤纶一般采用聚乙烯醇(PVA)、聚丙烯酸酯等。上浆使经纱表面光洁、耐磨,并有较好的弹性和强度及较高的捻度。

棉机织产品经过前处理和印花、染色等工艺加工后,即成为漂白织物、印花织物和染色织物。其工艺流程主要分为以下3种。

**1. 纯棉和棉混纺织物的印花生产工艺**

```
      水↓烧  水↓烧  水↓漂白  助↓色
       ↓碱    ↓碱    ↓剂      剂↓浆
坯布→烧毛→退浆───→煮炼───→漂白───→印花→固色→清洗→整理→成品
     炼漂废水←─────────────────        └─────────→印花废水
```

**2. 纯棉或棉混纺织物染色生产工艺**

```
      水↓烧  水↓烧      水↓烧      水↓助剂
       ↓碱    ↓碱        ↓碱        ↓染料
坯布→烧毛→退浆───→煮炼───→丝光───→染色→漂洗→整理→成品
     炼漂废水←─────────────────        └─────→染色废水
```

**3. 纯棉或棉混纺织物漂白生产工艺**

```
      水↓烧  水↓烧      ↓氧化      ↓氧化
       ↓碱    ↓碱        ↓剂        ↓剂
坯布→烧毛→退浆───→煮炼───→亚漂───→氧漂→整理→成品
                                        └────→炼漂废水
```

在以上工艺中,烧毛是将织物迅速通过火焰(煤气炉或远红外线)烧去布面上绒毛,使布面美观,同时可防止印花和染色产生着色不均匀现象。

退浆一般是用化学药剂将织物上所带的浆料除去(毛、丝绸无此步骤),使纤维更好地与染料亲和,同时也可以去除织物纤维中部分天然杂质,一般采用碱法退浆。退浆废水水量少,但污染严重,是染整废水有机物的重要来源。纯棉织物用淀粉浆料,此时退浆废水的 $BOD_5$ 约占整个染整废水 $BOD_5$ 的一半。当用 PVA 时,$BOD_5$ 虽然下降了,但 $COD_{Cr}$ 上升,退浆废水的 $COD_{Cr}$ 一般在 7 000～10 000 mg/L,处理更为困难。目前,为了配合高速织机,减少在织造中因为张力造成的断头,上浆率从 6%～7% 提高到 11%～13%,并采用新型聚丙烯酸酯的化学浆料,使退浆废水的 $COD_{Cr}$ 达到 20 000～40 000 mg/L,而 $BOD_5$ 很低,处理非常困难,必须采用清洁生产,回收浆料,减轻后处理工艺的负担。

煮炼是将织物在浓碱液中蒸煮,以去除退浆后残留在织物上的相对分子质量较大的天然杂质(蜡状物质、果胶和油脂等),并使织物具有较好的吸水性,便于印染过程中染料的吸附与扩散。煮炼液主要是烧碱,并投加硅酸钠或亚硫酸氢钠等助剂作为表面活性剂。煮炼残液一般为黑褐色,pH 很高,有机污染物浓度高,达到数千毫克每升。

丝光是使织物在一定张力作用下,用烧碱处理,使纤维膨化、纱线纹路排列清晰,增加光泽,增强织物对染料的吸附能力。从丝光工序排出的淡碱液,可用多效蒸发等方法回收,但仍有相当数量的废碱液排出,故丝光废水的 pH 高达 12～13。

漂白的目的是去除织物上的色素,增加织物的白度,并可以继续去除残留的蜡质及含氮物质等。印花布和漂白布产品的漂白一般应用次氯酸钠和过氧化氢两道漂白工序以保证产品质量。漂白工序排放的废水水量大,但污染物含量及色度较低。

印花是将染料或涂料与相关助剂和黏合剂调制成色浆,再通过印花设备印到织物上,通过气蒸固色,最后通过水洗、整理等工序成为最终印花产品。印花废水主要来源于配色调浆、印花滚筒、印花筛网的冲洗废水,以及印花布后处理时的皂洗、水洗废水。由于印花色浆中,浆料量比染料量多几倍到几十倍,故印花废水中含有大量的浆料、染料和助剂。印花滚筒镀筒使用重铬酸钾,花筒剥落时有三氧化铬产生,这些含铬的雕刻废水虽然是由印花车间产生的,但不能与印花工序废水混在一起或与整个染整废水混在一起,必须单独处理。

染色是将织物从染液中浸泡、穿过,使织物染上所需颜色。染液是将染料和各种助剂按照一定剂量在水中混合配置而成的。纯棉织物是在常温下染色,而涤纶织物需在高温下染色。染色过程中一定量染料上染到织物上,剩余染料则排放到废水中。为促使染料更好地上染到织物上使用的助剂,可增强染色的牢度,创造一个好的染色环境,但最终几乎全部残留在染色残液及其后的漂洗水中,因此,染色排放的废水含有一定量染色残液,与印花相比,污染物浓度较高。

整理废水含有纤维屑、甲醛树脂、油剂和浆料,水量小,对染整废水影响不大。

织物在每次经过退浆、煮炼、丝光、漂白后,都需要漂洗,以去除每道工序带出的相应的污染物,这些废水统称为漂炼废水,也称为前处理废水。漂炼废水的 pH 较高,色度较低,有机污染物含量较高。而染色与印花产生的废水主要含有染料、涂料及助剂等,色度较大。目前大部分印染厂的漂炼废水和印染废水都是混合排放的,而且随着加工产品要求的不同,水质变化很大。

表 20-6 为纯棉和棉混纺产品印花和染色工艺所需的染料和助剂,表 20-7 为棉染整厂典型废水水质。

**20-6　纯棉和棉混纺产品印花和染色工艺所需的染料和助剂**

| 染料 | 活性染料<br>可溶性还原染料<br>涂料 | 还原染料<br>直接染料<br>硫化染料 | 不溶性偶氮染料①<br>分散染料(涤纶) |
|---|---|---|---|

| 助剂 | 烧碱<br>氧化剂<br>匀染剂<br>渗透剂 | 整理剂 | 柔软剂<br>增白剂<br>树脂整理剂 |
|---|---|---|---|

注：① 德国 1994 年提出 22 类对人体有害的芳香胺的 118 种偶氮染料。

表 20 - 7　棉染整厂典型废水水质

| 厂名 | 染料 | 助剂 | pH | 色度/倍 | BOD$_5$/(mg/L) | COD$_{Cr}$/(mg/L) | 悬浮物/(mg/L) | 硫化物/(mg/L) |
|---|---|---|---|---|---|---|---|---|
| 纯棉染色、印花全能印染厂,产品比例:<br>染色布 24%;印花布 47%;漂白布 29% | 活性染料80%,其余为分散染料及还原染料 | 硫酸、纯碱、烧碱、淀粉浆料为主 | 9～10 | 300～500 | 200～300 | 500～900 | 200～300 | 0.9～4 |
| 染色、印花全能厂,产品比例:<br>棉 50%、化纤 50% | 活性染料50%、纳夫妥30%,其余为分散染料及少量还原染料 | 硫酸、盐酸、保险粉、双氧水、烧碱、洗涤剂、PVA、CMC 等 | 8.5～10 | 400～500 | 400～500 | 700～1 200 | — | 0.6～2.5 |
| 漂染厂,产品比例:<br>纯棉为主,少量涤棉 | 还原染料80%、分散染料10%、纳夫妥10% | 硫酸、烧碱、次氯酸钠、淀粉浆料、洗涤剂等 | 11～13 | 150～250 | 150～250 | 300～600 | — | — |
| 漂染厂,产品比例:<br>化纤(涤棉)40%;棉60% | 还原染料40%,分散染料25%、纳夫妥25%,少量活性染料及直接染料 | 硫酸、盐酸、洗涤剂、PVA、CMC、保险粉 | 9～11 | 125～250 | 200～250 | 500～700 | 100～300 | — |

### 20.2.3　废水治理典型流程

由于纺织染整废水成分复杂,处理时往往需要多种方法组合。在流程组合时,一般采用先易后难的原则。废水中易于去除的污染物先进行处理,同一种污染物先用简易的方法降低浓度,然后再进一步精细处理。对于棉纺织染整废水,可生化性较好,但废水污染物浓度高,pH也较高,因此一般经过预处理才能采用生化处理,即首先调整 pH 至弱碱性,再采用厌氧-兼氧-好氧工艺处理,其中色度通过后序的絮凝工艺去除。

#### 1.　生化处理工艺

在染整废水生化处理中,推流式活性污泥法采用得最多,仅少数较老的染整厂采用表面曝气或射流曝气。对于中小型企业,为了节省污泥回流泵房,采用生物接触氧化法处理染整废水。

1) 兼氧-好氧推流式活性污泥法

以棉为主的染整废水,COD$_{Cr}$一般超过 1 000 mg/L,采用推流式活性污泥法污泥负荷可取 0.20～0.22 kg(BOD$_5$)/[kg(MLSS)·d],曝气时间 12 h,污泥浓度 2～3 g/L。如果是以棉和混纺织物为主的染整废水,当化纤比例较高时,PVA 和难生化降解染料含量较多,前处理要采用兼氧水解酸化,停留时间可采用 18～24 h,同时在好氧池增加曝气时间,并采用较低的污泥负荷,如污泥负荷采用 0.10～0.2 kg(BOD$_5$)/[kg(MLSS)·d],曝气时间 12～16 h,污泥浓度 2～3 g/L。

2) 延时曝气活性污泥法

一般延时曝气活性污泥法的曝气时间为 16～24 h,污泥浓度 1.5～2.5 g/L,污泥泥龄

15～30 日。

3）生物膜法

在棉及棉混纺织物染整废水中,采用生物接触氧化法较为普遍。其特点是没有污泥回流,不产生污泥膨胀,运转管理方便。但相对于活性污泥法,其对染整废水色度的去除率比活性污泥法低,$COD_{Cr}$ 的去除率低 5%。因此,生物膜法一般用于浓度较低、生化性较好的针织、毛纺染整废水,并增加物化或其他深度处理工艺。

表 20-8 列举了典型染整废水生化处理参考数据。

**表 20-8　典型染整废水生化处理参考数据**

| 序号 | 项目 | 推流式活性污泥法 | 延时曝气法 | 生物接触氧化化 |
|---|---|---|---|---|
| 1 | 进水 $COD_{Cr}$/(mg/L) | 800～1 200<br>进入曝气池时<br>400～700 | | |
| 2 | 进水 $BOD_5$/(mg/L) | 大于 100 | | |
| 3 | $COD_{Cr}$ 去除率/% | 60～70 | 65～75 | 55～65 |
| 4 | $BOD_5$ 去除率/% | 90 | 95 | 85～90 |
| 5 | 进水 pH | 8～9 | 6～9 | 6～9 |
| 6 | 出水 pH | 6.5～8 | 6.5～7.5 | 6.5～8 |
| 7 | 进水温度/℃ | 20～35 | 15～35 | 20～35 |
| 8 | MLSS/(g/L) | 2～3 | 2～2.5 | 12～14 |
| 9 | 污泥负荷/{kg($BOD_5$)/[kg(MLSS)·d]} | 0.20～0.22 | 0.1～0.2 | 2～3 kg($BOD_5$)/[$m^3$(滤料)·d] |
| 10 | 容积负荷/[kg($BOD_5$)/($m^3$·d)] | 0.7～0.8 | 0.5～0.6 | 0.5～1.0 |
| 11 | 污泥回流比/% | 50～100 | 80～150 | — |
| 12 | 充氧量/[kg($O_2$)/kg($BOD_5$)] | 1.5～2 | 2～2.5 | 1.5～2 |
| 13 | 色度去除率/% | 40～50 | 50～60 | 30～45 |
| 14 | 微生物需要的营养源<br>$BOD_5$：N：P | 100：5：1 | 100：4：0.8 | 100：5：1 |
| 15 | 气水比/% | (20～30)：1 | (30～40)：1 | (20～25)：1 |
| 16 | 曝气时间/h | 12～15 | 18～24 | 12～15 |
| 21 | 填料高度/m | | | 3～4 |

**2. 物化处理工艺**

当染整废水的 B/C($BOD_5$/$COD_{Cr}$)小于 0.2,$COD_{Cr}$ 大于 1 200 mg/L,pH 为 12～14 时,不能直接生化处理,宜首先采用物化预处理,然后采用厌氧或兼氧-好氧联合处理。常用的物化处理为絮凝或混凝法。混凝法又包括混凝沉淀和混凝气浮两种方法。

目前印染厂使用最广泛的无机混凝剂为聚合氯化铝(PACl),废水中不溶性的染料(如还原染料、硫化染料、分散染料、偶合后冰染染料、分子量较大的部分直接染料等)及涂料、颜料,在废水中呈悬浮状,通过絮凝沉淀可以达到较好的处理效果。而对于水溶性的染料(如活性染料、阳离子染料、酸性染料、金属络合物染料及部分直接染料等)和助剂基本没有效果。

**3. 棉染整废水处理实例**

1）工程概述

安徽某印染有限公司主要经营家用纺织品,产生污水的工序有棉纺的轧卷、煮炼、退浆、染色等工序,分别排放含有烧碱、双氧水、渗透剂、淀粉酶、染料、食盐、保险粉、碱剂等物质的废水。

2) 设计规模与目标

设计处理水量为 2 400 m³/d。出水执行《纺织染整工业污染物排放标准》(GB 4287—1992)Ⅰ级标准,并通过当地环保部门审批。进水水质和出水水质标准如表 20-9 所示。

表 20-9　进水水质条件与出水水质标准

| 项目<br>指标 | COD$_{Cr}$<br>/(mg/L) | BOD$_5$<br>/(mg/L) | 悬浮物<br>/(mg/L) | 氨氮<br>/(mg/L) | 总磷<br>/(mg/L) | 色度/倍 | pH |
|---|---|---|---|---|---|---|---|
| 进水 | 4 000 | 1 000 | 1 000 | <10 | <1 | 300 | 13 |
| 出水 | 100 | 25 | 70 | 15 | 1 | 40 | 6～9 |

3) 处理工艺设计

废水处理工艺设计的关键有两点:首先深刻了解各生产工艺产生的废水中主要污染物的物理和化学性质,从而制定正确的技术组合和工艺路线。其次是选择各工艺合适的技术参数,以保证处理效率达到预期目标。

本项目针对的废水主要为前整理煮炼废水、染整废水,碱、浆料、染料、SS 等是主要特征污染物。依次设计工艺流程如图 20-1 所示。

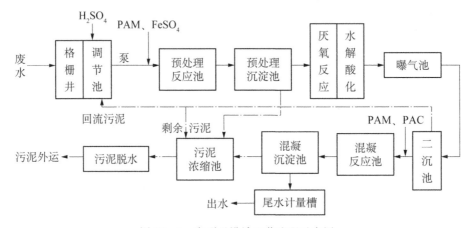

图 20-1　本项目设计工艺流程示意图

综合废水经格栅井进入调节池。依据水质通过滴加 H$_2$SO$_4$ 调节 pH 为 8～9。调节池每格设置曝气管,每班曝气两次,每次 10 min;调节池最后一格设置 2 台潜污泵。经过此过程,COD$_{Cr}$ 可以降低 5%。

调节池出水经泵提升并投加 FeSO$_4$,进入预处理反应池,经过初步絮凝反应,沉淀后可以去除废水中硫化染料、部分浆料和 SS,COD$_{Cr}$ 可以降低 30%～40%。

鉴于废水 COD$_{Cr}$ 很高,同时可生化性不是很好,因此废水经调节池的好氧预处理后,进入折板厌氧反应器。通过厌氧菌的水解酸化和产甲烷作用,可以去除一定的有机物,同时,在厌氧、缺氧的条件下,有利于打开染料的发色基团,降低废水的色度。在厌氧池的后段添加填料,使世代时间长的微生物固着栖生在填料上。厌氧阶段停留时间不得小于 1.5 天。并在末端增加曝气池,以和平过渡到好氧接触氧化池。好氧阶段采用完全混合流与推流相结合的形式。

废水经生化处理后进入辐流式沉淀池,出水中胶体物质通过投加 PAM、PAC 等絮凝剂去除,出水回用或直接排放。

以上各工艺的设计处理效果如表 20-10 所示。

表 20－10　各处理阶段处理效果预测

| 处理单元 | 指标 | $COD_{Cr}$ /(mg/L) | $BOD_5$ /(mg/L) | 悬浮物 /(mg/L) | 氨氮 /(mg/L) | pH | 色度/倍 |
|---|---|---|---|---|---|---|---|
| 格栅井调节池 | 进水 出水 去除率/% | 4 000 3 800 5 | 1 000 950 5 | 1 000 920 8 | <10 — — | 0 13 — | 300 285 5 |
| 预处理反应沉淀池 | 出水 去除率/% | 2 470 35 | 760 20 | 644 30 | 10 — | 8～9 — | 256 10 |
| 厌氧及水解酸化池 | 出水 去除率/% | 990 60 | 340 55 | 450 30 | 10 — | 6.5～8 — | 128 50 |
| 好氧生物接触氧化池 | 出水 去除率/% | 250 75 | 50 85 | 225 50 | <10 — | 6.5～8 — | 64 50 |
| 混凝反应沉淀池 | 出水 去除率/% | 99 60 | 23 55 | 45 80 | <10 — | 6.5～8 — | 38 40 |
| | 总去除率/% | 97.5 | 97.7 | 95.5 | — | | 87.2 |

# 20.3　毛纺染整废水

毛纺织产品是一部分为动物毛或大部分为动物毛,其余部分为化学纤维(涤纶、腈纶、黏胶等)、天然纤维(棉、麻、丝),通过纺、织、染、整理等工序而形成的产品。毛纺染整行业占纺织业天然纤维加工量的 5%～8%,毛纺工业中天然纤维为动物的毛,是蛋白质纤维,由氨基酸组成,成分复杂,相对分子质量大。

## 20.3.1　洗毛废水来源及处理工艺

从动物身上剪下的毛含有各种杂质,其主要为毛脂(脂肪酸、高分子醇及酯的复杂混合物)、汗渍(有机酸盐类及无机酸盐类,易溶于水)和固体杂质(主要为尘砂及植物性草刺等)。在毛进行纺纱、织造、染色之前,必须将其清洗去除,使其成为纯净的纤维,这一过程称为洗毛。洗毛废水中含有高浓度有机物。

洗毛工艺如下所示:

图 20－2　洗毛工艺流程

选毛是将不同品质或部位的毛进行分选。

开毛是将分选后呈块状的毛松开,主要是为了除去沙、土等固体杂质。

洗毛是指在水中加入一定量的纯碱和洗涤剂,去除毛所含的汗渍、毛脂等。一般采用五至六槽式联合洗毛机,具体步骤如下所示:

第一浸湿槽→第二净洗槽→第三净洗槽→第四漂洗槽→第五漂洗槽。其中主要在第二、第三净洗槽中提取羊毛脂,第四、第五槽的水不断回用补充到第二、第三槽,整个系统则不断向第一、第四、第五槽补充新鲜水。

洗毛过程中,第一槽水不断排出,第二槽、第三槽的水只是循环到一定程度才排放,排放的废水中有机污染物浓度较高,但可生物降解性良好。随着毛的原产地不同,毛洗净率也不同,一般为30%～70%,其余的作为污染物进入废水中。羊毛脂是脂肪酸和高级一元醇化合而成的酯,1 kg羊毛脂相当于3 kg $COD_{Cr}$。一般澳毛脂含量达到18%～25%,新疆细羊毛含脂9%～12%。羊毛脂为重要的国防、医药原料,因此洗毛过程中脂含量高于8%时必须加以回收。洗毛工艺如图20-3所示。

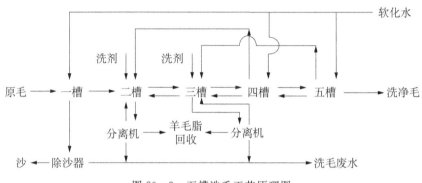

图 20-3　五槽洗毛工艺原理图

洗毛废水水质随所用毛的种类和洗毛工艺、用水量不同而有差异,但都含有泥沙、汗(80%为碳酸钾)、毛脂、洗涤剂等,$COD_{Cr}$、$BOD_5$达到几万毫克每升。洗毛用水量一般为40～50 m³水/t原毛。洗毛废水水质见表20-11。

表 20-11　洗毛废水一般水质

| 项目 槽别 | pH | SS /(mg/L) | $COD_{Cr}$ /(mg/L) | 砷 /(mg/L) | 总铬 /(mg/L) | 总溶解性固体 /(mg/L) |
|---|---|---|---|---|---|---|
| 第一槽 | 7.8 | 3 000～12 000 | 7 000～12 000 | 0.011 | 0.012 | 5 000～15 000 |
| 第二、三槽 | 9.2 | 30 900 | 40 000～70 000 | 0.036 | 0.008 | 13 000 |
| 第四、五槽 | 8.6 | 374 | 513.4 | 0.009 | 0.018 | 572 |
| 混合水 | 8.6 | 13 500 | 7 000～20 000 | 0.015 | 未检出 | 6 200～8 000 |

炭化过程主要是去除毛中含有的植物性杂质(草籽、草叶等)。将含杂质的洗净毛在酸液中通过,再经烘焙,使杂质变为易碎的炭质,再经机械搓压打击,最后利用风力将其分离。去除杂质的毛再采用中和的办法,去除羊毛上含有的过多的酸,经烘干成为炭化洗净毛。

炭化废水pH在2～3,$COD_{Cr}$200～300 mg/L,硫酸浓度2～3 g/L,必须经中和过滤后回用。

某毛条厂是以羊毛为主要原料生产毛条的专业工厂,年需用原毛6 000～7 000 t,年产精纺毛条4 500～5 000 t。按常规来讲,每洗1 t原毛,需用水40～50 t,蒸汽4.5 t,洗涤剂56 kg,纯碱16.78 kg。废水中含有大量泥沙、草屑、羊汗、粪尿、羊毛脂和残余洗涤剂及助剂。

洗毛废水闭路循环处理系统利用脂、水泥混合物、水之间不同的密度,在高速离心力的作用下,使其分离。该系统由除沙、羊毛脂提取和蒸发三部分组成。

泥沙去除部分由过滤器、加压水泵、玻璃锥形除渣器、离心分离机和斜板沉淀箱组成,除泥效率可达92%。除泥后的洗液可直接回槽使用,也可进入提油部分提取羊毛脂。

羊毛脂提取部分由调节槽、板式加热器、离心分离机、加热集油箱组成,用于从洗液中提取羊毛脂。

蒸发部分由过滤器、热水泵、除泥设备、蒸发循环箱、蒸发器、离心分离机和回水箱组成。

### 20.3.2　毛精纺产品生产工艺

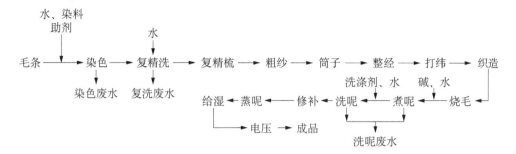

染色过程主要使用适宜毛纤维染色的媒介染料和酸性染料,毛混纺织物中化纤还需要采用一定量的分散染料、阳离子染料和直接染料等。染色过程主要排放一定量的染色残液和相当数量的漂洗废水。

洗呢主要去除呢坯中油污、杂质等,除了水外,还需投加纯碱、洗净剂等物质,有一定量的废水产生。

毛纺产品染色工艺所需染料和助剂如表 20-12 所示。

表 20-12　毛纺产品染色所需染料和助剂

| 染化料 | 纯毛 | 腈纶 | 涤纶 | 黏胶 |
|---|---|---|---|---|
| 染料 | 酸性染料<br>媒介染料 | 阳离子染料<br>碱性染料 | 分散性染料 | 直接染料<br>硫化染料<br>活性染料 |
| 助剂 | 硫酸铵<br>硫酸<br>洗涤剂 | 匀染剂<br>元明粉<br>硫化钠 | 纯碱<br>食盐<br>平平加 | 红矾钠<br>醋酸 |

### 20.3.3　毛纺产品洗毛和染色废水综合处理

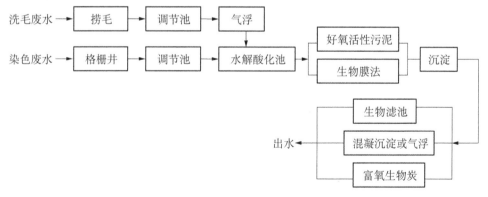

图 20-4　毛纺厂典型废水处理工艺流程(一)

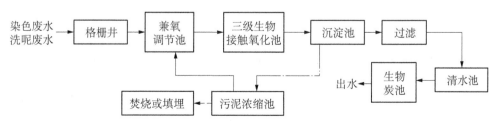

图 20-5　毛纺厂典型废水处理工艺流程(二)

由于毛纺染整厂废水中含有大量有机物,废水的 B/C 为 0.3~0.35,而且废水的 pH 接近中性,水温较高,部分助剂中含有 N、P 等元素,基本能够满足微生物生长的需要,因此一般采用生物化学的方法进行处理该废水。常见的处理工艺流程如图 20-4、图 20-5 所示。

在生化处理中主要采用活性污泥法(推流式活性污泥法 MSBR)及生物膜法,近几年我国主要采用生物膜法中的生物接触氧化池。生物法对废水中有机物均具有较高的去除率,$COD_{Cr}$ 去除率一般为 50%~70%,$BOD_5$ 去除率在 90% 以上,色度去除率 50%~70%,六价铬一般检测不出。由此可见,单纯的生化处理并不能使出水达标,一般要和深度处理组合处理,才能保证出水水质达标。

由于毛纺厂废水一般是间歇排放,水质水量随时间而不同,废水经过格栅或筛板、捞毛机去除水中毛纤维或其他悬浮物后,必须进入调节池调节水质水量,停留时间一般为 8~12 h。如果条件允许,还可以延长,同时起到水解酸化的作用。

深度处理一般采用化学混凝沉淀或气浮、生物滤池、生物活性炭等。混凝法中一般选用聚合氯化铝(PAC)或聚丙烯酰胺(PAM)。

# 20.4　丝绸染整废水

## 20.4.1　概述

丝绸印染行业(真丝 15%,仿真丝 85%)和麻纺印染行业共占纺织总量的 5%。天然蚕丝主要是由丝素(70%~80%)、丝胶(20%~30%)、蜡质(0.4%~0.8%)、碳水化合物(1.2%~1.6%)、色素(0.2%)、灰分(0.2%)等。丝素是线状结构的蛋白质,是丝织原料,而丝胶是支链蛋白质,不易染色,当温度高于 60℃ 时,即可从丝素上脱落下来,溶解在水中。

从蚕茧到制成生丝的过程称为"制丝",主要包括:蚕茧收烘、剥茧、选茧、煮茧、缫丝、复摇、绞丝、制成成品。煮茧是在 40℃ 下浸泡蚕茧,使单根丝能从蚕茧上剥离下来,即溶解一定量的丝胶的过程,该废水是易于生物降解的。

天然蚕丝纤维较长,经纱一般不上浆或很少上浆;人造丝低捻或无捻,故需用明胶或甲基纤维素等水溶性浆料上浆,这些浆料在织物染色之前必须退浆,因此会产生退浆废水。织丝机可生产平纹织物或交织物,并依此分为绸、缎、绉、锦、罗、绫等多种式样。而绢丝是天然蚕丝、缫丝的下脚料加工而成的,也属于丝绸产品。

## 20.4.2　丝绸染整工艺及废水来源

丝绸染整工艺的生产工艺如下所示:

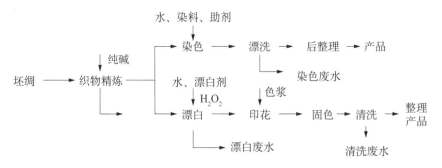

织物精炼在去除剩余丝胶外,还需去除捻丝和织造过程中沾上的油脂、浆料、色浆、染料等。目前较多使用碱法精炼,主要使用纯碱、泡花碱等,要求配置的炼液的 pH 使得丝胶溶于水而丝素不溶。

当需要染成浅色或织成白色织物时,还要进行漂白。漂白采用过氧化氢等氧化剂。漂白过程产生一定量的废水,污染物浓度较低。

真丝织物在染色和印花时主要采用酸性染料、直接染料、活性染料及相应的助剂。染色过程会产生一定量染色废水,但由于染料上染率较高,废水色度和有机污染物浓度较低,废水的可生物降解性较好。印花过程亦产生一定量漂洗水,气蒸固色后采用清水漂洗,洗去浮色,这部分水量较少,浓度较低。

与棉纺、毛纺印染相比,无论染色还是印花过程,需用染料和助剂剂量均较小,且上染率较高,废水的浓度低,可生物降解性能好。

不同织物和工段产生的废水水质、水量如表 20-13~表 20-15 所示。

表 20-13　丝绸染整加工废水水量

| 名称 | 测算值 | 名称 | 测算值 |
|---|---|---|---|
| 桑蚕丝/(m³/t) | 280~300 | 合纤绸/(m³/100 m) | 3.5~4.0 |
| 人造丝、合成丝/(m³/t) | 100~120 | 丝绒/(m³/100 m) | 5.5~6.0 |
| 真丝绸/(m³/100 m) | 3.0~3.5 | | |

表 20-14　丝绸染整废水综合水质

| 类别 | $COD_{Cr}$ /(mg/L) | $BOD_5$ /(mg/L) | 色度/倍 | 硫化物 /(mg/L) | $NH_3-N$ /(mg/L) | pH |
|---|---|---|---|---|---|---|
| 丝绸炼染厂 | 500~800 | 200~300 | 100~200 | 5~11 | 6~27 | 7.5~8.0 |
| 丝绸印花厂 | 400~650 | 150~250 | 50~250 | 2~6 | 8~24 | 5.5~7.5 |
| 丝绸印染联合厂 | 250~450 | 80~150 | 250~800 | — | 3~12 | 6.0~7.5 |
| 染丝厂 | 550~650 | 90~140 | 300~400 | 3~5 | — | 7.0~8.5 |

表 20-15　天然丝染整工段废水水质

| 废水来源 | $COD_{Cr}$ /(mg/L) | $BOD_5$ /(mg/L) | SS /(mg/L) | pH | 水温/℃ | $NH_3-N$ /(mg/L) |
|---|---|---|---|---|---|---|
| 煮茧废水 | 1 500~2 000 | 700~1 000 | 150~300 | 9 | 80 | 6~27 |
| 缫丝废水 | 150~200 | 70~80 | 80~110 | 7~8.5 | 40 | — |
| 炼绸废水 | 500~800 | 200~300 | 100~180 | 7.5~8.0 | — | — |
| 丝绸印染 | 250~450 | 80~150 | 100~200 | 6.0~7.5 | — | 3~12 |
| 绢纺精炼 | 9 000~16 000 | 4 000~12 000 | 800~2 800 | 9~10.5 | 90~98 | 30~70 |
| 脱胶浓废水 冲洗废水 | 250~550 | 150~300 | 200~400 | 7~8 | 20~25 | 15~17 |

由表 20-13~表 20-15 可以看出,丝绸综合废水具有以下特点:

(1)pH 一般接近中性且变化幅度不大,生化处理时无须调整 pH;

(2)$COD_{Cr}$ 浓度较低,尤其是丝绸印染联合厂废水 $COD_{Cr}$ 浓度仅为 250~450 mg/L,B/C 为 0.3,可生化性较好。

(3)废水色度较低。

综上所述,丝绸纺织染整综合废水有利于低成本条件下实现对废水的深度处理和回用。

### 20.4.3　丝绸染整废水处理

根据丝绸染整废水的特点,目前国内对丝绸染整废水的处理方法通常有:活性污泥法、混凝气浮法和生物接触氧化法等。

#### 1. 活性污泥法

有的丝绸炼染厂采用圆形合建式表面加速曝气池,曝气时间 3 h,通常 $COD_{Cr}$ 去除率

$50\%\sim60\%$，$BOD_5$ 去除率 $80\%\sim85\%$；一些丝绸印花厂采用射流曝气，$COD_{Cr}$ 去除率 $60\%$，$BOD_5$ 去除率 $85\%$，色度去除率 $75\%$；染丝厂采用深层鼓风曝气，$COD_{Cr}$ 去除率 $65\%$，$BOD_5$ 去除率 $85\%$，色度去除率 $65\%$；上海丝绸厂采用物化、再生-吸附曝气池和低压鼓风曝气方式，曝气时间 $8\sim10$ h，当进水 $COD_{Cr}$ 300～800 mg/L、$BOD_5$ 100～380 mg/L、色度 64～160 倍时，$COD_{Cr}$ 去除率 $60\%\sim80\%$，$BOD_5$ 去除率 $90\%\sim95\%$，色度去除率为 $50\%\sim80\%$。由此可见采用不同的曝气方式的活性污泥法都能部分或大部分地去除废水中的有机污染物和色度。

### 2. 混凝气浮法

混凝能够去除废水中非溶解态的胶体或悬浮物，可以作为废水的预处理工艺，后续仍需生化处理，去除溶解性的有机物。

采用混凝气浮时，溶气罐压力宜选用 $3\sim4$ kgf/cm²（$1$ kgf/cm² $=98.07$ kPa），溶气水在罐内停留时间为 $3\sim5$ min，混凝反应时间为 $5\sim10$ min，气浮分离时间为 $25\sim35$ min。采用 PAC 时，混凝剂投加量一般为 $60\sim120$ mg/L。

## 20.4.4　真丝染整废水处理案例

### 1. 真丝脱胶废水处理

脱胶废水为较高浓度的有机废水，生物降解性好。浓脱胶废水 $COD_{Cr}=5\,000\sim10\,000$ $\mu g/g$，$BOD_5=2\,500\sim5\,000$ $\mu g/g$，$pH=9.0\sim9.5$。废水处理流程如图 20-6 所示。

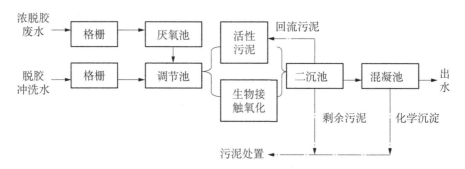

图 20-6　真丝脱胶废水处理流程

### 2. 某纺厂精炼废水处理实例

重庆某丝纺厂生产的产品包括绢丝、锦丝、绸丝、生丝和丝织品五大品种，年产丝共 901.7 t、丝织品 $3.5\times10^5$ m。其主要的化工原料年耗为：纯碱 106.6 t，肥皂 22.32 t，雷米邦 10.4 t，F 105 5.54 t。

绢丝的加工工艺包括精炼、精梳、粗纺等工序，绢丝废水主要来自精炼工序。

该厂绢纺精炼生产工艺为：原料分类→选别、初炼→水洗→发酵→水洗→复炼→水洗→脱水→烘干→包装→出厂，由此产生的废水称为精炼废水。精炼废水含有较多的蚕丝胶、蛹油和精炼工艺中加入的纯碱、保险粉、肥皂、雷米邦等助剂。其中高浓度精炼废水排放量为 $200$ m³/d，低浓度精炼废水排放量为 $2\,000$ m³/d。高浓度废水由炼蛹废水、槽洗废水和煮炼废水组成；低浓度废水由水洗机、脱水机和地面冲洗废水组成。精炼废水水质指标见表 20-16。

表 20-16　精炼废水水质指标　　　　　　　　　　　　　（单位：mg/L）

| 项目 | 高浓度废水 | 低浓度废水 | 项目 | 高浓度废水 | 低浓度废水 |
| --- | --- | --- | --- | --- | --- |
| $COD_{Cr}$ | 9 200～16 500 | 360～650 | 丝胶蛋白质 | 5 000～8 000 | — |
| $BOD_5$ | 4 094.2～11 215 | 327～580 | 蚕蛹油 | 75～100 | — |
| SS | 841～2 850 | 213～420 | 水温/℃ | 90～98 | 20～25 |
| $NH_3-N$ | 26.5～71.5 | 15～17.5 | pH | 9～10.5 | 6.5～7.5 |

重污染精炼废水和轻污染精炼废水分流进行分级处理,处理流程如图 20-7 所示。

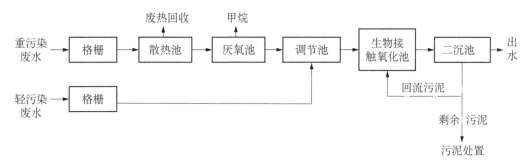

图 20-7　精炼废水处理工艺流程

重污染废水经格栅截流废水中部分悬浮固体后进入散热池。散热池中设置列管式散热器回收废热供精炼车间使用,同时降低废水水温至 40~45℃,再进入升流式厌氧污泥床进行厌氧消化,消化后出水进入调节池。

轻污染废水经格栅截留部分 SS 后,进入调节池与厌氧出水混合,经水质水量均衡后,进入生物接触氧化池进行好氧处理,最后经沉淀池泥水分离后出水排放或回用。

废水在中温发酵厌氧反应池中水力停留时间 66~72 h,$COD_{Cr}$ 去除率 70%~84%,$BOD_5$去除率 65%~80%。厌氧反应池出水与低浓度废水混合后 $COD_{Cr}$ 浓度 500~600 mg/L,在生物接触氧化池中停留时间为 8 h。

该工艺未考虑生物脱氮需要,事实上,由于废水中含有大量丝胶蛋白,好氧处理后出水中不可避免地含有较高的氮,因此如果排放标准对总氮有要求时,可以考虑对混合后的废水采用具有生物脱氮功能的生物处理工艺流程。

# 20.5　化学纤维生产废水

## 20.5.1　概述

化学纤维包括人造纤维(黏胶纤维、铜氨纤维)和合成纤维(锦纶、涤纶、腈纶、维纶等)我国化纤工业在新中国成立后从黏胶纤维起步,20 世纪 50 年代末化纤总产量只有 5 000 t,1960年代—1970 年代我国从国外引进多套大型石油化纤联合装置,化纤工业进入快速发展时期。1998 年我国化纤产量跃居世界第一。其中江苏、浙江两省占全国产量的 50%。

化学纤维生产大体上可分为单体生产、聚合、纺丝、后加工等过程,其中单体生产所产生的废水成分复杂,量也较大,对环境危害最为严重。我国化纤中涤纶和黏胶纤维所占比例很高,而化学纤维又以黏胶纤维产生的污染最为严重。

## 20.5.2　黏胶纤维生产工艺与废水分析

黏胶纤维的生产包括两部分:浆粕制备和纤维制备。

**1. 浆粕生产工艺与废水特征**

黏胶纤维浆粕的生产过程与造纸制浆过程基本相同,只是浆粕的纯度和反应性能要求较严。国内使用最广的是苛性钠(碱法)制棉浆,其生产流程为:

棉短绒→蒸球→洗料池→打浆机→除砂器→圆网浓缩机→漂机→真空脱水机→除砂器→圆网浓缩机→成浆池→抄浆机

粗棉绒经开包、除尘后喷强碱液在蒸球内蒸煮,使纤维素分子聚合度降低为纺丝需要的聚合度,并使低聚合度物质和半纤维素物质溶出。蒸煮后的纤维素浆料由蒸球卸入洗料池,从蒸煮浆中分离出的药液称为黑液。黑液中含有大量的残碱和大量无机、有机杂质,部分黑液可回用于下次蒸煮以利用碱。浆料中的黑液,大部分存在于纤维之间,可挤压排出,小部分存在于纤维腔等处,靠洗涤除去,一般在洗料池排出浓黑液后再分次洗涤。经打浆机进一步洗涤、切断,在除砂器中除去砂粒、金属碎屑等杂质。多数工厂使用次氯酸钠作为漂白剂以提高浆粕的白度和反应性能,并继续除去油脂、蜡质、木质素等非纤维杂质,提高浆粕纯度,最终浆粕中甲种纤维素含量高达98%。

上述生产工艺每步均产生大量废水,与蒸煮的浓黑液混合在一起,形成了浆粕废水。由于棉绒中的木质素、果胶、脂肪、蜡质等杂质都进入了废水,故浆粕废水是一种高浓度有机废水,同时色度和pH也很高。浆粕废水中浓黑液$COD_{Cr}$约$(3\sim10)\times10^4$ mg/L,pH为$13\sim14$;混合废水$COD_{Cr}$约$1\,500\sim2\,000$ mg/L。浆粕废水产生情况如表20-17所示。

表 20-17　浆粕废水特征

| 浆粕废水中浓度/(mg/L) | | 每吨浆粕污染物产生量/kg | |
| --- | --- | --- | --- |
| $COD_{Cr}$ | $BOD_5$ | $COD_{Cr}$ | $BOD_5$ |
| $1\,500\sim2\,000$ | $400\sim500$ | $200\sim400$ | $100\sim150$ |

### 2. 黏胶纤维生产工艺与废水特征

纤维素只有和碱生成碱纤维素,才能进一步和二硫化碳反应生成可溶性的纤维素磺酸酯,制成黏胶。也就是说,黏胶生产包括碱化和磺化两个化学反应:

$$(C_6H_{10}O_5)_n + nNaOH \xrightarrow{18\%\text{ 的苛性钠溶液}} (C_6H_9O_4ONa)_n + nH_2O$$
$$(C_6H_9O_4OH)_n + nNaOH + nCS_2 \Longleftrightarrow (NaS—SC—OC_6H_9O_4)_n + nH_2O$$

黏胶纤维生产流程如图20-8所示。

在连续浸渍机中,浆粕连续投料,以松散状与碱液混合成浆粥状。浆粕浸渍后,需对过量的碱进行压榨,以降低浆粕的碱含量,减少磺化时二硫化碳和碱的副反应,防止过量的碱阻碍二硫化碳向纤维素内部扩散,造成磺化不均、磺酸酯结块的现象,同时,压榨还可以将溶解在碱液中的半纤维素一起压出。

压榨后的碱纤维素直接送入粉碎机进行粉碎,增大碱纤维素表面积,保证老成和磺化工序顺利进行。(磺化是使难溶解的纤维素变成可溶性的纤维素磺酸酯,溶解在碱液中,然后在酸浴中凝固成再生纤维素。磺化反应包括二硫化碳蒸气从碱纤维素表面向内部渗透并与碱纤维素上的羟基进行反应生成纤维素磺酸钠。)

纤维素磺酸钠再溶于稀氢氧化钠溶液中,成黏液状黏胶。黏胶经过滤、脱泡和熟成,即可送往纺丝机。上述工序均在原液车间进行,纺丝是在纺丝车间进行。当黏胶通过纺丝机喷丝头进入纺丝机的凝固浴(主要有硫酸、硫酸钠和硫酸锌组成,亦称酸浴)时,黏胶凝固成丝条形式,重新再生成纤维素后处理出厂。黏胶在酸浴中再生为纤维素时,会放出硫化氢和二硫化碳,成为纤维生产废水中硫化物和二硫化碳的来源。

黏胶纤维成丝生产废水水质情况如表20-18所示。

表 20-18　单纯黏胶纤维生产混合废水水质情况　　　　　　　　(单位:mg/L)

| 品种 | pH | SS | $S^{2-}$ | $Zn^{2+}$ | $COD_{Cr}$ | $BOD_5$ | $CS_2$ |
| --- | --- | --- | --- | --- | --- | --- | --- |
| 短纤维 | $2\sim3$ | $200\sim300$ | $<1$ | $30\sim50$ | $150\sim300$ | $50\sim100$ | $1\sim2$ |
| 长丝 | $2\sim3$ | $100\sim300$ | $<1$ | $10\sim30$ | $100\sim200$ | $30\sim60$ | $1\sim2$ |

表20-18中的水质情况为《黏胶纤维企业环境保护设计规定》中的指标,但2007年调查显示,纤维生产单位吨产品排水量比规定减少将近一半,因此废水中污染物浓度大大提高了。

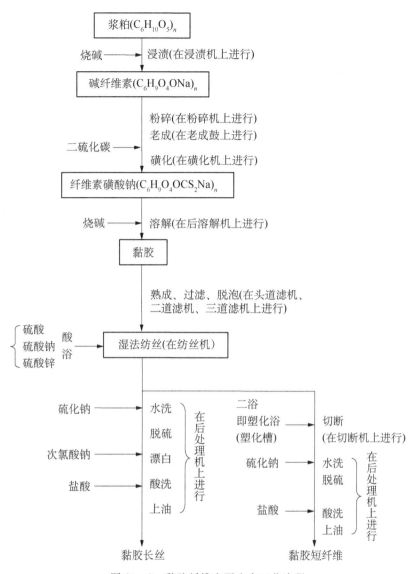

图 20-8 黏胶纤维主要生产工艺流程

**3. 黏胶纤维生产废水的特点**

由以上生产工艺可知,黏胶纤维厂的废水包括两大部分:来自纺丝车间和酸站及塑化浴溢流排放的酸性废水,主要污染物为硫酸和硫酸锌;来自碱站排水、原液车间废胶槽、纺丝机及喷头洗涤水、滤布洗涤水、滤器和喷丝头维护时带出的黏胶所形成的碱性废水,主要污染物为氢氧化钠和黏胶。特别要注意的是,酸性和碱性废水不能在车间直接中和,否则碱性废水中的纤维素磺酸钠遇酸析出纤维素,堵塞管道,中和时产生的硫化氢和二硫化碳也将严重污染环境。

**20.5.3 黏胶纤维生产废水处理实例**

南京某纺织有限公司生产以棉浆粕为原料的特种黏胶纤维,纺丝生产过程的主要污染物分为大气污染物 $H_2S$ 和 $CS_2$,废水中的酸、碱、$COD_{Cr}$、$Zn^{2+}$ 和硫化物等。

其中酸性废水主要来自纺丝车间和酸站,包括塑化浴溢流排水、洗纺丝机水、酸站洗涤过滤排水、洗丝水及后处理酸水。其主要污染物为硫酸和硫酸锌。本项目酸性废水日排水量

$2.04×10^4$ t,占设计水量的 73%,废水 $COD_{Cr}$ 浓度为 $200～300$ mg/L,总锌浓度为 $200～300$ mg/L,硫化物浓度为 6 mg/L,pH 为 $1～2$。

碱性废水日排放量为 $0.34×10^4$ t,废水 $COD_{Cr}$ 浓度为 $5\,000～6\,000$ mg/L,硫化物浓度为 $30～60$ mg/L,pH 为 $11～12$。主要污染物为氢氧化钠和纤维素磺酸酯。

另有少量水为中性,来源于蒸发器和冷凝器排出水(清净水)、后处理的上油浴废液、空调、生活污水、锅炉、化验等排水,日排水量为 $0.42×10^4$ t。

以上废水混合后的综合废水水质情况见表 20 - 19。

表 20 - 19 　黏胶纤维生产废水混合后综合废水水质情况 　　　　　　(单位:mg/L)

| $COD_{Cr}$ | $BOD_5$ | SS | $S^{2-}$ | $Zn^{2+}$ | $CS_2$ | pH |
|---|---|---|---|---|---|---|
| 550 | 100 | 300 | 5 | 200 | 3 | $2～3$ |

酸性废水和碱性废水在调节池中混合后,纤维素和半纤维素会大量析出,此时废水的 $COD_{Cr}$ 可以降低 50%,但同时生成大量硫化氢和二硫化碳气体,通过强力曝气吹脱,以去除水中硫化氢和二硫化碳气体,并采用碱液吸收槽吸收废气。然后在中和池用废电石液(主要成分为 $CaC_2$)调节 pH 至 $8～9$,使锌离子生成氢氧化锌沉淀,上清液进入生物处理装置。由于废水中 $COD_{Cr}$ 主要由半纤维素所致,较难生物降解,所以需采用水解酸化系统改善废水 B/C,提高生物处理效率,再进入活性污泥法的曝气池,具体流程如图 20 - 9 所示。

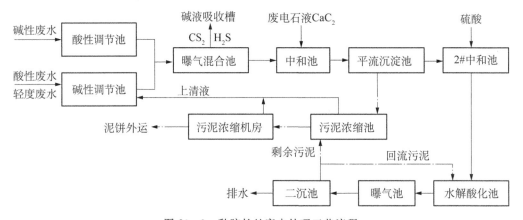

图 20 - 9 　黏胶长丝废水处理工艺流程

工程设计时需注意两点:(1)废水混合曝气时,必须设置气体净化吸收装置,防止造成二次大气污染;(2)物化处理时要充分考虑锌离子析出的条件,注意 pH 的调整,满足锌离子的处理要求,因此要设置 2# 中和池,以便于后续生化处理。

### 20.5.4　氨纶生产工艺及废水处理

氨纶是聚氨酯纤维在国内的商品名称,其全称为聚氨基甲酸酯纤维,国际上的商品名称为"Spandex",是一种高弹纤维,被广泛应用于各类弹性织物。

氨纶的化学组成主要是聚氨基甲酸酯,但均聚的聚氨基甲酸酯纤维性硬,不具备良好的弹性。其良好的弹性来自于"软链段"和"硬链段"组成的嵌段共聚物网络结构。不同纺丝工艺和不同共聚物形成的"区段"网络结构不同。"硬段"由低分子二异氰酸酯与低分子二羟基化合物反应制得高熔点的易结晶物质。"软段"则为长链二羟基化合物(大分子二醇),其相对分子质量大部分为 $1\,500～3\,000$,熔点在 50℃以下,链段长度为 $15～30$ nm(约为硬链段长度的 10 倍),且具有很低的玻璃化温度($T_g$ 为 $50～70$℃)。氨纶合成的主要反应式如下所示。

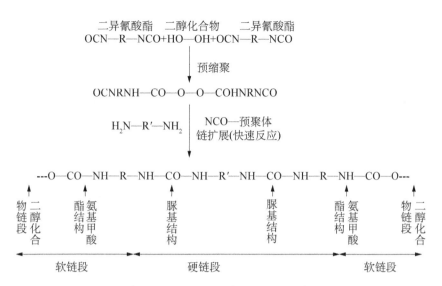

氨纶断裂伸长率大于 400%,最高可达 800%,形变 300%时的弹性回复率在 95%以上,这是任何纤维都无法比拟的。氨纶染色性能好,色牢度高,在不同的织机上与不同的纤维混合加工可纺性好。

典型的氨纶生产工艺及污染物产生环节如图 20-10 所示。

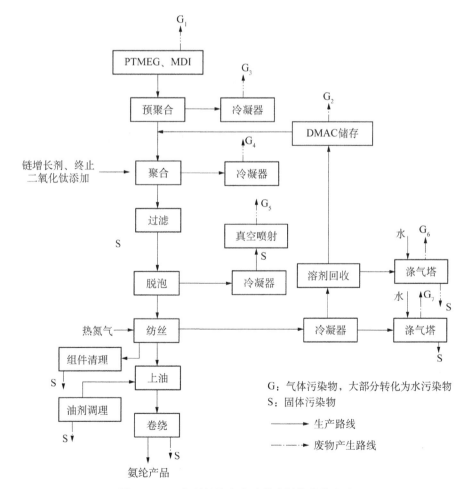

图 20-10　典型氨纶生产过程中污染物的产生

原料中二异氰酸酯可以是 MDI(4,4-二苯甲烷二异氰酸酯);二醇可以是 PTMG(聚四氢呋喃醚);溶剂是 DMF(二甲基甲酰胺)或 DMAC(二甲基乙酰胺),后者的毒性和刺激性相对较低,沸点较高,蒸气压较低,有利于提高溶剂的回收率,降低溶剂的消耗量,在氨纶生产中更为常用。

氨纶生产废水中含有聚合反应的原料二异氰酸酯、二羟基化合物、聚氨基甲酸酯和溶剂二甲基甲酰胺或二甲基乙酰胺等,均属于难降解有机废水,因此在处理过程中,必须强化生物处理的厌氧或水解作用,提高废水的可生化性,保证 $COD_{Cr}$ 的降解,再通过好氧和缺氧工艺的结合,确保生物作用脱除废水中氮。

# 20.6　纺织染整废水处理设计要点

目前国内大部分印染废水还是以生物处理的方法为主,如图 20-11 所示为印染废水处理流程图。对于疏水性染料一般采用混凝工艺处理较好,而且,在染色工艺中可以直接采用超滤的方法进行疏水性染料的回收。厌氧的方法对于水溶性废水的脱色效果很好,但需要进一步生物处理,因为厌氧一般停留在破坏发色基团的阶段,产物为未知有机物,毒性不一定比染料弱。同时厌氧酸化水解也提高了污染物的可生物降解性能。

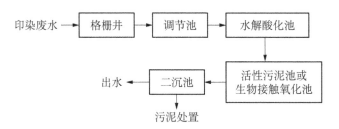

图 20-11　处理流程图

在纺织染整废水处理厂设计中,进行主要单体与构筑物的设计、计算时需要注意以下事项。

**1. 格栅**

栅槽内流速一般为 0.4~0.9 m/s,即保证不淤流和不冲流。过栅流速 $v$ 一般为 0.6~1.0 m/s。并由此计算出栅槽宽、栅条间隙数目和格栅宽度。考虑栅渣堵塞因素会使过栅的断面减少,所以在计算值基础上增加 25%~43%,这样计算可以减少过栅流速,降低水头损失。

**2. 调节池**

纺织染整废水因水质、水量变化较大,一般都设置调节池。

调节池可以和格栅合建;可在调节池内设置潜水提升泵,代替泵房。调节池有效水深一般为 3~5 m,最小水力停留时间可以采用一个生产周期。

调节池容积可根据水力停留时间计算;也可以根据调节池进、出水流量曲线计算,调节池最小容积等于一个生产周期内排水泵累计出水量与累计进水量之差。

**3. 沉淀池**

沉淀池有效水深 2.0~4.0 m。用污泥斗排泥时,每个泥斗均应设单独的闸阀和排泥管。泥斗的斜壁与水平面的夹角:方斗为 60°,圆斗为 55°。排泥管的直径不应小于 200 mm。当采用静水压力排泥时,初沉池的静水压头不应小于 1.5 m,二沉池的静水压头生物膜法不低于 1.2 m,活性污泥池后不低于 0.9 m。

平流式沉淀池每格的长宽比不小于 4,长度与有效水深的比值不小于 8;竖流式沉淀池的直径与有效水深的比值不大于 3;辐流式沉淀池的直径与有效水深的比值宜为 6~12。

### 4. 厌氧/兼氧池(区)

厌氧/兼氧池(区)对于含有大量难降解污染物的纺织染整废水,通过在 0.1 mg/L<DO<0.5 mg/L 的条件下利用胞外酶的水解作用,破坏难降解大分子有机物长链或环状结构,可以提高废水的可生化性,同时通过污泥回流,可以实现污泥减量化。

对于一般纺织染整废水,在厌氧/兼氧池(区)中的水力停留时间为 18～24 h,对于聚乙烯醇、聚酯废水,停留时间不少于 3 天,并采用厌氧折板反应器等传质效果好、去除效率高的反应器形式。

### 5. 活性污泥池

活性污泥池为满足其功能需要,对于机械曝气池,有效水深一般采用 4.0～6.0 m,条件许可时,还可以加深。廊道式池宽与有效水深比宜采用 1∶1～1∶2。

### 6. 曝气生物滤池

在纺织染整废水中,曝气生物滤池是达标处理的最后关键的措施,具有重要意义。曝气生物滤池进水悬浮物浓度不宜大于 60 mg/L,滤料宜选用颗粒活性炭、球形轻质多孔陶粒滤料或塑料滤料,强度大、孔隙率高、物化性能稳定、生物附着性强。

### 7. 污泥浓缩池

污泥浓缩宜采用重力浓缩,也可以采用气浮浓缩和离心浓缩。浓缩后的污泥含固率应满足选用脱水机械的进机浓度要求,且不低于 2%。重力浓缩池面积可按固体通量计算,并按液面符合校核。辐流式浓缩池的固体通量可取 0.5～1.0 kg/(m² · h),液面负荷不大于 1.0 m³/(m² · h)。水力停留时间不少于 24 h;有效水深不超过 4 m;二沉池进入浓缩池的污泥含水率为 99.2%～99.6%,浓缩后污泥含水率可为 97%～98%。

### 8. 污泥脱水设备

污泥脱水设备有板框压滤机、带式压滤机和离心脱水机三种。离心脱水机操作环境全封闭,脱水机周围没有污泥、废水和恶臭气体,脱水后泥饼含固率高达 65%～80%,但能耗高、投资高、受污泥负荷波动影响大等。板框压滤机无法连续运行,污泥处理能力低,产生大量废水和恶臭,但适用于处理难脱水污泥的脱水,如聚酯废水、碱减量废水的剩余污泥和物化污泥的压滤能力为 5～10 kg(干)/(m² · h),脱水后污泥含水率为 70%～75%。带式压滤机能连续运行,运行效果稳定,处理能力强,且能与污泥浓缩联用,污泥脱水后泥饼含水率为 70%～80%,是大型纺织染整废水处理厂主要的脱水设备。

# 第21章  酿 造 废 水

发酵是利用微生物在有氧或无氧条件下制备微生物菌体或直接产生代谢产物或次级代谢产物的过程。所谓发酵工业,就是利用微生物在生命活动中产生的酶对无机或有机原料进行加工获得产品的工业。它包括传统发酵工业(有时称酿造),如某些食品和酒类的生产,也包括近代的发酵工业,如酒精、乳酸、丙酮-丁醇等的生产,还包括新兴的发酵工业,如抗生素、有机酸、氨基酸、酶制剂、单细胞蛋白等的生产。在我国常常把由复杂成分构成的、并有较高风味要求的发酵食品,如啤酒、白酒、葡萄酒、黄酒等饮料酒,以及酱油、酱、豆腐乳、酱菜、食醋等副食佐餐调味品的生产称为酿造工业;而把经过纯种培养、提炼精制获得的成分单纯且无风味要求的酒精、抗生素、柠檬酸、谷氨酸、酶制剂、单细胞蛋白等的生产叫作发酵工业。迄今发酵工业产值已经成为国民经济的主要支柱,其产生的环境问题也日趋严重。

## 21.1  发酵工业生产工艺

一般来讲,淀粉、制糖、乳制品加工工艺为:

$$原料 \rightarrow 处理 \rightarrow 加工 \rightarrow 产品$$

而发酵产品(酒精、酒类、味精、柠檬酸、有机酸)的生产工艺为:

$$原料 \rightarrow 处理 \rightarrow 淀粉 \rightarrow 糖化 \rightarrow 发酵 \rightarrow 分离与提取 \rightarrow 产品$$

### 21.1.1  酒精生产工艺及污染来源

酒精生产工艺如图 21-1 所示,而其生产废水水质与水量如表 21-1 所示。

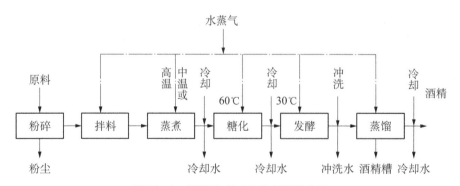

图 21-1  酒精生产工艺及产污示意图

每生产 1 t 酒精约排放 13~16 m³ 酒精糟。酒精糟 pH 为 4~4.5,$COD_{Cr}$ 高达 $(5\sim7)\times10^4$ mg/L,是酒精行业最主要的污染源。

表 21-1  酒精生产废水水质与水量

| 废水名称与来源 | 排水量/吨酒精/(m³/t) | pH | $COD_{Cr}$/(mg/L) | $BOD_5$/(mg/L) | SS/(mg/L) |
|---|---|---|---|---|---|
| 糖薯酒精糟 | 13~16 | 4~4.5 | $(5\sim7)\times10^4$ | $(2\sim4)\times10^4$ | $(1\sim4)\times10^4$ |
| 糖蜜酒精糟 | 14~16 | 4~4.5 | $(8\sim11)\times10^4$ | $(4\sim7)\times10^4$ | $(8\sim10)\times10^4$ |

续表

| 废水名称与来源 | 排水量/吨酒<br>精/(m³/t) | pH | CODCr/<br>(mg/L) | BOD₅/<br>(mg/L) | SS/<br>(mg/L) |
|---|---|---|---|---|---|
| 精馏塔底残留水 | 3~4 | 5.0 | 1 000 | 600 | |
| 冲洗水、洗涤水 | 2~4 | 7.0 | 600~2 000 | 500~1 000 | |
| 冷却水 | 50~100 | 7.0 | <100 | | |

### 21.1.2 啤酒生产工艺及污染来源

啤酒生产工艺如图 21-2 所示,其所产废水水质与水量如表 21-2 所示。

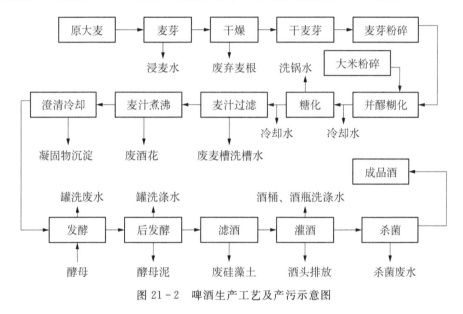

图 21-2 啤酒生产工艺及产污示意图

每生产 1 t 成品酒,排出废水中 CODCr 约 25 kg,BOD₅ 约 15 kg,悬浮物 15 kg,其特点是产水量大,无毒无害,属于高浓度可降解有机废水。

表 21-2 啤酒废水水质与水量

| 废水种类 | 来源 | 废水量占总废<br>水量比例/% | CODCr/<br>(mg/L) | 综合废水<br>CODCr/(mg/L) |
|---|---|---|---|---|
| 高浓度有机废水 | 麦槽水、糖化车间洗锅水、<br>发酵车间前罐、后罐发酵罐洗涤水、洗<br>酵母水等 | 5~10<br>20~25 | 20 000~40 000<br>2 000~3 000 | 1 000~1 500 |
| 低浓度有机废水 | 制麦车间浸麦水、洗锅水、冲洗水<br>灌装车间酒桶、酒瓶洗涤水、冲洗水等 | 20~25<br>30~40 | 300~400<br>500~800 | |
| 冷却水及其他 | 各种冷凝水、冷却水、杂用水等 | | <100 | |

### 21.1.3 黄酒生产工艺

黄酒是我国特产。它是一种酒精度低、营养成分十分丰富的发酵饮料酒。黄酒的品种繁多,按糖含量的划分,可分为甜酒(糖含量高于 10%,如丹阳甜黄酒、福建沉缸酒)、半甜味酒(含糖量在 5%~10%,如绍兴善酿酒)、干酒(糖含量低于 5%,如加饭酒、普通黄酒)。由于普通黄酒用途较广,近年生产发展较快。

黄酒的生产主要包括以下几个工序:原料预处理、发酵、澄清、煎酒及装坛贮存等。

前酵缸冲洗水

糯米→浸米→蒸饭→风凉→前酵→后酵→后榨→澄清→煎酒→装坛→贮存

米浆废水　淋饭废水　后酵缸冲洗水　　　　装坛废水

黄酒的生产具有明显的季节性,因而黄酒废水的产生与排放也表现出相应的季节性。传统黄酒最适宜冬季酿造,生产时间一般为 10 月至次年 3 月,其余季节进行瓶酒灌装生产,7 月—8 月高温季节一般停产。

黄酒生产排放废水分为高浓度废水($COD_{Cr}$ 大于 10 000 $\mu g/g$)和中低浓度废水($COD_{Cr}$ 小于 10 000 $\mu g/g$)。高浓度废水主要有米浆废水、酵缸冲洗废水、带槽洗坛废水、淋饭废水,废水水质组成主要为长链淀粉、短链淀粉、糊精、糖类、植物蛋白等有机物质。中低浓度废水主要是瓶装车间杀菌废水、厂内的生活污水等。一般混合废水水质 $COD_{Cr}$ 为 2 500 $\mu g/g$,SS 约 250 $\mu g/g$,pH 6.5 左右。

## 21.2　废水来源及其水质水量

表 21-3 为酿造废水分类收集要求,而各类酿造废水的污染负荷列于表 21-4 中。

表 21-3　酿造废水分类收集要求

| 产品种类 | 需单独收集并进行回收处理或预处理的高浓度工艺废水 | 可混合收集并进行集中处理的中低浓度工艺废水 |
|---|---|---|
| 啤酒 | 麦糟滤液、废酵母滤液、容器管路一次洗涤废水 | 浸麦、容器管路洗涤废水、冷凝水 |
| 白酒 | 锅底水、黄水、一次洗锅水 | 原料浸泡废水、容器管路洗涤废水、冷凝水 |
| 黄酒 | 米浆水(包括浸米水)、一次冲米水、酒糟滤液、洗带糟坛水等 | 洗滤布水、过滤水、淘米水、杀菌水、容器管路洗涤废水 |
| 葡萄酒 | 糟渣滤液、蒸馏残液、一次洗罐水 | 容器管路洗涤废水等 |
| 酒精 | 废醪液、酒精糟滤液、一次洗罐水 | 原料浸泡水、酒精糟蒸馏水、酒精蒸馏及 DDGS 蒸发冷凝水、容器管路洗涤废水等 |
| 酱油等 | 发酵滤液、一次洗罐水 | 原料浸泡水、洗罐和包装容器管路洗涤废水 |

注：高浓度工艺废水也包括酒糟渣液经固液分离综合利用后排出的滤液。综合利用后排出的滤液预处理后,其处理出水可混入综合废水。

表 21-4　各类酿造废水的污染负荷

| 产品种类 | 废水种类 | 单位产品废水产生量/(m³/t) | 废水中各类污染物浓度 | | | | | | 备注 |
|---|---|---|---|---|---|---|---|---|---|
| | | | pH | $COD_{Cr}$/(mg/L) | $BOD_5$/(mg/L) | $NH_3-N$/(mg/L) | TN/(mg/L) | TP/(mg/L) | |
| 啤酒 | 高浓度废水 | 0.2~0.6 | 4.0~5.0 | 20 000~40 000 | 9 000~26 000 | — | 280~385 | 5~7 | |
| | 综合废水 | 4~12 | 5.0~6.0 | 1 500~2 500 | 900~1 500 | 90~170 | 125~250 | 5~8 | |
| 白酒 | 高浓度废水 | 3~6 | 3.5~4.5 | 10 000~100 000 | 6 000~70 000 | — | 230~1 000 | 160~700 | |
| | 综合废水 | 48~63 | 4.0~6.0 | 4 300~6 500 | 2 500~4 000 | 30~45 | 80~150 | 20~120 | |
| 黄酒 | 高浓度废水 | 0.2~0.8 | 3.5~7.0 | 9 000~60 000 | 8 000~40 000 | — | — | — | |
| | 综合废水 | 4~14 | 5.0~7.5 | 1 500~5 000 | 1 000~3 500 | 30~35 | — | — | |

续表

| 产品种类 | 废水种类 | 单位产品废水产生量/(m³/t) | 废水中各类污染物浓度 | | | | | | 备注 |
| --- | --- | --- | --- | --- | --- | --- | --- | --- | --- |
| | | | pH | CODCr /(mg/L) | BOD5 /(mg/L) | NH3-N /(mg/L) | TN /(mg/L) | TP /(mg/L) | |
| 葡萄酒 | 高浓度废水 | 0.2～0.4 | 6.0～6.5 | 3 000～5 000 | 2 000～3 500 | — | — | — | 白兰地与其他果酒 |
| | 综合废水 | 4～10 | 6.5～7.5 | 1 700～2 200 | 1 000～1 500 | 10～25 | — | — | |
| 酒精 | 高浓度废水 | 7～12 | 3.0～4.5 | 70 000～150 000 | 30 000～65 000 | 80～250 | 1 000～10 000 | | 糖蜜为原料 |
| | 高浓度废水 | 2～5 | 3.5～5.0 | 30 000～65 000 | 20 000～40 000 | — | 2 800～3 200 | 200～500 | 玉米与薯类为原料 |
| | 综合废水 | 18～35 | 5.0～7.0 | 14 000～28 500 | 8 000～17 000 | 20～36 | — | — | |
| 酱油、酱、醋 | 高浓度废水 | 0.3～1.0 | 6.0～7.5 | 3 000～6 000 | 1 400～2 500 | — | 300～1 500 | 60～350 | 盐1%～5%色度80～300 |
| | 综合废水 | 1.8～2.8 | 7.0～8.0 | 250～550 | 120～300 | — | 30～150 | 15～30 | |

1. 高浓度废水是指表 21-4 中列举的各类高浓度工艺废水的混合废水。
2. 综合废水是指上表中列举的各类中、低浓度工艺废水的混合废水,以及高浓度工艺废水经厌氧预处理后排出的消化液和生产厂家自身排放的生活污水等。
3. 本表中的污染物负荷数据是根据《第一次全国污染源普查工业污染源排污系数手册》和酿造工业污染物排放实际情况综合评估给出,仅供在工程设计前无法取得实际测试数据时参考。

# 21.3　生产废水处理工艺

生产废水处理工艺如图 21-3 所示。

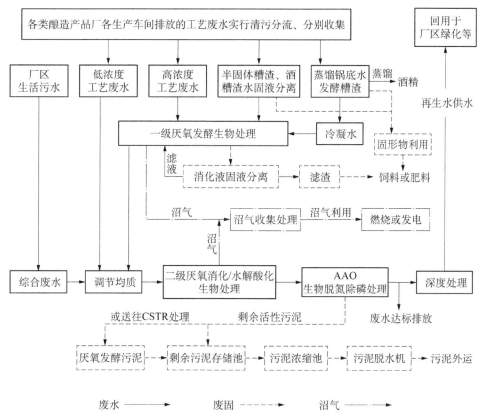

图 21-3　酿造废水处理工艺流程组合总框架图

### 21.3.1 废水的资源回收与循环利用

#### 1. 固形物回收

固形物回收处理工艺流程如图 21-4 所示。

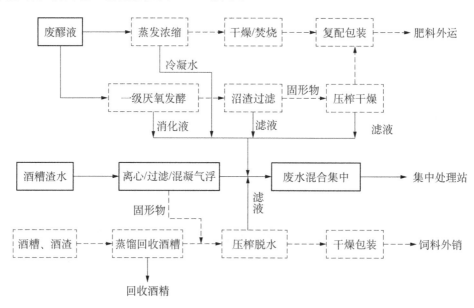

图 21-4　固形物回收处理工艺流程

（1）各类酒糟、葡萄酒渣和白酒锅底水等宜采用"蒸馏"工艺优先回收酒精。

（2）啤酒废水应回收麦糟和酵母，酵母废水和麦糟液应采取"离心"或"压榨"或"过滤"等固液分离方法回收酵母和麦糟并干燥制成饲料。

（3）采用固态发酵的白酒和酒精行业应回收固体酒糟，应采用"压榨＋干燥"等工艺制高蛋白饲料。

（4）半固态发酵工艺产生的酒糟渣水，可采用"过滤＋离心/压榨＋干燥"工艺制高蛋白饲料。

（5）液态发酵工艺产生的废醪液，尤其是以糖蜜为原料的酒精废醪液，宜采用"蒸发/浓缩＋干燥/焚烧"工艺制无机或有机肥。

（6）悬浮物浓度较高的工艺废水（如一次洗水），宜采用"混凝＋气浮/沉淀"工艺进行固液分离，固形物经干燥，可回收利用制作饲料。

（7）葡萄渣皮、酒泥等经发酵后可回收利用制成肥料。

（8）各类酒糟、酒糟渣水如不适宜回收利用制成饲料、肥料，可采取厌氧发酵技术回收沼气能源，沼气可替代酿造工厂燃煤的动力消耗。

（9）回收固形物产生的压榨滤液应送往一级厌氧反应器进行处理，湿酒糟等含水固形物可以采用厌氧生物处理产生的沼气进行烘干。

（10）冷凝水可以根据其污染物（$COD_{Cr}$）浓度，或按工艺废水单独处理，或混入综合废水进行集中处理。

#### 2. 废水循环利用

适宜循环利用的低浓度工艺废水的 $COD_{Cr}$ 一般不超过 100 mg/L。此类废水的循环利用途径如图 21-5 所示。

（1）冷却水宜采用"混凝＋过滤＋膜分离（除盐）"工艺进行循环处理，加强循环利用，提高浓缩倍数，减少新鲜水补充量和废水排放量。

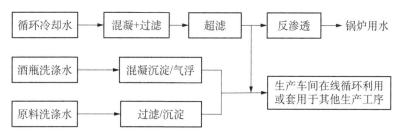

图 21-5　低浓度工艺废水循环利用工艺流程

（2）酒瓶洗涤废水宜通过采用"混凝＋气浮/沉淀"或"过滤＋膜分离"工艺的在线处理,实现闭路循环。

（3）原料洗涤废水宜采用"过滤/沉淀"工艺实现循环利用或套用于其他生产工序。

污染物浓度较高的原料浸泡水、容器冲洗的一次洗水和蒸发、蒸馏的冷凝水不宜于循环利用,应混入综合废水进行集中处理。

### 21.3.2　高浓度工艺废水的一级厌氧发酵处理

污染物浓度超过综合废水集中处理系统进水要求的各类高浓度工艺废水和回收固形物产生的各种滤液(酒糟压榨清液或废醪液的滤液),应单独收集并进行消减污染负荷的一级厌氧发酵处理,符合综合废水处理系统的进水要求后方可混入综合废水。

一级厌氧发酵处理,可供选择的厌氧反应器包括:完全混合式厌氧反应器(CSTR)、升流式厌氧污泥床(UASB)、厌氧颗粒污泥膨胀床(EGSB)、汽提式内循环厌氧反应器(IC)等技术。优先采用 CSTR,也可以根据污水悬浮物的浓度、自然气候条件和污水特性,以及后续综合废水处理使用的相关厌氧工艺的匹配性,确定适宜的厌氧反应器。当厌氧生物处理对进水悬浮固体(SS)浓度有要求时,宜采用物化处理工艺进行预处理;混凝剂和助凝剂的选择和加药量应通过试验筛选和确定,同时应考虑药剂对厌氧处理和综合废水集中处理系统中微生物的影响。

薯类酒精和糖蜜酒精的废醪糟、黄酒的浸米水和洗米水、白酒的锅底水和黄水、葡萄酒渣水,以及上述酒类生产设备的一次洗水和酒糟等固形物回收的压榨滤液等高浓度有机物、高浓度悬浮物的工艺废水,应优先选用 CSTR。玉米、小麦酒精,啤酒、酱、酱油、醋等行业的高浓度工艺废水,可以选用 EGSB 等类型的厌氧反应器,或者选用"混凝＋气浮/沉淀＋厌氧"的"物化＋生化"的组合处理技术。高浓度工艺废水一级厌氧发酵处理工艺流程图如图 21-6 所示。

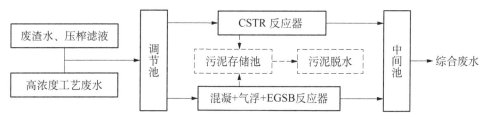

图 21-6　高浓度工艺废水一级厌氧发酵处理工艺流程

### 21.3.3　综合废水的集中处理

酿造综合废水集中处理应根据进水水质和排放要求,采用"前处理＋厌氧消化处理＋生物脱氮除磷处理＋污泥处理"的单元组合工艺流程。

前处理包括中和、均质(调节)、拦污、混凝、气浮/沉淀等处理单元。其中均质(调节)处理单元是必选的前处理单元技术。酿造废水的 pH 调节应尽可能依靠各类工艺废水与酸、碱废水混合后的自然中和,混合后废水的 pH 如仍然不符合进水要求,可以利用废碱液进行中和。前处理工艺流程如图 21-7 所示。

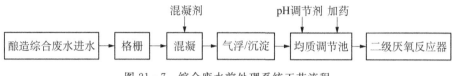

图 21-7 综合废水前处理系统工艺流程

相对于高浓度工艺废水厌氧预处理,酿造综合废水处理的厌氧系统是二级厌氧消化处理,适用于处理高浓度工艺废水的一级厌氧处理出水,也适用于直接处理啤酒、葡萄酒、酱、酱油、醋等酿造制品的酿造综合废水。应当根据系统的进水水质选择适宜的厌氧反应器,其工艺流程如图 21-8 所示。

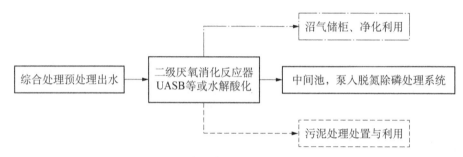

图 21-8 二级厌氧消化处理系统工艺流程

酿造综合废水的生物脱氮除磷处理系统包括:厌氧段(除磷时)、缺氧段(脱氮时)、好氧曝气反应池、二沉池等,宜根据有机碳、氮、磷等污染物去除要求,选择缺氧/好氧法(A/O)、厌氧/缺氧/好氧法(A/A/O)、序批式活性污泥法(SBR)、氧化沟法、膜生物反应器法(MBR)等活性污泥法污水处理技术,也可选用接触氧化法、曝气生物滤池法(BAF)和好氧流化床法等生物膜法污水处理技术。生物脱氮除磷处理工艺流程如图 21-9 所示。

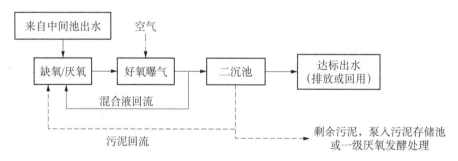

图 21-9 综合废水生物脱氮除磷处理系统工艺流程

# 附　　录

## 附录1　国家环保部所颁布的工业废水治理工程技术规范

（网址：http://kjs.mep.gov.cn/hjbhbz/bzwb/other/hjbhgc/）

**一、纺织染整工业**

纺织染整工业废水治理工程技术规范（Waste water treatment project technical specification for dyeing and finishing of textile industry）HJ 471—2009，环境保护部2009 - 06 - 24发布，2009 - 09 - 01实施。

**二、酿造工业**

酿造工业废水治理工程技术规范（Technical specifications for brewing industry wastewater treatment）HJ 575—2010，环境保护部2010 - 10 - 12发布，2011 - 01 - 01实施。

**三、含油污水**

含油污水处理工程技术规范（Technical specifications for oil-contained wastewater treating process）HJ 580—2010，环境保护部2010 - 10 - 12发布，2011 - 01 - 01实施。

**四、电镀工业**

电镀废水治理工程技术规范（Technical specifications for electroplating industry wastewater treatment）HJ 2002—2010，环境保护部2010 - 12 - 17发布，2011 - 03 - 01实施。

**五、制革及皮毛加工**

制革及皮毛加工废水治理工程技术规范（Technical specifications for tannery industry wastewater treatment）HJ 2003—2010，环境保护部2010 - 12 - 17发布，2011 - 03 - 01实施。

**六、屠宰与肉类加工**

屠宰与肉类加工废水治理工程技术规范（Technical specifications for slaughterhouse and meat processing wastewater treatment projects）HJ 2004—2010，环境保护部2010 - 12 - 17发布，2011 - 03 - 01实施。

**七、制浆造纸工业**

制浆造纸废水治理工程技术规范（Technical specifications for pulp and paper industry wastewater treatment）HJ 2011—2012，环境保护部2012 - 03 - 19发布，2012 - 06 - 01实施。

**八、制糖工业**

制糖废水治理工程技术规范（Technical specifications for sugar industry wastewater treatment）HJ 2018—2012，环境保护部2012 - 10 - 17发布，2013 - 1 - 1实施。

**九、钢铁工业**

钢铁工业废水治理及回用工程技术规范（Technical specifications for waste water treatment and reuse of iron and steel industry）HJ 2019—2012，环境保护部2012 - 10 - 17发布，2013 - 1 - 1实施。

**十、焦化行业**

焦化废水治理工程技术规范（Technical specifications for coking wastewater treatment）HJ 2022—2012，环境保护部2012 - 12 - 24发布，2013 - 3 - 1实施。

## 十一、味精工业

味精工业废水治理工程技术规范(Technical specifications for monosodium glutamate industry wastewater treatment)HJ 2030—2013,环境保护部 2013 - 3 - 29 发布,2013 - 7 - 1 实施。

## 十二、采油废水

采油废水治理工程技术规范(Technical specifications for oilfield industry wastewater treatment)HJ 2041—2014,环境保护部 2014 - 06 - 10 批准,2014 - 09 - 01 实施。

## 十三、淀粉废水

淀粉废水治理工程技术规范(Technical specifications for starch industry wastewater treatment)HJ 2043—2014,环境保护部 2014 - 10 - 24 发布,2015 - 01 - 01 实施。

## 十四、发酵制药工业

发酵类制药工业废水治理工程技术规范(Technical specifications of wastewater treatment for fermentative pharmaceutical industry)HJ 2044—2014,环境保护部 2014 - 10 - 24 发布,2015 - 01 - 01 实施。

## 十五、石油炼制废水

石油炼制工业废水治理工程技术规范(Technical specifications for petroleum refining industry wastewater treatment)HJ 2045—2014,环境保护部 2014 - 12 - 19 发布,2015 - 03 - 01 实施。

# 附录2　工业污染物排放标准

(网址:http://kjs. mep. gov. cn/hjbhbz/bzwb/shjbh/swrwpfbz/index. htm)

## 一、污水综合排放标准

《污水综合排放标准(Integrated wastewater discharge standard)》(GB 8978—1996 代替 GB 8978—88),1996 - 10 - 04 批准,1998 - 01 - 01 实施。

## 二、船舶工业

《船舶工业污染物排放标准(Emission standards for pollutants from shipbuilding industry)》(GB 4286—84),1984 - 05 - 18 发布,1985 - 03 - 01 实施。

## 三、海洋石油开发工业

《海洋石油开发工业含油污水排放标准(Effluent standards for oil-bearing waste water from offshore petroleum development industry)》(GB 4914—85),1985 - 01 - 18 发布,1985 - 08 - 01 实施。

## 四、肉类加工工业

《肉类加工工业水污染物排放标准(Discharge standard of water pollutants for meat packing industry)》(GB 13457—92),1992 - 05 - 18 发布,1992 - 07 - 01 实施。

## 五、航天推进剂工业

《航天推进剂水污染物排放与分析方法标准(Discharge standard of water pollutant and standard of analytical methed for space propellant)》(GB 14374—93),1993 - 05 - 22 发布,1993 - 12 - 01 实施。

## 六、烧碱、聚氯乙烯工业

《烧碱、聚氯乙烯工业水污染物排放标准(Discharge standard of water pollutants for caustic alkali and polyvinyl chloride industry)》(GB 15581—95),1995 - 06 - 12 发布,1996 - 07 - 01 实施。

## 七、兵器工业——火炸药

《兵器工业水污染物排放标准　火炸药(Discharge standard for water pollutants from ordnance industry Powder and explosive)》(GB 14470.1—2002),2002 - 11 - 18 发布,2003 - 07 - 01 实施。

## 八、兵器工业——火工药剂

《兵器工业水污染物排放标准　火工药剂(Discharge standard for water pollutants from ordnance industry Initiating explosive material and relative composition )》(GB 14470.2—2002),2002 - 11 - 18 发布,2003 - 07 - 01 实施。

## 九、味精工业

《味精工业污染物排放标准(The discharge standard of pollutants for monosodium glutamate industry)》(GB 19431—2004),2004 - 01 - 18 发布,2004 - 04 - 01 实施。

## 十、啤酒工业

《啤酒工业污染物排放标准(Discharge Standard of Pollutants for beer industry)》(GB 19821—2005),2005 - 07 - 18 发布,2006 - 01 - 01 实施。

## 十一、煤炭工业

《煤炭工业污染物排放标准(Emission Standard for Pollutants from Coal Industry)》(GB 20426—2006 部分代替: GB 8978—1996　GB 16297—1996),2006 - 09 - 01 发布,2006 - 10 - 01 实施。

## 十二、皂素工业

《皂素工业水污染物排放标准(The Discharge Standard of Water Pollutants for Sapogenin Industry)》(GB 20425—2006 部分代替 GB 8978—1996),2006 - 09 - 01 发布,2007 - 01 - 01 实施。

## 十三、杂环类农药工业

《杂环类农药工业水污染物排放标准(Effluent Standards of Pollutants for Heterocyclic Pesticides Industry)》(GB 21523—2008),2008 - 04 - 02 发布,2008 - 07 - 01 实施。

## 十四、制浆造纸工业

《制浆造纸工业水污染物排放标准(Discharge standard of water pollutants for pulp and paper industry)》(GB 3544—2008 代替 GB 3544—2001),2008 - 06 - 25 发布,2008 - 08 - 01 实施。

## 十五、羽绒工业

《羽绒工业水污染物排放标准(Discharge standard of water pollutants for down industry)》(GB 21901—2008),2008 - 06 - 25 发布,2008 - 08 - 01 实施。

## 十六、电镀行业

《电镀污染物排放标准(Emission standard of pollutants for electroplating)》(GB 21900—2008),2008 - 06 - 25 发布,2008 - 08 - 01 实施。

## 十七、合成革与人造革工业

《合成革与人造革工业污染物排放标准(Emission standard of pollutants for synthetic leather and artificial leather industry)》(GB 21902—2008),2008 - 06 - 25 发布,2008 - 08 - 01 实施。

## 十八、发酵类制药工业

《发酵类制药工业水污染物排放标准(Discharge standards of water pollutants for pharmaceutical industry Fermentation products category)》(GB 21903—2008),2008 - 06 - 25 发布,2008 - 08 - 01 实施。

## 十九、化学合成类制药工业

《化学合成类制药工业水污染物排放标准(Discharge standards of water pollutants for pharmaceutical industry Chemical synthesis products category)》(GB 21904—2008),2008 - 06 - 25发布,2008 - 08 - 01实施。

## 二十、提取类制药工业

《提取类制药工业水污染物排放标准(Discharge standard of water pollutants for pharmaceutical industry Extraction products category)》(GB 21905—2008),2008 - 06 - 25发布,2008 - 08 - 01实施。

## 二十一、中药类制药工业

《中药类制药工业水污染物排放标准(Discharge standard of water pollutants for pharmaceutical industry Chinese traditional medicine category)》(GB 21906—2008),2008 - 06 - 25发布,2008 - 08 - 01实施。

## 二十二、生物工程类制药工业

《生物工程类制药工业水污染物排放标准(Discharge standards of water pollutants for pharmaceutical industry Bio-pharmaceutical category)》(GB 21907—2008),2008 - 06 - 25发布,2008 - 08 - 01实施。

## 二十三、混装制剂类制药工业

《混装制剂类制药工业水污染物排放标准(Discharge standard of water pollutants for pharmaceutical industry Mixing/Compounding and formulation category)》(GB 21908—2008),2008 - 06 - 25发布,2008 - 08 - 01实施。

## 二十四、制糖工业

《制糖工业水污染物排放标准(Discharge standard of water pollutants for sugar industry)》(GB 21909—2008),2008 - 06 - 25发布,2008 - 08 - 01实施。

## 二十五、淀粉工业

《淀粉工业水污染物排放标准(Discharge standard of water pollutants for starch industry)》(GB 25461—2010),2010 - 09 - 27发布,2010 - 10 - 01实施。

## 二十六、酵母工业

《酵母工业水污染物排放标准(Discharge standard of water pollutants for yeast industry)》(GB 25462—2010),2010 - 09 - 27发布,2010 - 10 - 01实施。

## 二十七、油墨工业

《油墨工业水污染物排放标准(Discharge standard of water pollutants for printing ink industry)》(GB 25463—2010),2010 - 09 - 27发布,2010 - 10 - 01实施。

## 二十八、陶瓷工业

《陶瓷工业污染物排放标准(Emission standard of pollutants for ceramics industry)》(GB 25464—2010),2010 - 09 - 27发布,2010 - 10 - 01实施。

## 二十九、铝工业

《铝工业污染物排放标准(Emission standard of pollutants for aluminum industry)》(GB 25465—2010),2010 - 09 - 27发布,2010 - 10 - 01实施。

## 三十、铅、锌工业

《铅、锌工业污染物排放标准(Emission standard of pollutants for lead and zinc industry)》(GB 25466 —2010),2010 - 09 - 27发布,2010 - 10 - 01实施。

## 三十一、铜、镍、钴工业

《铜、镍、钴工业污染物排放标准(Emission standard of pollutants for copper, nickel, cobalt industry)》(GB 25467—2010),2010-09-27发布,2010-10-01实施。

## 三十二、镁、钛工业

《镁、钛工业污染物排放标准(Emission standard of pollutants for magnesium and titanium industry)》(GB 25468—2010),2010-10-01实施。

## 三十三、硝酸工业

《硝酸工业污染物排放标准(Emission standard of pollutants for nitric acid industry)》(GB 26131—2010),2010-12-30发布,2011-03-01实施。

## 三十四、硫酸工业

《硫酸工业污染物排放标准(Emission standard of pollutants for sulfuric acid industry)》(GB 26132—2010),2010-12-30发布,2011-03-01实施。

## 三十五、稀土工业

《稀土工业污染物排放标准(Emission Standards of Pollutants from Rare Earths Industry)》(GB 26451—2011),2011-01-24发布,2011-10-01实施。

## 三十六、磷肥工业

《磷肥工业水污染物排放标准(Discharge standard of water pollutants for phosphate fertilizer industry)》(GB 15580—2011 代替 GB 15580—95),2011-04-02发布,2011-10-01实施。

## 三十七、钒工业

《钒工业污染物排放标准(Discharge standard of pollutants for Vanadium Industry)》(GB 26452—2011),2011-04-02发布,2011-10-01实施。

## 三十八、汽车维修业

《汽车维修业水污染物排放标准(Discharge standard of water pollutants for motor vehicle maintenance and repair)》(GB 26877—2011),2011-07-29发布,2012-01-01实施。

## 三十九、发酵酒精和白酒工业

《发酵酒精和白酒工业水污染物排放标准(Discharge standard of Water pollutants for fermentation alcohol and distilled spirits industry)》(GB 27631—2011),2011-10-27发布,2012-01-01实施。

## 四十、橡胶制品工业

《橡胶制品工业污染物排放标准(Emission standard of pollutants for rubber products industry)》(GB 27632—2011),2011-10-27发布,2012-01-01实施。

## 四十一、弹药装药行业

《弹药装药行业水污染物排放标准(Effluent standards of water pollutants for ammunition loading industry)》(GB 14470.3—2011 代替 GB 14470.3—2002),2011-04-29发布,2012-01-01实施。

## 四十二、铁矿采选工业

《铁矿采选工业污染物排放标准(Emission standard of pollutants for mining and mineral processing industry)(GB 28661—2012),2012-06-27发布,2012-10-01实施。

## 四十三、钢铁工业

《钢铁工业水污染物排放标准(Discharge standard of water pollutants for iron and steel industry)》(GB 13456—2012 代替 GB 13456—1992),2012-06-27发布,2012-10-01实施。自本标准实施之日起,《钢铁工业水污染物排放标准》(GB 13456—1992)同时废止。

## 四十四、铁合金工业

《铁合金工业污染物排放标准(Emission standard of pollutants for ferroalloy smelt industry)》(GB 28666—2012),2012 – 06 – 27 发布,2012 – 10 – 01 实施。

## 四十五、炼焦化学工业

《炼焦化学工业污染物排放标准(Emission standard of pollutants for coking chemical industry)》(GB 16171—2012 代替 GB 16171—1996),2012 – 06 – 27 发布,2012 – 10 – 01 实施。自本标准实施之日起,炼焦化学工业企业的水和大气污染物排放控制按本标准的规定执行,不再执行《钢铁工业水污染物排放标准》(GB 13456—92)和《炼焦炉大气污染物排放标准》(GB 16171—1996)中的相关规定,《炼焦炉大气污染物排放标准》(GB 16171—1996)废止。

## 四十六、纺织染整工业

《纺织染整工业水污染物排放标准(Discharge standards of water pollutants for dyeing and finishing of textile industry)》(GB 4287—2012 代替 GB 4287—92),2012 – 10 – 19 发布,2013 – 01 – 01 实施。

## 四十七、缫丝工业

《缫丝工业水污染物排放标准(Discharge standards of water pollutants for reeling industry)》(GB 28936—2012),2012 – 10 – 19 发布,2013 – 01 – 01 实施。

## 四十八、毛纺工业

《毛纺工业水污染物排放标准(Discharge standards of water pollutants for woolen textile industry)》(GB 28937—2012),2012 – 10 – 19 发布,2013 – 01 – 01 实施。

## 四十九、麻纺工业

《麻纺工业水污染物排放标准(Discharge standards of water pollutants for bast and leaf fibres textile industry)》(GB 28938—2012),2012 – 10 – 19 发布,2013 – 01 – 01 实施。

## 五十、柠檬酸工业

《柠檬酸工业水污染物排放标准(Effluent standards of water pollutants for citric acid industry)》(GB 19430—2013 代替 GB 19430—2004),2013 – 03 – 14 发布,2013 – 07 – 01 实施。

## 五十一、合成氨工业

《合成氨工业水污染物排放标准(Discharge standard of water pollutants for ammonia industry)》(GB 13458—2013 代替 GB 13458—2001),2013 – 03 – 14 发布,2013 – 07 – 01 实施。自本标准实施之日起,《合成氨工业水污染物排放标准》(GB 13458—2001)同时废止。

## 五十二、制革及毛皮加工工业

《制革及毛皮加工工业水污染物排放标准(Discharge standard of water pollutants for leather and fur making industry)》(GB 30486—2013),2013 – 12 – 27 发布,2014 – 03 – 01 实施。

## 五十三、电池工业

《电池工业污染物排放标准(Emission standard of pollutants for battery industry)》(GB 30484—2013),2013 – 12 – 27 发布,2014 – 03 – 01 实施。

## 五十四、无机化学工业

《无机化学工业污染物排放标准(Emission standards of pollutants for inorganic chemical industry)》(GB 31573—2015),2015 – 4 – 16 发布,2015 – 07 – 01实施。

## 五十五、再生铜、铝、铅、锌工业

《再生铜、铝、铅、锌工业污染物排放标准(Emission standards of pollutants for secondary copper, aluminum, lead and Zink industry)》(GB 31574—2015),2015 – 4 – 16 发布,2015 – 07 – 01实施。

## 五十六、石油炼制工业

《石油炼制工业污染物排放标准(Emission standard of pollutants for petroleum refining industry)》(GB 31570—2015),2015 - 04 - 16 发布,2015 - 07 - 01 实施。

### 五十七、合成树脂工业

《合成树脂工业污染物排放标准(Emission standard of pollutants for synthetic resin industry)》(GB 31572—2015),2015 - 04 - 16 发布,2015 - 07 - 01 实施。

合成树脂企业内的单体生产装置执行《石油化学工业污染物排放标准》,聚氯乙烯树脂(PVC)生产装置执行《烧碱及聚氯乙烯工业污染物排放标准》。

# 参 考 文 献

[1] 王郁.水污染控制工程[M].北京：化学工业出版社,2007.

[2] 何遂源.环境化学[M].3版.上海：华东理工大学出版社,2005.

[3] [美]蕾切尔·卡逊.寂静的春天[M].吕瑞兰,李长生,译.长春：吉林人民出版社,2004.

[4] [美]比尔·布莱森.万物简史[M].严维明,陈邕,译.北京：接力出版社,2007.

[5] 王箴.化工辞典[M].北京：化学工业出版社,2010.

[6] 赵睿新.环境污染化学[M].北京：化学工业出版社,2004.

[7] 汪大翚,徐新华,等.工业废水中专项污染物处理手册[M].北京：化学工业出版社,2000.

[8] 刘金玲,丁振华.汞的甲基化研究进展.地球与环境[J],2007,35(3)：215－222.

[9] 乌锡康,金青萍.有机水污染治理技术[M].上海：华东化工学院出版社,1989.

[10] [美]艾肯费尔德 W W Jr.工业水污染控制[M].陈忠明,李赛君,译.北京：化学工业出版社,2004.

[11] [美]梅特卡夫和埃迪公司.废水工程处理及回用[M].4版.秦裕珩,译.北京：化学工业出版社,2004.

[12] 郭宇杰.我国城市污水处理回用安全利用现状[M].西安：西安地图出版社,2013.

[13] 上海市环境保护局.废水物化处理[M].上海：同济大学出版社,1999.

[14] 邓修,吴俊生.化工分离过程[M].北京：科学出版社,2000.

[15] 蒋维钧,余立新.新型传质分离技术[M].2版.北京：化学工业出版社,2005.

[16] 徐新华,赵伟荣.水与废水的臭氧处理[M].北京：化学工业出版社,2003.

[17] 雷乐成,汪大翚.水处理高级氧化技术[M].北京：化学工业出版社,2001.

[18] 张自杰.排水工程(下册)[M].4版.北京：中国建筑工业出版社,2000.

[19] 严煦世,范瑾初.给水工程[M].4版.北京：中国建筑工业出版社,1999.

[20] 杨岳平,徐新华,等.废水处理工程及实例分析[M].北京：化学工业出版社,2003.

[21] 邹家庆.工业废水处理技术[M].北京：化学工业出版社,2003.

[22] 周群英,王士芬.环境工程微生物学[M].北京：高等教育出版社,2008.

[23] 孙彦.生物分离工程[M].2版.北京：化学工业出版社,2005.

[24] 胡纪萃,周孟津,等.废水厌氧生物处理理论与技术[M].北京：中国建筑工业出版社,2003.

[25] 杨健,章非娟,等.有机工业废水处理理论与技术[M].北京：化学工业出版社,2005.

[26] 郑兴灿,李亚新.污水除磷脱氮技术[M].北京：中国建筑工业出版社,1998.

[27] 任南琪,王爱杰,等.厌氧生物技术原理与应用[M].北京：化学工业出版社,2004.

[28] 万金泉,马邕文.造纸工业废水处理技术及工程实例[M].北京：化学工业出版社,2008.

[29] 陈季华.纺织染整废水处理技术及工程实例[M].北京：化学工业出版社,2008.

[30] 贾金平,谢少艾,等.电镀废水处理技术及工程实例[M].北京：化学工业出版社,2008.

[31] 赵庆良,李光伟.特种废水处理技术[M].哈尔滨：哈尔滨工业大学出版社,2004.

[32] Schroepfer G J. Advances in Water Pollution Control. New York：Pergamon Press, 1964,1.

[33] Stack V T. Proc. 8th Ind. Waste Conf. , 1953：492.

[34] 张荣良.处理硫酸生产含镉,砷废水的试验研究[J].硫酸工业,1997,5：18－19.

[35] 程振华.东日电源厂镉镍废水处理工艺总结[J].工业用水与废水,1999,30(2)：28－29.

[36] 周淑珍.贵溪冶炼厂废酸废水除镉工艺探讨[J].硫酸工业,1996,5：1－5.

[37] 廖长海.冶炼制酸高镉铅污水处理探讨[J].有色金属,1998,50(4)：133－136.

[38] 郭铮.钨矿山含镉,氟工业废水处理方法研究[J].江西冶金,1990,10(1)：13－14.

[39] 沈华.颜料工业含镉废水治理研究[J].精细化工中间体,2001,31(1)：38－39.

[40] 陈阳.电镀镉废水处理的工艺研究[J].电镀与精饰,2004,26(5)：36－38.

[41] 王建明.综合沉淀法处理锌镉废水[J].涂料工业,1990,4：53－55.

［42］张玉梅.含镉废水处理的试验研究[J].环境工程,1995,13(1)：15-21.

［43］魏星.含镉废水综合治理试验研究[J].内蒙古环境保护,1995,7(4)：32-35.

［44］徐永华.溶剂萃取法分离回收废渣中镉镍金属[D].上海：同济大学.1988.

［45］张红波,等.膨胀石墨流态化电极处理酸性含镉废水的研究[J].环境科学,1993,14(6)：20-23.

［46］辛世宗.流化床电解法去除湿法冶金滤液中的铜和镉[J].国外环境科学技术,1989,3：71-76.

［47］徐永华,等.含镉废水处理与回收技术[J].工业水处理,1988,6：9-14.

［48］Barrado E. Optimization of the operational variables of a medium-scale reactor for metal-containing wastewater purification by ferrite formation [J]. Water Research, 1998,32(10)：3055-3061.

［49］方云如,等.铁氧体法处理含铬和镉废水的研究[J].江苏石油化工学院学报,1999,11(4)：8-10.

［50］卢莲英.铁氧体与镉共沉淀的试验研究[J].化学与生物工程,2004,21(6)：44-45.

［51］刘淑泉.重金属废水净化与有价金属回收试验[J].环境科学,1988,2：37-41.

［52］陈芳艳,等.活性炭纤维对水中重金属离子的吸附研究[J].辽宁城乡环境科技.2002,2：22-23,29.

［53］施文康.含镉、铅、汞废水的吸附实验设计[J].化学教学,2003,9：7-8.

［54］陈晋阳.用低成本的黏土矿物吸附水溶液中镉离子的研究[J].应用科技,2002,29(2)：41-43.

［55］王银叶,等.改性麦饭石用于除铅、镉、汞废水吸附剂的开发与应用[J].山西师大学报(自然科学版),1996,10(1)：25-28.

［56］俞善信,等.聚苯乙烯三乙醇胺树脂对水中镉离子的吸附[J].化工环保,2000,20(1)：46-47.

［57］杨莉丽,等.离子交换树脂吸附镉的动力学研究[J].离子交换与吸附,2004,20(2)：138-143.

［58］陈立高.离子交换法回收硫化镉生产废水中镉的初步研究[J].水处理技术,1982,2：30-33.

［59］张淑媛,等.含镉废水的处理[J].化工环保,1991,11(1)：16-19.

［60］周国平.ISC聚合物去除电镀废水中铬和镉离子[J].水处理技术,2003,29(3)：177-179.

［61］车荣睿.离子交换法在治理含镉废水中的应用[J].离子交换与吸附,1993,9(3)：276-282.

［62］戴汉光.微孔过滤处理含镉废水[J].化工环保,1992,12(3)：179-180.

［63］高以烜,等.聚砜酰胺(PSA)反渗透膜研究的初步进展[J].水处理技术,1988,1：43-46.

［64］王志忠,等.反渗透技术处理镀镉废水的探讨[J].工业水处理,1985,5：19-21.

［65］王玉军,等.膜萃取处理水溶液中镉、锌离子的工艺[J].环境科学,2001,22(5)：74-78.

［66］黄炳辉,等.用液膜技术提取镉的研究[J].膜科学与技术,1989,2：56-63.

［67］何鼎胜,等.三正辛胺-二甲苯液膜迁移Cd(Ⅱ)的研究[J].高等学校化学学报,2000,21(4)：605-608.

［68］许振良,等.胶束强化超滤处理含镉和铅离子废水的研究[J].膜科学与技术,2002,22(3)：15-20.

［69］Mathilde, et al. Electrodialytic removal of cadmium from wastewater sludge [J]. Journal of Hazardous Materials, 2004,106(2-3)：127-132.

［70］黄颂安,陈跃.泡沫塔处理含镉废水连续稳态操作的数学模型[J].华东化工学院学报,1993,19(4)：399-403.

［71］李华,程芳琴,王爱英,等.三种水生植物对Cd污染水体的修复研究[J].山西大学学报(自然科学版),2005,28(3)：325-327.

［72］申华,黄鹤忠,张皓,等.3种观赏水草对水体镉污染修复效果的比较研究[J].水生态学杂志,2008,1(1)：52-55.

［73］沈萍,朱国伟.含镉废水处理方法的比较[J].污染防治技术,2010,23(6)：56-59.

［74］许华夏,张春桂,侯健进,等.生物膜对重金属镉的去除及抗性的初探[J].环境保护科学,1990,2：4-9.

［75］Stearns D M, Wise J P, Patiemo S R, et al. Chromium(Ⅲ) picolinate produces chromosome damage in Chinese hamster ovary cells [J]. The FASEB Journal, 1995(9)：1643-1648.

［76］Nakazawa Hiroshi, Kadoi Yasunori, Mizuta Tsutomu, et al. A transition-metal diaminophosphonate complex：synthesis and structure of $[(\eta^5-C_5H_5)(CO)_2FeP(O)(NEt_2)_2]_2FeCl_2$ [J]. Journal of Organometallic Chemistry, 1989,366(3)：333-342.

［77］陈红,叶兆杰.不同状态$MnO_2$对废水中As(Ⅲ)的吸附研究[J].中国环境科学,1998,18(2)：126-130.

［78］胡天觉,曾光明.选择性高分子离子交换树脂处理含砷废水[J].湖南大学学报(自然科学版),1998,25(6)：75-80.

[79] 刘瑞霞,王亚雄,汤鸿霄.新型离子交换纤维去除水中砷酸根离子的研究[J].环境科学,2002,23(5):88－91.

[80] 许晓路.三价砷和五价砷对活性污泥几种酶活性的影响[J].环境科学学报,1991,11(4):447－449.

[81] 许晓路,申秀英.半连续活性污泥法对污水中五价砷的去除[J].环境科学与技术,1995,70(3):31－34.

[82] 许晓路.As(Ⅲ)对活性污泥处理城市污水影响的动态模拟研究[J].环境科学学报,1995,15(4):416－422.

[83] Afkhami A, Conway B E. Investigation of Removal of Cr(Ⅵ), Mo(Ⅵ), W(Ⅵ), V(Ⅳ), and V(Ⅴ) Oxy-ions from Industrial Waste-Waters by Adsorption and Electrosorption at High-Area Carbon Cloth [J]. Journal of Colloid and Interface Science, 2002,251(2):248－255.

[84] 孙奇娜,盛义平.载钛活性炭对 Cr(Ⅵ)的电吸附行为[J].中国环境科学,2006,26(4):441－444.

[85] 陈榕,胡熙恩.电化学极化对活性炭纤维吸附 SCN－的影响[J].清华大学学报(自然科学版),2006,46(6):893－896.

[86] Ania C O, Parra J B, Menéndez J A, et al. Effect of microwave and conventional regeneration on the microporous and mesoporous network and on the adsorptive capacity of activated carbons [J]. Microporous and Mesoporous Materials, 2005,85(1－2):7－15.

[87] Kitous O, Hamadou H, Lounici H, et al. Metribuzin removal with electro-activated granular carbon [J]. Chemical Engineering and Processing:Process Intensification, 2012,55:20－23.

[88] Han Y H, Quan X, Ruan X, et al. Integrated electrochemically enhanced adsorption with electrochemical regeneration for removal of acid orange 7 using activated carbon fibers [J]. Separation and Purification Technology, 2008,59(1):43－49.

[89] Karimi S, Abdulkhani A, Ghazali A H B, et al. Color remediation of chemimechanical pulping effluent using combination of enzymatic treatment and Fenton reaction [J]. Desalination, 2009, 249(2):870－877.

[90] Hurwitz E, Katz W J. Laboratory Experiments on Dewatering Sewage Sludges by Dissolved Air Floation. Chicago:Unpublished report, 1959.

[91] Findley M E. Vaporization through porous membranes [J]. Ind. Eng. Chem. Pro. Des. Dev., 1967,6(2):66－68.

[92] Bodell B R. Silicone rubber vapor diffusion in saline water distillation [P]. US:3285032,1963.

[93] Weyl P K. Recovery of demineralinzed water from saline waters [P]. US:3340186,1967.

[94] Blum D J W, Speece R A. A Database of Chemical Toxicity to Bacteria and Its Use in Interspecies Comparisons and Correlations. Research Journal of the Water Polltion Control Federation, 1991,63(3):188－189.

[95] Oh J, Silverstein J A. Oxygen inhibition of activated sludge denitrification [J]. Water Res., 1999,33(8):1925－1937.

[96] Henze M, Dupont R, Grau P, et al. Rising sludge in secondary settlers due to denitrification [J]. Water Res., 1993,27(2):231－236.

[97] McCarty P L, Haug R T. Nitrogen Removal from Wastewaters by Biological Nitrification and Denitrification, Microbial Aspects of Pollution. Academic Press, 1971,215－232.